职 业 教 育 规 划 教 材

机械工程测试技术基础

郭 雷 主编 赵 玮 副主编

化学工业出版社
·北 京·

内 容 简 介

《机械工程测试技术基础》共11章，分为基础和理论两部分讲解，基础部分包括测量误差、信号描述、测试装置、传感器等；应用部分包括压力、温度、流量、物位及典型机械工程参数的测试。书中图文结合，有大量的实例，注重理论与实践的结合。为方便教学，配套电子课件，可登录化学工业出版社教学资源网 www.cipedu.com.cn 下载。

本书可作为职业教育本科或高职高专院校师生的教材，并可作为培训用书，也可供相关领域工程技术人员参考。

图书在版编目（CIP）数据

机械工程测试技术基础/郭雷主编. —北京：化学工业出版社，2021.2（2024.1重印）
职业教育规划教材
ISBN 978-7-122-38118-7

Ⅰ.①机… Ⅱ.①郭… Ⅲ.①机械工程-测试技术-高等职业教育-教材 Ⅳ.①TG806

中国版本图书馆CIP数据核字（2020）第243545号

责任编辑：韩庆利　　文字编辑：宋　旋　陈小滔
责任校对：宋　玮　　装帧设计：张　辉

出版发行：化学工业出版社（北京市东城区青年湖南街13号　邮政编码100011）
印　　装：北京科印技术咨询服务有限公司数码印刷分部
787mm×1092mm　1/16　印张 $14\frac{1}{4}$　字数359千字　2024年1月北京第1版第2次印刷

购书咨询：010-64518888　　售后服务：010-64518899
网　　址：http://www.cip.com.cn
凡购买本书，如有缺损质量问题，本社销售中心负责调换。

定　　价：45.00元

前言

FOREWORD

测试技术属于信息科学的范畴，是信息技术（测试控制技术、通信技术和计算机技术）的三大支柱之一。在科学实验、工业过程控制、智能制造等许多领域都以测试为基础，测试技术不仅为这些工作提供可靠的技术保证，也成为提高科学技术水平、提高产品质量和经济效益的必不可少的技术手段。因此，测试技术水平对国家工业发展起着举足轻重的作用。我国高等院校许多专业都开设了测试技术相关的课程，其目的就是为了适应社会信息化发展和提高智能制造水平，使大学生能够适应岗位需求，更好地为社会服务。

本书深入贯彻党的二十大精神进教材要求，坚持立德树人，弘扬爱国主义精神、工匠精神，注重素质培养。针对当前职业教育的特点，我们在教材编写过程中，注意理论够用为度，注重知识的实践应用。本教材主要由基础和应用两部分组成，基础部分包括测量误差、信号描述、测试装置、传感器等；应用部分主要包括压力、温度、流量、物位及典型机械工程参数的测试。在编写过程中，我们做了以下考虑：

① 注重理论知识。基础理论知识尽量做到全面、通俗易懂。避免过分强调学生操作能力培养，而忽略了基础理论知识的讲授，以致学生在实际工作中后劲不足，上升空间有限。

② 突出实践性。每一种类型的传感器，在工作原理之后都有相应的实际应用案例，并且专门介绍了几种典型的工程参数的测试过程。

全书共分为11章。由河北石油职业技术大学郭雷主编并负责统稿，河北石油职业技术大学赵玮任副主编。本书第1、2、3、11章由郭雷编写，第4、5、6、7、10章由赵玮编写，第8、9章由河北石油职业技术大学谷巍编写。

本书可作为职业教育本科或高职高专院校机械类、测控类、自动控制、车辆工程、电子科学与技术等专业“测试技术”课程的教材，也可作为高等院校本科相关专业或成人教育、继续教育培训的参考书，同时还可供相关领域的工程技术人员参考使用。

由于机械工程测试技术、传感器技术知识面广，而编者水平有限，书中不足之处在所难免，望读者不吝指教。

编　者

目录

CONTENTS

第1章　绪论 / 1

第2章　测量误差基础 / 10

第3章　测试信号与装置 / 23

第 6 章 现代新型传感器 / 103

第1章 绪论

学习目标

1. 了解传感器及检测的定义、地位及作用。
2. 熟悉检测系统的基本组成，能够对具体的检测系统的功能进行分析。
3. 了解传感器与检测技术的分类及发展趋势。

1.1 传感器与检测技术的定义与作用

1.1.1 传感器的定义

传感器是能以一定精确度把某种被测量（主要为各种非电的物理量、化学量、生物量等）按一定规律转换为（便于人们应用、处理的）另一参量（通常为电参量）的器件或测量装置。这一定义表明：

① 传感器是一种实物测量装置，可用于对指定被测量进行检测；

② 它能感受某种被测量（传感器的输入量），如某种非电的物理量、化学量、生物量的大小，并把被测量按一定规律转换成便于人们应用、处理的另一参量（传感器的输出量），这另一参量通常为电参量；

③ 在其规定的精确度范围内，传感器的输出量与输入量具有对应关系。

传感器通常由敏感器件和转换器件组合而成。敏感器件是指传感器中直接感受被测量的部分，转换器件通常是指将敏感器件在传感器内部输出转换为便于人们应用、处理外部输出（通常为电参量）信号的部分。但是传感器种类繁多，复杂性差异很大，并不是所有的传感器都能从其内部明显分出敏感器件和转换器件两部分，有的是合二为一，如 Pt100 热电阻传感器、电容式物位传感器等，它们的敏感器件输出已是电参量，因此可以不配转换器件直接将敏感器件输出的电参量作为传感器的输出。

在一些国家和有些学科领域，将传感器称为检测器、探测器、转换器等，这些不同叫法其内容和含义都相同或相似。

1.1.2 检测的定义

检测是指在生产、科研、试验及服务等各个领域，为及时获得被测、被控对象的有关信息而实时或非实时地对一些参量进行定性检查和定量测量。

就现代工业生产而言，采用各种先进的检测技术与装置对生产全过程进行检查、监测，是确保安全生产，保证产品质量，提高产品合格率，降低能源和原材料消耗，提高企业的劳动生产率和经济效益所必不可少的。

中国有句古话："工欲善其事，必先利其器"，用这句话来说明检测技术在我国现代化建设中的重要性是非常恰当的。今天我们所进行的"事"就是现代化建设大业，而"器"则是先进的检测手段。科学技术的进步、制造业和服务业的发展、军队现代化建设的大量需求，促进了检测技术的发展，而先进的检测手段也可提高制造业、服务业的自动化、信息化水平和劳动生产率，促进科学研究和国防建设的进步，提高人民的生活水平。

"检测"是测量，"计量"也是测量，两者有什么区别？一般说来，"计量"是指用精度等级更高的标准量具、器具或标准仪器，对被测样品、样机进行考核性质的测量。这种测量通常具有非实时及离线和标定的性质，一般在规定的具有良好环境条件的计量室、实验室，采用比被测样品、样机更高精度的并按有关计量法规经定期校准的标准量具、器具或标准仪器进行测量。而"检测"通常是指在生产、实验等现场，利用某种合适的检测仪器或综合测试系统对被测对象进行在线、连续的测量。

1.1.3 传感器与检测技术的地位与作用

人类社会已进入信息化时代，工农业生产、交通、物流、社会服务等方方面面都需要实时获取各种信息，而各类传感器通常是各种信息源头，是检测与自动化系统、智能化系统的"感觉器官"。

当今社会，科学技术发达，信息化、自动化程度高的国家和地区，对传感器的依赖性和需求量更大。从 20 世纪 80 年代以来，世界许多发达和发展中国家都将传感器技术列为重点发展的高新技术予以支持。

检测技术是自动化和信息化的基础与前提。如在石化行业，为了保证化工生产过程正常、高效、经济地运行，需要对生产过程中的温度、压力、流量等重要工艺参数进行在线优化控制，而实现优化控制必须配置比控制精确度更高的温度、压力、流量检测系统。

例如，城镇生活污水处理厂需要根据通过污水管网收集的污水量和污染情况，对污水处理的主要工艺环节进行优化控制，做到既经济又能保证处理后的中水达标排放。为此，需在污水的收集、提升、处理、排放等生产过程中，在线检测液位、流量、温度、浊度、泥位（泥、水分界面位置）、酸碱度（pH）、污水中溶解氧含量（DO）、化学需氧量（COD）等多种物理和化学成分参量；再由监控计算机（或嵌入式控制器）根据这些实测物理、化学成分参量大小与变化趋势，对加药（剂）量、曝气量及排泥量进行实时优化控制；同时为保证设备完好及安全生产，需同时对污水处理所需的提升水泵、鼓风机等机电动力设备的温度、工作电压、电流、阻抗进行安全监测，这样才能实现污水处理高效、低成本和安全运行。

据了解，目前国内外一些城市污水处理厂由于在污水的收集、提升、处理及排放的各环节均实现自动检测与优化控制，大大降低了生活污水的处理成本，实现节（电）能降（药）耗，使城镇生活污水处理的平均运行费用降低到 0.5 元/m^3 以下的水平。而我国许多城镇污水处理厂基本上靠人工操作，其污水处理的平均运行费用目前为 1.2～1.6 元/m^3。城镇污水处理自动检测及控制与手工经验控制相比，平均运行成本差距十分明显。

新型武器、装备的研制过程对现代检测技术的需求更多，要求更高。研制任何一种新武器，从设计到零部件制造、装配再到样机试验，都要经过成百上千次严格的试验，每次试验都需要同时高速、高精度地检测多种物理参量，测量点经常多达上千个。

对于飞机、潜艇等大型装备，在正常使用时都需装备几百个各类传感器，组成十几至几十种检测系统，实时监测和指示各部位的工作状况。至于在新机型设计、试验过程中需要检测的物理量则更多，全部检测点通常需要同时安装5000个以上的各类传感器。在火箭、导弹和卫星的发射过程中，需动态、高速、高精度地检测许多参量。没有高精确度、高可靠性的各类传感器和检测系统，要使导弹精确命中目标、使卫星准确入轨是根本不可能的。

用各种先进的医疗检测仪器可大大提高疾病的检查、诊断速度和准确性，有利于争取时间，对症治疗，增加患者战胜疾病的机会。

随着生活水平的提高，检测技术与人们日常生活的关系也愈来愈密切。例如，新型建筑材料的物理、化学性能检测，检测装饰材料有害成分是否超标等，都需要高精确度的专用检测系统；而城镇居民家庭室内的温度、湿度、防火、防盗及家用电器的安全监测等均需要大量价廉物美的传感器和检测仪表，从这些不难看出检测技术在现代社会中的重要地位与作用。

1.2　检测系统的组成

尽管现代检测仪器和检测系统的种类、型号繁多，用途、性能千差万别，但都是用于各种物理或化学成分等参量的检测，其组成单元按信号传递的流程来区分。首先由各种传感器将非电被测物理或化学成分参量转换成电参量信号，然后经信号调理（包括信号转换、信号检波、信号滤波、信号放大等）、数据采集、信号处理后，进行显示、输出，加上系统所需的交、直流稳压电源和必要的输入设备，便构成了一个完整的自动检测（仪器）系统，其组成框图如图1-1所示。

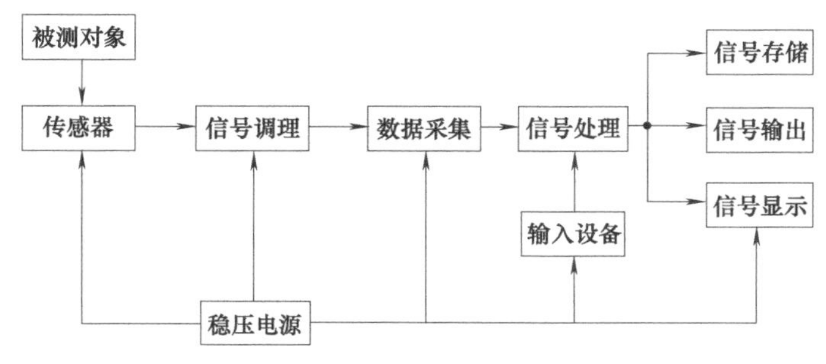

图1-1　检测系统组成框图

(1) 传感器

传感器作为检测系统的信号源，是检测系统中十分重要的环节，性能的好坏将直接影响检测系统的精度和其他指标。对传感器通常有如下要求：

① 准确性：传感器的输出信号必须准确地反映其输入量，即被测量的变化。因此，传感器的输出与输入关系必须是严格的单值函数关系，最好是线性关系。

② 稳定性：传感器的输入、输出的单值函数关系最好不随时间和温度而变化，受外界其他因素的干扰影响亦应很小，重复性要好。

③ 灵敏度：即被测量较小的变化就可使传感器获得较大的输出信号。

④ 其他：如耐腐蚀性、功耗、输出信号形式、体积、售价等。

(2) 信号调理

信号调理在检测系统中的作用是对传感器输出的微弱信号进行检波、转换、滤波、放大等，以方便检测系统后续处理或显示。例如，工程上常见的热电阻型数字度检测（控制）仪表，其传感器 Pt100 的输出信号为热电阻值的变化。为便于后续处理，通常需设计一个四臂电桥，把随被测温度变化的热电阻阻值转换成电压信号；由于信号中往往夹杂着 50Hz 工频等噪声电压，故其信号调理电路通常包括滤波、放大、线性化等环节。传感器和检测系统种类繁多，复杂程度、精度、性能指标要求等往往差异很大，因此它们所配置的信号调理电路的多寡也不尽一致。对信号调理电路的一般要求是：

① 能准确转换、稳定放大、可靠地传输信号；

② 信噪比高，抗干扰性能好。

(3) 数据采集

数据采集（系统）在检测系统中的作用是对信号调理后的连续模拟信号进行离散化并转换成与模拟信号电压幅度相对应的一系列数值信息，同时以一定的方式把这些转换数据及时传递给微处理器或依次自动存储。数据采集系统通常以各类模/数（A/D）转换器为核心，辅以模拟多路开关、采样/保持器、输入缓冲器、输出锁存器等。数据采集系统的主要性能指标是：

① 输入模拟电压信号范围，单位为 V；

② 转换速度（率），单位为次/s；

③ 分辨力，通常以模拟信号输入为满度时的转换值的倒数来表征；

④ 转换误差，通常指实际转换数值与理想 A/D 转换器理论转换值之差。

(4) 信号处理

信号处理模块是自动检测仪表、检测系统进行数据处理和各种控制的中枢环节，其作用和人的大脑相类似。现代检测仪表、检测系统中的信号处理模块通常以各种型号的嵌入式微控制器、专用高速数据处理器（DSP）和大规模可编程集成电路，或直接采用工业控制计算机来构建。

对检测仪表、检测系统的信号处理环节来说，只要能满足用户对信号处理的要求，则愈简单愈可靠，成本愈低愈好。由于大规模集成电路设计、制造和封装技术的迅速发展，嵌入式微控制器、专用高速数据处理器和大规模可编程集成电路性能不断提升，而芯片价格不断降低，稍复杂一点的检测系统（仪器）的信号处理环节都应优先考虑选用合适型号的微控制器或 DSP 来设计和构建，从而使该检测系统具有更高的性价比。

(5) 信号显示

通常人们都希望及时知道被测量的瞬时值、累积值或其随时间的变化情况，因此，各类检测仪表和检测系统在信号处理器计算出被测量的当前值后通常均需送至各自的显示器作实时显示。显示器是检测系统与人联系的主要环节之一，显示器一般可分为指示式、数字式和屏幕式三种。

① 指示式显示，又称模拟式显示。被测量数值大小由光指示器或指针在标尺上的相对位置来表示。用有形的指针位移模拟无形的被测量是较方便、直观的。指示式仪表有动圈式和动磁式等多种形式，但均有结构简单、价格低廉、显示直观的特点，在检测精度要求不高的单参量测量显示场合应用较多。指针式仪表存在指针驱动误差和标尺刻度误差，这种仪表的读数精度和仪器的灵敏度受标尺最小分度的限制，如果操作者读仪表示值时站位不当，就会引入主观读数误差。

② 数字式显示。以数字形式直接显示出被测量数值的大小。数字式显示没有转换误差、显示驱动误差，能有效地克服读数的主观误差（相对指示式仪表），还能方便地与智能化终端连接并进行数据传输。因此，各类检测仪表和检测系统越来越多地采用数字式显示方式。

③ 屏幕显示。实际上是一种类似电视的点阵式显示方法。具有形象性和易于读数的优点，能在同一屏幕上显示一个被测量或多个被测量的变化曲线或图表，显示信息量大、方便灵活。屏幕显示器一般体积较大，对环境温度、湿度等要求较高，在仪表控制室、监控中心等环境条件较好的场合使用较多。

(6) 信号输出

在许多情况下，检测仪表和检测系统在信号处理器计算出被测量的瞬时值后，除传送到显示器进行实时显示外，通常还需把测量值及时传送给监控计算机、可编程控制器（PLC）或其他智能化终端。检测仪表和检测系统的输出信号通常有4～20mA的电流模拟信号和脉宽调制PWM信号及串行数字通信信号等多种形式，需根据系统的具体要求确定。

(7) 输入设备

输入设备是操作人员和检测仪表或检测系统联系的另一主要环节，用于输入设置参数、下达有关命令等。最常用的输入设备是各种键盘、拨码盘、条码阅读器等。近年来，随着工业自动化、办公自动化和信息化程度的不断提高，通过网络或各种通信总线利用其他计算机或数字化智能终端，实现远程信息和数据输入的方式愈来愈普遍。

(8) 稳压电源

由于工业现场通常只能提供交流220V工频电源或+24V直流电源，传感器和检测系统通常不经降压、稳压就无法直接使用，因此需根据传感器和检测系统内部电路实际需要，自行设计稳压电源。

最后，值得一提的是，以上部分不是所有的检测系统（仪表）都具备的，对有些简单的检测系统，其各环节之间的界线也不是十分清楚，需根据具体情况进行分析。

1.3 传感器与检测系统的分类

1.3.1 传感器的分类

传感器种类繁多，其分类方法也较多。传感器常见的分类方法如表1-1所示。

表1-1 传感器的分类

分类方法	传感器的种类	说明
按传感器输入量分类	位移传感器、压力传感器、温度传感器、一氧化碳传感器等	传感器以被测量命名
按传感器转换机理(工作原理)分类	电阻式、电容式、电感式、压电式、超声波式、霍尔式等	以传感器转换机理命名
按物理现象分类	结构型传感器	传感器依赖其结构参数的变化实现信息转换
	物性型传感器	传感器依赖其敏感器件物理特性的变化实现信息转换
按能量关系分类	能量转换型传感器	传感器直接将被测对象的能量转换为输出能量
	能量控制型传感器	由外部供给传感器能量，由被测量大小比例控制传感器的输出能量

续表

分类方法	传感器的种类	说明
按输出信号分类	模拟式传感器	传感器输出为模拟量
	数字式传感器	传感器输出为数字量

通常，采用按传感器输入量分类法有利于人们按照目标对象的检测要求选用传感器，而采用按传感器转换机理分类法有利于对传感器开展研究和试验。

1.3.2 检测系统的分类

随着科技和生产的迅速发展，检测系统（仪表）的种类不断增加，其分类方法也很多，工程上常用的几种分类法如下。

(1) 按被测量分类

常见的被测量可分为以下几类：

① 电工量：电压、电流、电功率、电阻、电容、频率、磁场强度、磁通密度等；

② 热工量：温度、热量、比热容、热流、热分布、压力、压差、真空度、流量、流速、物位、液位、界面等；

③ 机械量：位移、形状、力、应力、力矩、重量、质量、转速、线速度、振动、加速度、噪声等；

④ 物性和成分量：气体成分、液体成分、固体成分、酸碱度、盐度、浓度、黏度、粒度、密度等；

⑤ 光学量：光强、光通量、光照度、辐射能量等；

⑥ 状态量：颜色、透明度、磨损量、裂纹、缺陷、泄漏、表面质量等。

严格地说，状态量范围更广，但是有些状态量由于已习惯归入热工量、机械量、成分量中，因此，在这里不再重复列出。

(2) 按被测量的检测转换方法分类

被测量通常是非电物理或化学成分量，通常需用某种传感器把被测量转换成电量，以便于做后续处理。被测量转换成电量的方法很多，最主要的有下列几类：

① 电磁转换：电阻式、应变式、压阻式、热阻式、电感式、互感式（差动变压器）、电容式、阻抗式（电涡流式）、磁电式、热电式、压电式、霍尔式、振频式、感应同步器、磁栅等；

② 光电转换：光电式、激光式、红外式、光栅式、光导纤维式等；

③ 其他能/电转换：声/电转换（超声波式）、辐射能/电转换（X 射线式、β 射线式、γ 射线式）、化学能/电转换（各种电化学转换）等。

(3) 按使用性质分类

按使用性质分类，检测仪表通常可分为标准表、实验室表和工业用表三类。标准表是各级计量部门专门用于精确计量、校准送检样品和样机的标准仪表。标准表的精度等级必须高于被测样品、样机所标称的精度等级，而其本身又根据量值传递的规定，必须经过更高一级法定计量部门的定期检定、校准，由更高精度等级的标准表检定，并出具该标准表重新核定的合格证书，方可依法使用。

实验室表多用于各类实验室中，它的使用环境条件较好，往往无特殊的防水、防尘措施。对于温度、相对湿度、机械振动等的允许范围也较小。这类检测仪表的精度等级虽较工业用表更高，但使用条件要求较严，只适用于实验室条件下的测量与读数，不适于远距离观察及传送信号。

工业用表是长期使用于实际工业生产现场的检测仪表与检测系统。这类仪表为数最多，根据安装地点的不同，又有现场安装及控制室安装之分。前者应有可靠的防护，能抵御恶劣的环境条件，其显示也应醒目。工业用表的精度一般不很高，但要求能长期连续工作，并具有足够的可靠性。在某些场合下使用时，还必须保证不因仪表引起事故，如在易燃、易爆环境条件下使用时，各种检测仪表都应有很好的防爆性能。

此外，按检测系统的显示方式可分为指示式（主要是指针式）系统、数字式系统和屏幕式系统等。

1.4 传感器与检测技术的发展趋势

1.4.1 传感器的发展方向

传感器技术涉及多个学科领域，它是利用物理定律和物质的物理、化学和生物特性，将非电量转换成电量。所以努力探索新现象、新理论，采用新技术、新工艺、新材料以研发新型传感器，提高现有传感器的转换效能、转换范围或某些技术性能指标和经济指标，将是传感器总的发展方向。

当前，传感器技术的主要发展方向：一是深入开展基础和应用研究，探索新现象、研发新型传感器；二是研究和开发新材料、新工艺，实现传感器的集成化、微型化与智能化。

(1) 探索新现象，研发新型传感器

利用物理现象、化学反应和生物效应是各种传感器工作的基本原理，因而探索和发现新现象与新效应是研制新型传感器的最重要的工作，也是研制新型传感器的前提与技术基础。例如，目前世界主要发达经济体均有不少科研机构、高新技术企业投入大量人力、物力，在大力开展仿生技术研究和高灵敏度仿生传感器研发。可以预见，这类仿生传感器将不断问世，而这类仿生传感器一旦大量成功应用，其意义和影响将十分深远。

(2) 采用新技术、新工艺、新材料，提高现有传感器的性能

由于材料科学的进步，传感器材料有更多更好的选择。采用新技术、新工艺、新材料，可提高现有传感器的性能。例如采用新型的半导体氧化物可以制造各种气体传感器；而用特种陶瓷材料制作的压电加速度传感器，其工作温度可远高于半导体晶体制作的同类传感器。传感器制造新工艺的发明与应用往往将催生新型传感器诞生，或相对原有同类传感器可大幅度提高某些指标，如采用薄膜工艺可制造出远比干湿球、氯化锂等常用湿度传感器响应速度快的湿敏传感器。

(3) 研究和开发集成化微型化与智能化传感器

传感器集成化主要指：

① 把同一功能敏感器件微型化，实现多敏感器件阵列化，同一类、同规格的众多敏感元件排成阵列型组合传感器，排成一维的构成线型阵列传感器（如线型压阻传感器），排成二维的构成面型阵列传感器（如 CCD 图像传感器）；

② 把传感器的功能延伸至信号放大、滤波、线性化、电压/电流信号转换电路等，诸如在工业自动化领域广泛使用的压力、温度、流量等变送器，就是典型的集成化传感器，它们内部除有敏感器件外，还同时集成了信号转换、信号放大、滤波、线性化、电压/电流信号

转换等电路，最终输出均为抗干扰能力强、适合远距离传输的4～20mA标准电流信号；

③ 通过把不同功能敏感器件微型化后再组合、集成在一起，构成能检测两个以上参量的集成传感器，此类集成传感器特别适合于需要大量应用的场合和空间狭小的特殊场合，例如将热敏元件和湿敏元件及信号调理电路集成在一起的温、湿度传感器，一个传感器可同时完成温度和湿度的测量。

微米/纳米技术和微机械加工技术，特别是LIGA（深层同步辐射X射线光刻、电铸成型及铸塑）技术与工艺的问世与应用，为微型传感器研制奠定了坚实的基础。微型传感器的敏感元件尺寸通常为微米级，其显著特征就是“微小”，通常其体积、质量仅为传统传感器的几十分之一、几百分之一。微型传感器对航空、航天、武器装备、侦察和医疗等领域检测技术的进步影响巨大，意义深远。

智能传感器是一种带微处理器、具有双向通信功能的传感器（系统），它除具有被测量检测、转换和信息处理功能外，还具有存储、记忆、自补偿、自诊断和双向通信功能。

1.4.2 检测技术的发展趋势

随着世界各国现代化步伐的加快，对检测技术的需求与日俱增。而大规模集成电路技术、微型计算机技术、机电一体化技术、微机械和新材料技术的不断进步，则大大促进了检测技术的发展。目前，现代检测技术发展的总趋势大体有以下几个方面。

(1) 不断拓展测量范围，努力提高检测精度和可靠性

随着科学技术的发展，对检测仪器和检测系统的性能要求，尤其是精度、测量范围、可靠性指标的要求愈来愈高。以温度为例，为满足某些科学实验的需求，不仅要求研制测温下限接近0K（－273.15℃），且测温范围尽可能达到15K（约－258℃）的高精度超低温检测仪表。同时，某些场合需连续测量液态金属的温度或长时间连续测量2500～3000℃的高温介质温度，目前虽然已能研制和生产最高上限超过2800℃的钨铼系列热电偶，但测温范围一旦超过2300℃，其准确度将下降，而且极易氧化，从而严重影响其使用寿命与可靠性。因此，寻找能长时间连续准确检测上限超过2300℃被测介质温度的新方法、新材料和研制出相应的测温传感器（尤其是适合低成本大批量生产）是各国科技工作者多年来一直努力要解决的课题。目前，非接触式辐射型温度检测仪表的测温上限，理论上最高可达100000℃以上，但与聚核反应优化控制理想温度约10^8℃相比还相差3个数量级，这就说明超高温检测的需求远远高于当前温度检测技术所能达到的技术水平。

随着微米/纳米技术和微机械加工技术研究与应用，对微机电系统、超精细加工高精度在线检测技术和检测系统需求十分强劲，缺少在线检测技术和检测系统也已成为各种微机电系统制作成品率十分低下、难以批量生产的根本原因。

目前，除了超高温、超低温度检测仍有待突破外，诸如混相流量、脉动流量的实时检测，微差压（几十帕）、超高压在线检测，高温高压下物质成分的实时检测等，都是亟须攻克的检测技术难题。

随着我国工业化、信息化步伐加快，各行各业高效率的生产更依赖于各种可靠的在线检测设备。努力研制在复杂和恶劣测量环境下能满足用户所需精度要求且能长期稳定工作的各种高可靠性检测仪器和检测系统，将是检测技术的一个长期发展方向。

(2) 重视非接触式检测技术研究

在检测过程中，把传感器置于被测对象上，灵敏地感知被参量的变化，这种接触式检测方法通常比较直接、可靠，测量精度较高；但在某些情况下，因传感器的加入会对被测对象的工作状态产生干扰，而影响测量的精度。而在有些被测对象上，根本不允许或不可能安装传感器，例如测量高速旋转轴的振动、转矩等。因此，各种可行的非接触式检测技术的研究愈来愈受到重视，目前已商品化的光电式传感器、电涡流式传感器、超声波检测仪表、核辐射检测仪表、红外检测与红外成像仪器等正是在这种背景下不断发展起来的。今后不仅需要继续改进和克服非接触式（传感器）检测仪器易受外界干扰及绝对精度较低等问题，而且相信对一些难以采用接触式检测或无法采用接触方式进行检测的，尤其是那些具有重大军事、经济或其他应用价值的非接触检测技术课题的研究投入会不断增加，非接触检测技术的研究、发展和应用步伐将会明显加快。

（3）检测系统智能化

近十年来，由于包括微处理器、微控制器在内的大规模集成电路的成本和价格不断降低，功能和集成度不断提高，使得许许多多以微处理器、微控制器或微型计算机为核心的现代检测仪器（系统）实现了智能化，这些现代检测仪器通常具有系统故障自测、自诊断、自调零、自校准、自选量程、自动测试和自动分选功能，强大的数据处理和统计功能，远距离数据通信和输入、输出功能，可配置各种数字通信接口，传递检测数据和各种操作命令等，还可方便地接入不同规模的自动检测、控制与管理信息网络系统。与传统检测系统相比，智能化的现代检测系统具有更高的精度和性价比。

思考题与习题

1.1　综述并举例说明传感器与检测技术在现代化建设中的作用。

1.2　自动检测系统通常由哪几个部分组成？其中对传感器的一般要求是什么？

1.3　试述信号调理和信号处理的主要功能和区别，并说明信号调理单元和信号处理单元通常由哪些部分组成。

1.4　传感器有哪些分类方法？各包含哪些传感器种类？

1.5　根据被检测参量的不同，检测系统通常可分成哪几类？

1.6　传感器与检测技术的主要发展趋势有哪些？

第2章 测量误差基础

学习目标

1. 掌握误差的基本概念，能够区分绝对误差、相对误差、引用误差和最大引用误差的概念。

2. 能够对误差进行处理以及修正，能利用检测技术对具体的测量对象进行测量。

测量精度（高、低）从概念上与测量误差（小、大）相对应，目前误差理论已发展成为一门专门学科，涉及内容很多。为适应不同的读者需要并便于后面各章的介绍，下面对测量误差的一些术语、概念、常用误差处理方法和检测系统的一般静态、动态特性及主要性能指标做一扼要的介绍。

2.1 检测系统误差分析基础

2.1.1 误差的基本概念

(1) 测量误差的定义

测量是变换、放大、比较、显示、读数等环节的综合。由于检测系统（仪表）不可能绝对精确，测量原理的局限、测量方法的不尽完善、环境因素和外界干扰的存在以及测量过程中被测对象的原有状态可能会被影响等因素，也使得测量结果不能准确地反映被测量的真值而存在一定的偏差，这个偏差就是测量误差。

(2) 真值

一个量具有的严格定义的理论值通常称为理论真值，如三角形三内角和为180°等。许多量由于理论真值在实际工作中难以获得，常采用约定真值或相对真值来代替理论真值。

① 约定真值　根据国际计量委员会通过并发布的各种物理参量单位的定义，利用当今最先进科学技术复现这些实物单位基准，其值被公认为国际或国家基准，称为约定真值。例如，保存在国际计量局的1kg铂铱合金原器就是1kg质量的约定真值。在各地的实践中通常用约定真值代替真值进行量值传递，也可对低一等级标准量值（标准器）或标准仪器进行比对、计量和校准。各地可用经过上级法定计量部门按规定定期送检、校验过的标准器或标准仪器及其修正值作为当地相应物理参量单位的约定真值。

② 相对真值　如果高一级检测仪器（计量器具）的误差小于低一级检测仪器误差的1/3，则可认为前者是后者的相对真值。例如，高精度石英钟的计时误差通常比普通机械闹钟的计时误差小1～2个数量级以上，因此高精度的石英钟可视为普通机械闹钟的相对真值。

(3) 标称值

计量或测量器具上标注的量值，称为标称值。如天平的砝码上标注的、精密电阻器上标注的100Ω等。制造的不完备或环境条件发生变化，使这些计量或测量器具的实际值与其标称值之间存在一定的误差，使计量或测量器具的标称值存在不确定度，通常需要根据精度等级或误差范围进行估计。

(4) 示值

检测仪器（或系统）指示或显示（被测量）的数值称为示值，又称测量值或读数。由于传感器不可能绝对精确，信号调理、模数转换不可避免地存在误差，加上测量时环境因素和外界干扰的存在以及测量过程可能会影响被测对象的原有状态等，都可使得示值与实际值存在偏差。

2.1.2 误差的表示方法

检测系统（仪器）的基本误差通常有以下几种表示形式。

(1) 绝对误差

检测系统的测量值（即示值）X 与被测量的真值 X_0 之间的代数差值 Δx 称为检测系统测量值的绝对误差，即

$$\Delta x = X - X_0 \tag{2-1}$$

式中，真值 X_0 可为约定真值，也可为由高精度标准器所测得的相对真值；绝对误差 Δx 说明了系统示值偏离真值的大小，其值可正可负，具有和被测量相同的量纲。

在标定或校准检测系统样机时，常采用比较法：即对于同一被测量，将标准仪器（比检测系统样机具有更高的精度）的测量值作为近似真值 X_0 与被校检测系统的测量值 X 进行比较，其差值就是被校检测系统测量值的绝对误差。如果该差值是一恒定值，即为检测系统的“系统误差”。该误差可能是系统在非正常工作条件下使用而产生的，也可能是其他原因所造成的附加误差。此时对检测仪表的测量值应加以修正，修正后才可得到被测量的实际值 X_0；

$$X_0 = X - \Delta x = X + C \tag{2-2}$$

式中，数值 C 称为修正值或校正量。修正值与示值的绝对误差数值相等，但符号相反，即

$$C = -\Delta x = X_0 - X \tag{2-3}$$

计量室用的标准器常由高一级的标准器定期校准，检定结果附带有示值修正表，或修正曲线 $C = f(x)$。

(2) 相对误差

检测系统测量值（即示值）的绝对误差 Δx 与被测参量真值 X_0 的比值，称为检测系统测量（示值）的相对误差 δ，常用百分数表示，即

$$\delta = \frac{\Delta x}{X_0} \times 100\% = \frac{X - X_0}{X_0} \times 100\% \tag{2-4}$$

这里的真值可以是约定真值，也可以是相对真值（工程上，在无法得到本次测量的约定真值和相对真值时，常在被测参量没有发生变化的条件下重复多次测量，用多次测量的平均

值代替相对真值，以消除系统误差）。用相对误差通常比用绝对误差更能说明不同测量的精确程度，一般来说相对误差值小，其测量精度就高。相对误差是一个量纲为一的量。

在评价检测系统的精度或测量质量时，有时利用相对误差作为衡量标准也不很准确。例如，用任一确定精度等级的检测仪表测量一个靠近测量范围下限的小量，计算得到的相对误差通常总比测量接近上限的大量（如 2/3 量程处）得到的相对误差大得多，故引入引用误差的概念。

(3) 引用误差

检测系统测量值的绝对误差 Δx 与系统量程 L 的比值，称为检测系统测量值的引用误差 γ。引用误差 γ 通常仍以百分数表示，即

$$\gamma=\frac{\Delta x}{L}\times 100\% \tag{2-5}$$

比较式（2-4）和式（2-5）可知：在 γ 表示式中用量程 L 代替了真值 X，使用起来虽然更为方便，但引用误差的分子仍为绝对误差 Δx；当测量值为检测系统测量范围的不同数值时，各示值的绝对误差 Δx 也可能不同。因此，即使是同一检测系统，其测量范围内的不同示值处的引用误差也不一定相同。为此，可以取引用误差的最大值，既能克服上述的不足，又更好地说明了检测系统的测量精度。

(4) 最大引用误差（或满度最大引用误差）

在规定的工作条件下，当被测量平稳增加或减少时，在检测系统全量程所有测量值引用误差（绝对值）的最大者，或者说所有测量值中最大绝对误差（绝对值）与量程的比值的百分数，称为该系统的最大引用误差，用符号 $\gamma_{\max}$ 表示

$$\gamma_{\max}=\frac{|\Delta x|}{L}\times 100\% \tag{2-6}$$

最大引用误差是检测系统基本误差的主要形式，故也常称其为检测系统的基本误差。它是检测系统最主要的质量指标，能很好地表征检测系统的测量精确度。

2.1.3　检测仪器的精度等级与工作误差

(1) 精度等级

工业检测仪器（系统）常以最大引用误差作为判断其准确度等级的尺度。仪表准确度习惯上称为精度，准确度等级习惯上称为精度等级。人为规定：取最大引用误差百分数的分子作为检测仪器（系统）精度等级的标志，即用最大引用误差去掉正负号和百分号后的数字来表示精度等级，精度等级常用符号 G 表示。0.1、0.2、0.5、1.0、1.5、2.5、5.0 七个等级是我国工业检测仪器（系统）的常用精度等级。检测仪器（系统）的精度等级由生产厂商根据其最大引用误差的大小并以选大不选小的原则就近套用上述精度等级得到。

例如，量程为 0～1000V 的数字电压表，如果其整个量程中最大绝对误差为 1.05V，则有 $\gamma_{\max}=\frac{|\Delta x|}{L}\times 100\%=\frac{1.05}{1000}\times 100\%=0.105\%$。

由于 0.105 不是标准化精度等级值，因此该仪器需要就近套用标准化精度等级值。0.105 位于 0.1 级和 0.2 级之间，尽管该值与 0.1 更为接近，但按选大不选小的原则，该数字电压表的精度等级 G 应为 0.2 级。因此，任何符合计量规范的检测仪器（系统）都满足

$$|\gamma_{\max}|\leqslant G \tag{2-7}$$

由此可见，仪表的精度等级是反映仪表性能的最主要的质量指标，它充分地说明了仪表的测量精度，可较好地用于评估检测仪表在正常工作时（单次）测量的测量误差范围。

(2) 工作误差

工作误差是指检测仪器在额定工作下可能产生的最大误差范围，它也是衡量检测仪器的最重要的质量指标之一。检测仪器的准确度、稳定度等指标都可用工作误差来表征。按照GB/T 6592—2010《电工和电子测量设备性能表示》的规定，工作误差通常直接用绝对误差表示。

一般情况下，仪表精度等级的数字愈小，仪表的精度愈高。如0.5级的仪表精度优于1.0级仪表，而劣于0.2级仪表。工程上，单次测量值的误差通常就是用检测仪表的精度等级来估计的。但值得注意的是：精度等级的高低仅说明该检测仪表的引用误差最大值的大小，它绝不意味着该仪表某次实际测量中出现的具体误差值是多少。

例2-1 被测电压实际值约为21.7V，现有四种电压表：1.5级、量程为0～30V的A表，1.5级、量程为0～50V的B表，1.0级、量程为0～50V的C表，0.2级、量程为0～360V的D表。请问选用哪种规格的电压表进行测量所产生的测量误差较小？

解： 根据式（2-6），分别用四种表进行测量可能产生的最大绝对误差如下

A表

$$|\Delta x_{\max}|=|\gamma_{\max}|\times L=1.5\%\times 30\text{V}=0.45\text{V}$$

B表

$$|\Delta x_{\max}|=|\gamma_{\max}|\times L=1.5\%\times 50\text{V}=0.75\text{V}$$

C表

$$|\Delta x_{\max}|=|\gamma_{\max}|\times L=1.0\%\times 50\text{V}=0.50\text{V}$$

D表

$$|\Delta x_{\max}|=|\gamma_{\max}|\times L=0.2\%\times 360\text{V}=0.72\text{V}$$

四者比较，选用A表进行测量所产生的测量误差较小。

由上例不难看出，检测仪表产生的测量误差不仅与所选仪表精度等级G有关，而且与所选仪表的量程有关。通常量程L和测量值X相差愈小，测量准确度愈高。所以，在选择仪表时，应选择测量值尽可能接近的仪表量程。

2.1.4 测量误差的分类

从不同的角度，测量误差可有不同的分类方法。

(1) 按误差的性质分类

根据误差的性质（或出现的规律），测量误差可分为系统误差、随机误差和粗大误差三类。

① 系统误差　在相同条件下，多次重复测量同一被测量时，其测量误差的大小和符号保持不变，或在条件改变时，误差按某一确定的规律变化，这种测量误差称为系统误差。误差值恒定不变的系统误差又称为定值系统误差，误差值变化的系统误差则称为变值系统误差。变值系统误差又可分为累进性的、周期性的以及按复杂规律变化的系统误差。

系统误差产生的原因大体上有：测量所用的工具（仪器、量具等）本身性能不完善或安装、布置、调整不当；在测量过程中温度、湿度、气压、电磁干扰等环境条件发生变化；测

量方法不完善或者测量所依据的理论本身不完善；操作人员视读方式不当等。总之，系统误差的特征是测量误差出现的有规律性和产生原因的可知性。系统误差产生的原因和变化规律一般可以通过实验和分析查出。因此，系统误差可被设法确定并消除。

② 随机误差　在相同条件下多次重复测量同一被测量时，测量误差的大小与符号均无规律变化，这类误差称为随机误差。随机误差主要是由于检测仪器或测量过程中某些未知或无法控制的随机因素（如仪器某些元器件性能不稳定，外界温度、湿度变化，空中电磁波扰动，电网的畸变与波动等）综合作用的结果。随机误差的变化通常难以预测，因此也无法通过实验方法确定、修正和消除。但是通过足够多的测量比较可以发现随机误差服从某种统计规律（如正态分布、均匀分布、泊松分布等）。

通常用精密度表征随机误差的大小。精密度越低，随机误差越大；反之，精密度越高，随机误差越小。

③ 粗大误差　粗大误差是指明显超出规定条件下预期的误差。其特点是误差数值大，明显歪曲了测量结果。粗大误差一般由外界重大干扰、仪器故障或不正确的操作等引起。存在粗大误差的测量值称为异常值或坏值，一般容易发现，发现后应立即剔除。也就是说，正常的测量数据应是剔除了粗大误差的数据，所以通常研究的测量结果误差中仅包含系统误差和随机误差两类。

系统误差和随机误差虽然是两类性质不同的误差，但两者并不是彼此孤立的。它们总是同时存在并对测量结果产生影响。许多情况下，很难把它们严格区分开来，有时不得不把并没有完全掌握或者分析起来过于复杂的系统误差当作随机误差来处理。例如，生产一批应变片，就每一只应变片而言，它的性能、误差是完全可以确定的，属于系统误差；但是由于应变片生产批量大和误差测定方法的限制，不允许逐只进行测定，而只能在同一批产品中按一定比例抽测，其余未测的只能按抽测误差来估计。这一估计具有随机误差的特点，是按随机误差方法来处理的。

同样，某些（如环境温度、电源电压波动等所引起的）随机误差，当掌握它的确切规律后，就可视为系统误差并设法修正。

由于在任何一次测量中，系统误差与随机误差一般都同时存在，所以常按其对测量结果的影响程度分三种情况来处理：系统误差远大于随机误差时，此时仅按系统误差处理；系统误差很小，已经校正，则可仅按随机误差处理；系统误差和随机误差不多时应分别按不同方法来处理。

精度是反映检测仪器的综合指标，精度高必须做到系统误差和随机误差都小。

(2) 按被测量与时间的关系分类

按被测量与时间的关系，测量误差可分为静态误差和动态误差两大类。习惯上，将被测量不随时间变化时所测得的误差称为静态误差；被测量随时间变化过程中进行测量时所产生的附加误差称为动态误差。动态误差是由于检测系统对输入信号变化响应上的滞后或输入信号中不同频率成分通过检测系统时受到不同的衰减和延迟而造成的误差。动态误差的大小为动态时测量和静态时测量所得误差值的差值。

(3) 按产生误差的原因分类

按产生误差的原因，把误差分为原理性误差、构造误差等。由于测量原理、方法的不完善，或对理论特性方程中的某些参数做了近似或略去了高次项而引起的误差称为原理性误差（又称方法误差）；因检测仪器（系统）在结构上、在制造调试工艺上不尽合理、不尽完善而引起的误差称为构造误差（又称工具误差）。

2.2　系统误差处理

在一般工程测量中，系统误差与随机误差总是同时存在，尤其对装配刚结束可正常运行的检测仪器，在出厂前进行的对比测试、校准过程中，反映出的系统误差往往比随机误差大得多；而新购检测仪器尽管在出厂前，生产厂家已经对仪器的系统误差进行过良好的校正，但一旦安装到用户使用现场，也会因仪器的工况改变产生新的甚至是很大的系统误差，为此需要进行现场调试和校正；在检测仪器使用过程中还会因仪器元器件老化、线路板及元器件上积尘、外部环境发生某种变化等原因而造成检测仪器系统误差的变化，因此需对检测仪器定期检定与校准。

不难看出，为保证和提高测量精度，需要研究发现系统误差，进而设法校正和消除系统误差。

2.2.1　系统误差的特点及常见变化规律

系统误差的特点是其出现有规律性，系统误差的产生原因一般可通过实验和分析研究确定与消除。由于检测仪器种类和型号繁多，使用环境往往差异很大，产生系统误差的因素众多，因此系统误差所表现的特征，即变化规律往往也不尽一致。

系统误差（这里用 Δx 表示）随测量时间变化的几种常见关系曲线如图 2-1 所示。

曲线 1 表示测量误差的大小与方向不随时间变化的恒差型系统误差；曲线 2 表示测量误差随时间以某种斜率呈线性变化的线性变差型系统误差；曲线 3 表示测量误差随时间做某种周期性变化的周期变差型系统误差；曲线 4 为上述三种关系曲线的某种组合形态，表示呈现复杂规律变化的复杂变差型系统误差。

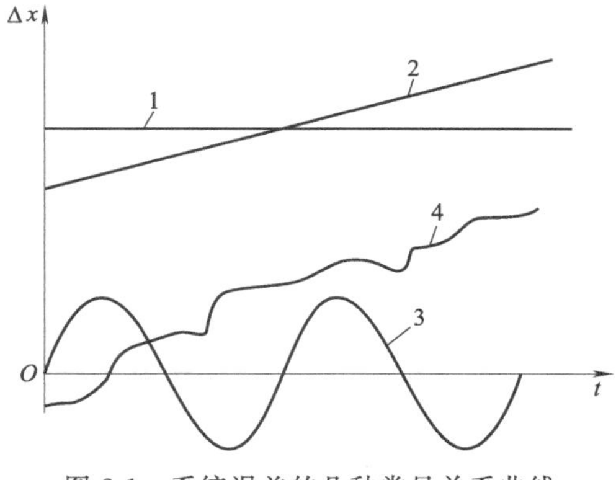

图 2-1　系统误差的几种常见关系曲线

2.2.2　系统误差的判别和确定

(1) 恒差系统误差的确定

① 实验比对　对于不随时间变化的恒差型系统误差，通常可以采用通过实验比对的方法发现和确定。实验比对的方法又可分为标准器件法（简称标准件法）和标准仪器法（简称标准表法）两种。以电阻测量为例，标准件法就是检测仪器对高精度精密标准电阻器（其值作为约定真值）进行重复多次测量，如果测量值与标准电阻器的阻值的差值大小均稳定不变，该差值即可作为此检测仪器在该示值点的系统误差值，其相反数即为此测量点的修正值。标准表法是把精度等级高于被检定仪器两档以上的同类高精度仪器作为近似没有误差的标准表，与被检定检测仪器同时或依次对被测对象（例如在被检定检测仪器测量范围内的电阻器）进行重复测量，把标准表示值视为相对真值，如果被检定检测仪器示值与标准表示值之差大小稳定不变，就可将该差值作为此检测仪器在该示值点的系统误差，该差值的相反数即为此检测仪器在此点的修正值。

当不能获得高精度的标准件或标准仪器时，可用多台同类或类似仪器进行重复测量、比对，把多台仪器重复测量的平均值近似作为相对真值，仔细观察和分析测量结果，亦可粗略地发现和确定被检仪器的系统误差。此方法只能判别被检仪器个体与其他群体间存在系统误差的情况。

② 原理分析与理论计算 对一些因转换原理、检测方法或设计制造方面存在不足而产生的恒差型系统误差，可通过原理分析与理论计算来加以修正。这类“不足”经常表现为在传感器转换过程中存在零位，传感器输出信号与被测量间存在非线性，传感器内阻大而信号调理电路输入阻抗不够高，信号处理时采用的是略去高次项的近似经验公式或经简化的电路模型等。对此需要针对性地仔细研究和计算、评估实际值与理想（或理论）值之间的恒定误差，然后设法校正、补偿和消除。

③ 改变外界测量条件 有些检测系统一旦工作环境条件或被测量数值发生改变，其测量系统误差往往也从一个固定值变化成另一个确定值。对这类检测系统需要通过逐个改变外界测量条件，来发现和确定仪器在其允许的不同工况条件下的系统误差。

(2) 变差系统误差的确定

变差系统误差是指按某种确定规律变化的测量系统误差。对此可采用残差观察法或利用某些判断准则来发现并确定是否存在变差系统误差。

① 残差观察法 当系统误差比随机误差大时，通过观察和分析测量数据及各测量值与全部测量数据算术平均值之差，即剩余偏差（又称残差），常常能发现该误差是否为按某种规律变化的变差系统误差。通常的做法是把一系列等精度重复测量值及其残差按测量时的先后次序分别列表，仔细观察和分析各测量数据残差值的大小和符号的变化情况，如果发现残差序列呈有规律递增或递减，且残差序列减去其中值后的新数列在以中值为原点的数轴上呈正负对称分布，则说明测量存在累进性的线性系统误差；如果发现偏差序列呈有规律交替重复变化，则说明测量存在周期性系统误差。

当系统误差比随机误差小时，就不能通过观察来发现系统误差，只能通过专门的判断准则才能较好地发现和确定。这些判断准则实质上是检验误差的分布是否偏离正态分布，常用的有马利科夫准则和阿贝-赫梅特准则等。

② 马利科夫准则 马利科夫准则适用于判断、发现和确定线性系统误差。此准则的实际操作方法是将在同一条件下顺序重复测量得到的一组测量值 X_1，X_2，…，X_i，…，X_n 按顺序排列，并求出它们相应的残差 v_1，v_2，…，v_i，…，v_n。

$$v_i = X_i - \frac{1}{n}\sum_{i=1}^{n} X_i = X_i - \overline{X} \tag{2-8}$$

式中，X_i 为第 i 次测量值；n 为测量次数；$\overline{X}$ 为全部 n 次测量值的算术平均值，简称测量均值，为第 i 次测量的残差。

将残差序列以中间值 v_k 为界分为前后两组，分别求和，然后把两组残差和相减，即

$$D = \sum_{i=1}^{k} v_i - \sum_{i=s}^{n} v_i \tag{2-9}$$

当 n 为偶数时，取 $k=n/2$、$s=n/2+1$；当 n 为奇数时，取 $k=(n+1)/2=s$。

若 D 近似等于零，说明测量中不含线性系统误差；若 D 明显不为零（且大于 v_i），则表明这组测量中存在线性系统误差。

③ 阿贝-赫梅特准则 阿贝-赫梅特准则适用于判断、发现和确定周期性系统误差。此准则的实际操作方法也是将在同一条件下重复测量得到的一组测量值 X_1，X_2，…，X_n 按序排列，并根据式（2-8）求出它们相应的残差 v_1，v_2，…，v_n 然后计算

$$A = \left| \sum_{i=1}^{n-1} v_i v_{i+1} \right| = \left| v_1 v_2 + v_2 v_3 + \cdots + v_{n-1} v_n \right| \tag{2-10}$$

如果式（2-10）中 $A > \delta^2 \sqrt{n-1}$ 成立（δ^2 为本测量数据序列的方差），则表明测量值中存在周期性系统误差。

2.2.3　减小和消除系统误差的方法

在测量过程中，若发现测量数据中存在系统误差，则需要做进一步的分析比较，找出产生该系统误差的主要原因以及相应减小系统误差的方法。由于产生系统误差的因素众多，且经常是若干因素共同作用，因而显得更加复杂，难以找到一种普遍有效的方法来减小和消除系统误差。下面几种是最常用的减小系统误差的方法。

(1) 针对产生系统误差的主要原因采取相应措施

对测量过程中可能产生系统误差的环节做仔细分析，找出产生系统误差的主要原因，并采取相应措施是减小和消除系统误差最基本和最常用的方法。例如，如果发现测量数据中存在的系统误差原因主要是传感器转换过程中存在零位或传感器输出信号与被测量间存在非线性，则可采取相应措施调整传感器零位，仔细测量出传感器非线性误差，并据此调整线性化电路或用软件补偿的方法校正和消除此非线性误差。如果发现测量数据中存在的系统误差主要是因为信号处理时采用近似经验公式（如略去高次项等），则可考虑用改进算法、多保留高次项的措施来减小和消除系统误差。

(2) 采用修正方法减小恒差系统误差

利用修正值来减小和消除系统误差是常用的、非常有效的方法之一，在高精度测量、计量与校准时被广泛采用。

通常的做法是在测量前预先通过标准器件法或标准仪器法比对（计算），得到该检测仪器系统误差的修正值，制成系统误差修正表；然后用该检测仪器进行具体测量时可人工或由仪器自动地将测量值与修正值相加，从而大大减小或基本消除该检测仪器原先存在的系统误差。

除通过标准器件法或标准仪器法获取该检测仪器系统误差的修正值外，还可对各种影响因素，如温度、湿度、电源电压等变化引起的系统误差，通过反复实验绘制出相应的修正曲线或制成相应表格，供测量时使用。对随时间或温度不断变化的系统误差，如仪器的零点误差、增益误差等可采取定期测量和修正的方法解决。智能化检测仪器通常可对仪器的零点误差、增益误差间隔一定时间自动进行采样并自动实时修正处理，这也是智能化仪器能获得较高测量精度的主要原因。

(3) 采用交叉读数法减小线性系统误差

交叉读数法也称对称测量法，是减小线性系统误差的有效方法。如果检测仪器在测量过程中存在线性系统误差，那么在被测量保持不变的情况下，其重复测量值也会随时间的变化而呈线性增加或减小。若选定整个测量时间范围内的某时刻为中点，则对称于此点的各对测量值的和都相同。根据这一特点，可在时间上将测量顺序等间隔对称安排，取各对称点两次交叉读入测量值，然后取其算术平均值作为测量值，即可有效地减小测量的线性系统误差。

(4) 采用半周期法减小周期性系统误差

对周期性系统误差，可以相隔半个周期进行一次测量，如图 2-2 所示。

取两次读数的算术平均值，即可有效地减小周期性系统误差。因为相差半周期的两次测

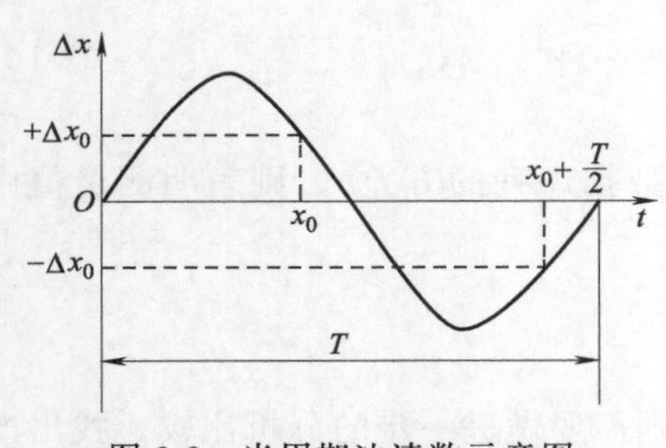

图 2-2　半周期法读数示意图

量，其误差在理论上具有大小相等、符号相反的特征，所以这种方法在理论上能很好地减小和消除周期性系统误差。

以上几种方法在具体实施时，由于种种原因都难以完全消除所有的系统误差，而只能将系统误差减小到对测量结果影响最小以至可以忽略不计的程度。

如果测量系统误差或残余系统误差代数和的绝对值不超过测量结果扩展不确定度的最后一位有效数字的一半，通常就认为测量系统误差已经很小，可忽略不计了。

2.3　随机误差处理

系统误差的特点是测量误差出现的有规律性，其产生原因一般可通过实验和分析研究确定，并采取相应措施把其减小到一定的程度。为方便起见，本节对随机误差的分析讨论中都假定系统误差已被减小到可忽略不计的程度。

由于随机误差是由没有规律的大量微小因素共同作用所产生的结果，因而不易掌握，也难以消除。但是，随机误差具有随机变量的一切特点，它的概率分布通常服从一定的统计规律。这样，就可以用数理统计的方法，对其分布范围做出估计，得到随机影响的不确定度。

2.3.1　随机误差的分布规律

假定对某个被测量进行等精度（各种测量因素相同）重复测量多次，其测量值分别为 X_1，X_2，…，X_i，…，X_n，则各次测量的测量误差，即随机误差（假定已消除系统误差 X_i）分别为

$$
\begin{aligned}
x_1 &= X_1 - X_0 \\
x_2 &= X_2 - X_0 \\
&\vdots \\
x_i &= X_i - X_0 \\
&\vdots \\
x_n &= X_n - X_0
\end{aligned}
\tag{2-11}
$$

式中，X_0 为真值。

大量的试验结果还表明：当没有起决定性影响的误差源（项）存在时，随机误差的分布规律多数都服从正态分布。如果以偏差幅值（有正负）为横坐标、以偏差出现的次数为纵坐标作图，可以看出满足正态分布的随机误差整体上具有下列统计特性。

① 有界性：各个随机误差的绝对值（幅度）均不超过一定的界限。

② 单峰性：绝对值（幅度）小的随机误差总要比绝对值（幅度）大的随机误差出现的概率大。

③ 对称性：（幅度）等值而符号相反的随机误差出现的概率接近相等。

④ 抵偿性：当等精度重复测量次数 $n\to\infty$ 时，所有测量值的随机误差的代数和为零，即 $\lim\limits_{n\to\infty}\sum\limits_{i=1}^{n} x_i = 0$。

所以，在等精度重复测量次数足够大时，其算术平均值 $\overline{X}$ 就是其真值 X_0 较理想的替代值。

当有起决定性影响的误差源存在，还会出现诸如：均匀分布、三角分布、梯形分布、C 分布等。下面对正态分布和均匀分布做简要介绍。

(1) 正态分布

高斯于 1795 年提出的连续型正态分布随机变量的概率密度函数表达式为

$$p(x)=\frac{1}{\sqrt{2\pi}\sigma}e^{\frac{-(x-\mu)^2}{2\sigma^2}} \tag{2-12}$$

式中，μ 为随机变量的数学期望值；e 为自然对数的底；σ 为随机变量 x 的均方根差或称标准偏差（简称标准差），即

$$\sigma=\lim_{n\to\infty}\sqrt{\frac{\sum_{i=1}^{n}(x_i-\mu)^2}{n}} \tag{2-13}$$

式中，σ^2 为随机变量的方差，数学上通常用 D 表示；n 为随机变量的个数。

正态分布中，μ 和 σ 是决定正态分布曲线的两个特征参数。μ 影响随机变量分布的集中位置，称其为正态分布的位置特征参数；σ 表征随机变量的分散程度，称为正态分布的离散特征参数。μ 值改变，σ 值保持不变，正态分布曲线的形状保持不变而位置根据值改变而沿横坐标移动，如图 2-3 所示。当 μ 值不变，σ 值改变，则正态分布曲线的位置不变，但形状改变，如图 2-4 所示。

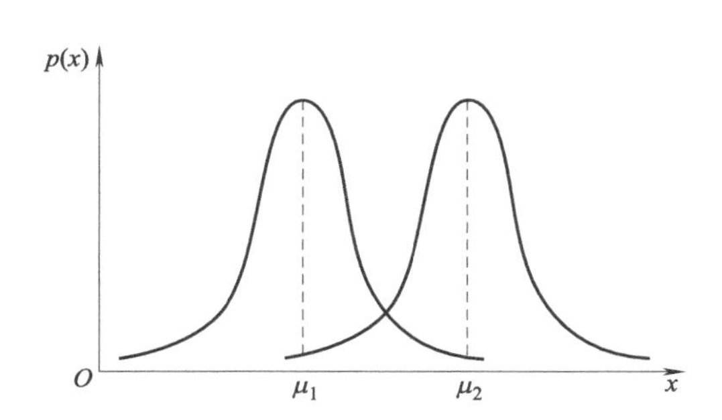

图 2-3　μ 值对正态分布的影响示意图

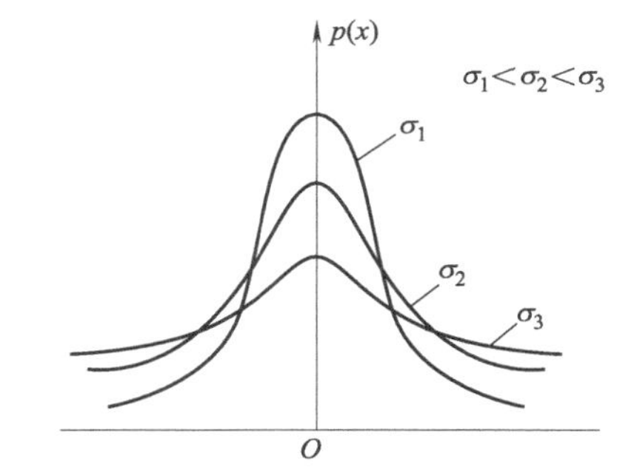

图 2-4　σ 值对正态分布的影响示意图

σ 值变小，则正态分布曲线变得尖锐，表示随机变量的离散性变小；σ 值变大，则正态分布曲线变平缓，表示随机变量的离散性变大。

在已经消除系统误差条件下的等精度重复测量中，当测量数据足够多时，测量的随机误差大都呈正态分布，因而完全可以参照式（2-12）的高斯方程对测量随机误差进行比较分析。

分析测量随机误差时，标准差 σ 表征测量数据离散程度。σ 值愈小，测量数据愈集中，概率密度曲线愈陡峭，测量数据的精密度愈高；反之，σ 值愈大，测量数据愈分散，概率密度曲线愈平坦，测量数据的精密度愈低。

(2) 均匀分布

在测试和计量中随机误差有时还会服从非正态的均匀分布等。从误差分布图上看，均匀分布的特点是：在某一区域内，随机误差出现的概率处处相等，而在该区域外随机误差出现

的概率为零。均匀分布的概率密度函数 $\varphi(x)$ 为

$$\varphi(x)=\begin{cases}\dfrac{1}{2a}, & -a\leqslant x\leqslant a\\ 0, & |x|>a\end{cases} \tag{2-14}$$

式中，a 为随机误差 x 的极限值。

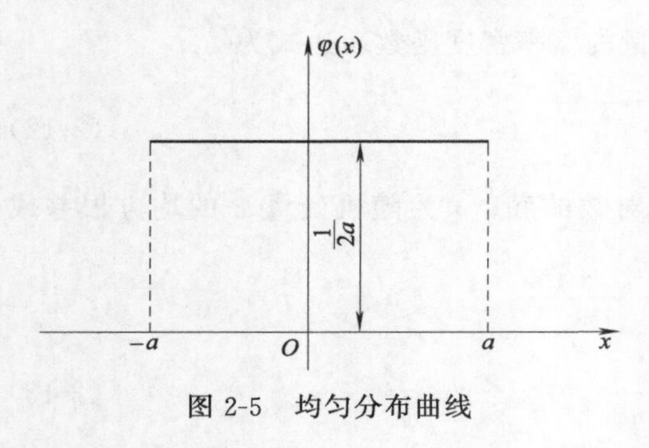

图 2-5 均匀分布曲线

均匀分布的随机误差概率密度函数的图形呈直线，如图 2-5 所示。

较常见的均匀分布随机误差通常是因指示式仪器度盘、标尺刻度误差造成的误差，检测仪器最小分辨力限制引起的误差，数字仪表或屏幕显示测量系统产生的量化（±1）误差，智能化检测仪器在数字信号处理中存在的舍入误差等。此外，对于一些只知道误差出现的大致范围，而难以确切知道其分布规律的误差，在处理时亦经常按均匀分布误差对待。

2.3.2 测量数据的随机误差估计

(1) 测量真值估计

在实际工程测量中，测量次数不可能无穷大，而测量真值 X_0 通常也不可能已知。根据对已消除系统误差的有限次等精度测量数据样本 X_1，X_2，…，X_i，…，X_n，求其算术平均值 $\overline{X}$，即

$$\overline{X}=\frac{1}{n}\sum_{i=1}^{n}X_i \tag{2-15}$$

式中，$\overline{X}$ 是被测量真值 X_0（或数学期望 μ）的最佳估计值，也是实际测量中比较容易得到的真值近似值。

(2) 测量值的均方根误差估计

对已消除系统误差的一组 n 个（有限次）等精度测量数据 X_1，X_2，…，X_i，…，X_n，采用其算术平均值 $\overline{X}$ 的近似代替测量真值 X_0 后，总会有偏差，偏差的大小，目前常使用贝塞尔（Bessel）公式来计算

$$\hat{\sigma}=\sqrt{\frac{\sum_{i=1}^{n}(X_i-\overline{X})^2}{n-1}}=\sqrt{\frac{\sum_{i=1}^{n}v_i^2}{n-1}} \tag{2-16}$$

式中，X_i 为第 i 次测量值；n 为测量次数，这里为一有限值；$\overline{X}$ 为全部 n 次测量值的算术平均值，简称测量均值；v_i 为第 i 次测量的残差；$\hat{\sigma}$ 为标准偏差 σ 的估计值，亦称实验标准偏差。

(3) 算术平均值的标准差

严格地讲，当 $n\rightarrow\infty$ 时，$\hat{\sigma}=\sigma$，$\overline{X}=X_0=\mu$ 才成立。

可以证明（详细证明参阅概率论或误差理论中的相关部分）算术平均值的标准差为

$$\sigma(\overline{X})=\frac{1}{\sqrt{n}}\sigma(X) \tag{2-17}$$

在实际工作中，测量次数 n 只能是一个有限值，为了不产生误解，建议用算术平均值 $\overline{X}$ 的标准差和方差的估计值 $\hat{\sigma}(\overline{X})$ 与 $\hat{\sigma}_2(\overline{X})$ 代替式（2-17）中的 $\sigma(\overline{X})$ 与 $\sigma_2(\overline{X})$。

以上分析表明，算术平均值 $\overline{X}$ 的方差仅为单次测量值 X_i，方差的 $1/n$，也就是说，算术平均值 $\overline{X}$ 的离散度比测量数据 X_i 的离散度要小。所以，在有限次等精度重复测量中，用算术平均值估计被测量值要比用测量数据序列中任何一个都更为合理和可靠。

式（2-17）还表明，在 n 较小时，增加测量次数 n，可明显减小测量结果的标准偏差，提高测量的精密度。但随着 n 的增大，减小的程度愈来愈小；当 n 大到一定数值 $\hat{\sigma}(X)$ 时就几乎不变了。另外，增加测量次数 n 不仅使数据采集和数据处理的工作量迅速增加，而且因测量时间不断增大而使"等精度"的测量条件无法保持，由此产生新的误差。所以，在实际测量中，对普通被测量，测量次数一般取 4～24 次。若要进一步提高测量精度，通常需要从选择精度等级更高的测量仪器、采用更为科学的测量方案、改善外部测量环境等方面入手。

(4)（正态分布时）测量结果的置信度

由上述可知，可用测量值 X_i 的算术平均值 $\overline{X}$ 作为数学期望 μ 的估计值，即真值 X_0 的近似值。$\overline{X}$ 的分布离散程度可用贝塞尔公式等方法求出的重复性标准差 $\hat{\sigma}$（标准偏差的估计值）来表征，但仅知道这些还是不够的，还需要知道真值 X_0 落在某一数值区间的"肯定程度"，即估计真值 X_0 能以多大的概率落在某一数值区间。

以上就是数理统计学中数值区间估计问题。该数值区间称为置信区间，其界限称为置信限。该置信区间包含真值的概率称为置信概率，也可称为置信水平。这里置信限和置信概率综合体现测量结果的可靠程度，称为测量结果的置信度。显然，对同一测量结果而言，置信限愈大，置信概率就愈大；反之亦然。

对于正态分布，由于测量值在某一区间出现的概率与标准差 σ 的大小密切相关，故一般把测量值 X_i 与真值 X_0（或数学期望）的偏差 Δx 的置信区间取为 σ 的若干倍，即

$$\Delta x = \pm k\sigma \tag{2-18}$$

式中，k 为置信系数（或称置信因子），可被看作是在某一个置信概率情况下，标准偏差 σ 与误差限之间的一个系数。它的大小不但与概率有关，而且与概率分布有关。

对于正态分布，测量偏差 Δx 落在某区间的概率表达式为

$$p\{|x-\mu| \leqslant k\sigma\} = \int_{\mu-k\sigma}^{\mu+k\sigma} \frac{1}{\sqrt{2\pi}\,\sigma} e^{\frac{-(x-\mu)^2}{2\sigma^2}} dx \tag{2-19}$$

为表示方便，这里令 $\delta = x-\mu$ 则有

$$p\{|\delta| < k\sigma\} = \int_{-k\sigma}^{+k\sigma} \frac{1}{\sqrt{2\pi}\,\sigma} e^{\frac{-\delta^2}{2\sigma^2}} d\delta = \int_{-k\sigma}^{+k\sigma} p(\delta) d\delta \tag{2-20}$$

置信系数 k 值确定之后，则置信概率便可确定。对于式（2-20），当 k 分别取 1、2、3 时，即测量误差 Δx 分别落入正态分布置信区间 $\pm\sigma$、$\pm 2\sigma$、$\pm 3\sigma$ 的概率值分别如下

$$p\{|\delta| \leqslant \sigma\} = \int_{-\sigma}^{+\sigma} p(\delta) d\delta = 0.6827$$

$$p\{|\delta| \leqslant 2\sigma\} = \int_{-2\sigma}^{+2\sigma} p(\delta) d\delta = 0.9545$$

$$p\{|\delta| \leqslant 3\sigma\} = \int_{-3\sigma}^{+3\sigma} p(\delta) d\delta = 0.9973$$

图 2-6 为上述不同置信区间的概率分布示意图。

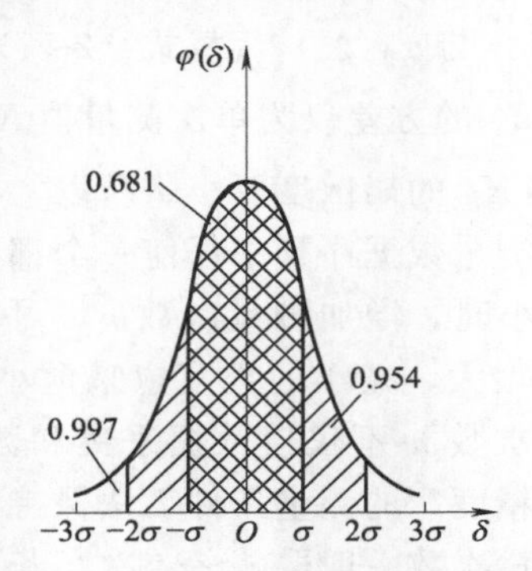

图 2-6　不同置信区间的概率分布示意图

思考题与习题

2.1　随机误差、系统误差产生的原因是什么？对测量结果的影响有什么不同？从提高测量准确度看，应如何处理这些误差？

2.2　工业仪表常用的精度等级是如何定义的？精度等级与测量误差是什么关系？

2.3　已知被测电压范围为 0～5V，现有（满量程）20V、0.5 级和 150V、0.1 级两只电压表，应选用哪只电表进行测量？

2.4　对某电阻两端电压等精度测量 10 次，其值分别 28.03V、28.01V、27.8V、27.94V、27.96V、28.02V、28.00V、27.93V、27.95V、27.90V。分别用阿贝-赫梅特和马利科夫准则检验该测量中有无系统误差。

2.5　对某个电阻做已消除系统误差的等精度测量，已知测得的一系列测量数据 R_i 服从正态分布，①如果标准差为 1.5，试求被测量电阻的真值 R_0 落在区间 $[R_i-2.8, R_i+2.8]$ 的概率是多少？②如果被测量电阻的真值 $R_0=510\Omega$，标准差为 2.4，按照 95% 的可能性估计测量值分布区间。

2.6　下列 10 个测量值中的平均值和标准偏差。

{ 160，171，243，192，153，186，163，189，195，178 }

2.7　在等精度和已消除系统误差的条件下，对某一电阻进行 10 次相对独立的测量，其测量结果如表 2-1 所示，试求被测电阻的估计值和当 $P=0.98$ 时被测电阻真值的置信区间。

表 2-1　测量结果

测量	1	2	3	4	5	6	7	8	9	10
阻值	905	908	914	918	910	908	906	905	913	911

第3章

测试信号与装置

学习目标

1. 掌握信息、信号、干扰的基本概念及知识。
2. 能区分确定性信号和不确定性信号。
3. 学会利用傅里叶变换对信号进行描述并能对简单的信号进行频谱的计算。
4. 了解并掌握线性系统及线性时不变系统的主要性质、测试装置的静态及动态特性。
5. 了解不失真测试的含义及条件。

测试工作的基本目的就是要获取关于被测对象的有关信息，因此它包括两个方面：使用测试装置获取反映被测对象状态的测试信号；通过信号分析与信号处理手段从测试信号中提取有用的信息。在本章中，将主要介绍测试信号的有关特征及测试装置的静态、动态特性，最后讨论实现不失真测试的条件。

3.1 信号及其描述

3.1.1 信息、信号、干扰

(1) 信息

信息（Information）是事物运动状态和运动方式的反映。通俗地说，信息一般可理解为消息、情报或知识。

现代科学认为，物质、能量、信息是物质世界的三大支柱。只要有运动的事物，就必有能量，也就会存在信息，所以说信息无时不有，无所不在。信息具有可以识别、可以存储、存在形式多种多样、可以传输等几个主要特征。

(2) 信号

信息的载体称为信号（Signal），即蕴涵信息的某种具体物理形式。

(3) 干扰

信号中除有用信息之外的部分称为干扰（Disturbance）。

测试工作的实质就是感受被测量并将其转换成适当的测试信号，通过适当的信号调理，再利用各种分析处理手段，最大限度地从测试信号中排除各种干扰，最终获得关于被测量的有用信息。

需要指出的是，信号中的有用信息与干扰是相对的。例如，报纸可以看成是信息的载体即信号，对于只关心体育新闻的人来说，只有体育新闻是有用的信息，其他内容属于干扰；而对于只关心时事政治的人来说，体育新闻则变成了干扰。另外，同一信息是可以用不同的载体来承载的，也就是说，蕴涵信息的信号形式可以是多种多样的。在测试工作中，具体用哪一种信号来承载信息，取决于被测对象、测试条件、测试目的等多种因素。

3.1.2 信号的分类

信号可以从不同的角度进行分类。按信号的物理属性可分为机械信号、电信号、光信号等；按信号的幅值是否随时间变化可分为静态信号和动态信号；按自变量的变化范围可分为时限信号和频限信号；按信号是否满足绝对可积条件可分为能量有限信号和功率有限信号；按信号中变量的取值特点可分为连续时间信号和离散时间信号，模拟信号和数字信号即分属于这两类信号；按信号随时间的变化规律可分为确定性信号和非确定性信号。这里只从最后一种分类方法的角度对信号进行讨论。

(1) 确定性信号

可以用确定的数学函数表示其随时间变化规律的信号称为确定性信号，如正弦信号、方波信号、三角波信号、指数衰减信号等（图 3-1)。由于此类信号可以用数学函数加以描述，因此也常把确定性信号称为函数，如正弦函数等。确定性信号又可进一步分为周期信号和非周期信号。

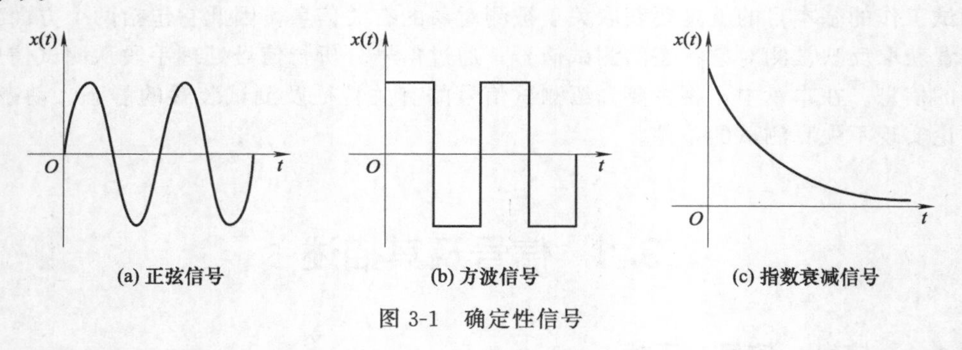

(a) 正弦信号　(b) 方波信号　(c) 指数衰减信号

图 3-1 确定性信号

周期信号指的是每隔固定的时间间隔 T 不断重复其波形的信号，它满足以下关系式

$$x(t \pm nT)=x(t) \tag{3-1}$$

式中，时间间隔 T 称为周期信号 $x(t)$ 的周期，$f_0=1/T$ 称为周期信号 $x(t)$ 的频率，$\omega_0=2\pi f_0=2\pi/T$ 称为信号 $x(t)$ 的圆频率或角频率。

最基本的周期信号为正弦信号［图 3-1 (a)］，也称为简谐信号，其一般函数形式为

$$x(t)=A\sin(\omega_0 t+\phi) \tag{3-2}$$

式中，A 为正弦信号的幅值，ω_0 为正弦信号的角频率，ϕ 称为正弦信号的初相位。周期方波、周期三角波等是由无穷多个幅值、频率、初相位各不相同的正弦信号叠加而成的，称为复杂周期信号。

非周期信号可以分为瞬变信号和准周期信号两类。准周期信号指的是由有限个频率比为无理数的正弦信号叠加而成的信号，例如信号 $x(t)=\sin 2t+\sin(\sqrt{2}\,t+30°)$。除准周期信号以外的非周期信号都属于瞬变信号。在本书中，所提到的非周期信号一般可认为是瞬变信号。

（2）非确定性信号

不能用确定数学函数表示其随时间变化规律的信号称为非确定性信号。这类信号的具体特点是随时间的变化具有随机性和一定的持续作用时间过程，因此也称为随机信号或随机过程。如测量机床主轴的振动、工作现场的噪声所得到的测试信号等。

随机信号所描述的是一种随机过程，其特征用信号的统计学参数（均值、方差等）表示。如果随机过程的统计学参数不随时间变化，则称之为平稳随机过程，否则称之为非平稳随机过程。

图 3-2 为信号的分类情况。

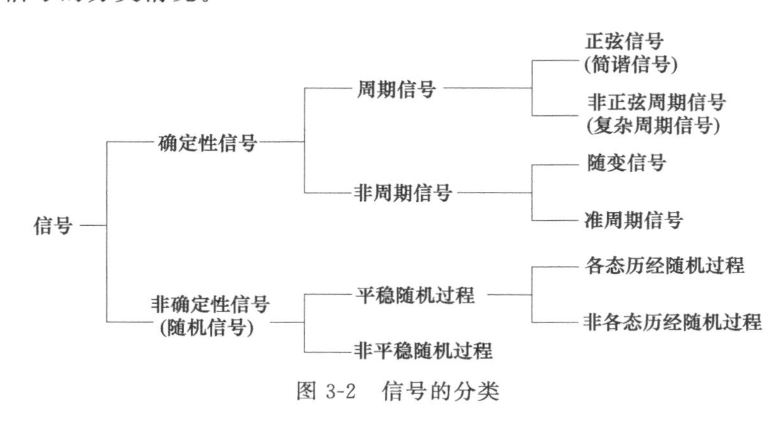

图 3-2　信号的分类

3.1.3　信号的描述

任何信号的直接体现都可以看成是一个时间历程，即信号的特征随时间变化的过程（例如用示波器所观察到的信号），从这个角度对信号进行描述称为时域描述。信号还可以在幅值域内进行描述，可以得到信号中各种与幅值有关的信息，如均值、方差、概率密度函数和概率分布函数等。频域描述可以获得信号的频率构成情况，是研究测试系统的动态特性、提取信号中的有用信息的重要技术手段。

众所周知，白光是由无限多种频率不同的单色光组成的，光的组成结构称为光谱；物质都是由原子组成的，物质内原子的分布、组成等称为物质结构。对于动态信号来说，也有它们的组成结构。任何信号都是由许多频率不同的正弦分量组成的，不同的信号中各正弦分量的幅值、相位、能量、功率是不相同的，它们也就决定了信号的基本特征。信号的频率构成称为频谱。图 3-3 以周期方波为例示出了信号的时域描述与频域描述及它们之间的关系。

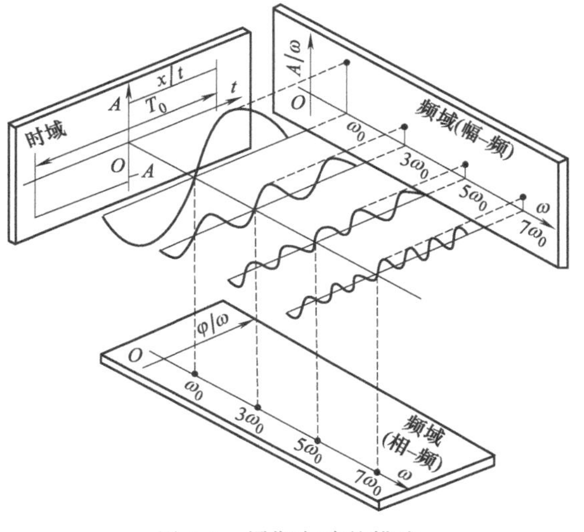

图 3-3　周期方波的描述

需要指出的是，时域描述、幅值域描述以及频域描述是从不同的角度描述同一信号的特征的，这些描述之间可以通过不同的数学工具进行相互转换。下面将主要针对周期信号和非周期信号的频谱做以介绍。

(1) 周期信号与离散频谱

利用傅里叶级数（Fourier Series），可以将周期信号的时域描述转换成频域描述，得到关于频率的傅里叶级数三角函数展开式，该式即表示出了周期信号的频谱。

最基本的信号是正弦信号，其他信号都是由一系列不同的正弦信号叠加而成的。对于满足狄里赫利（Dirichlet）条件的周期信号 $x(t)$，其中所包含的正弦分量可以由下面三角函数形式的傅里叶级数给出：

$$x(t)=a_0+\sum_{n=1}^{\infty}[a_n\cos(n\omega_0 t)+b_n\sin(n\omega_0 t)]\quad (n=1,2,3,\cdots)\tag{3-3}$$

$$\begin{cases}a_0=\dfrac{1}{T}\displaystyle\int_{-\frac{T}{2}}^{\frac{T}{2}}x(t)\mathrm{d}t\\ a_n=\dfrac{2}{T}\displaystyle\int_{-\frac{T}{2}}^{\frac{T}{2}}x(t)\cos(n\omega_0 t)\mathrm{d}t\\ b_n=\dfrac{2}{T}\displaystyle\int_{-\frac{T}{2}}^{\frac{T}{2}}x(t)\sin(n\omega_0 t)\mathrm{d}t\end{cases}$$

式中，a_0、a_n、b_n 称为傅里叶系数，T 为原周期信号 $x(t)$ 的周期，$\omega_0=2\pi/T$ 为$x(t)$ 的角频率，称为基频。

通过对式（3-3）进行正、余弦合并，得到周期信号更为直观的频谱表达式

$$x(t)=A_0+\sum_{n=1}^{\infty}A_n\sin(n\omega_0 t+\phi_n)\quad (n=1,2,3,\cdots)\tag{3-4}$$

式中，$A_0=a_0$ 称为信号 $x(t)$ 的常值分量或直流分量，代表信号 $x(t)$ 的均值；$A_n\sin(n\omega_0 t+\phi_n)$ 称为信号 $x(t)$ 的第 n 次谐波分量，$A_n=\sqrt{a_n^2+b_n^2}$ 称为第 n 次谐波分量的幅值，$\phi_n=\arctan(a_n/b_n)$ 称为第 n 次谐波分量的初相位。$n=1$ 所对应的谐波分量称为一次谐波，$n=2$ 所对应的谐波分量称为二次谐波，$n>2$ 所对应的谐波分量称为高次谐波，$n\omega_0$ 称为第 n 次谐波的频率。由于 n 只取正整数，所以周期信号是由其直流分量和频率为基频整数倍的正弦谐波分量叠加而成的，各次谐波分量的频率、幅值、初相位一般是不同的。

各谐波分量的幅值、相位与谐波频率之间的关系即构成了信号的频谱，前者称为幅值谱，后者称为相位谱。以 ω 为横坐标（取值 $n\omega_0$，$n=0$，1，2，…），分别以对应的各次谐波的幅值、初相位为纵坐标所画出的 A_n-ω、ϕ_n-ω 图形称为频谱图（参见例 3-1）。各条谱线的高度分别表示各次谐波的幅值、初相位的大小。

例 3-1 求图 3-4 所示周期方波的频谱。

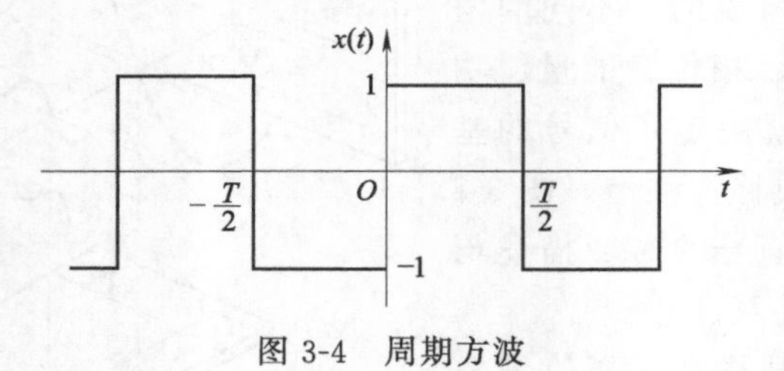

图 3-4 周期方波

解： 信号的时域函数表达式为 $x(t)=\begin{cases}-1, & -\dfrac{T}{2}\leqslant t<0\\ 1, & 0\leqslant t<\dfrac{T}{2}\end{cases}$，因此其傅里叶系数为

$$a_0=A_0=\frac{1}{T}\int_{-\frac{T}{2}}^{\frac{T}{2}}x(t)\mathrm{d}t=0$$

$$a_n=\frac{2}{T}\int_{-\frac{T}{2}}^{\frac{T}{2}}x(t)\cos(n\omega_0 t)\mathrm{d}t=0$$

$$b_n=\frac{2}{T}\int_{-\frac{T}{2}}^{\frac{T}{2}}x(t)\sin(n\omega_0 t)\mathrm{d}t=\frac{2}{n\pi}(1-\cos n\pi)=\begin{cases}\dfrac{4}{n\pi}, & n=1,3,5,\cdots\\ 0, & n=2,4,6,\cdots\end{cases}$$

图 3-5 为周期方波的频谱图。周期方波只包含奇次谐波分量，各次谐波分量的幅值以 $1/n$ 的规律衰减，初相位均为 0。

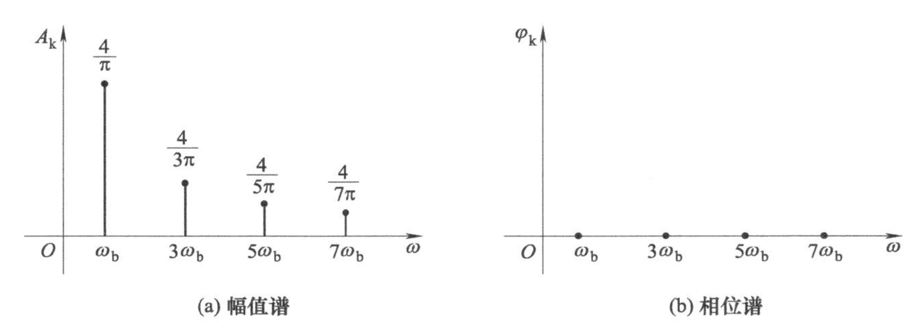

图 3-5　周期方波的频谱图

周期信号的频谱有以下几个特点。

① 离散性。周期信号的频谱是离散的，由一系列离散的谱线组成，每条谱线对应于一个谐波分量。

② 谐波性。每条谱线只出现在基频的整数倍上，不存在基频非整数倍的频率分量。

③ 衰减性。工程中常见的周期信号，其谐波幅值总的趋势是随谐波次数的增加而减小的。为了简化设计、分析处理，通常可忽略较高次谐波的影响。

(2) 非周期信号与连续频谱

利用傅里叶变换（Fourier Transform，FT），可以将非周期信号（瞬变信号）的时域描述转换成频域描述，得到关于频率的傅里叶变换的复函数展开式，该式即表示出了非周期信号的频谱。

非周期信号可视为周期 $T\to\infty$ 的周期信号。此时，相邻谱线之间的间隔 $\Delta\omega=\omega_0=2\pi/T\to\mathrm{d}\omega$（趋近于无穷小），离散的 $n\omega_0\to\omega$（连续变化的），因此非周期信号的频谱是连续的。考虑到 $\omega=2\pi f$、$\mathrm{d}\omega=2\pi\mathrm{d}f$，由傅里叶变换的定义可以得到非周期信号 $x(t)$ 的频谱为

$$X(f)=\int_{-\infty}^{\infty}x(t)\mathrm{e}^{-\mathrm{j}2\pi ft}\mathrm{d}t \tag{3-5}$$

$$x(t)=\int_{-\infty}^{\infty}X(f)\mathrm{e}^{\mathrm{j}2\pi ft}\mathrm{d}f \tag{3-6}$$

称 $X(f)$ 为信号 $x(t)$ 的傅里叶变换，$x(t)$ 为 $X(f)$ 的傅里叶逆变换或傅里叶反变换（Inverse Fourier Transform，IFT），两者组成傅里叶变换对，简记为

$$x(t)\underset{IFT}{\overset{FT}{\rightleftharpoons}}X(f)$$

一般情况下 $X(f)$ 是关于频率 f 的复函数，故可表示为

$$X(f)=\mathrm{Re}[X(f)]+\mathrm{jIm}[X(f)]=|X(f)|\mathrm{e}^{\mathrm{j}\phi(f)} \tag{3-7}$$

式中，$\mathrm{Re}[X(f)]$、$\mathrm{Im}[X(f)]$ 分别为 $X(f)$ 的实部和虚部，$|X(f)|=\sqrt{\mathrm{Re}^2[X(f)]+\mathrm{Im}^2[X(f)]}$ 为 $X(f)$ 的模，$\phi(f)=\arctan\dfrac{\mathrm{Im}[X(f)]}{\mathrm{Re}[X(f)]}$为 $X(f)$ 的辐角。

非周期信号的频谱有以下几个特点：

① 傅里叶变换是进行非周期信号的时域描述与频域描述之间转换的数学工具，非周期信号 $x(t)$ 的傅里叶变换 $X(f)$ 就是它的频谱。

② 在非周期信号的傅里叶变换 $X(f)$ 中，f 的取值是连续的，亦即非周期信号是由无穷多个谐波成分 $\mathrm{e}^{\mathrm{j}2\pi ft}=\cos(2\pi ft)+\mathrm{j}\sin(2\pi ft)$ 叠加而成的，因此非周期信号的频谱是连续的，其中包括所有频率的谐波成分。

③ 在非周期信号展开式（3-5）中，$X(f)$ 具有"单位频率宽度上的振幅"的含义，故非周期信号的频谱严格上应称为频谱密度函数，在不致混淆的情况下简称为频谱。$|X(f)|$称为幅值谱密度函数（简称为幅值谱）；$\phi(f)$ 称为相位谱密度函数（简称为相位谱）。

④ 非周期信号的谱密度为有限值，但各谐波分量的幅值 $X(f)\mathrm{d}f$ 为无穷小。

⑤ 傅里叶变换具有比例叠加、时移、频移、时间尺度改变、对称、微积分、卷积分等性质。

例 3-2 求图 3-6（a）所示单边指数衰减信号 $x(t)=\begin{cases}0, & t<0\\ \beta\mathrm{e}^{-\alpha t}, & t\geqslant 0,\quad \alpha>0\end{cases}$ 的频谱。

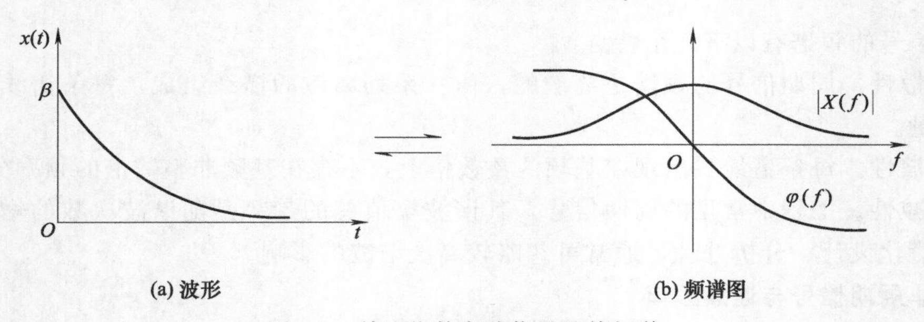

图 3-6 单边指数衰减信号及其频谱

解： 由式（3-5）有

$$X(f)=\int_{-\infty}^{\infty}x(t)\mathrm{e}^{-\mathrm{j}2\pi ft}\mathrm{d}t=\int_0^{\infty}\beta\mathrm{e}^{-\alpha t}\mathrm{e}^{-\mathrm{j}2\pi ft}\mathrm{d}t=\beta\int_0^{\infty}\mathrm{e}^{-(\alpha+\mathrm{j}2\pi f)t}\mathrm{d}t$$

$$=\frac{-\beta}{\alpha+\mathrm{j}2\pi f}\mathrm{e}^{-(\alpha+\mathrm{j}2\pi f)t}\Big|_0^{\infty}=\frac{\beta}{\alpha+\mathrm{j}2\pi f}=\frac{\beta\alpha}{\alpha^2+(2\pi f)^2}+\mathrm{j}\frac{-\beta 2\pi f}{\alpha^2+(2\pi f)^2}$$

所以 $\mathrm{Re}[X(f)]=\dfrac{\beta\alpha}{\alpha^2+(2\pi f)^2}$ $\mathrm{Im}[X(f)]=\dfrac{-\beta\times 2\pi f}{\alpha^2+(2\pi f)^2}$

幅值谱密度 $|X(f)|=\sqrt{\mathrm{Re}^2[X(f)]+\mathrm{Im}^2[X(f)]}=\dfrac{\beta}{\sqrt{\alpha^2+(2\pi f)^2}}$

相位谱密度 $\phi(f)=\arctan\dfrac{\mathrm{Im}[X(f)]}{\mathrm{Re}[X(f)]}=\arctan\left(-\dfrac{2\pi f}{\alpha}\right)$

频谱图如图 3-6（b）所示。

例 3-3 求图 3-7（a）所示矩形窗函数 $w(t)=\begin{cases}1, & |t|<\tau/2\\ 0, & |t|\geqslant\tau/2\end{cases}$ 的频谱。

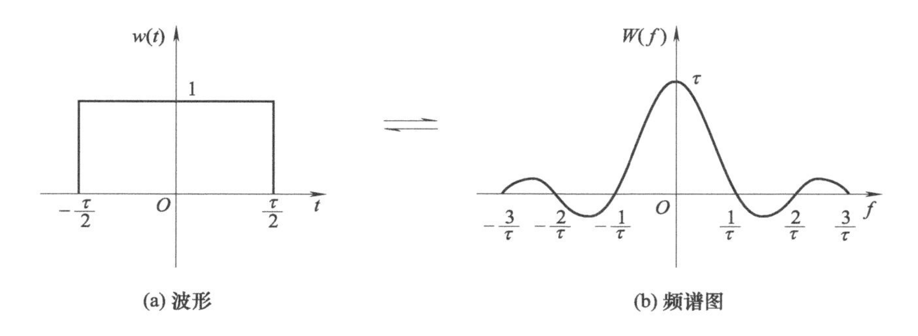

图 3-7　矩形窗函数及其频谱

解： $W(f)=\int_{-\infty}^{\infty}w(t)\mathrm{e}^{-\mathrm{j}2\pi ft}\mathrm{d}t=\int_{-\frac{\tau}{2}}^{\frac{\tau}{2}}\mathrm{e}^{-\mathrm{j}2\pi ft}\mathrm{d}t=-\frac{1}{\mathrm{j}2\pi f}(\mathrm{e}^{-\mathrm{j}\pi f\tau}-\mathrm{e}^{\mathrm{j}\pi f\tau})=\frac{1}{\pi f}\sin\pi f\tau$

$$=\tau\frac{\sin\pi f\tau}{\pi f\tau}=\tau\sin[c(\pi f\tau)]$$

矩形窗函数 $w(t)$ 的频谱图如图 3-7（b）所示。在上面的计算过程中，我们用到了一个函数 $\sin(c\theta)=\frac{\sin\theta}{\theta}$，该函数称为“抽样函数”。

例 3-4　求图 3-8 所示单位脉冲函数的频谱。

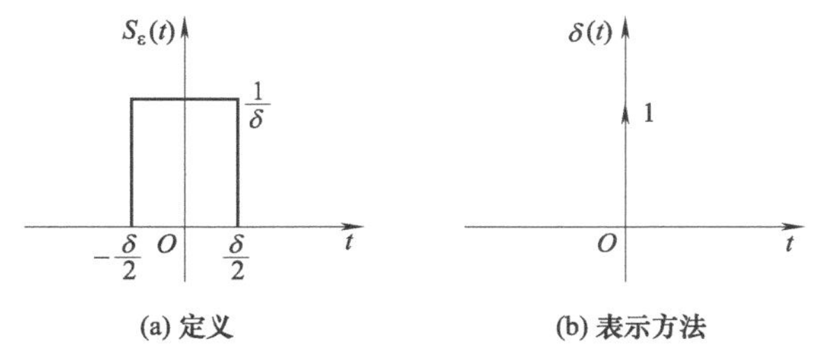

图 3-8　单位脉冲函数

解： 单位脉冲函数的定义是：在微小的时间间隔 ε 内激发一个面积为 1 的矩形脉冲 $s_\varepsilon(t)$（或三角形脉冲、钟形脉冲、双边指数脉冲等），当 ε→0 时，$s_\varepsilon(t)$ 的极限就称为单位脉冲函数（也称为 δ 函数），记为 $\delta(t)$（图 3-8）。δ 函数有如下几个特点：

① $\delta(t)=\begin{cases}\infty, & t=0\\ 0, & t\neq 0\end{cases}$

② $\int_{-\infty}^{\infty}\delta(t)\mathrm{d}t=1$

③ 若脉冲是在 $t=t_0$ 时刻激发的，则称为延时 t_0 的 δ 函数，记为 $\delta(t-t_0)$；若所激发的脉冲面积为 K，则称为强度为 K 的 δ 函数，记为 $K\delta(t)$。

④ δ 函数有一个重要的性质，它可以把某一连续时间函数 $x(t)$ 在 δ 函数发生时刻的函数值抽取出来，称为 δ 函数的抽样性质或筛选性质。如下：

$$\int_{-\infty}^{\infty}x(t)\delta(t)\mathrm{d}t=\int_{-\infty}^{\infty}x(0)\delta(t)\mathrm{d}t=x(0)$$

$$\int_{-\infty}^{\infty}x(t)\delta(t-t_0)\mathrm{d}t=\int_{-\infty}^{\infty}x(t_0)\delta(t)\mathrm{d}t=x(t_0)$$

$$\int_{-\infty}^{\infty} x(t) K\delta(t) \mathrm{d}t = \int_{-\infty}^{\infty} x(0) K\delta(t) \mathrm{d}t = Kx(0)$$

⑤ δ 函数与某一信号 $x(t)$ 的卷积分

$$x(t) * \delta(t) = \int_{-\infty}^{\infty} x(\tau)\delta(t-\tau)\mathrm{d}\tau = \int_{-\infty}^{\infty} x(\tau)\delta(\tau-t)\mathrm{d}\tau = x(t)$$

同理
$$x(t) * \delta(t-t_0) = x(t-t_0)$$

可见，δ 函数与某一信号 $x(t)$ 做卷积分的结果，就是简单地将 $x(t)$ 的图形平移到 δ 函数的发生位置上，即延时了 t_0（图 3-9）。

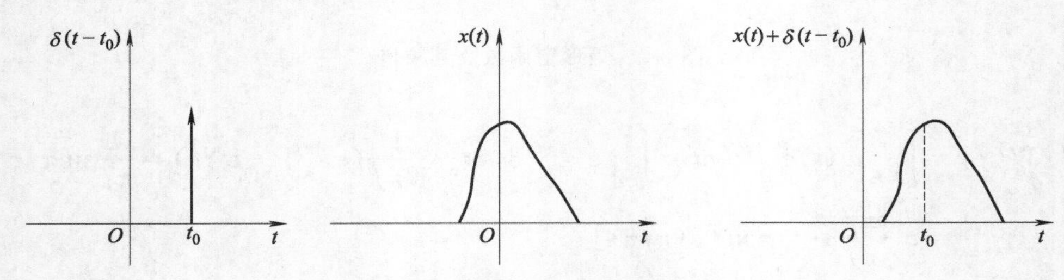

图 3-9　δ 函数与信号 $x(t)$ 的卷积分

⑥ δ 函数的频谱

$$\Delta(f) = \int_{-\infty}^{\infty} \delta(t) \mathrm{e}^{-\mathrm{j}\pi f t} \mathrm{d}t = \mathrm{e}^0 = 1$$

该结果表明，δ 函数具有无限宽广的频带，且在任何频率上的谱密度都是相等的（图 3-10），这种信号称为理想的白噪声。

图 3-10　函数的频谱

根据 δ 函数的上述性质及傅里叶变换的性质，还可以得到以下傅里叶变换对：

时　域		频　域
$\delta(t)$	$\rightleftharpoons$	1
1	$\rightleftharpoons$	$\delta(f)$
$\delta(t-t_0)$	$\rightleftharpoons$	$\mathrm{e}^{-\mathrm{j}2\pi f t_0}$
$\mathrm{e}^{-\mathrm{j}2\pi f_0 t}$	$\rightleftharpoons$	$\delta(f-f_0)$

3.2　测试装置的基本特性

测试装置是构成测试系统的“积木”，其各种特性也就决定了测试系统的特性。这里所说的测试装置是一个具有广泛意义的术语，它既可以是一个功能齐全、结构复杂的测试仪器，也可以是功能单一、结构简单的组成环节（例如一个电阻和一个电容所构成的 RC 滤波器），甚至可以是一根导线。本书将系统（System）、装置（Device）、环节（Linkage）视为同义语。

测试装置的基本作用是对被测对象的物理特征进行转换，或对转换后的信号进行各种信号加工处理（如放大、滤波等），也就是借助于测试装置对信号的传输实现信息的传输。因此，测试装置的特性对能否不失真地传输真实信息起着决定性的作用。对测试装置特性的研究一般是从静态特性（Static Characteristic）和动态特性（Dynamic Characteristic）两个方面进行的。静态特性指的是测试装置对不随时间变化的输入量或随时间变化极为缓慢的输入量所呈现出来的传输特性，动态特性则指的是测试装置对随时间变化较快的输入量所呈现出来的传输特性。测试装置的输入也叫作激励，测试装置的输出也叫作响应。

3.2.1　线性系统及线性时不变系统的主要性质

(1) 线性系统的概念

所谓系统，一般指的是由若干个相互作用、相互依赖的事物组合成的具有特定功能的整体。系统有线性系统和非线性系统两大类。对于绝大多数测试装置来说，都可以近似看成是线性系统。

所谓线性系统，指的是可用如下线性微分方程表示其输出信号 $y(t)$ 与输入信号 $x(t)$ 之间关系的系统：

$$
\begin{aligned}
&a_n\frac{\mathrm{d}^n y(t)}{\mathrm{d}t^n}+a_{n-1}\frac{\mathrm{d}^{n-1} y(t)}{\mathrm{d}t^{n-1}}+\cdots+a_1\frac{\mathrm{d}y(t)}{\mathrm{d}t}+a_0 y(t)\\
&=b_m\frac{\mathrm{d}^m x(t)}{\mathrm{d}t^m}+b_{m-1}\frac{\mathrm{d}^{m-1} x(t)}{\mathrm{d}t^{m-1}}+\cdots+b_1\frac{\mathrm{d}x(t)}{\mathrm{d}t}+b_0 x(t)
\end{aligned}
\tag{3-8}
$$

线性系统微分方程中的各系数取决于系统的结构参数及输入输出的作用位置。如果系统微分方程中的各个系数不随时间变化，则称这样的系统为时不变系统。既是线性系统又是时不变系统的系统称为线性时不变系统。

对于稳定的系统来说，$y(t)$ 导数的最高阶次 n 不小于 $x(t)$ 导数的最高阶次 m，即 $n\geqslant m$。通常把微分方程中 $y(t)$ 导数的最高阶次 n 称为系统的阶次，$n=1$ 所对应的系统称为一阶系统，$n=2$ 所对应的系统称为二阶系统，$n>2$ 所对应的系统则称为高阶系统。

严格意义上说，一切实际的测试装置都是非线性和时变的，但为了研究方便起见，常常在一定的工作范围内，忽略那些影响较小、可为工程上允许的非线性因素和系数的微小变化，把实际的测试装置系统近似按线性时不变系统来处理。

(2) 线性时不变系统的主要性质

① 比例叠加性质　比例性质指的是当系统的输入 $x(t)$ 变化一个常数倍时，其输出 $y(t)$ 也变化相同的倍数；叠加性质指的是当若干个输入同时作用于系统时，系统的输出等于这些输入单独作用于系统时所产生的输出之和。用公式表示即为

若　$x(t)\rightarrow y(t)$，$x_1(t)\rightarrow y_1(t)$，$x_2(t)\rightarrow y_2(t)$，a、a_1、a_2 均为常数，

则

$$ax(t)\rightarrow ay(t) \tag{3-9}$$

$$x_1(t)+x_2(t)\rightarrow y_1(t)+y_2(t) \tag{3-10}$$

$$a_1x_1(t)+a_2x_2(t)\rightarrow a_1y_1(t)+a_2y_2(t) \tag{3-11}$$

② 时不变性质　对于线性时不变系统，由于系统的物理结构参数不随时间变化，因此在同样的初始条件下，系统输出与系统输入的作用时刻无关，亦即无论输入何时作用所产生的输出都是一样的。线性时不变系统的这一性质称为时不变性质。

③ 频率保持性质　系统稳态输出信号的频谱中有且仅有与输入信号的频谱中频率相同

的频率成分，称为线性时不变系统的频率保持性质。例如，给系统输入某一频率的正弦信号，则系统的稳态输出将为同频率的正弦信号，但幅值、相位可能与输入有所不同。如果输出信号中包括有其他频率成分，则可认为或是由系统的内、外部干扰所引起，或是由于系统的输入太大使系统工作在非线性区而导致，或是系统中存在明显的非线性环节。

④ 微积分性质 若 $x(t) \rightarrow y(t)$

则
$$\frac{\mathrm{d}x(t)}{\mathrm{d}t} \rightarrow \frac{\mathrm{d}y(t)}{\mathrm{d}t} \tag{3-12}$$

如果系统的初始状态为零，那么还有
$$\int_0^t x(t)\mathrm{d}t \rightarrow \int_0^t y(t)\mathrm{d}t \tag{3-13}$$

3.2.2 测试装置的静态特性

理想的测试装置是线性时不变系统，静态输出与静态输入之间为理想的线性比例关系。实际测试装置的静态输出输入特性大多是非线性的，可通过静态标定（也称为校准）得到。

标定时先给测试装置一系列标准输入，测出对应的一系列输出，得到一系列的数据对（x_i，y_i）（$i=0$，1，2，…，n）。以输入为横坐标、输出为纵坐标可以绘出测试装置的实际特性曲线，称之为标定曲线或校准曲线（图 3-11）。由于测试装置的实际静态特性一般是非线性的而不便于直接使用，所以通常是用一条理想直线近似地代替实际静态特性，称之为拟合直线。拟合直线可以用端点连线、最小二乘拟合等方法确定。

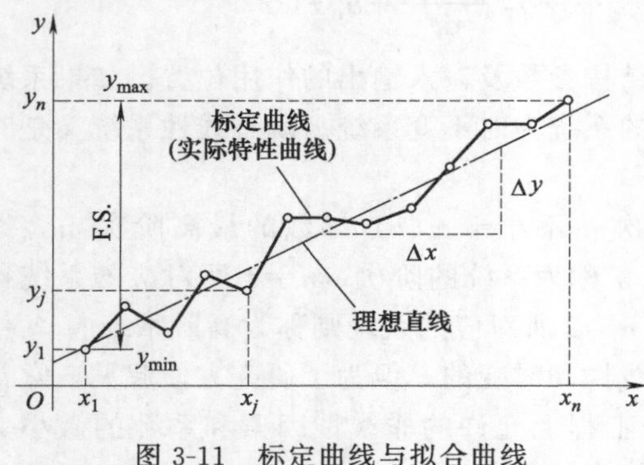

图 3-11 标定曲线与拟合曲线

测试装置的静态特性指标主要有以下三个。

(1) 静态灵敏度

测试装置的静态灵敏度（简称灵敏度）S 定义为单位输入变化所引起的输出变化，即
$$S=\lim_{\Delta x\rightarrow 0}\frac{\Delta y}{\Delta x}=\frac{\mathrm{d}y}{\mathrm{d}x} \tag{3-14}$$

按照上面的定义，灵敏度就是标定曲线上各点处的斜率。测试装置的灵敏度并不是恒定不变的，在不同的工作点上灵敏度会呈现有不同的值，另一方面灵敏度也会随时间、温度变化而变化，这种变化称为灵敏度漂移。灵敏度漂移主要有两种：一种是灵敏度随时间的推移而产生的变化，称为时（间）漂（移）；另一种是灵敏度随温度的变化而产生的漂移，称为温（度）漂（移）。

测试装置的灵敏度一般都有量纲，依输入输出物理量的量纲而定。假若某装置输入量为压力（量纲为 MPa)，输出量为电压（量纲为 V)，那么该装置灵敏度的量纲就是 V/MPa。即输入量与输出量具有相同的量纲，为意义明确，也往往将它们写出来（例如 mV/mV)。

(2) 线性度

线性度也称为非线性度、非线性误差，用来表征标定曲线（实际特性曲线）接近拟合直线（为一理想直线）的程度，亦即测试装置的输入输出特性为线性的近似程度，它是反映测试装置精度的指标之一，其值越小越好。线性度定义为校准曲线对拟合直线的最大偏距与装置的满量程（F. S.）输出之比的百分数（图 3-11)。即

$$线性度=\frac{\Delta y_{max}}{F.S}\times 100\% \quad (3-15)$$

(3) 回程误差

回程误差也称为迟滞、滞后或变差。回程误差的定义是：在同样的测试条件下，在全程范围内，输入量从小到大变化时的输出量（图 3-12 中的曲线 1）与输入量从大到小变化时的输出量（图 3-12 中的曲线 2）之间的最大差值 $h|y_1-y_2|_{max}$ 对满量程输出 F. S. 之比，即

$$回程误差=\frac{h_{max}}{F.S.} \quad (3-16)$$

回程误差主要是由装置内部的滞后现象（磁性材料的磁滞现象、材料的受力变形等）、死区（摩擦、间隙、二极管的门坎电压等）所引起。实际测试装置的回程误差越小越好。

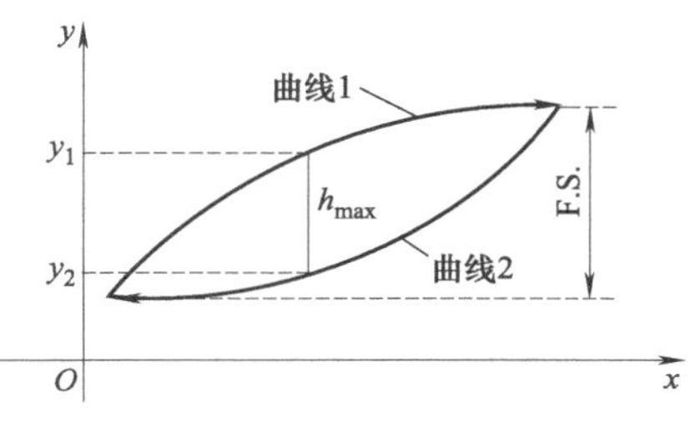

图 3-12　回程误差

3.2.3　测试装置的动态特性

由于测试装置可能会含有一些惯性元件及储能元件（运动部件的质量、弹簧、电容、电感等），因此当输入信号随时间变化时，测试装置不可能马上加以响应，导致输出信号的波形与输入信号有一定的差异。特别地，当输入信号变化的快慢（频率）不同时，测试装置一般也会产生不同的输出。因此，有必要研究测试装置对不同快慢变化的输入所呈现出来的特性——动态特性，以便能正确地设计、选用具有合理动态特性的测试装置，在允许的限度内实现不失真测试。

(1) 动态特性的时域描述——微分方程

在时域内，测试装置的动态特性可以用线性微分方程来描述，也可以用其中隐含的脉冲响应函数 $h(t)$ 来描述。系统在输入单位脉冲函数时所产生的响应 $h(t)$ 称为脉冲响应函数。对于单输入、单输出系统，系统的输入 $x(t)$、输出 $y(t)$ 及脉冲响应函数 $h(t)$ 三者之间的关系为

$$y(t)=h(t)*x(t) \quad (3-17)$$

即测试装置在任意输入下所产生的响应等于系统的脉冲响应函数与输入信号的卷积分。

(2) 动态特性的复频域描述——传递函数

若系统的初始状态为零，对式（3-8）两边取拉普拉斯变换，可得

$$(a_n s^n+a_{n-1}s^{n-1}+\cdots+a_1 s+a_0)Y(s)=(b_m s^m+b_{m-1}s^{m-1}+\cdots+b_1 s+b_0)X(s)$$

定义输出信号的拉氏变换 $Y(s)$ 与输入信号的拉氏变换 $X(s)$ 之比为系统的传递函数，记为 $H(s)$，得

$$H(s)=\frac{Y(s)}{X(s)}=\frac{b_m s^m+b_{m-1}s^{m-1}+\cdots+b_1 s+b_0}{a_n s^n+a_{n-1}s^{n-1}+\cdots+a_1 s+a_0} \quad (3-18)$$

关于传递函数的几点说明：

① 传递函数只取决于系统，与输出输入信号无关。$H(s)$ 的分母和分子均为关于算子 s 的多项式，分母多项式的系数取决于系统的物理结构，而分子多项式的系数则取决于输入、输出点的位置。

② 传递函数分母多项式中的 s 的幂次 n 即微分方程的阶次，称为系统的阶次。

③ 传递函数是系统动态特性的一种数学描述，它不反映被描述系统的物理属性，不同

的系统可能具有形式相同的传递函数和相似的动态特性。例如，RC无源低通滤波器与液体温度计的传递函数在形式上是一样的，它们具有相似的动态特性。

④ 由传递函数的定义可知：$Y(s)=H(s)X(s)$。因此，只要已知其中的两个要素就可确定出另一个。例如，当传递函数一定时，对于给定的输入 $x(t)$，先求出其拉氏变换 $X(s)$，然后根据上述关系计算出 $Y(s)$，最后对 $Y(s)$ 取拉氏反变换即可求得输出 $y(t)$。

⑤ 传递函数 $H(s)$ 可能有量纲，也可能没有，视系统输入、输出信号的量纲而定（参见3.2.2节关于静态灵敏度量纲的论述部分）。

⑥ 传递函数 $H(s)$ 可以通过理论分析计算得到，但更多的是用专用仪器（如传递函数分析仪等）通过实验确定。

（3）动态特性的频域描述——频率响应函数

在前面的论述中我们已经知道，任何信号都可看成是由许多频率不同、幅值及相位各异的正弦分量叠加而成的。因此，研究测试装置对不同频率的正弦信号所呈现出来的传输特性就具有非常重要的意义。在大多数情况下，我们只关心系统在输入作用一定时间后的稳态响应。下面将讨论测试装置对正弦输入的稳态正弦响应特性——频率响应函数。

以 $j\omega$ 代替传递函数中的 s，则得到系统的频率响应函数（简称频响函数）

$$H(j\omega)=\frac{Y(j\omega)}{X(j\omega)}=\frac{b_m(j\omega)^m+b_{m-1}(j\omega)^{m-1}+\cdots+b_1(j\omega)+b_0}{a_n(j\omega)^n+a_{n-1}(j\omega)^{n-1}+\cdots+a_1(j\omega)+a_0} \tag{3-19}$$

它等于初始条件为零时输出信号的单边傅里叶变换与输入信号的傅里叶变换之比。

一般情况下 $H(j\omega)$ 为复数，因此可表示成

$$H(j\omega)=P(\omega)+jQ(\omega) \tag{3-20}$$

及

$$H(j\omega)=A(\omega)e^{j\phi(\omega)} \tag{3-21}$$

$P(\omega)=\mathrm{Re}[H(j\omega)]$ 称为测试装置的实频特性，$Q(\omega)=\mathrm{Im}[H(j\omega)]$ 称为测试装置的虚频特性，$A(\omega)=|H(j\omega)|=\sqrt{P^2(\omega)+Q^2(\omega)}$ 称为测试装置的幅频特性，$\phi(\omega)=\angle H(j\omega)=\arctan\frac{Q(\omega)}{P(\omega)}$ 称为测试装置的相频特性。

幅频特性 $A(\omega)$ 反映了测试装置在传输频率为 ω 的正弦信号时幅值的放大或衰减倍数，相频特性反映了测试装置在传输频率为 ω 的正弦信号时相位的移动量。$A(\omega)$-ω 曲线称为幅频特性曲线，$\phi(\omega)$-ω 曲线称为相频特性曲线。实际绘制这两条曲线时，自变量 ω 通常按对数刻度，$A(\omega)$ 通常按分贝（dB）刻度，这样绘制出来的频率特性曲线称为波德图。

（4）各种测试装置的动态特性

① 零阶系统——比例环节

微分方程
$$y(t)=Sx(t) \tag{3-22}$$

传递函数
$$H(s)=S \tag{3-23}$$

频响函数
$$H(j\omega)=S \tag{3-24}$$

幅频特性
$$A(\omega)=S \tag{3-25}$$

相频特性
$$\phi(\omega)=0 \tag{3-26}$$

零阶系统的特性只由一个参数表征——静态灵敏度 S。零阶系统的特性与频率无关，其输出 $y(t)$ 以常倍数 S 同步跟随输入 $x(t)$。由于静态灵敏度 S 只起对输入放大常数倍 S 的作用，因此在后面讨论各类系统的动态特性时，常取 $S=1$，这种处理称为归一化处理。

② 一阶系统——惯性环节

微分方程 $$a_1\frac{\mathrm{d}y(t)}{\mathrm{d}t}+a_0y(t)=b_0x(t) \tag{3-27}$$

传递函数 $$H(s)=S\times\frac{1}{\tau s+1} \tag{3-28}$$

式中　$S=b_0/a_0$——一阶系统的静态灵敏度；

$\tau=a_1/a_0$——一阶系统的时间常数。

做归一化处理（设 $S=1$）后，一阶系统的动态特性为：

传递函数 $$H(s)=\frac{1}{\tau s+1} \tag{3-29}$$

频响函数 $$H(\mathrm{j}\omega)=\frac{1}{\mathrm{j}\omega\tau+1} \tag{3-30}$$

幅频特性 $$A(\omega)=\frac{1}{\sqrt{1+(\omega\tau)^2}} \tag{3-31}$$

相频特性 $$\phi(\omega)=-\arctan(\omega\tau) \tag{3-32}$$

一阶系统的频率特性曲线如图 3-13 所示。

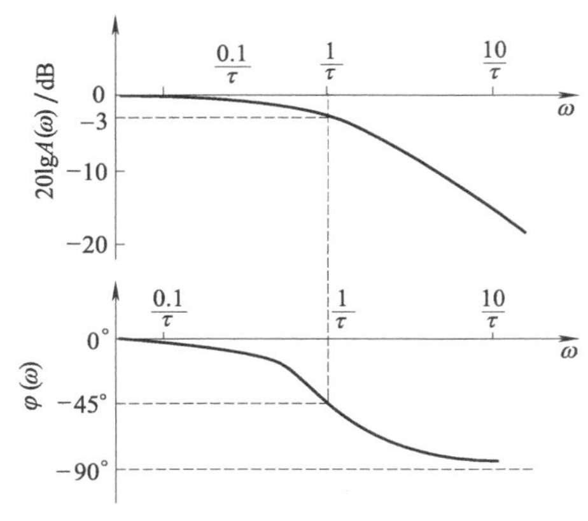

图 3-13　一阶系统的频率特性曲线

上述的一阶系统对于低频信号几乎不衰减，而对高频信号则会产生不同程度的衰减，频率越高，衰减越大，因此具有“低通”的特性。除上面的“低通”一阶系统外，还有“高通”一阶系统，其微分方程、传递函数等与“低通”一阶系统略有差别，这里不再赘述。

常见的一阶系统有液体温度计、忽略质量的单自由度振动系统、RC 低通滤波器等。

③ 二阶系统——振荡环节

微分方程 $$a_2\frac{\mathrm{d}^2y(t)}{\mathrm{d}t^2}a_1\frac{\mathrm{d}y(t)}{\mathrm{d}t}+a_0y(t)=b_0x(t) \tag{3-33}$$

传递函数 $$H(s)=S\times\frac{\omega_n^2}{s^2+2\xi\omega_ns+\omega_n^2} \tag{3-34}$$

式中　$S=b_0/a_0$——二阶系统的静态灵敏度；

$\omega_n=\sqrt{a_0/a_2}$——二阶系统的固有频率；

$\xi=\dfrac{a_1}{2\sqrt{a_0a_2}}$——二阶系统的阻尼比。

归一化处理后的一阶系统的动态特性为：

传递函数
$$H(s)=\frac{\omega_n^2}{s^2+2\xi\omega_n s+\omega_n^2} \tag{3-35}$$

频响函数
$$H(\mathrm{j}\omega)=\frac{1}{1-\left(\frac{\omega}{\omega_n}\right)^2+\mathrm{j}\times 2\xi\left(\frac{\omega}{\omega_n}\right)}=\frac{1}{1-r^2+\mathrm{j}\times 2\xi r} \tag{3-36}$$

幅频特性
$$A(\omega)=\frac{1}{\sqrt{\left[1-\left(\frac{\omega}{\omega_n}\right)^2\right]^2+\left[2\xi\left(\frac{\omega}{\omega_n}\right)\right]^2}}=\frac{1}{\sqrt{(1-r^2)^2+(2\xi r)^2}} \tag{3-37}$$

相频特性
$$\phi(\omega)=-\arctan\frac{2\xi\left(\frac{\omega}{\omega_n}\right)}{1-\left(\frac{\omega}{\omega_n}\right)^2}=-\arctan\frac{2\xi r}{1-r^2} \tag{3-38}$$

式中　$r=\frac{\omega}{\omega_n}$——频率比，输入信号的频率与系统固有频率的比值。

图 3-14 为二阶系统的频率特性曲线。二阶系统的动态特性有以下几个特点。

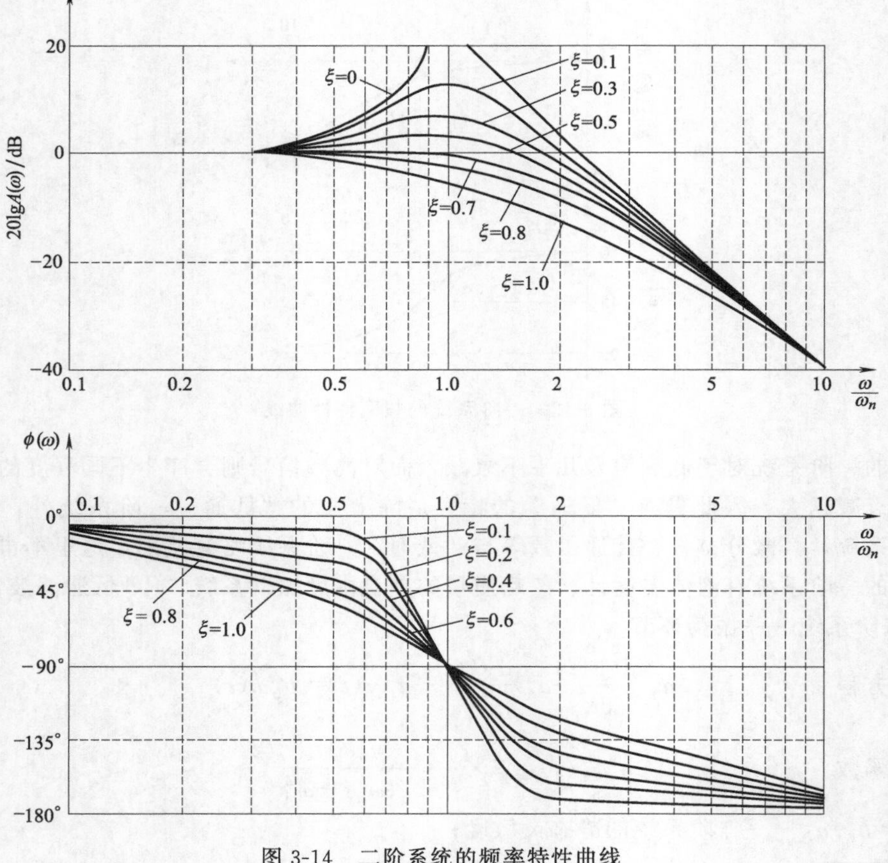

图 3-14　二阶系统的频率特性曲线

a. 二阶系统的动态特性受固有频率 ω_n 和阻尼比 ξ 的共同影响。

b. 阻尼比 ξ 的大小影响系统的工作状态。二阶系统的工作状态有无阻尼（$\xi=0$）、过阻尼（$\xi>1$）、欠阻尼（$0<\xi<1$）、临界阻尼（$\xi=1$）等几种。

c. 当 $0<\xi<0.707$ 时，幅频特性曲线有一个峰，该峰所对应的频率 $\omega_r=\omega_n\sqrt{1-2\xi^2}$，当阻尼比 ξ 较小时，该频率大约等于系统的固有频率 ω_n。若输入信号的频率接近此频率，会使输出信号的幅值很大，这种现象称为共振，对应的频率称为共振频率。

d. 当 $\xi>0$ 时，若输入信号的频率 $\omega=\omega_n$，则不论 ξ 为何，必有 $\phi(\omega=\omega_n)=-180°$，此时称为相位共振，据此可测试二阶系统的固有频率。

e. 从二阶系统的幅频特性曲线上可以看到，当 $\xi=0.707$ 且 $\omega\leqslant0.4\omega_n$ 时，$A(\omega)\approx1$，基本保持一恒定的值，$\phi(\omega)$ 也基本上与输入信号的频率成正比。

典型的二阶系统有磁电式速度计、应变式切削测力仪、光线示波器振子、笔式记录仪的记录头、膜片式压力传感器、质量-弹簧-阻尼系统等。

④ 高阶系统动态特性简介　高阶系统可以看成是由若干个零、一、二阶系统经过串联、并联或反馈组成的。在这些情况下，可以按以下关系根据各组成环节的传递函数确定系统总的传递函数 $H(s)$，然后分析其动态特性。

a. 多个环节串联［图 3-15（a）］

$$H(s)=\prod_{i=1}^{n}H_i(s) \tag{3-39}$$

b. 多个环节并联［图 3-15（b）］

$$H(s)=\sum_{i=1}^{n}H_i(s) \tag{3-40}$$

c. 存在反馈［图 3-15（c）］

$$H(s)=\frac{H_o(s)}{1\pm H_f(s)} \tag{3-41}$$

在式（3-41）中，正反馈时分母中的符号取负，负反馈时取正。

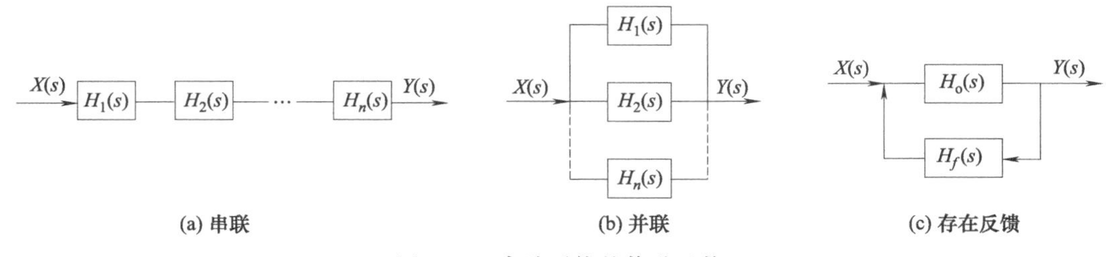

图 3-15　高阶系统的传递函数

例 3-5　计算图 3-16（a）所示 RC 低通滤波电路的传递函数。

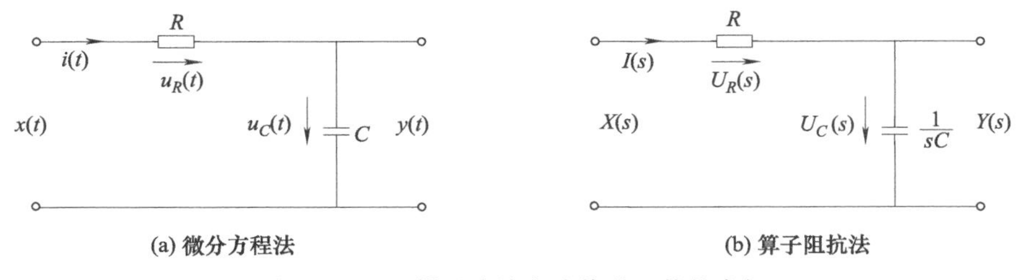

图 3-16　RC 低通滤波电路传递函数的求解

解： 电路传递函数的理论分析计算有两种方法：微分方程法及算子阻抗法。

(1) 微分方程法

首先按系统的工作原理建立起时域内联系输入 $x(t)$ 与输出 $y(t)$ 的系统微分方程，然后借助于拉普拉斯变换求出 $Y(s)$ 与 $X(s)$ 的比值即为系统的传递函数。

在图 3-16 (a) 中，若电容上的电压为 $u_C(t)$，则回路中的电流 $i(t)=C\dfrac{\mathrm{d}u_C(t)}{\mathrm{d}t}$，从而

$$x(t)=RC\frac{\mathrm{d}u_C(t)}{\mathrm{d}t}+u_C(t)$$

考虑到 $y(t)=u_C(t)$，故

$$RC\frac{\mathrm{d}y(t)}{\mathrm{d}t}+y(t)=x(t)$$

对其两边取拉氏变换，得

$$(RCs+1)Y(s)=X(s)$$

即

$$H(s)=\frac{Y(s)}{X(s)}=\frac{1}{RCs+1}$$

(2) 算子阻抗法

对于比较复杂的电路来说，用上面的方法求传递函数会导致计算极为烦琐，而使用算子阻抗法则较为简单。算子阻抗法的出发点是将时域计算转换成复频域计算，具体做法［参见图 3-16 (b)］如下。

① 将电路中的基本电抗元件（R、C、L）转换成算子阻抗。转换的方法是：

$$R\Rightarrow R \quad C\Rightarrow\frac{1}{sC} \quad L\Rightarrow sL$$

② 将电路中的电压、电流等转换成复频域内的象函数，例如电压 $x(t)$、$y(t)$ 分别转换成 $X(s)$、$Y(s)$，电流 $i(t)$ 转换成 $I(s)$。

③ 在复频域利用电工电子学的基本关系、定律（如欧姆定律、分压关系、基尔霍夫定律等）进行分析计算。例如，电流 $I(s)=Y(s)/\dfrac{1}{sC}$；$X(s)=I(s)R+Y(s)=RCsY(s)+Y(s)$。

④ 按照传递函数的定义 $H(s)=Y(s)/X(s)$ 求出传递函数。

在本例中，可以直接用分压关系（算子阻抗 R 与 $\dfrac{1}{sC}$ 是串联关系，$Y(s)$ 由 $\dfrac{1}{sC}$ 上取出）计算传递函数：

$$Y(s)=\frac{\dfrac{1}{sC}}{R+\dfrac{1}{sC}}X(s)=\frac{1}{RCs+1}X(s)$$

整理后得

$$H(s)=\frac{Y(s)}{X(s)}=\frac{1}{RCs+1}$$

用算子阻抗法求解电路的传递函数可以省去许多用微分方程法所要涉及到的复杂微积分关系，从而大大简化了分析计算。该种方法同样适用于包括运算放大器、晶体三极管的有源电路，读者不妨选一些电路进行练习。

例 3-6 求正弦信号 $x(t)=20\sin(100t)$ 通过传递函数 $H(s)=\dfrac{1}{0.005s+1}$ 的一阶装置后

所得到的稳态输出响应。

解：由装置的传递函数很容易得到其频响函数为

$$H(\mathrm{j}\omega)=\frac{1}{0.005\mathrm{j}\omega+1}=\frac{1}{1+(0.005\omega)^2}+\mathrm{j}\left(-\frac{0.005\omega}{1+(0.005\omega)^2}\right)$$

故测试装置的实频特性 $P(\omega)$、虚频特性 $Q(\omega)$、幅频特性 $A(\omega)$ 及相频特性 $\phi(\omega)$ 分别为

$$P(\omega)=\frac{1}{1+(0.005\omega)^2},\qquad Q(\omega)=-\frac{0.005\omega}{1+(0.005\omega)^2}$$

$$A(\omega)=\sqrt{P^2(\omega)+Q^2(\omega)}=\frac{1}{\sqrt{1+(0.005\omega)^2}}$$

$$\phi(\omega)=\arctan\frac{Q(\omega)}{P(\omega)}=-\arctan(0.005\omega)$$

现所传输的信号的频率 $\omega=100\mathrm{rad/s}$，将其代入上述表达式中得

$$A(\omega=100)=0.8944\qquad \phi(\omega=100)=-26.6°$$

根据线性系统的频率保持性质，测试装置的稳态输出 $y(t)$ 也是频率 $\omega=100\mathrm{rad/s}$ 的正弦信号，但幅值变化了 $A(\omega=100)$ 倍，相位变化了 $\phi(\omega=100)$。因此装置的稳态输出为

$$\begin{aligned}y(t)&=20A(\omega=100)\sin[100t+\phi(\omega=100)]\\&=20\times0.8944\times\sin[100t+(-26.6°)]\\&=17.888\sin(100t-26.6°)\end{aligned}$$

例 3-7　求图 3-17（a）所示周期方波信号 $x(t)=\begin{cases}1, & 0\leqslant t<0.01\mathrm{s}\\-1, & 0.01\mathrm{s}\leqslant t<0.02\mathrm{s}\end{cases}$ 通过传递函数 $H(s)=\dfrac{1}{0.003s+1}$ 的一阶装置后所得到的稳态输出响应，示意画出稳态输出响应的波形。

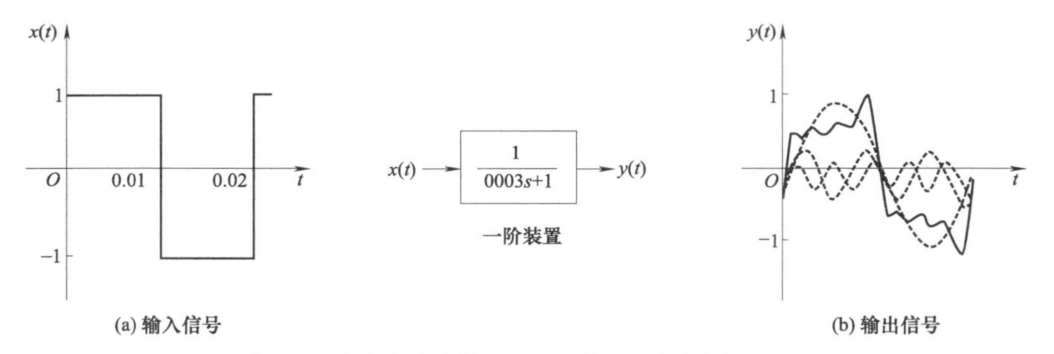

图 3-17　周期方波及其通过一阶装置后的稳态输出响应

解：任何满足狄里赫利条件的周期信号都是由多个频率为基频整数倍的正弦谐波分量叠加而成的。对于本例之类的问题，可先求出信号 $x(t)$ 的直流分量及各次正弦谐波分量 $x_1(t)$，$x_2(t)$，$x_3(t)$，…，然后分别求出这些正弦谐波分量通过测试装置后所对应的稳态输出响应 $y_1(t)$，$y_2(t)$，$y_3(t)$，…。根据线性系统的比例叠加性质，系统的稳态输出响应就等于直流分量及各正弦谐波分量分别作用于测试装置时的稳态输出响应之和。

本题中方波信号的周期 $T=0.02\mathrm{s}$，故其基频 $f_0=50\mathrm{Hz}(\omega_0=2\pi f_0\approx314\mathrm{rad/s})$。

由例 3-1 所得结果可知，方波信号的直流分量为 0，偶数次谐波分量的幅值也全部为 0，因此它们所对应的稳态输出响应也为 0。各奇数次谐波分量的幅值分别为 $4/(n\pi)$，初相位全部为 0。据此，可以得到各谐波分量的代数表达式分别为（这里只给到第 5 次谐波）

1 次谐波　　$x_1(t)=1.273\sin(314t)$

3 次谐波　　$x_3(t)=0.424\sin(942t)$

5 次谐波　　$x_5(t)=0.255\sin(1570t)$

故方波信号可表示为

$$\begin{aligned} x(t) &= x_1(t)+x_3(t)+x_5(t)+\cdots \\ &= 1.273\sin(314t)+0.424\sin(942t)+0.255\sin(1570t)+\cdots \end{aligned}$$

按例 3-6 所述方法，可求出各谐波分量分别作用于测试装置后的稳态输出响应为

1 次谐波的稳态输出响应　$y_1(t)=0.927\sin(314t-43.3°)$

3 次谐波的稳态输出响应　$y_3(t)=0.141\sin(942t-70.5°)$

5 次谐波的稳态输出响应　$y_5(t)=0.053\sin(1570t-78.0°)$

方波信号作用于装置后的稳态输出响应为

$$\begin{aligned} y(t) &= y_1(t)+y_3(t)+y_5(t)+\cdots \\ &= 0.927\sin(314t-43.3°)+0.141\sin(942t-70.5°)+0.053\sin(1570t-78.0°)+\cdots \end{aligned}$$

图 3-17（b）为最后的输出波形（到 5 次谐波）。请读者自行分析：为什么方波经过该一阶装置后波形产生了失真？怎样才能减小失真？

3.3　实现不失真测试的条件

3.3.1　不失真的涵义

测试装置的输出应真实地反映输入的变化，只有这样的测试结果才是可信赖、有用的。由于测试装置静、动态特性的影响，实际的输出可能与输入不一致，这种情况称为失真。在实际测试工作中，如何尽可能地实现不失真测试或把失真减小到允许的范围内，是测试工作者必须考虑的问题。

不同的场合下不失真的涵义是不同的。如果经过系统传输过来的信号是用于实时控制的，那么只有当输出信号 $y(t)$ 与输入信号 $x(t)$ 严格同步时才是不失真的，但允许幅值相差一个常数 A_0 倍［图 3-18（a）］，即满足

$$y(t)=A_0x(t) \tag{3-42}$$

如果信号的传输只是用于精确地反映输入的变化、确定被测量的量值的一般测试目的，那么在满足式（3-42）的条件前提下，即使输出信号 $y(t)$ 相对于输入信号 $x(t)$ 滞后一恒定的时间 t_0，仍可反映输入信号的变化而实现不失真测试［图 3-18（b）］。因此，对于一般

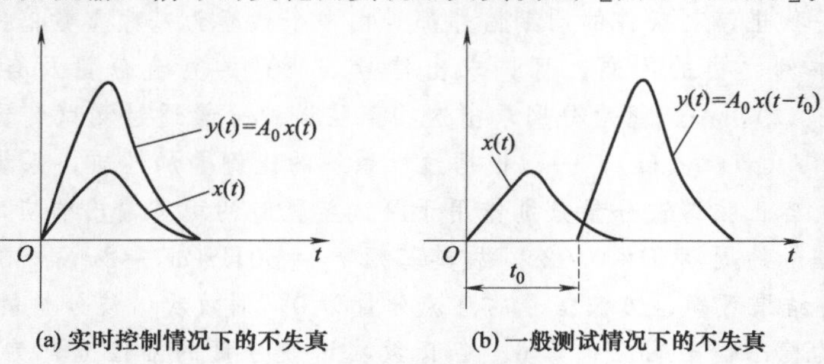

(a) 实时控制情况下的不失真　　(b) 一般测试情况下的不失真

图 3-18　不失真的涵义

的测试目的，若输出信号 $y(t)$ 与输入信号 $x(t)$ 之间满足

$$y(t)=A_0x(t-t_0) \tag{3-43}$$

就称信号的传输是不失真的。

3.3.2　实现不失真测试的条件

不失真测试的实现取决于测试装置的特性及所传输信号的频带（频率范围）两个因素。

在所传输信号一定的情况下，为满足式（3-43）而实现不失真测试，测试装置应具有如下的频率特性：

$$H(\mathrm{j}\omega)=\frac{Y(\mathrm{j}\omega)}{X(\mathrm{j}\omega)}=A_0\mathrm{e}^{-\mathrm{j}\omega t_0} \tag{3-44}$$

即

$$\begin{cases}A(\omega)=A_0(\text{常数})\\ \phi(\omega)=-t_0\omega(t_0\text{ 为常数})\end{cases} \tag{3-45}$$

具体地讲，就是要求测试装置在输入信号频带内对所有频率的成分都应保证幅频特性值为一常数，相频特性值与信号频率成正比（图 3-19），此即实现不失真测试的条件。

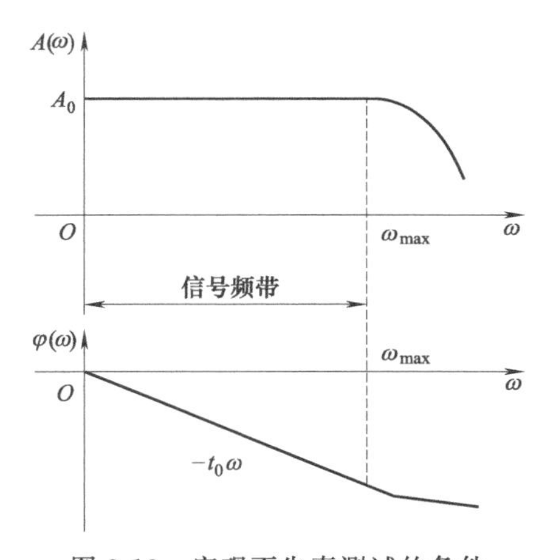

图 3-19　实现不失真测试的条件

实际的测试装置不可能绝对满足上述条件，通常是要根据所传输信号的频谱合理地选用或设计测试装置，把失真的程度控制在允许的范围内。由于 $A(\omega)$ 不等于常数而引起的失真称为幅值失真，由于 $\phi(\omega)$ 与 ω 不为精确的线性关系而引起的失真称为相位失真。

选用或设计测试装置时，应首先确定所传输信号的频带，综合考虑实现不失真测试的条件及其他性能要求来确定测试装置的特性参数。对于一阶系统，原则上时间常数 τ 越小越好，一般认为当 $\tau\leqslant 0.2/\omega_{max}$（$\omega_{max}$ 为信号频带中的最高频率）时能基本上满足式（3-45）的要求。对于二阶系统，由于系统的频率特性受固有频率 ω_n 和阻尼比 ξ 的共同影响，必须对它们加以综合考虑。理论分析表明，当 ξ 为 0.707 且 $\omega_n/\omega_{max}\geqslant 2.5$ 时，幅频特性 $A(\omega)$ 的变化不超过 1.3%，相频特性 $\phi(\omega)$ 与 ω 的线性关系也比较精确，故一般把 $\xi=0.6\sim0.8$ 及 $\omega_n\geqslant 2.5\omega_{max}$ 作为二阶系统实现不失真测试的条件。

思考题与习题

3.1　什么是信息、信号、干扰？它们之间的关系如何？在声音的传递过程中，简述什么是信息、信号和干扰。

3.2　确定性信号有哪几种典型的表现形式？日常生活中有哪些信号是确定性信号？哪些信号是非确定性信号？举例说明。

3.3　什么是信号的频谱？为什么要对信号进行频谱分析？

3.4　线性系统有三个重要的性质——比例叠加性质、时不变性质和频率保持性质。解释它们的含义，并说明它们在测试工作中的作用。

3.5　测试装置的静态特性指标主要有哪几个？

3.6　微分方程、传递函数和频响函数三者之间的关系是怎样的？

3.7　影响一、二阶系统动态特性的参数各为什么？如何影响？

3.8　频响函数、幅频特性及相频特性的实质是什么？

3.9　试述实现不失真测试的条件，并说明如何根据所传输信号的频带正确选用或设计一、二阶装置的动态特性参数。

3.10　试确定下列信号哪些是周期信号？哪些是非周期信号？周期信号的周期是多少？

(1) $x(t)=\sin 3\omega t$　　(2) $x(t)=\sin(0.2t)+\cos(5t)$

(3) $x(t)=\sin\sqrt{3}t$　　(4) $x(t)=\sin(4t)+\sin(\sqrt{2}t)$

(5) $x(t)=e^{-t}$　　(6) $x(t)=e^{-\sin t}$

(7) $x(t)=t+5\sin t$

3.11　求图 3-20 所示周期三角波信号的频谱，画出频谱图。

3.12　求图 3-21 所示指数衰减正弦振荡信号 $x(t)=e^{-\alpha t}\sin(\omega_0 t)$ ($\alpha>0$，$t>0$) 的频谱，画出频谱图。

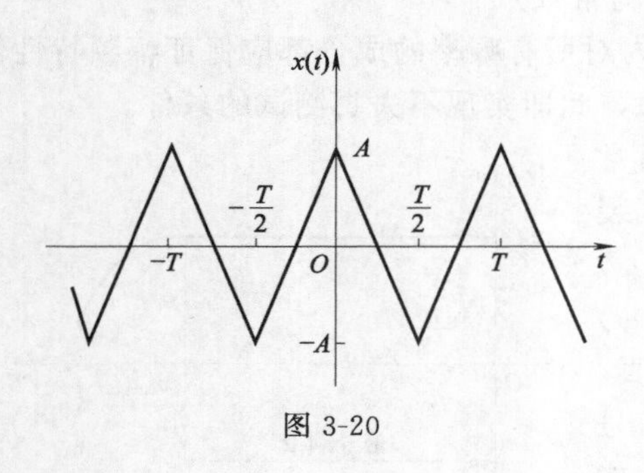

图 3-20

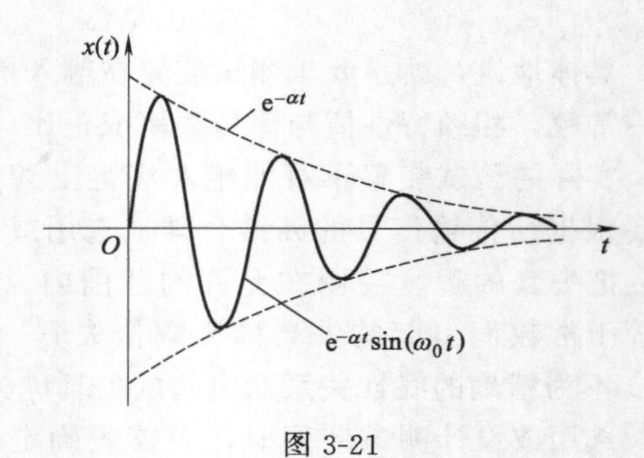

图 3-21

第4章 信号调理电路

学习目标

1. 掌握半桥单臂、半桥双臂及全桥电路的输出电压计算方法。
2. 了解交流电桥和直流电桥的区别。
3. 掌握几种典型的基本放大电路放大倍数的计算方法。
4. 掌握调制与解调的概念，了解调幅和调频的原理及装置。
5. 掌握四种基本滤波器的幅频特性，能够选取合适的滤波器进行信号的简单处理。

信号调理电路的作用是对传感器输出的电信号做进一步的处理，如信号放大、信号变换、信号分离、非线性误差修正等，使处理后的信号能更好地适应后续环节（显示记录装置、计算机等）的要求，最有效地提取信号中的有用信息，消除或抑制干扰的影响。本章将主要介绍常见的测量电桥、调制与解调电路、放大电路、滤波器等。

4.1 测量电桥

测量电桥（简称电桥，Electric Bridge）是将电阻、电感、电容等参数的变化转换成电压或电流变化的一种电子装置。电桥的结构简单，对其本身参数的变化反应敏感，具有较高的精度，容易实现对温度等因素所带来的测量误差的补偿，因此为各种测量装置所广泛采用。

测试装置中广泛使用的是惠斯通电桥。惠斯通电桥由四个元件串接成环路，自一对对角点 a、c 输入电源，从另一对对角点 b、d 上取输出，相邻两角点之间的部分称为桥臂（图 4-1)。当电桥参数使输出为零时，称电桥处于平衡状态。

根据电工电子学原理得到惠斯通电桥的输出为

$$e_o=\frac{Z_1Z_3-Z_2Z_4}{(Z_1+Z_2)(Z_3+Z_4)}e_s \tag{4-1}$$

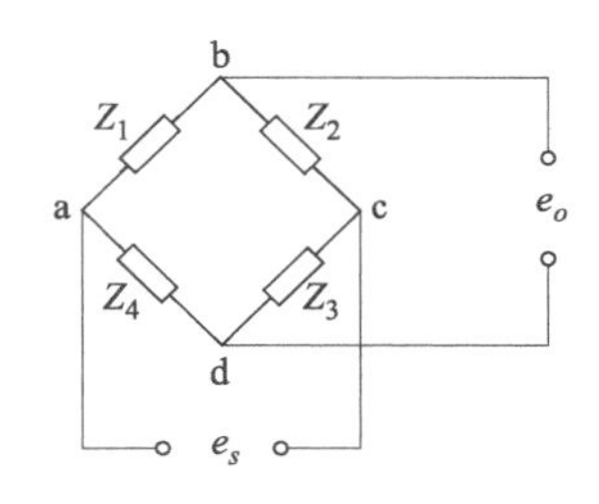

图 4-1 惠斯通电桥

电桥可以从不同角度进行分类：按电桥供电电源的性质分为直流电桥（采用直流电源供电）和交流电桥（采用高频稳幅交流电源供电）；按电桥输出的测量方式分为平衡电桥（使电桥处于平衡状态后读数）和不平衡电桥（读数时电桥一般处于不平衡状

态）；按桥臂元件的阻抗性质分为纯电阻电桥、纯电容电桥、纯电感电桥、容性电桥、感性电桥等。

4.1.1　直流电桥

直流电桥采用直流电源供电，四个桥臂均为纯电阻（图 4-2）。根据电工电子学原理，当电桥处于开路状态时，其输出直流电压为

$$U=\frac{R_1R_3-R_2R_4}{(R_1+R_2)(R_3+R_4)}E \tag{4-2}$$

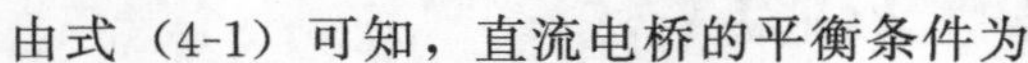

由式（4-1）可知，直流电桥的平衡条件为

$$R_1R_3=R_2R_4 \tag{4-3}$$

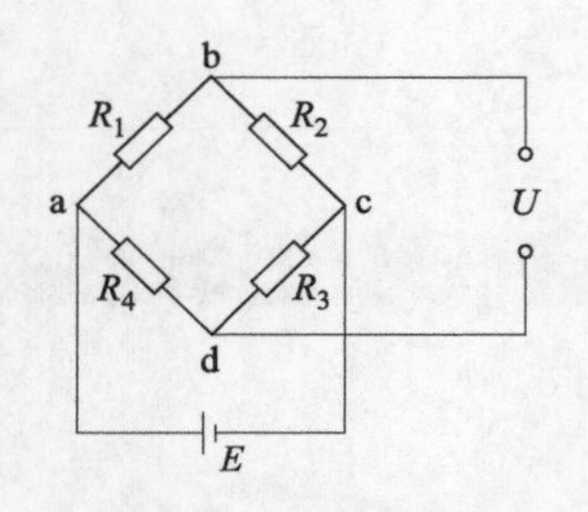

图 4-2　直流电桥

为简化设计和分析，通常将电桥的四臂电阻设计成相等，即 $R_1=R_2=R_3=R_4=R$，这种电桥称为全等臂电桥。

若电桥某一桥臂的电阻发生变化，将引起输出电压发生变化。据此，可以将传感器的敏感元件（如电阻应变片）接入电桥的某些桥臂上，则电桥的输出就与传感器敏感元件所感受的被测量的变化有一一对应关系。

根据电桥工作时的工作桥臂（有敏感元件的桥臂）数量，电桥有半桥单臂、半桥双臂、全桥三种接桥方法，如图 4-3 所示。

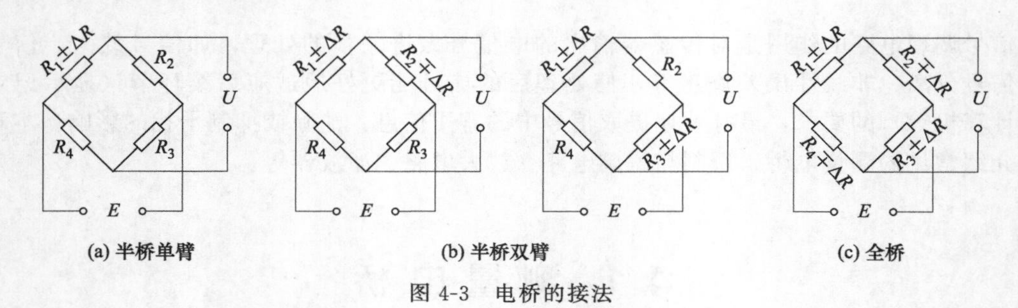

图 4-3　电桥的接法

图 4-3（a）为半桥单臂连接，电桥的一个桥臂 R_1 随被测量变化，其余桥臂为固定电阻。当 R_1 变化 ΔR 时（$\Delta R\ll R$），由式（4-2）可得到电桥的输出电压近似为

$$U\approx\frac{\Delta R}{4R}E \tag{4-4}$$

图 4-3（b）为半桥双臂连接，具体可以有两种连接方式：工作桥臂相邻连接和相对连接。若工作桥臂相邻连接，则两工作桥臂上电阻变化的极性应相反；工作桥臂相对连接时极性则应相同。如果电阻变化的绝对值相等（均为 ΔR），则电桥的输出电压近似为

$$U\approx\frac{\Delta R}{2R}E \tag{4-5}$$

图 4-3（c）为全桥连接，四个桥臂的电阻均随被测量变化，相对桥臂的电阻按相同极性变化，相邻桥臂的电阻按相反极性变化。全桥的输出电压近似为

$$U\approx\frac{\Delta R}{R}E \tag{4-6}$$

由此可见，不同接法的电桥输出不同，灵敏度也不同。半桥双臂接法的灵敏度比半桥单臂接法高一倍，全桥接法又比半桥双臂接法高一倍。

半桥双臂接法和全桥接法也称为电桥的差动连接，因为这两种接法对某些变化具有和差特性。相对桥臂的同极性变化使输出加强（叠加），相邻桥臂的同极性变化则使输出减弱或抵消。半桥双臂接法和全桥接法利用了这一特性，通过适当安排工作桥臂的极性关系实现了差动连接。采用差动连接，不仅提高了电桥的灵敏度，极大地改善了电桥所固有的非线性，而且对由温度等因素变化所造成的同极性影响实现了补偿。

为实现电桥的差动连接，应使相应桥臂电阻的变化大小相等、极性相同或相反。为此，可按图 4-4 所示方法进行贴片。悬臂梁上面的两个应变片感受同一极性的应变，下面的两个应变片感受与上面两个应变片极性相反的应变。实际应用中应变片的贴法还有许多，这里不再赘述。

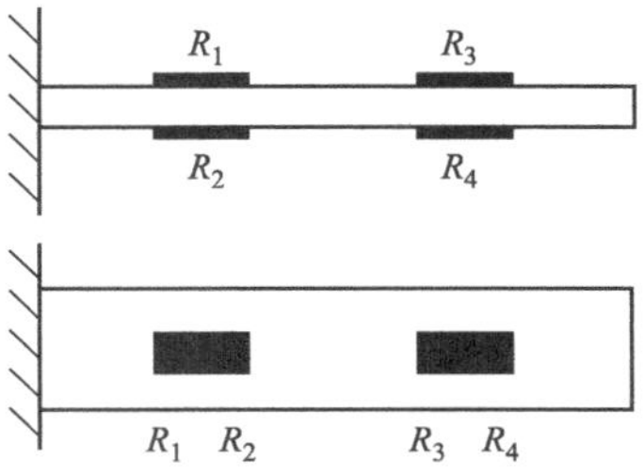

对于环境温度变化引起的应变片电阻变化所造成的影响，还可以使用补偿片进行补偿。例如，对于单臂半桥，将补偿片接入工作桥臂的相邻桥臂上即可达到此目的。补偿片的温度特性应与工作应变片一致，即具有相同的电阻温度系数。补偿片贴在与被测构件相同且感受相同温度的材料上，不感受应变，而只产生由于温度变化而引起的电阻变化。

图 4-4 差动连接应变片的贴法

直流电桥的特点是：所需的高稳定度直流电源容易获得；电桥的输出为直流信号，可以用直流仪表进行测量显示；对从传感器至测量仪表的连接导线要求较低；电桥的平衡电路简单。但直流电桥的输出需接直流放大器，其线路复杂，不易获得高稳定度的特性，易受零漂和接地电位的影响。

4.1.2 交流电桥

交流电桥采用交流电源（通常为高频稳幅的正弦波、方波、三角波等）供电，四个桥臂可以是电感、电容或电阻等电抗元件或它们的复合（图 4-1）。在分析含有电抗元件的电路时，习惯上用复数阻抗表示元件的电抗，电压及电流信号也都用复数形式表示。复数阻抗 Z 可以表示成

$$Z=\mathrm{Re}Z+\mathrm{j}\mathrm{Im}Z \tag{4-7}$$

或

$$Z=Z_0\mathrm{e}^{\mathrm{j}\phi} \tag{4-8}$$

或

$$Z=Z_0\angle\phi \tag{4-9}$$

式中，$Z_0=\sqrt{\mathrm{Re}^2 Z+\mathrm{Im}^2 Z}$ 称为阻抗的模，表示阻抗的大小；$\phi=\arctan(\mathrm{Im}Z/\mathrm{Re}Z)$ 称为阻抗角，表示作用在电抗元件上的交流电压与通过电抗元件的交流电流之间的相位差。各种电抗元件的复数阻抗见表 4-1。

表 4-1 电抗元件的复数阻抗

电抗元件	复数阻抗 Z	阻抗的模 Z_0	阻抗角 ϕ
纯电阻 R	R	R	0
纯电感 L	$\mathrm{j}\omega L$	ωL	$90°$
纯电容 C	$\dfrac{1}{\mathrm{j}\omega C}$	$\dfrac{1}{\omega C}$	$-90°$

交流电桥的桥臂既可以是纯电阻、纯电感或纯电容，也可以是它们串、并联所构成的复合阻抗。复合阻抗的阻抗角 $0°<\phi<90°$ 时称之为感性阻抗，$-90°<\phi<0°$ 时则称之为容性阻抗。实际传感器的敏感元件接入电桥后，由于传感器本身的固有电抗性质以及电路分布电

容、电感等诸多因素的影响，所构成的桥臂一般都不是纯电阻、纯电感或纯电容，而是上述的感性阻抗或容性阻抗。

交流电桥的平衡条件为

$$Z_1Z_3=Z_2Z_4 \tag{4-10}$$

由于各复数阻抗 Z_i 可以表示成 $Z_i=Z_{0i}\mathrm{e}^{\mathrm{j}\phi_i}$，故可得到具体的平衡条件为

$$\begin{cases}Z_{01}Z_{03}=Z_{02}Z_{04}\\ \phi_1+\phi_3=\phi_2+\phi_4\end{cases} \tag{4-11}$$

上式表明，交流电桥的平衡必须同时满足两个条件：相对桥臂阻抗的模的乘积相等，称为模平衡条件；相对桥臂阻抗的阻抗角之和相等，称为相位平衡条件。

电桥一般都设有预调平衡装置，以防止电桥在非工作状态时就失去平衡、工作时因输出过大而无法实现正常测量。由于交流电桥的平衡要同时满足式（4-11）中的两个条件，因此其平衡的调节要比直流电桥复杂，一般是通过特定的电路实现对电阻、电容及电感的共同调节。

采用交流电桥的主要原因是：某些传感器的阻抗特性为容性或感性（如电容传感器、电感传感器等），此时不能使用直流电桥；即使是纯电阻电桥（如应变电桥），若被测量是动态变化的，采用直流电桥时输出将与被测量同频，信号频率的变化相对较大，而且由于桥臂阻抗的相对变化较小，势必要求电桥后接的直流放大器应具有较高的放大倍数、较宽的工作频带、较小的漂移等比较苛刻的特性，而采用交流电桥则可把被测量的相对低频变化转换成高频的调幅信号输出，易于实现不失真测试。

交流电桥的特点是：输出为调幅波，不易受外界工频干扰；后接的交流放大器结构简单、零漂小；整个系统的转换精度较高。但交流电桥输出的调幅波经放大后需用线路复杂的相敏检波器进行解调；供桥电源（一般为几千赫兹的交流信号）除应有足够的功率外，还应具有较高的幅值、频率稳定性和良好的波形质量，才能保证系统的转换精度。

4.1.3　带感应耦合臂的电桥

带感应耦合臂的电桥实际上是一类特殊的交流电桥，其中有两个桥臂由传感器或变压器的两个感应耦合线圈所构成，另两个桥臂则可能是固定的电抗元件或差动传感器的电感、电容。图 4-5 示出了几种常见的带感应耦合臂的电桥。

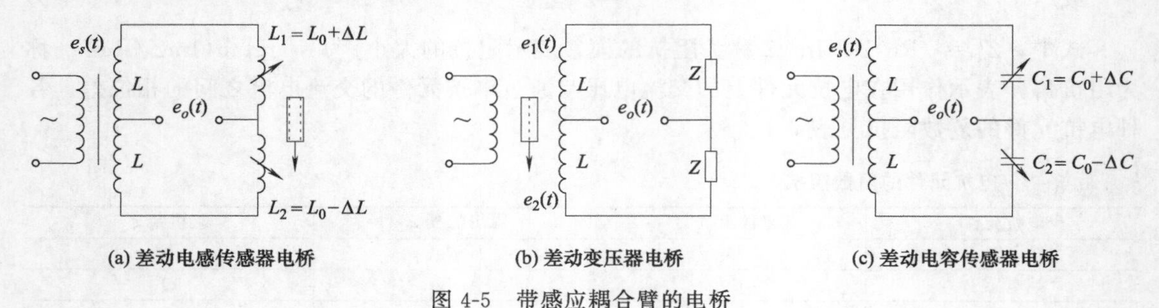

图 4-5　带感应耦合臂的电桥

图 4-5（a）为差动电感传感器电桥。变压器的两个完全对称、参数一致的次级线圈构成电桥的一对相邻桥臂，另一对相邻桥臂则由差动电感传感器的两个线圈构成，供桥交流电源通过变压器耦合到电桥上。工作时若被测量使传感器的磁芯偏离平衡位置，那么传感器的两个次级线圈的电感量 L_1、L_2 一个增大一个减小，电桥失衡，其输出 $e_o(t)$ 为受被测量变化

调制的调幅波，通过后续的解调、滤波等处理，即可得到与被测量变化相一致的输出信号。图 4-5（c）所示差动电容传感器电桥的工作原理与之相似。

在图 4-5（b）所示的差动变压器电桥中，工作时四个桥臂的参数值是固定不变的。由电工学可知，这种电路的输出取决于差动变压器式的两个次级线圈上的感应电势之差，即 $e_o(t)=e_1(t)-e_2(t)$。若被测量的变化使磁芯的位置发生变化，则 $e_1(t)$ 和 $e_2(t)$ 反向变化（一个增大时另一个减小），$e_o(t)$ 的幅值也随之变化。

带感应耦合臂的电桥克服了一般交流电桥桥臂存在的寄生参数（主要是寄生电容）的影响，由于使用了变压器还可以隔离直流干扰，且具有较宽的频率范围，因此性能稳定、灵敏度及转换精度都比较高，近年来得到了广泛的应用。

4.2 信号放大电路

大多数传感器所产生的电信号，无论是电压、电流还是功率，一般都是很微弱的，某些转换电路（如电桥）的输出也是如此。微弱的信号难以直接去驱动显示记录装置以及各种控制、执行装置，也不易从中提取出有用的信息。因此，一般需要通过各种测量放大电路（放大器，Amplifier）做放大处理。

常用的放大电路有通用放大电路、测量放大器、功率放大器、隔离放大器、增益调整电路、线性化电路等。在各种放大电路中，目前广泛使用各种集成放大器，在测量电路中以通用运算放大器和专用测量放大器应用得最广。另一方面，随着人们对测试系统性能要求的提高，在放大电路中还广泛采用各种负反馈技术来改善放大电路的性能，如扩展频带、稳定幅频特性、补偿相频特性、提高输入阻抗、降低输出阻抗等。

4.2.1 通用集成运算放大电路

通用集成运算放大电路的核心是通用集成运算放大器（以下简称运算放大器）。

（1）理想运算放大器与实际运算放大器

理想的运算放大器是人们设想出来的一种完美无缺的电子放大器。这种放大器是一种具有两个输入端和一个输出端的“三端”器件，用如图 4-6 所示的图形符号表示（两种符号均可用，本书用前一种）。输入端中标以“＋”的称为同相输入端，信号由此端输入时，在输出端得到放大的同相位信号；标以“—”的称为反相输入端，信号由此端输入时，在输出端得到放大的反相位信号，即输出与输入的相位相差 180°。

实际的运算放大器为集成的多端器件（8、10、12、16 端等），除输入、输出端外，其他端口也都具有特定的功能（电源、消除自激振荡等）。

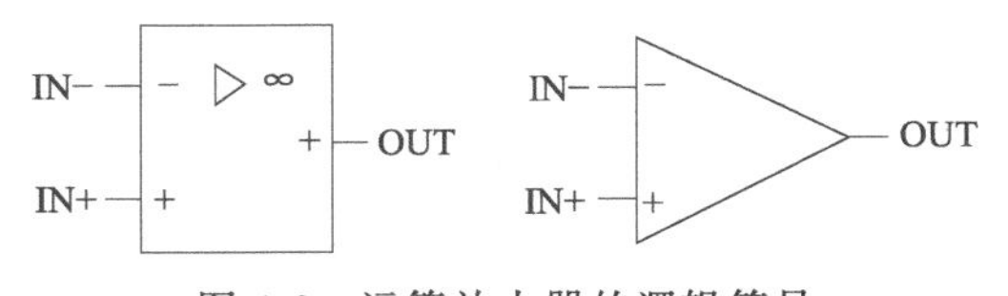

图 4-6　运算放大器的逻辑符号

表 4-2 列出了理想运算放大器和实际运算放大器所具备的特性。

表 4-2　运算放大器的特性

特　性	理想运算放大器	实际运算放大器
开环放大倍数 A	∞	$10^4\sim10^5$ 或更高
失调电压 V_{OS}	0	±1mV(25℃)

续表

特　　性	理想运算放大器	实际运算放大器
偏流 i_A，i_B	0	$10^{-6}\sim10^{-14}$A
输入阻抗 Z_i	∞	$10^5\sim10^{11}\Omega$ 或更高
输出阻抗 Z_o	0	$1\sim10\Omega$

运算放大器具有以下特点：

① 由于运算放大器的开环放大倍数很高，所以一般不能开环工作，否则稍有输入就会产生极大的输出而使运算放大器饱和。大多数运算放大器都工作在闭环负反馈状态下。

② 当运算放大器工作在闭环状态下时，由于其输入阻抗极高，故几乎没有电流流入或流出运算放大器，因此两输入端的电位近似相等。特别地，当一个输入端接地时，另一输入端的电位 $V_\Sigma\approx0$，这种现象称为“虚地”。

③ 对于理想运算放大器，由于 $Z_i\rightarrow\infty$，故它不从前级吸取电流；由于 $Z_o\rightarrow0$，故后级也不从它吸取电流。实际运算放大器的特性与理想运算放大器有一定的偏离，因此存在一定程度的负载效应。

(2) 运算放大器的基本放大电路

由运算放大器组成的基本放大电路可以实现对信号的许多算术运算，因此也把这些放大电路称为运算电路。

① 反相比例运算电路　如图 4-7 所示，运算放大器通过反馈电阻 R_f 接成负反馈形式，并将输入信号 e_i 输入到放大器的反相输入端上。由于运算放大器的输入阻抗极高，从而 $i_1\approx i_f$，$V_\Sigma\approx0$。故有

$$e_o=-\frac{R_f}{R_1}e_i \tag{4-12}$$

上式表明，放大器的闭环放大倍数——(R_f/R_1) 只与外接电阻 R_f、R_1 有关，而与运算放大器本身的参数无关。若外接电阻的阻值很稳定，那么闭环放大倍数也就很稳定。

还可以把反相比例运算电路接成图 4-8 所示的加法器形式，其输出为

$$e_o=\sum_{k=1}^{N}\left(-\frac{R_f}{R_1}\right)e_{ik} \tag{4-13}$$

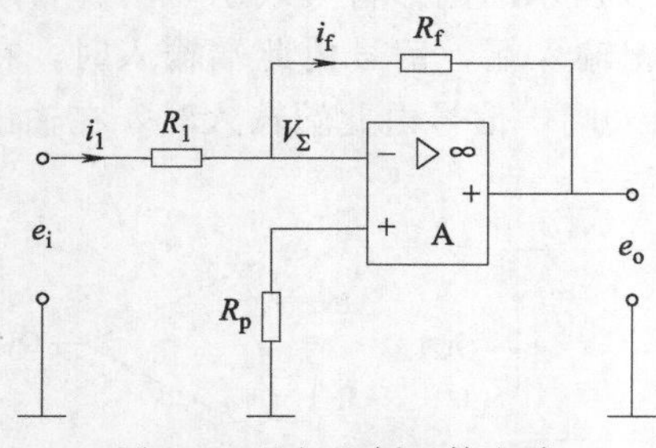

图 4-7　反相比例运算电路

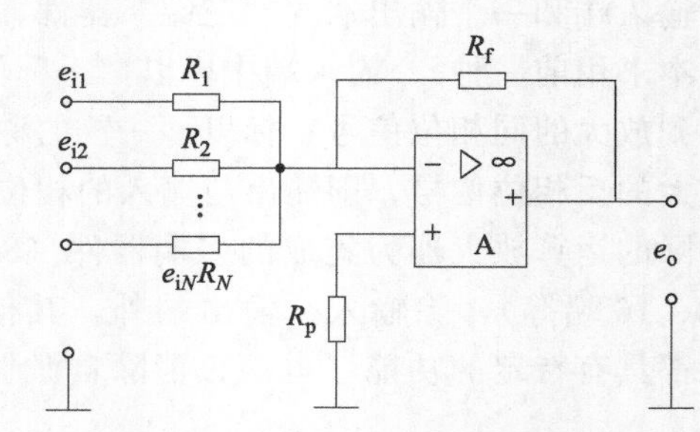

图 4-8　反相比例加法器

特别地，当 $R_1=R_2=\cdots=R_N=R$ 时，则有

$$e_o=-\frac{R_f}{R}\sum_{k=1}^{N}e_{ik} \tag{4-14}$$

② 同相比例运算电路　如图 4-9 所示，把信号输入到放大器的同相输入端上，则有

$$e_o=\left(1+\frac{R_f}{R_1}\right)e_i \tag{4-15}$$

同相比例运算电路的闭环放大倍数为正且恒大于 1。与反相比例运算电路类似，同相比例运算电路也可接成同相比例加法器。

若将同相比例运算电路中的 R_f 短接、R_1 断开，就构成了如图 4-10 所示的电压跟随器。电压跟随器是一种应用十分广泛的放大电路，其输入阻抗极高、输出阻抗极低，是理想的阻抗变换器。

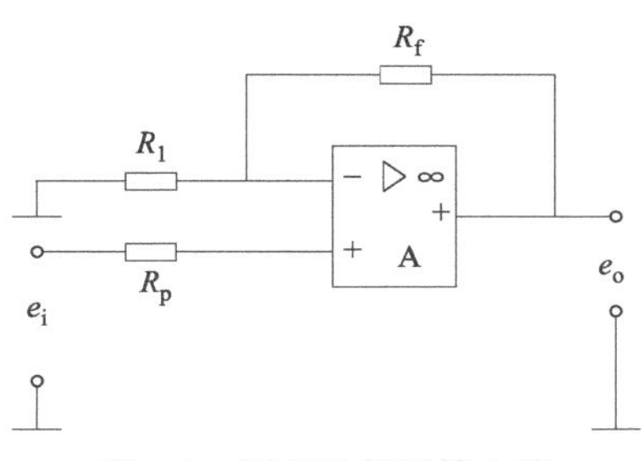

图 4-9　同相比例运算电路

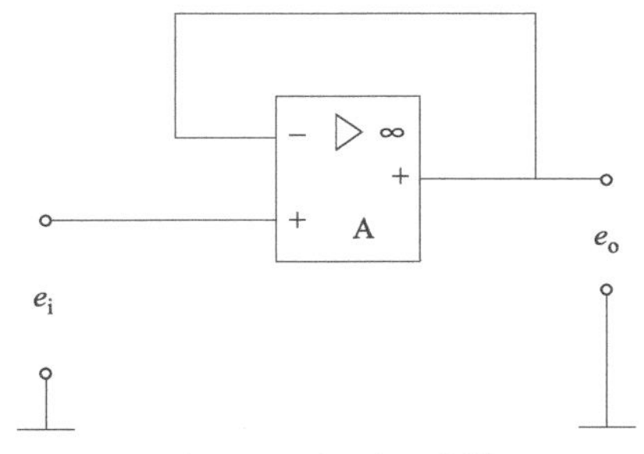

图 4-10　电压跟随器

③ 求差运算电路　这种电路也称为差动放大电路。将两个信号 e_{i1}、e_{i2} 分别输入到运算放大器的反、同相输入端上（图 4-11），就构成了差动放大电路，可以实现信号的求差运算。若电路参数能保证 $R_2/R_p=R_f/R_1=k$，那么电路的输出就与两输入信号之差成比例，即

$$e_o=k(e_{i2}-e_{i1}) \tag{4-16}$$

④ 微分运算电路　图 4-12 为运算放大器和 C、R 组成的微分运算电路。由于

$$i_C=i_R=C\frac{\mathrm{d}(e_i-V_\Sigma)}{\mathrm{d}t}\approx C\frac{\mathrm{d}e_i}{\mathrm{d}t},$$

故有

$$e_o=-RC\frac{\mathrm{d}e_i}{\mathrm{d}t} \tag{4-17}$$

⑤ 积分运算电路　将图 4-12 所示微分运算电路中的 R、C 位置对换，就构成了图 4-13 所示的积分运算电路。利用电容上的电压与电流之间的关系，不难得到

$$e_o=-\frac{1}{RC}\int_0^t e_i\,\mathrm{d}t \tag{4-18}$$

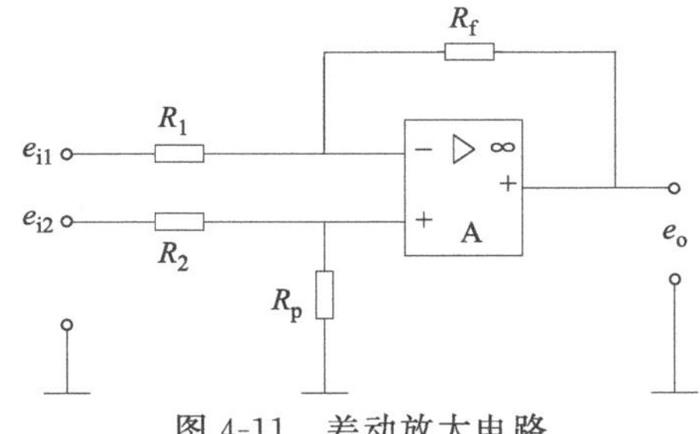

图 4-11　差动放大电路

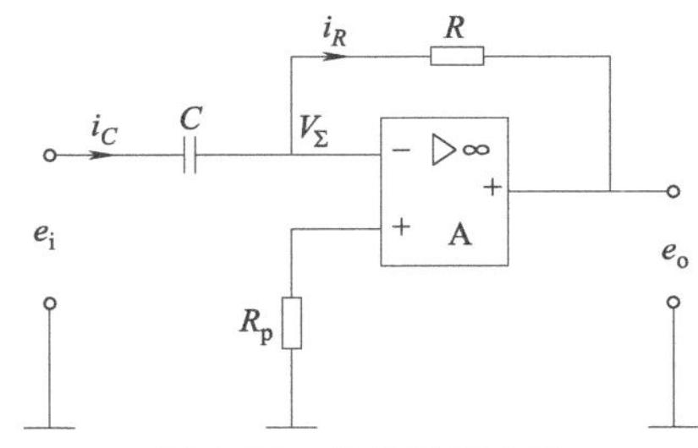

图 4-12　微分运算电路

在微分和积分运算电路中，$\tau=RC$ 被分别称为微分、积分运算电路的时间常数。

⑥ 对数运算电路　流过二极管的电流与其上的电压有如下关系

$$i_{VD}=I_s(e^{\frac{V}{V_T}}-1) \tag{4-19}$$

式中 I_s——二极管的反向饱和电流；

V_T——温度的电压当量，常温时 $V_T=26\text{mV}$。

当 $V \gg V_T$ 时，有

$$i_{VD} \approx I_s e^{\frac{V}{V_T}} \tag{4-20}$$

利用这一关系，将二极管接入运算放大器的反馈网络中，就构成了如图 4-14 所示的对数运算电路，其输出为

$$e_o=V_T[\ln(I_sR)-\ln e_i] \tag{4-21}$$

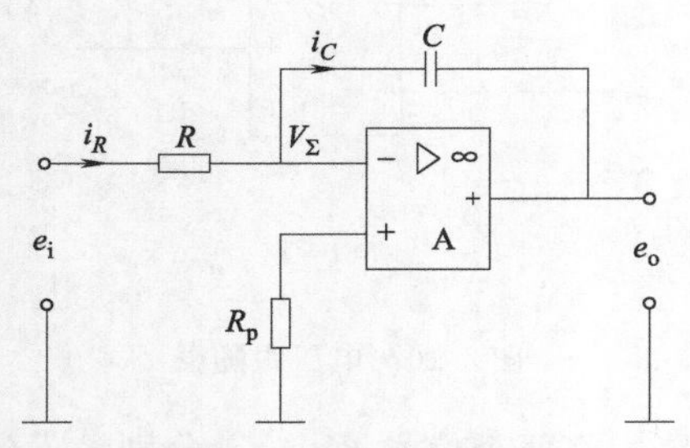

图 4-13 积分运算电路

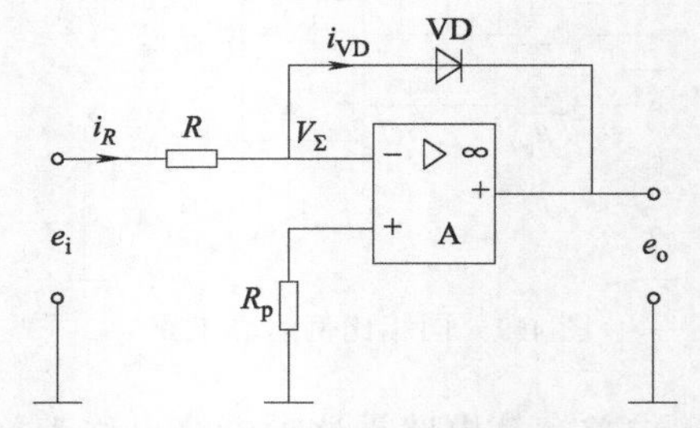

图 4-14 对数运算电路

若将该电路与信号的和、差运算电路结合起来，还可进一步构成信号的乘、除运算电路。需要指出的是，由于二极管的特性受温度的影响较大，因此这类运算电路的精度是比较低的。

(3) 运算放大器构成的其他电路

运算放大器在信号幅值比较、幅值选择、有源滤波、信号发生、整流等方面也有着广泛的应用。限于篇幅，这里仅介绍其中的幅值比较——电压比较和整流两种应用。

① 电压比较电路　图 4-15 为用运算放大器构成的电压比较电路——电压比较器。运算放大器处于开环反相输入工作状态，其反相输入端同时接有输入信号 $e_i(t)$ 和直流基准电压 E_{ref}。由于没有电流流入运算放大器的反相输入端，因此相加点 Σ 处的电压 e_Σ 为

$$e_\Sigma=\frac{1}{2}[e_i(t)+E_{ref}] \tag{4-22}$$

由于运算放大器的开环工作放大倍数很大，同相输入端又接地，因此只要 $e_\Sigma \neq 0$，运算放大器就处于饱和状态。当 $e_\Sigma<0$ 即 $e_i(t)<-E_{ref}$ 时，放大器正向饱和；当 $e_\Sigma>0$ 即 $e_i(t)>-E_{ref}$ 时，放大器反向饱和。由于 e_Σ 很难保持准确的零电压，因此输出为零的时间极短。电路中的两个稳压管的稳压值为 E_W，在电路中起限幅作用。

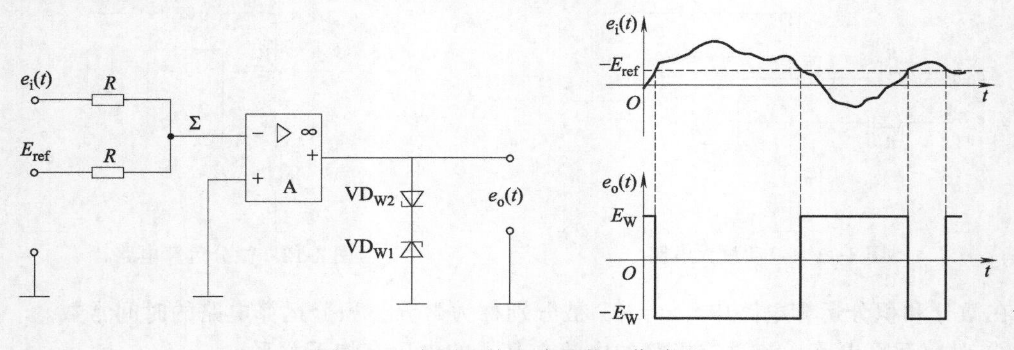

图 4-15 电压比较电路及其工作波形

特殊地，当 $E_{ref}=0$ 时，图 4-15 所示的电压比较电路就变成了过零比较电路。这种电路在测试电路中有着极为广泛的应用。

② 精密整流电路　信号的整流是信号处理工作的主要内容之一，在许多场合下都需要对信号进行整流，例如对信号进行绝对值运算、包络检波等。用普通的二极管电桥虽然可以实现信号的整流，但由于二极管死区电压的存在（硅管 0.5V，锗管 0.1V），因此整流的精度较低。运算放大器在采用负反馈时反向输入端具有“虚地”这一特点，由它组成的精密整理电路可以将二极管死区电压的影响减小到普通二极管电桥整流时的 $1/A$（A 为运算放大器的开环放大倍数），从而可以大大提高整流的精度。

图 4-16 为测试电路中常用的一种精密全波整流电路，两个运算放大器 A_1、A_2 分别用来进行半波整流和比例加法运算。为简化分析，下面仅介绍该电路在正弦信号输入情况下的全波整流原理。

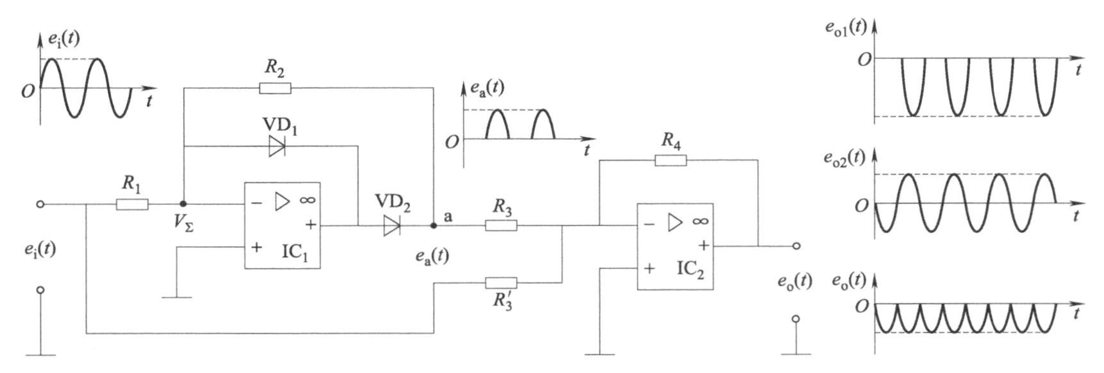

图 4-16　精密整流电路及其工作波形

运算放大器 A_1 与电阻 R_1、R_2 及二极管 VD_1、VD_2 构成半波整流电路。当输入正弦信号 $e_i(t)$ 处于正半周时，由于 V_Σ 的瞬时值为正，所以 A_1 的输出处于反向饱和状态，二极管 VD_1 导通而 VD_2 截止，运算放大器 A_1 工作在跟随状态，$e_a(t)\approx V_\Sigma\approx 0$。根据运算放大器的特点，此时 $e_a(t)\approx V_\Sigma$ 的大小为普通二极管死区电压的 $1/A$。当 $e_i(t)$ 处于负半周，V_Σ 的瞬时值为负，A_1 的输出处于正向饱和状态，VD_1 截止而 VD_2 导通，A_1 工作在反相比例运算状态。此时 $e_a(t)=-(R_2/R_1)e_i(t)$。

A_2 与电阻 R_3、R_3'及 R_4 构成反相比例加法器，对 $e_a(t)$ 及 $e_i(t)$ 两路信号进行比例叠加，以实现全波整流。若 $e_{o1}(t)=-(R_4/R_3)e_a(t)$、$e_{o2}(t)=-(R_4/R_3')e_i(t)$ 分别为$e_a(t)$ 及 $e_i(t)$ 单独作用在 A_2 上时所对应的输出，总的输出 $e_o(t)$ 等于 $e_{o1}(t)$ 与 $e_{o2}(t)$ 的叠加，则有

$$e_o(t)=\left(\frac{R_2}{R_1}\right)\left(\frac{R_4}{R_3}\right)e_i(t)+\left(-\frac{R_4}{R_3'}\right)e_i(t)\quad[e_i(t)\text{处于负半周时}]$$

$$e_o(t)=-\left(\frac{R_4}{R_3'}\right)e_i(t)\quad[e_i(t)\text{处于正半周时}]$$

由上不难看出，只要使电路中电阻的阻值满足 $R_2/R_1=2(R_3/R_3')$，电路就能够输出非常精确的全波整流波形。改变这一比例关系的比值以及改变 R_4 的阻值，都可以调节整流电路的增益。

4.2.2　测量放大器

在测试系统中，用来放大传感器输出的微弱电压、电流或电荷的放大电路称为测量放大

器，亦称为仪用放大器。由于传感器特性的多样性，因此对测量放大器也就有不同的要求。总体上来说，测量放大器除应具有对微弱信号进行放大的能力外，根据不同情况还需要具有高输入阻抗、高精度、高共模抑制比、低失调、低漂移、低噪声、较稳定的闭环增益、较大的动态范围、良好的线性等品质。

(1) 高输入阻抗放大器

有些传感器的输出阻抗很高（如压电传感器、电容传感器等），此时要求后接测量放大电路具有极高的输入阻抗。为满足这一要求，可以先用电压跟随器作为前置缓冲级，然后再进行一般的放大。在要求较高的场合，常采用高阻型集成运算放大器组成的放大电路，或采用由通用运算放大器组成的自举式高输入阻抗放大电路。

图 4-17 示出了常用的三种自举电路。图 4-17（a）为交流放大电路，图 4-17（b）为交流跟随电路，由于它们的同相输入端接有隔直电容 C_1 的放电电阻 $R(R=R_1+R_2)$，因此电路的输入电阻在没有接入电容 C_2 时将减小为 R。为了使同相交流放大电路仍具有高的输入阻抗，电路中用负反馈的形式通过电容 C_2 将运算放大器两输入端之间的交流电压作用于电阻 R_1 的两端。由于运算放大器的两输入端近似等电位，故 R_1 两端也近似等电位，几乎没有信号电流流过 R_1。因此对交流而言，R_1 可看作极大，整个电路的输入阻抗得到了极大的提高。这种利用反馈使 R_1 两端近似等电位，电路基本不从输入信号索取电流，使输入阻抗得到明显提高的电路称为自举电路。为了减小失调电压，应保证这两种电路中的 $R_3=R_1+R_2$。图 4-17（c）是由两个通用集成运算放大器构成的自举组合电路。该电路可以使 $i_1=i_2$，也就是说，A_1 的输入电流全部由 A_2 提供，输入回路无电流即 $i=0$，所以输入阻抗为无穷大。这种自举需要保证 $R_2=R_1$，但只要二者的偏差不大，就可以使电路获得极高的输入阻抗。

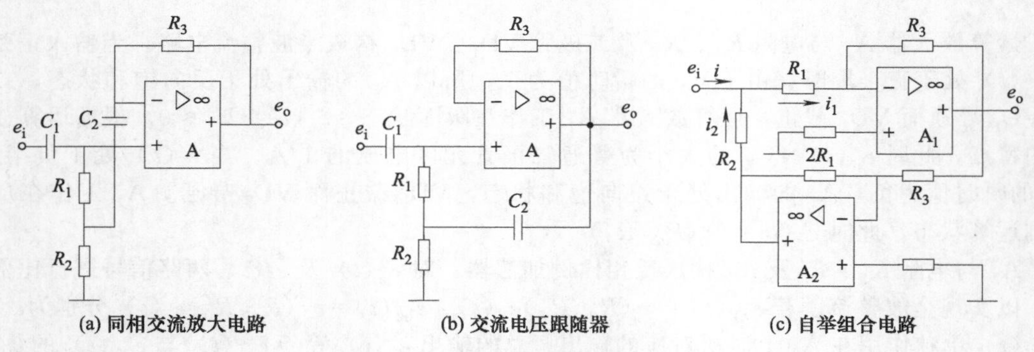

(a) 同相交流放大电路　(b) 交流电压跟随器　(c) 自举组合电路

图 4-17　自举式高输入阻抗放大电路

(2) 高共模抑制比放大器

来自传感器的信号通常都伴随着很大的共模电压（包括干扰电压），在测量放大电路中必须加以抑制，否则将严重影响测量精度。一般运算放大器的共模抑制比通常在 80dB 左右，而采用由几个集成运算放大器构成的高共模抑制比放大电路，可以使共模抑制比达到 120dB。

如图 4-18 所示电路是目前应用最广泛的三运放高共模抑制比放大电路。A_1、A_2 为两个性能（输入阻抗、共模抑制比、增益等）一致的同相输入通用集成运算放大器，构成平衡对称的差动放大输入级；A_3 构成双端输入单端输出的输出级。

当 A_1、A_2 的性能一致时，输入级的差模增益、差动输出只与差模输入电压有关，而其共模输出、失调电压及漂移均在 R_p 两端相互抵消，因此输入级具有良好的共模抑制能力。A_3 构成的输出级可以进一步抑制输入级输出的差模信号，应保证 A_3 具有较高的共模抑制比，同时还要精确地保证 $R_3=R_4$、$R_5=R_6$。由于整个电路的失调电压主要是由 A_3 所引起，因此输出级的增益应设计得小一些。如果增加由 R_7、R_{p1} 和 R_8 组成的共模补偿电路，通过调节 R_{p1}，可获得更高的共模抑制比。

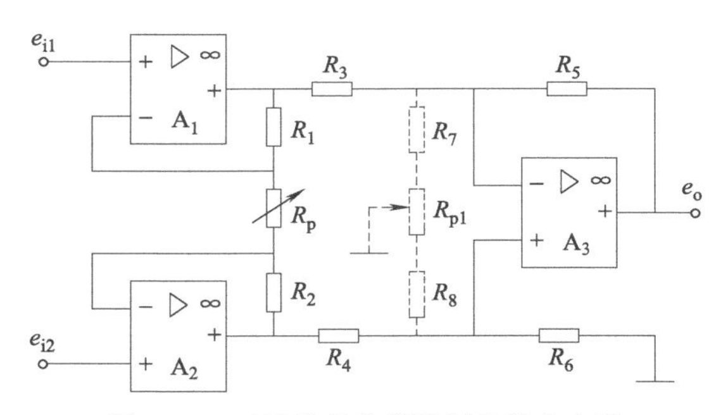

图 4-18　三运放高共模抑制比放大电路

(3) 电桥放大器

电阻应变式、电感式、电容式传感器等，大多是通过测量电桥将被测量转换成电压或电流信号，然后进行放大。由测量电桥和其后的放大电路所组成的电路称为电桥放大电路，主要有以下三类。

① 单端输入电桥放大电路　如图 4-19 所示为两种单端输入电桥放大电路。图 4-19（a）是反向输入电桥放大电路，传感器电桥接至运算放大器的反相输入端；图 4-19（b）是同相输入电桥放大器，传感器电桥接至运算放大器的同相输入端。这类电桥放大电路的增益与桥臂阻抗的绝对大小无关，因此增益比较稳定。其缺点是：电桥电源一定要浮置；输出电压与传感器阻抗的相对变化量 $\Delta Z/Z$ 为非线性关系，只有当 $\Delta Z/Z\ll 1$ 时才近似为线性关系，因此测量范围较小。

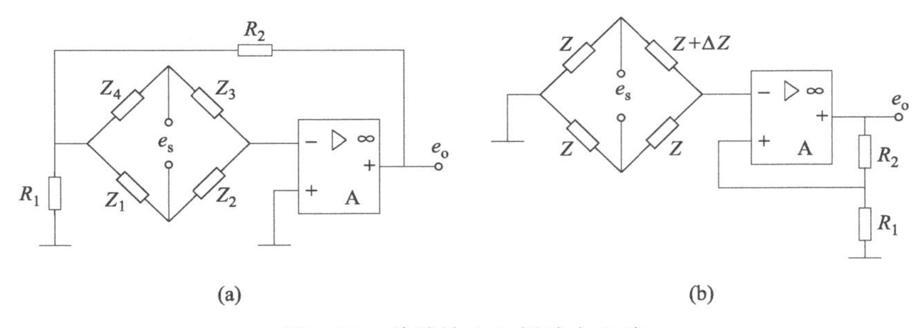

图 4-19　单端输入电桥放大电路

② 差动输入电桥放大电路　把传感器电桥的两个输出端分别接在运算放大器的两个输入端上，就构成了如图 4-20 所示的差动电桥放大电路。该电路只有当 $R_1=R_2$ 且 $R_1\gg R$、$\Delta R/R\ll 1$ 时输出才与 $\Delta R/R$ 近似保持线性关系，测量范围比较小，只适用于精度要求不高的低阻传感器。

③ 线性电桥放大电路　为了使输出电压与传感器阻抗的相对变化量成线性关系，可以使用如图 4-21 所示的线性电桥放大电路。在电路中，将传感器作为可变桥臂接在了运算放大器的反馈回路中。由于采用了负反馈技术，使这种电桥放大电路具有比较大的线性范围。该电路的缺点是增益较低。

(4) 单片集成测量放大器

前面介绍的通用运算放大电路中以及由若干个运算放大器构成的测量放大器中都包括着许多分立元件。大部分测量放大器对其中分立元件的精度及匹配程度都有不同程度的要求，以保证较高的共模抑制比、稳定的增益、良好的线性以及与传感器的阻抗匹配等特性。近年

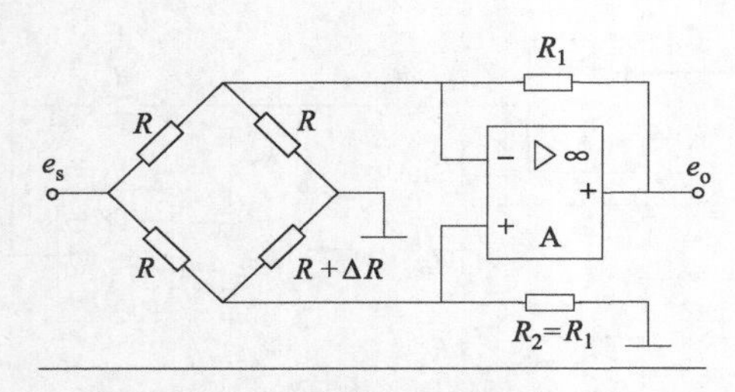

图 4-20 差动输入电桥放大电路

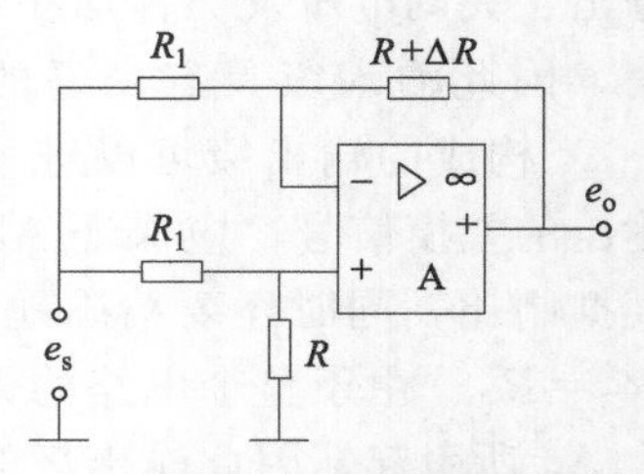

图 4-21 线性电桥放大电路

来，随着集成电路制造工艺的不断发展，人们采用厚膜工艺制成了各种单片集成测量放大器，将测量放大器的主要部分集成在一个芯片内，使其外接元件大大减少，无需精密匹配电阻，放大器的各项性能指标、可靠性、成本等都较普通测量放大器有了很大的改善。

单片集成测量放大器有以下几个显著特点：

① 共模抑制比高，一般可达 100～120dB；

② 输入阻抗高，一般高于 $10^9\Omega$；

③ 平衡的差动输入，单端输出，输入端可承受较高的输入电压，有较强的过载能力；

④ 增益可由用户的需要通过选择不同的增益电阻来确定；

⑤ 动态特性好，工作频带宽；

⑥ 低失调，低漂移。

常用的单片集成测量放大器有 AD521、AD522、AD612、AD605、LH0038、LM363、INA101、INA118 等。这里仅介绍 AD612 单片集成测量放大器。

AD612 是典型的三运放结构单片集成测量放大器，其内部结构如图 4-22 所示。

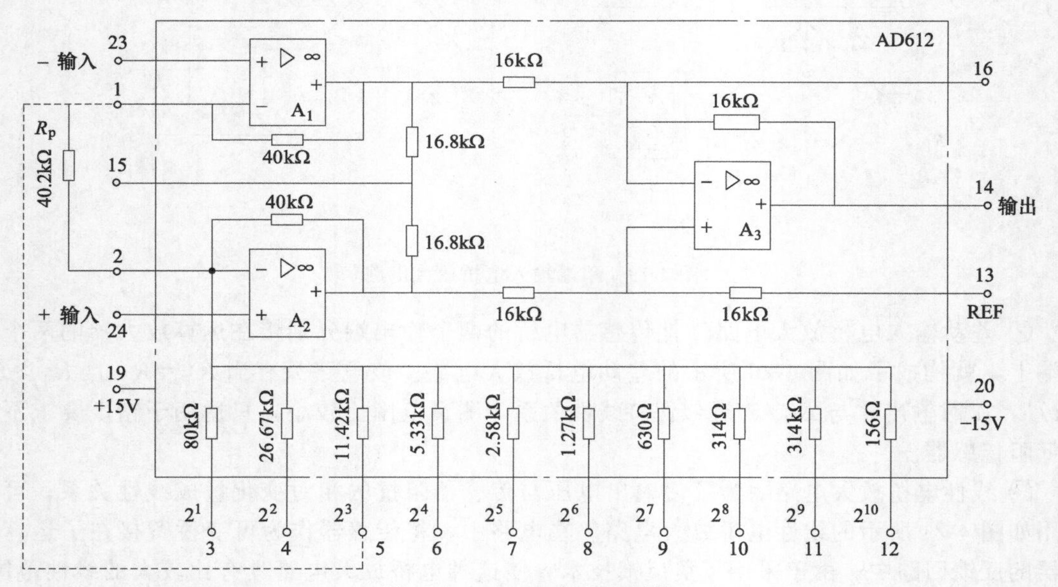

图 4-22 AD612 的内部结构

AD612 有两种增益状态，即二进制增益状态和通常增益状态。二进制增益状态是利用内部精密薄膜电阻网络实现的，增益温漂范围为±6～10/℃。当 A_2 的反相端（引脚 2）和精密电阻网络的各引出脚（引脚 3～12）与 A_1 的反相端（引脚 1）彼此互不相连时，相当于 R_p 为无穷大，电路总增益 $K_f=1$。当精密电阻网络引出脚 3～10 分别与引脚 1 相连时，

增益从 $2^1 \sim 2^8$ 按二进制改变；引脚 10、11、1 互连时，增益为 2^9；引脚 10、11、12、1 互连时，增益为 2^{10}。如果在引脚 1、2 与引脚 3～12 之间加上多路模拟开关，就成为可编程增益放大器。通常增益状态和一般三运放测量放大器是一样的，只要在引脚 1 和引脚 2 之间外接电阻 R_p，则其增益为 $K_f = 1 + (80/R_p)$（R_p 的单位为 kΩ）。R_p 的温度系数应小于 10^{-6}/℃，以保证增益精度。

AD612 是高精度、高速的测量放大器，能在恶劣的环境条件下工作，具有很好的交、直流特性。其引脚 15 通过跟随器接传感器电缆的屏蔽层，即在屏蔽层上加共模电压，可提高共模抑制比，降低输入噪声。

图 4-23 是 AD612 与测量电桥连接的接线图。信号地必须和电源地相连接，使放大器的偏置电流形成通路。引脚 1、3 短接时，电路增益为 2。引脚 21 和 22 外接 100kΩ 电位器，用来调整失调。电容 C 用来防止电路产生自激振荡。

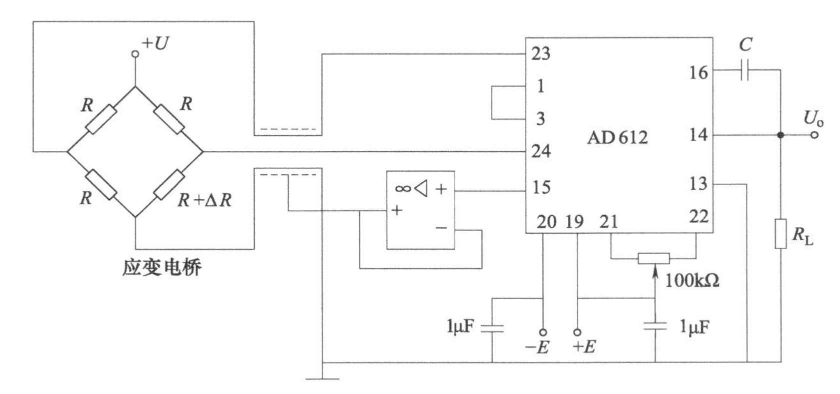

图 4-23　AD621 与测量电桥的连接

4.3　调制与解调电路

传感器输出的测量信号有两个主要特征：大部分信号比较微弱，容易受到干扰、噪声、漂移的影响而产生较大的测量误差；许多被测量都是动态量，因此传感器输出的测量信号也是动态的，它们的频谱中包含有一定范围的频率成分，尽管频率较低，但相对变化较大（例如从 0～1kHz）。若采用直流放大器或低频放大器对信号进行放大，则漂移、级间耦合等因素会对测量精度产生较大的影响。为此，在测试装置中广泛采用各种调制与解调技术，用各种调制器将传感器输出的缓变信号转换成高频信号。这样处理一方面易于使测量信号与干扰、噪声、漂移等无用信号区分开来，同时也便于进行高倍数、高精度地交流放大。随后，再利用相应的解调装置从放大后的高频信号中恢复出原信号。

调制（Modulation）指的是用原始的缓变信号控制特定高频信号的某个特征参数（幅值、频率或相位），使这些参数随被测量的变化而变化。用来控制高频信号的缓变信号称为调制信号，被控的高频信号称为载波，经过调制后所得到的高频信号称为已调波。从已调波中恢复原始缓变信号的过程称为解调（Demodulation）。在信号调制中常用稳幅或稳频的正弦波、方波作为载波信号。

信号的调制方法主要有幅值调制（简称调幅，AM）、频率调制（简称调频，FM）和相位调制（简称调相，PM）。

4.3.1 调幅及其解调电路

(1) 调幅原理

调幅就是用调制信号与高频载波信号相乘，所得到的高频调幅波（调幅的已调波称为调幅波或调幅信号）的幅值随调制信号的变化而变化。图 4-24 示意画出了调幅过程中有关信号的时域波形及频域频谱的情况，其中 $x(t)$ 为调制信号，$x_c(t)$ 为载波，$x_m(t)$ 为已调波；$X(f)$ 为调制信号的频谱，$X_c(f)$ 为载波的频谱，$X_m(f)$ 为调幅波的频谱。

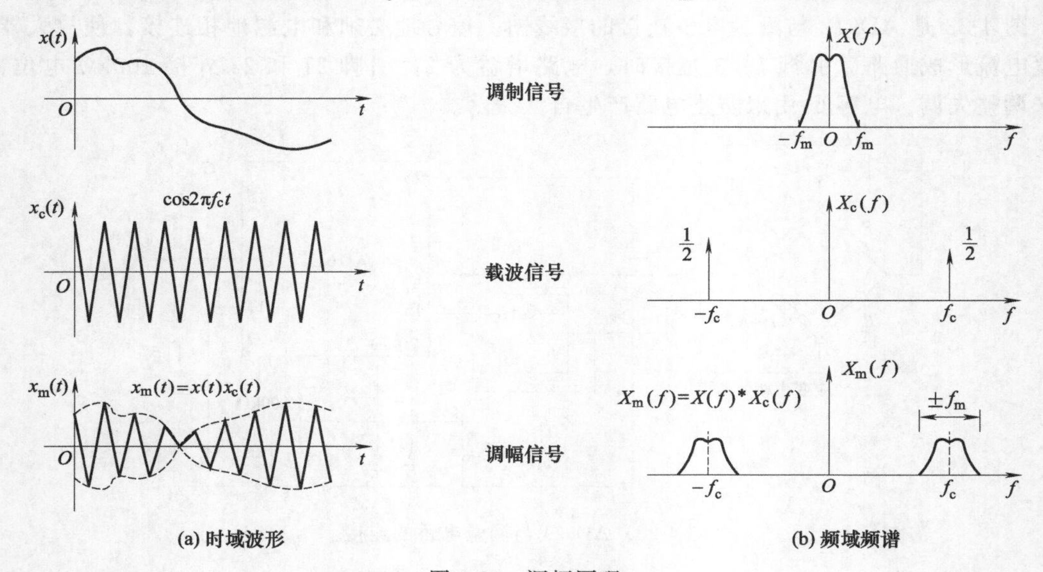

图 4-24　调幅原理

调幅过程是调制信号 $x(t)$ 与载波 $x_c(t)$ 相乘的过程，因此有

$$x_m(t)=x(t)x_c(t) \tag{4-23}$$

由傅里叶变换的卷积性质可知，调幅波 $x_m(t)$ 的频谱 $X_m(f)$ 等于调制信号的频谱 $X(f)$ 与载波的频谱 $X_c(f)$ 的卷积分，即

$$X_m(f)=X(f)*X_c(f) \tag{4-24}$$

当载波是频率为 f_c 的正弦信号时（余弦信号可以看成是相位相差 π/2 的正弦信号），其频谱是两条强度为 1/2 的 δ 函数$\frac{1}{2}\delta(f-f_c)+\frac{1}{2}\delta(f+f_c)$，故调幅信号的频谱为

$$\begin{aligned}X_m(f)&=X(f)*X_c(f)\\&=\frac{1}{2}X(f)\delta(f-f_c)+\frac{1}{2}X(f)\delta(f+f_c)\\&=\frac{1}{2}X(f-f_c)+\frac{1}{2}X(f+f_c)\end{aligned} \tag{4-25}$$

这一结果说明，调幅过程是一个“频谱搬移”过程。若调制信号的频谱分布在 $-f_m$～f_m 之间，那么调幅波的频谱将分布在 $-(f_c+f_m)$～$-(f_c-f_m)$ 和 (f_c-f_m)～(f_c+f_m) 之间［参见图 4-24（b）］。由于 f_c 通常为 f_m 的几十倍，因此调幅波的频谱分布在相对变化很窄的一个范围内，这为信号的交流放大、有用信号与无用信号的鉴别创造了条件。

调幅过程中的载波不仅要保证幅值的高度稳定，其频率也要足够高。从图 4-24（b）中可以看出，如果载波频率 f_c 低于调制信号的最高频率 f_m，则搬移后的两部分频谱将会有一部分混叠在一起，这种混叠相当于改变了调制信号的频谱，使后面的解调无法精确地还原出调制信号的原始波形而造成较大的失真。为此，在调幅过程中一般要保证 $f_c \geqslant 10 f_m$。

(2) 调幅装置

调幅装置有交流电桥（应变电桥、电感传感器电桥、差动变压器传感器电桥及电容传感器电桥等）、霍尔传感器、开关电路以及其他可以实现乘法运算的装置。下面介绍一下交流应变电桥调幅的工作原理。

对于图 4-25 所示的交流半桥单臂应变电桥，若高频稳幅交流电源（载波）为正弦信号 $x_c(t)=X\sin(2\pi f_c t)$，电阻应变片上所感受到的缓变应变（调制信号）为 $\varepsilon(t)=E\sin(2\pi f_m t)$ $(f_c \gg f_m)$，则工作桥臂的电阻变化 $\Delta R(t)$ 为

$$\Delta R(t)=RS\varepsilon(t)=RS\varepsilon_m \sin(2\pi f_m t) \tag{4-26}$$

式中，S 为应变片的灵敏度，R 为应变片的标称电阻。因此电桥输出的调幅信号 $x_m(t)$ 为

$$x_m(t)=\frac{\Delta R(t)}{4R}x_c(t)=\left[\frac{RS\varepsilon_m \sin(2\pi f_m t)}{4}\right]\sin(2\pi f_c t) \tag{4-27}$$

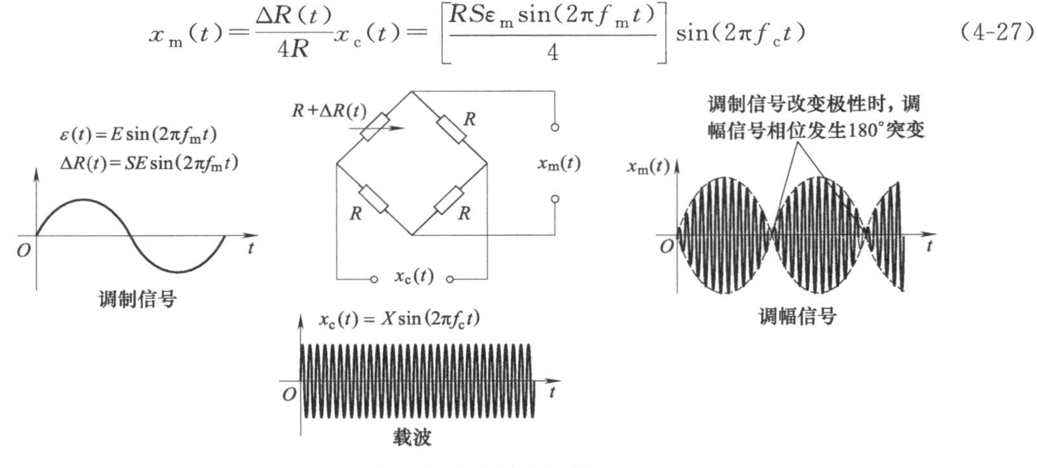

图 4-25　应变电桥调幅

由于 $f_c \gg f_m$，故上式括号内的部分相对于 $x_c(t)=X\sin(2\pi f_c t)$ 变化很慢，实际上就是所输出的调幅信号的幅值（从波形上看调制信号就是调幅波的包络线）。因此，当应变随时间变化时，输出调幅信号的幅值亦按相同的规律变化，这就是应变电桥的调幅原理。

(3) 调幅的解调

调幅信号经放大等处理后，需要进行解调。调幅的解调称为鉴幅或检波，即是将调幅信号的幅值变化鉴别出来，还原出被测量的变化。实现调幅信号解调的方法及装置主要有以下几种。

① 同步解调　同步解调是将经放大等处理后的调幅信号再与载波相乘一次，其原理见图 4-26。由前可知，调幅过程是一个“频谱搬移”过程，它将以原点为中心的调制信号的频谱搬移到以载波频率为中心的两处，但频谱形状未发生变化，调制信号的信息被完整地保留下来。经与载波信号的再次相乘，又对调幅信号的频谱进行了“频谱搬移”，其中的一部分被搬移到以原点为中心的地方，另一部分则被搬移到二倍载波频率的地方。对该信号进行低通滤波处理后，后一部分高频成分被滤掉，而前一部分则被保留下来，它与原调制信号的频谱形状相同，即恢复了原始信号的信息。同步解调在鉴别调制信号的幅值和极性方面是比较可靠的，但解调过程中存在幅值（功率）上的损失。

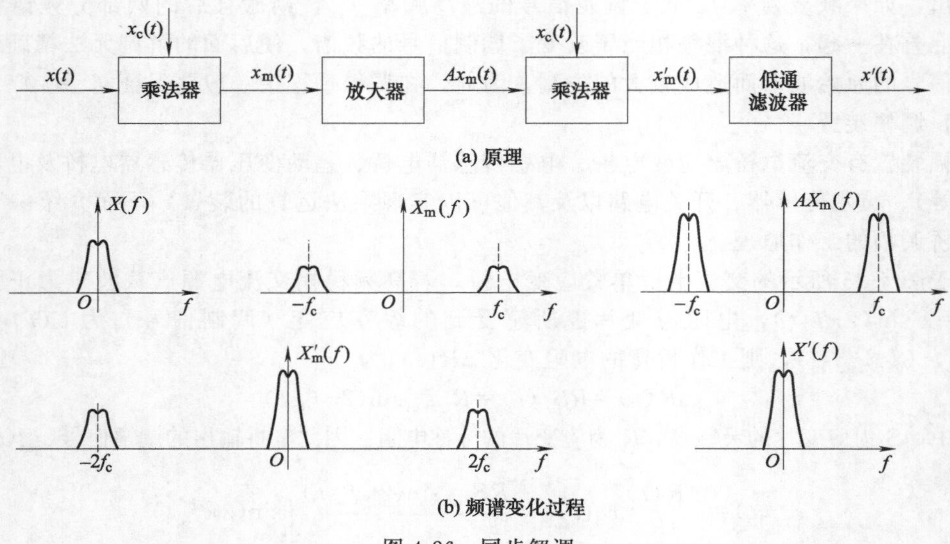

图 4-26　同步解调

② 包络检波　通过前面的分析我们知道，调幅信号波形的包络线与原信号的波形是一致的，将此包络线从放大后的调幅信号中还原出来，就是还原原始信号的波形，这种解调方法称为包络检波。包络检波一般包括整流、滤波两个环节，前者将双边变化的调幅信号整理成单边变化的调幅信号，后者则将单边变化的调幅信号中的高频成分滤除，最终得到反映调制信号变化的低频成分。一般的二极管环形检波电路、运算放大器构成的精密整流电路等配上适当的滤波电路都属于包络检波装置。

包络检波主要适用于调制信号为单边（单极性）变化的调幅信号的解调，如果调制信号是双边变化的（有极性变化，可正可负），则应使用同步解调以及下面的相敏检波。

③ 相敏检波　相敏检波是一种既可以检测出调制信号幅值的变化，同时又可以检测出调制信号极性变化的调幅解调方法。图 4-27 所示就是一种相敏检波电路——二极管环形相敏检波电路。

该电路将调幅信号 $x_m(t)$ 通过变压器 A 耦合到环形二极管电桥的一对对角点上，另一

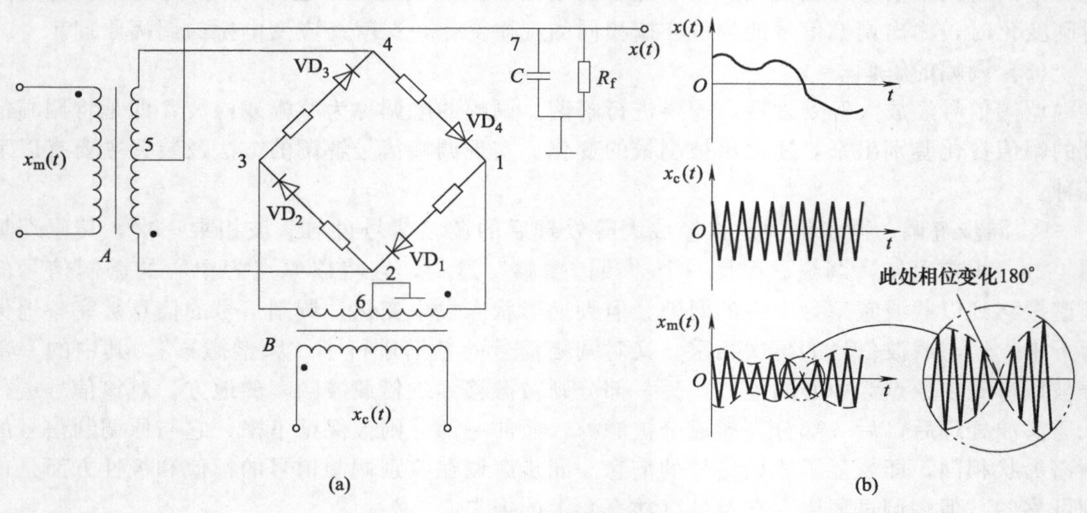

图 4-27　二极管环形相敏检波电路

方面通过变压器 B 将参考信号 $x_c(t)$ 引到二极管电桥的另一对对角点上。参考信号 $x_c(t)$ 取自于载波，其频率一般等于载波的频率，且与载波同相位，幅值恒定且大于调幅信号的幅值。$x_c(t)$ 在系统的工作中起开关作用，二极管电桥中的四个小电阻起限流作用。

系统的工作可以分为以下四种情况。

a. 调制信号 $x(t)$ 的极性为正，参考信号 $x_c(t)$ 处于正半周。根据调幅原理可知，此时调幅信号 $x_m(t)$ 与参考信号 $x_c(t)$ 同相位。由于 $x_c(t)$ 的瞬时幅值大于 $x_m(t)$ 的瞬时幅值，因此 VD_1 导通，其余二极管截止，电流的流动方向为“6→1→VD_1→2→5→7→6”，在负载 R_f 上生成与调幅信号频率相同的正极性输出电压。

b. 调制信号 $x(t)$ 的极性为正，参考信号 $x_c(t)$ 处于负半周，此时调幅信号 $x_m(t)$ 与参考信号 $x_c(t)$ 仍处于同相位。虽然 $x_c(t)$ 的瞬时幅值大于 $x_m(t)$ 的瞬时幅值，但由于 $x_c(t)$ 的极性为负，故 VD_3 导通，其余二极管截止，电流的流动方向为“6→3→VD_3→4→5→7→6”，在负载 R_f 上也生成与调幅信号频率相同的正极性输出电压。

c. 调制信号 $x(t)$ 的极性为负，参考信号 $x_c(t)$ 处于正半周，调幅信号 $x_m(t)$ 与参考信号 $x_c(t)$ 的相位相差 180°。此时变压器 A 的瞬时极性与图中所标出的极性相反，VD_2 导通，其余二极管截止，电流的流动方向为“6→7→5→2→VD_2→3→6”，在负载 R_f 上生成与调幅信号频率相同的负极性输出电压。

d. 调制信号 $x(t)$ 的极性为负，参考信号 $x_c(t)$ 处于负半周，调幅信号 $x_m(t)$ 与参考信号 $x_c(t)$ 的相位相差 180°。此时 VD_4 导通，其余二极管截止，电流的流动方向为“6→7→5→4→VD_4→1→6”，在负载 R_f 上也生成与调幅信号频率相同的负极性输出电压。

综上所述，如果没有滤波电容 C，负载上所生成的电压信号将如图 4-28（a）所示，其包络线的形状与被测信号完全一致。加上滤波电容 C 以后，通过 C 与负载 R_f 所形成的低通滤波电路，将图 4-28（a）所示波形中的高频载波成分滤掉，就得到了图 4-28（b）所示的输出信号。该输出信号完全地反映了调制信号的幅值、极性。

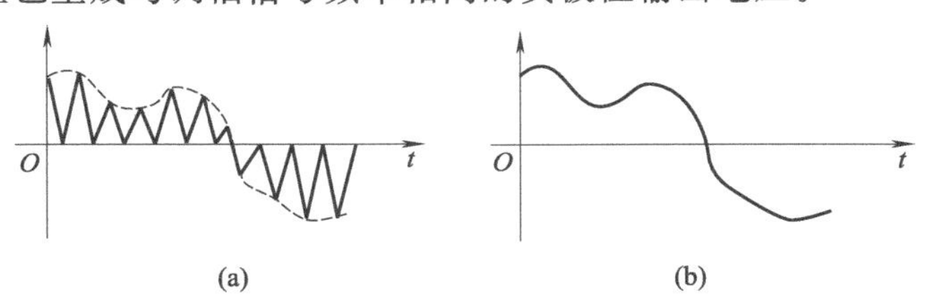

图 4-28　负载上的电压波形

（4）调幅的应用

调幅与相敏检波在许多测试装置上得到了广泛的应用，动态电阻应变仪和差动变压器式电感测微仪就是其中的两个典型示例。图 4-29、图 4-30 分别为应用调幅与相敏检波的动态电阻应变仪、差动变压器传感器测量电路的原理方框图。

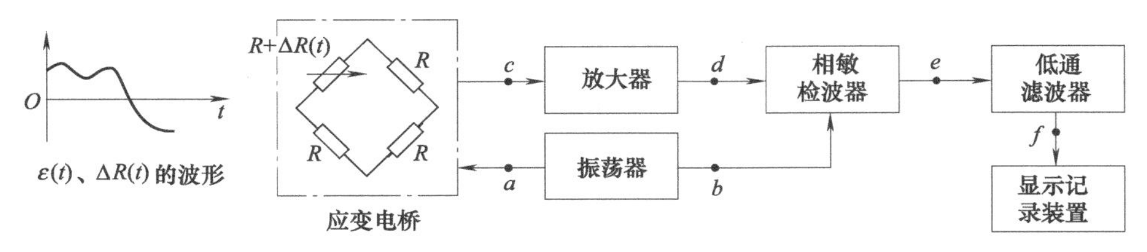

图 4-29　动态电阻应变仪

动态电阻应变仪的输入信号为工作应变片上所感受的应变 $\varepsilon(t)$，它是应变电桥调幅装置的调制信号。该应变通过接在应变电桥中的电阻应变片转换成电阻的变化 $\Delta R(t)$。振荡器产生高频稳幅交流信号，作为应变电桥调幅装置的载波（即供桥电源）。电桥的输出经放大器做交流放大后送入相敏检波器进行解调，再经低通滤波器滤除信号中的高频载波成分，还原出应变变化的波形输送到显示记录装置。

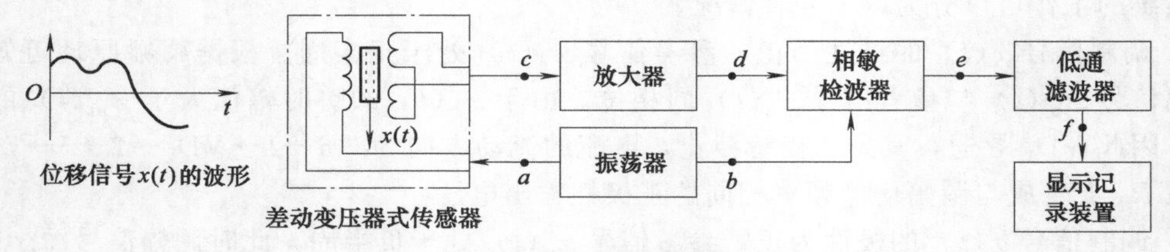

图 4-30 差动变压器式电感测微仪

差动变压器式电感测微仪的输入信号是测头所感受的位移信号 $x(t)$，测头使差动变压器中的磁芯位置发生变化，从而使差动变压器输出的高频电压信号的幅值随 $x(t)$ 变化，即用 $x(t)$ 作为调制信号进行调幅。仪器其余部分的工作原理与动态电阻应变仪相似。

请读者自行分析两种仪器中 a、b、c、d、e、f 各点处的波形并示意画出。

4.3.2 调频及其解调电路

(1) 调频原理

调频是将调制信号的变化转换成已调波（调频的已调波称为调频波）频率的变化。具体地讲，就是用调制信号控制一个振荡器，使振荡器的振荡频率随调制信号的变化而变化，如图 4-31 所示。当调制信号为零时，振荡器输出的调频波的频率 f_0 称为中心频率（或载波频率）；在其他情况下，调频波的频率将随调制信号的变化在中心频率附近变化。因此，调频波是随调制信号幅值、极性变化的疏密（频率）不等的高频波。与调幅类似，为保证调制及解调过程中不丢失有用信息，中心频率应远高于调制信号中的最高频率成分的频率。

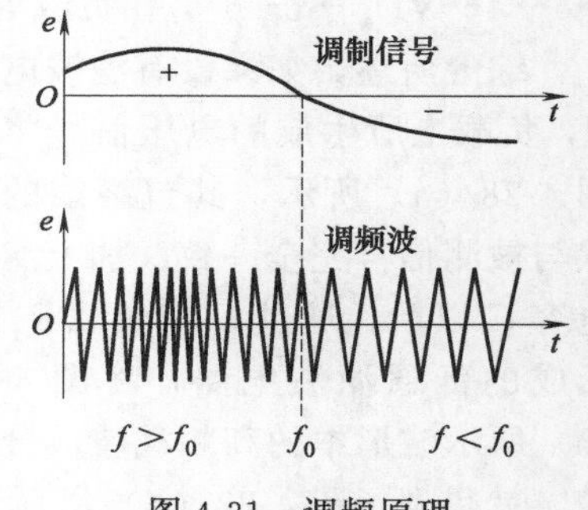

图 4-31 调频原理

调频信号具有抗干扰能力强，便于远距离传输，不易错乱、跌落和失真等优点，同时也便于与计算机等设备接口以实现信号的数字分析、处理等。

(2) 调频装置

① 直接调频电路　直接调频电路是将电容传感器、电感传感器等元件接入到谐振式调频电路中，这些传感器结构参数（L、C）作为调制信号，它们的变化将使谐振回路的振荡频率随之变化，从而实现了调频。

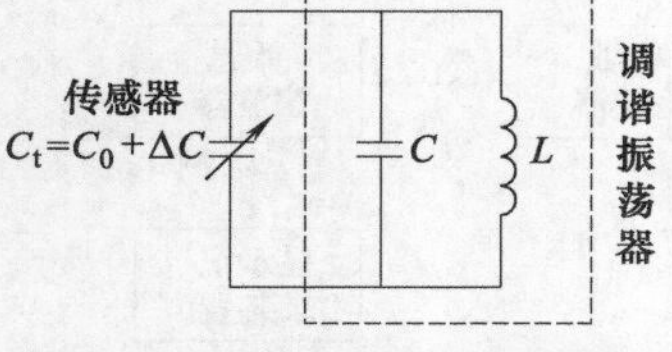

图 4-32 并联谐振调频电路

图 4-32 为电容传感器的一种并联谐振调频电路。把传感器电容并联到振荡器的 LC 谐振回路上，则当被测量使传感器的电容发生变化时，振荡器的振荡频率亦随之而变。

由电子学可知，对于图 4-32 所示的电容传感器的直接调频电路，当 $\Delta C \ll C_0$ 振荡器的振荡频率为

$$f=\frac{1}{2\pi\sqrt{L(C+C_0+\Delta C)}} \tag{4-28}$$

设

$$f_0=\frac{1}{2\pi\sqrt{L(C+C_0)}} \tag{4-29}$$

则

$$f\approx f_0\left[1-\frac{\Delta C}{2(C+C_0)}\right]=f_0[1-Kx(t)] \tag{4-30}$$

式中　$x(t)$——被测量；

C_0——传感器的初始电容；

ΔC——传感器电容的变化量；

f_0——中心频率。

② 压控振荡器　压控振荡器的输出瞬时频率与输入的控制电压成线性关系，图 4-33 为一种压控振荡器的原理图。

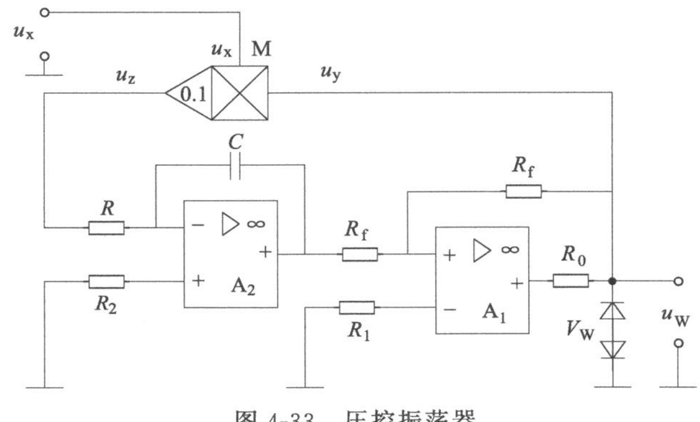

图 4-33　压控振荡器

A_1 为一正反馈放大器，其输出电压受稳压管 V_W 的钳制，或为 $+u_W$ 或为 $-u_W$。M 是乘法器，A_2 是积分器，u_x 是正值常电压。假设开始时 A_1 输出 $+u_W$，乘法器 M 输出 u_z 是正电压，A_2 的输出电压将线性下降。当降到比 $-u_W$ 更低时，A_1 翻转，其输出为 $-u_W$。同时，乘法器的输出（即 A_2 的输入）也随之变为负电压，其结果是使 A_2 的输出线性上升。当 A_2 的输出达到 $+u_W$，A_1 又将翻转，输出 $+u_W$。所以在常值正电压 u_x 下，该振荡器的 A_2 输出频率一定的三角波，A_1 则输出同一频率的方波 u_y。乘法器 M 的一个输入 u_y 幅度为定值（$\pm u_W$），改变另一个输入 u_x，就可以线性地改变其输出 u_z，因此积分器 A_2 的输入电压也随之改变。这将导致积分器由 $-u_W$ 充电至 $+u_W$（或由 $+u_W$ 放电至 $-u_W$）所需时间的变化。所以振荡器的振荡频率将和电压 u_x 成正比，改变 u_x 值就达到线性控制振荡频率的目的。

（3）调频的解调

调频波的解调过程称为鉴频，即把调频波频率的变化转换成电压幅值的变化，还原出调制信号的原始波形。实现鉴频的装置称为鉴频器。图 4-34（a）为一种采用变压器耦合的鉴频器——谐振式振幅鉴频器。

谐振式振幅鉴频器由频率-电压幅值线性变换电路和幅值检波电路两部分组成。线性变换电路的作用是把等幅的调频波转换成调幅调频波。图中 L_1、L_2 分别为变压器初级线圈和次级线圈的电感，它们与电容 C_1、C_2 组成了并联谐振回路。当输入等幅调频波 $e_m(t)$ 的频率等于谐振回路的谐振频率 f_n 时，线圈 L_1、L_2 中的耦合电流最大，次级线圈上输出电压 $e_a(t)$ 的幅值也就最大；当输入等幅调频波 $e_m(t)$ 的频率偏离谐振回路的谐振频率 f_n 时（称为失谐），次级线圈上输出电压 $e_a(t)$ 的幅值要相应减小。因此，$e_a(t)$ 是幅值、频率都随被测量变化的调幅调频波。次级线圈上输出电压 $e_a(t)$ 的幅值与输入等幅调频波 $e_m(t)$ 的频率之间的关系称为谐振回路的谐振特性［参见图 4-34（b）］。为使电压幅值与频率之间的关系近似为线性，可适当调整鉴频器及调频中心频率，使鉴频器工作在亚谐振区（靠近谐振峰的两侧）近似为直线的一段。被测量变化到中值时的调频波频率应与直线段的中点对应。综上所述，经后面的幅值检波电路检波、滤波，即可还原出与被测量变化相对应的信号 $e_o(t)$。

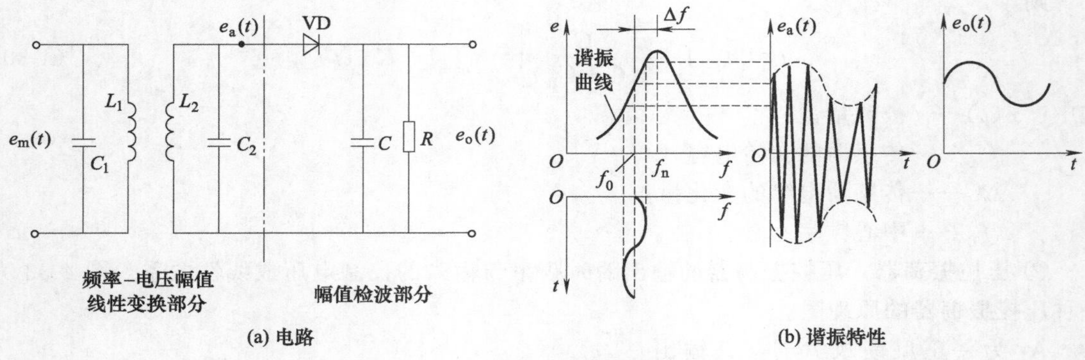

图 4-34 谐振式振幅鉴频器

4.4 滤 波 器

在测试工作中，经常需要把信号中的有用频率成分提取出来，同时也需要使信号中所包含的无用频率成分（如调幅信号中的高频载波、各种噪声、干扰等）极大地衰减，以正确地获得关于被测量的有用信息。实现上述功能的装置称为滤波器（Filter），它可以使信号中某些特定的频率成分通过，其他频率成分则被其极大地衰减。

4.4.1 滤波器的基本知识

(1) 滤波器的分类

滤波器可以从不同的角度加以分类，表 4-3 示出了滤波器的分类情况。

表 4-3 滤波器的分类

分类依据	类别
按工作原理分	电子滤波器、机械滤波器、光学滤波器等
按所处理的信号形式分	模拟滤波器、数字滤波器
按是否含有有源器件分	有源滤波器、无源滤波器
按起滤波作用的元件分	RC 滤波器、LC 滤波器等
按选频范围分	低通滤波器、高通滤波器、带通滤波器、带阻滤波器

图 4-35 示意画出了按选频范围划分的四类滤波器的理想幅频特性曲线（虚线）及实际幅频特性曲线（实线）。对应于幅频特性有值的频率范围称为滤波器的通带，对应于幅频特性值为零的频率范围称为阻带；通带与阻带的转折点所对应的频率称为滤波器的截止频率，其中频率较高的一个称为上截止频率（f_{c2}），频率较低的一个称为下截止频率（f_{c1}）；两截止频率之间的频率范围 $B=f_{c2}-f_{c1}$ 称为滤波器的带宽。

本节主要介绍常用的模拟电子滤波器。

(2) 理想滤波器

理想的滤波器在其通频带内应满足不失真测试条件，即幅频特性为常数，相频特性与频率保持线性关系，阻带内的幅频特性应等于零。所以，理想的滤波器应具有如下的频率响应特性：

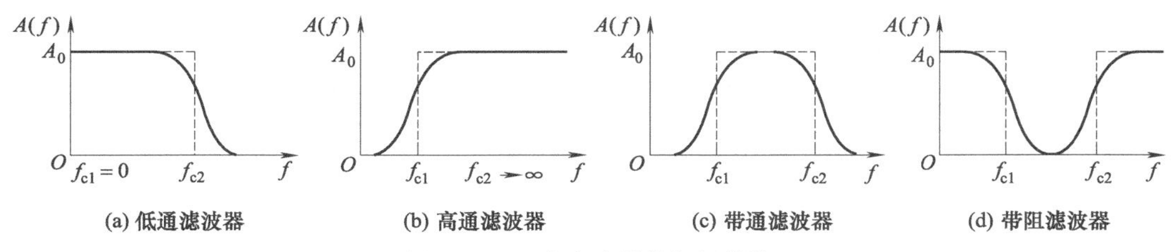

图 4-35　四类滤波器的幅频特性

$$H(f)=\begin{cases}A_0 e^{-j2\pi f t_0} & (\text{通带内}) \\ 0 & (\text{阻带内})\end{cases} \quad (A_0、t_0 \text{ 为常数}) \tag{4-31}$$

理想滤波器有两个重要特性：

① 理想滤波器是非因果系统，在物理上是不可能实现的。

理论分析表明，如果滤波器具有式（4-31）的特性，那么在输入没有作用到滤波器之前，滤波器就有了与输入对应的输出了。这样的系统自然不是因果系统，因此是不可能实现的。

② 理想滤波器的建立时间 T_e 与滤波器的带宽 B 成反比，它们的乘积为常数。即

$$BT_e=\text{const.}(\text{常数}) \tag{4-32}$$

所谓建立时间 T_e，指的是滤波器在单位阶跃输入作用下，其输出达到 $0.9A_0$（A_0 为滤波器输出的稳态值）所需时间 t_b 与达到 $0.1A_0$ 所需时间 t_a 之差（图 4-36），即 $T_e=t_b-t_a$。

滤波器的建立时间 T_e 反映了滤波器对输入的响应速度（滤波时间）。T_e 越小，响应速度越快。滤波器的带宽 B 则反映了滤波器的频率分辨力，B 越小，频率分辨力越高。但由式（4-31）可以看出，这两个特性参数是相互矛盾的。要想在较短的时间内完成滤波，就不能实现较高的频率分辨力；反之若想用滤波器从某一信号中筛选出频带很窄的成分，所需要的时间就较长。滤波器建立时间与带宽的乘积取决于滤波器的设计，一般取（4～10）就足够了。

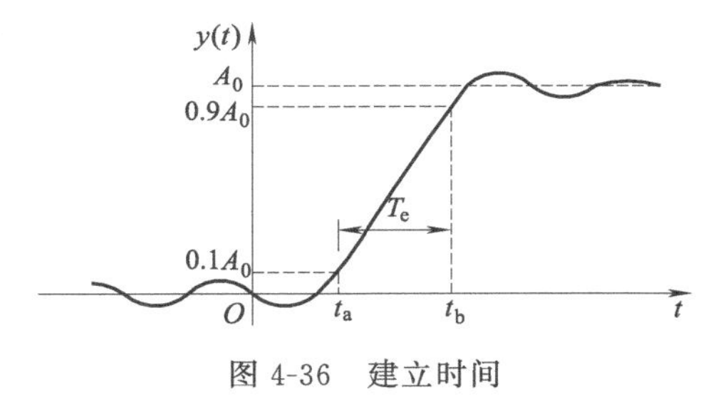

图 4-36　建立时间

(3) 实际滤波器的特性指标

由于带通滤波器具有典型的意义（低通、高通滤波器可视为它的特例，带阻滤波器亦可由带通滤波器转化而来），所以下面将以实际带通滤波器为例介绍一下滤波器主要性能指标的含义。图 4-37 为实际带通滤波器的典型幅频特性曲线，其特性指标可以通过该曲线得到解释。

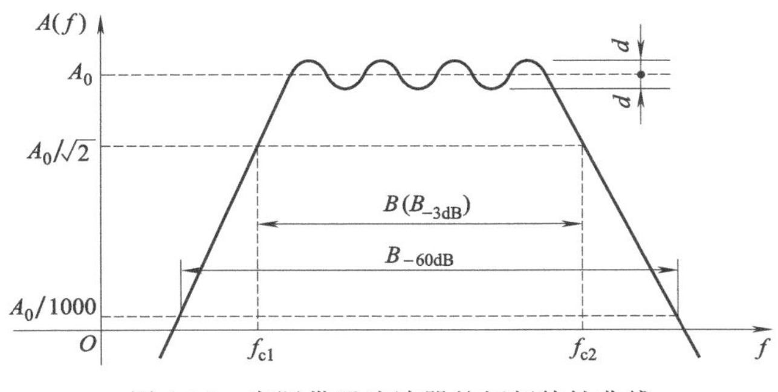

图 4-37　实际带通滤波器的幅频特性曲线

① 幅频特性平均值 A_0　一般滤波器通带内的幅频特性是呈波纹状变化的。滤波器的幅频特性平均值 A_0 指的是：一条穿过实际幅频特性曲线峰顶、且使纹波的波动量在其上下相等的水平线所对应的幅频特性值。A_0 反映了滤波器对其通带内频率成分的“放大”程度，

因此也称为通带增益。

② 纹波幅度 d　实际幅频特性曲线的纹波峰顶或谷底对幅频特性平均值线的偏离量。纹波幅度 d 与幅频特性平均值 A_0 的比值越小越好，一般应远小于-3dB，即 $d/A_0 \ll 1/\sqrt{2}$。

③ 截止频率　实际幅频特性曲线上幅频特性值等于 $A_0/\sqrt{2}$ 的两点所对应的频率称为截止频率。用一条高度为 $A_0/\sqrt{2}$ 的水平线穿过实际幅频特性曲线，得到两交点，这两点所对应的频率 f_{c1} 和 f_{c2} 就是滤波器的截止频率。较低的 f_{c1} 称为下截止频率，较高的 f_{c2} 称为上截止频率。由于 $A_0/\sqrt{2}$ 对应与 A_0 的 $1/\sqrt{2}$ 倍，即比 A_0 低-3dB，故也称 f_{c1}、f_{c2} 为-3dB 频率。当用信号的平方表示信号的功率时，两截止频率所对应的点正好是半功率点。

④ 带宽 B　上、下截止频率之间的频率范围称为滤波器的带宽或-3dB 带宽（记为 B 或 B_{-3dB}），即

$$B=f_{c2}-f_{c1} \tag{4-33}$$

带宽反映了滤波器分离信号中相邻频率成分的能力——频率分辨力。带宽越小，频率分辨力越高。

⑤ 中心频率 f_0　对带通及带阻滤波器，定义两截止频率的几何平均值为滤波器的中心频率，即

$$f_0=\sqrt{f_{c1}f_{c2}} \tag{4-34}$$

⑥ 品质因数 Q　对带通和带阻滤波器，定义中心频率与带宽的比值为滤波器的品质因数，即

$$Q=\frac{f_0}{B} \tag{4-35}$$

与用相对误差比绝对误差表示精度更合理相类似，用相对带宽比用绝对带宽 B 反映频率分辨力也更合理。品质因数 Q 为相对带宽的倒数，其值越大相对带宽越小，频率分辨力越高。

⑦ 频率选择性　理想滤波器的通带与阻带之间是一条陡直的直线，而实际滤波器则在通带与阻带之间存在一个过渡带。过渡带内幅频特性曲线的陡直程度反映了滤波器的频率选择性，即滤波器对带宽以外的频率成分的衰阻能力（对带阻滤波器来说是通过能力）。通常用倍频程选择性或滤波器因数来表征这种特性。

a. 倍频程选择性 W。倍频程选择性定义为：从两截止频率向外、频率变化一倍时幅频特性值的变化程度，通常以 dB/oct（分贝/倍频程）为单位表示。即

$$W=-20\lg\frac{A(2f_{c2})}{A(f_{c2})} \qquad \text{（右过渡带）} \tag{4-36}$$

或

$$W=-20\lg\frac{A(f_{c1}/2)}{A(f_{c1})} \qquad \text{（左过渡带）} \tag{4-37}$$

实际滤波器的 W 值越大，过渡带的幅频特性曲线越陡，频率选择性越好。有时人们还习惯使用十倍频程选择性（单位是 dB/dec，分贝/十倍频程），其含义与倍频程选择性类似。

b. 滤波器因数（矩形系数）λ。用一条高度为 $A_0/1000$ 的水平线穿过实际幅频特性曲线，所得两交点之间的频率范围称为-60dB 带宽，记为 B_{-60dB}。滤波器因数指的是-60dB 带宽与-3dB 带宽的比值，即

$$\lambda=\frac{B_{-60\mathrm{dB}}}{B_{-3\mathrm{dB}}} \tag{4-38}$$

理想滤波器的 $\lambda=1$，实际滤波器的 λ 值一般在（1～5）之间。实际滤波器的 λ 值越接近与 1，过渡带的幅频特性曲线越陡，频率选择性越好。

4.4.2　无源 RC 滤波器

在测试系统中，广泛使用由电阻、电容组成的 RC 滤波器。RC 滤波器的特点是：RC 滤波器的制造要比 LC 滤波器相对简单一些，且 RC 滤波器具有较好的低频性能（LC 滤波器的高频性能较好），几乎没有负载效应，选用标准阻容元件也比较容易实现。这里介绍几种无源 RC 滤波器。

(1) 一阶无源 RC 低通滤波器

图 4-38 为一阶无源 RC 低通滤波器的电路及幅、相频特性曲线。

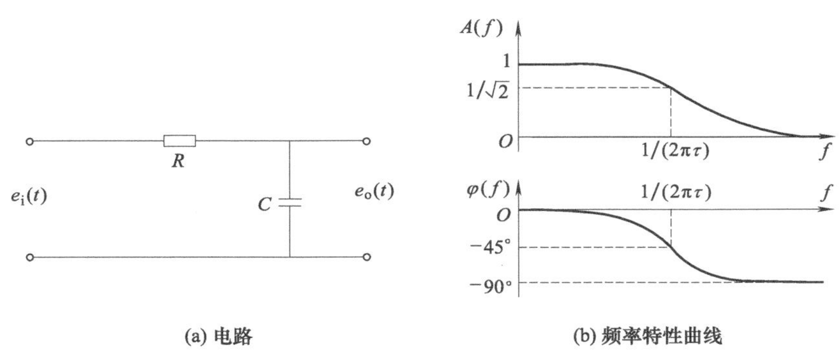

图 4-38　一阶无源 RC 低通滤波器

由电工电子学原理求出该滤波器的传递函数为

$$H(s)=\frac{1}{\tau s+1} \tag{4-39}$$

式中，$\tau=RC$ 为滤波器的时间常数。该滤波器具有如下特性。

① 当通过滤波器的信号的频率 $f\ll 1/(2\pi\tau)$ 时，$A(f)\approx 1$，$\phi(f)\approx -2\pi\tau f$。幅频特性基本不随频率变化，相频特性 $\phi(f)$-f 近似为线性关系，信号几乎不受衰减地通过滤波器，可以认为此时滤波器是一个不失真的系统。

② 当通过滤波器的信号的频率 $f=1/(2\pi\tau)$ 时，$A(f)=1/\sqrt{2}$，$\phi(f)=-45°$，所以此频率就是滤波器的上截止频率 f_{c2}。

③ 当通过滤波器的信号的频率 $f\gg 1/(2\pi\tau)$ 时，$A(f)\approx 0$，$\phi(f)\rightarrow -90°$。从时域看，此时的输出信号为输入信号的积分，故一阶 RC 低通滤波器也称为积分器。

④ 频率选择性为 -20dB/dec 或 -6dB/oct。

(2) 一阶无源 RC 高通滤波器

图 4-39 为一阶无源 RC 高通滤波器的电路及幅、相频特性曲线。

滤波器的传递函数为

$$H(s)=\frac{\tau s}{\tau s+1} \tag{4-40}$$

式中，$\tau=RC$ 为滤波器的时间常数。该滤波器的特性是：

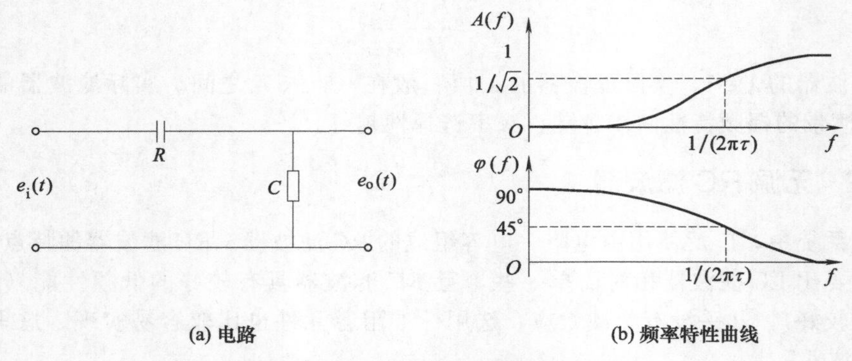

图 4-39 一阶无源 RC 高通滤波器

① 当通过滤波器的信号的频率 $f \gg 1/(2\pi\tau)$ 时，$A(f) \approx 1$，$\phi(f) \approx -2\pi\tau f$。幅频特性基本不随频率变化，相频特性 $\phi(f)$-f 近似为线性关系，信号几乎不受衰减地通过滤波器，可以认为此时滤波器是一个不失真的系统。

② 当通过滤波器的信号的频率 $f=1/(2\pi\tau)$ 时，$A(f)=1/\sqrt{2}$，$\phi(f)=45°$，所以此频率就是滤波器的下截止频率 f_{c1}。

③ 当通过滤波器的信号的频率 $f \ll 1/(2\pi\tau)$ 时，$A(f) \approx 0$，$\phi(f) \rightarrow 90°$。从时域看，此时的输出信号为输入信号的微分，故一阶 RC 高通滤波器也称为微分器。

④ 频率选择性为－20dB/dec 或－6dB/oct。

(3) 二阶无源 RC 带通滤波器

将前述的一阶无源 RC 低通滤波器及一阶无源 RC 高通滤波器串联起来，就构成二阶无源 RC 带通滤波器，如图 4-40（a）所示。

该滤波器的传递函数为

$$H(s)=\frac{E_o(s)}{E_i(s)}=\frac{\tau_1 s}{\tau_1\tau_2 s^2+(\tau_1+\tau_2+\tau_3)s+1} \tag{4-41}$$

式中，$\tau_1=R_1C_1$，$\tau_2=R_2C_2$，$\tau_3=R_1C_2$。

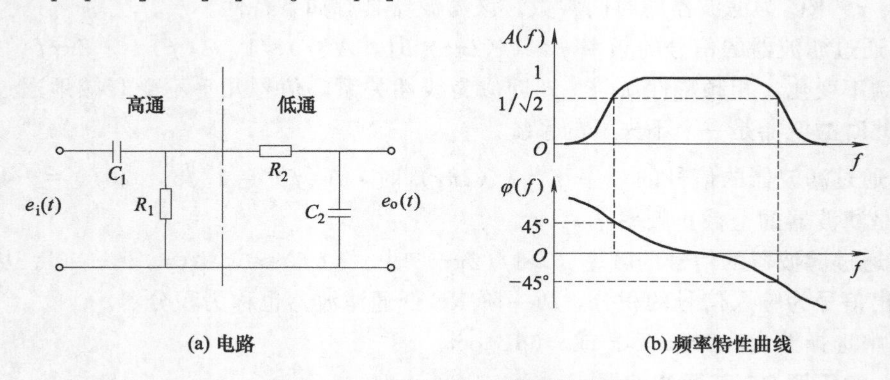

图 4-40 二阶无源 RC 带通滤波器

图 4-40（b）为这种带通滤波器的幅、相频特性曲线。从理论上说，该滤波器的传递函数应等于高通滤波器与低通滤波器传递函数的乘积，但实际并非如此，原因是这两个一阶滤波器之间存在着负载效应。为消除这一影响，通常要在这两个一阶滤波器之间用射极跟随器或运算放大器等进行隔离，所以实际的带通滤波器都是有源的。

通过上面的分析还可以知道：当两级之间的影响可以忽略时，串联后所实现的带通滤波器的下截止频率就是高通滤波器的下截止频率 $f_{c1}=1/(2\pi\tau_1)$；上截止频率就是低通滤波器的上截止频率 $f_{c2}=1/(2\pi\tau_2)$。其余特性请读者自行分析。

4.4.3 有源 RC 滤波器

无源 RC 滤波器有两个缺点：一是滤波器的阶次不高，故频率选择性较差。采用多级串联虽然可以提高滤波器的阶次，改善选择性，但存在级间的相互影响，负载效应严重。二是滤波器无增益。由运算放大器及 RC 电路所构成有源滤波器可以较好地解决这两个问题，同时由于有源器件可以不断地补充由电阻 R 所带来的损耗，使滤波器的品质因数得到了很大提高。有源滤波器的结构简单，调整方便，在现代测试装置中得到了广泛的应用。

(1) 一阶有源 RC 滤波器

一阶有源 RC 滤波器是将前述的无源 RC 滤波网络接入到运算放大器的输入端或反馈回路上而构成。

图 4-41 是将无源 RC 低通滤波网络接到了运算放大器的同相输入端上而构成一阶有源 RC 低通滤波器，电路中运算放大器起隔离、放大以及提高负载能力的作用。该滤波器的传递函数 $H(s)=K/(1+RCs)$，上截止频率 $f_{c2}=1/(2\pi RC)$，通带增益 $K=1+R_f/R_1$。

图 4-42 是将无源 RC 高通滤波网络接到了运算放大器的反馈回路中，信号由运算放大器的反相端输入。理论分析表明，这样的连接所获得的也是一阶有源 RC 低通滤波器，其传递函数 $H(s)=K/(1+R_fCs)$，上截止频率 $f_{c2}=1/(2\pi R_fC)$，通带增益 $K=-R_f/R_1$。

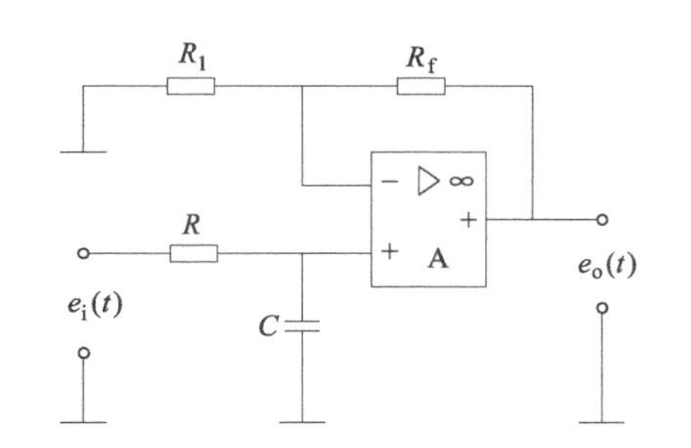

图 4-41　一阶有源低通滤波器（同相输入）

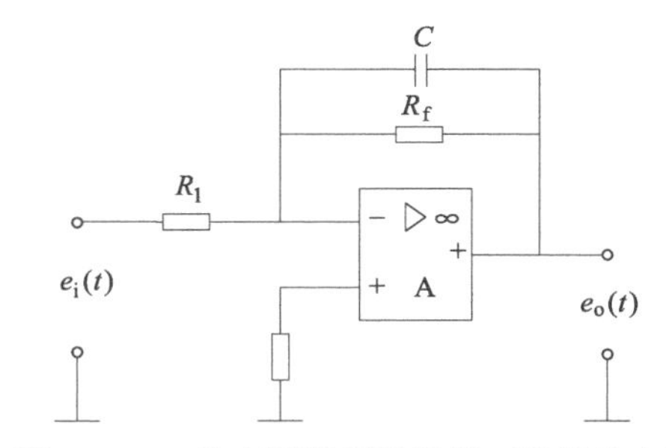

图 4-42　一阶有源低通滤波器（反相输入）

一阶有源 RC 滤波器虽然在负载效应、增益等方面优于无源 RC 滤波器，但仍存在着频率选择性差、幅频特性及相频特性不好等不足。

(2) 二阶有源 RC 滤波器

理论分析表明，n 阶滤波器的频率选择性为 $-(20\cdot n)$dB/dec，因此高阶滤波器的频率选择性要比低阶滤波器好。二阶有源 RC 滤波器的频率选择性为 -40dB/dec，是测试电路中使用最多的一类滤波器。由于二阶有源 RC 滤波器的特性分析较复杂，因此下面仅给出两种基本类型的二阶有源 RC 滤波器的电路结构及主要特性参数的结果，详细情况请参阅其他文献。

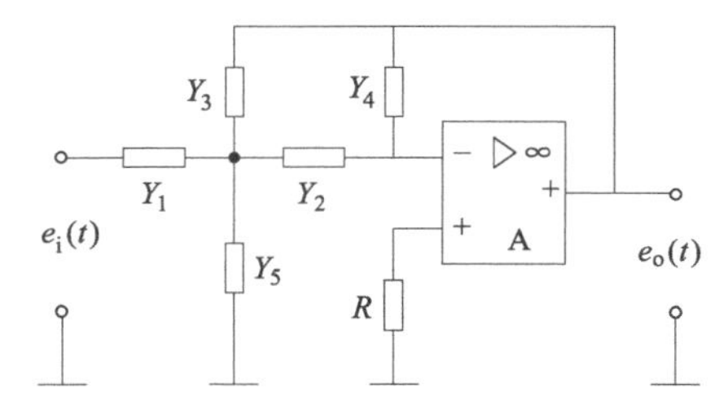

图 4-43　无限增益多路负反馈型二阶有源 RC 滤波器的基本结构

① 无限增益多路负反馈型　图 4-43 是由单一运算放大器构成的无限增益多路负反馈型二阶有源 RC

滤波器的电路基本结构，其传递函数为

$$H(s)=-\frac{Y_1Y_2}{(Y_1+Y_2+Y_3+Y_5)Y_4+Y_2Y_3} \tag{4-42}$$

式中，$Y_1\sim Y_5$ 为所在位置元件的复数导纳。将 $Y_1\sim Y_5$ 选为适当的 RC 元件，即可构成低通、高通、带通三种二阶 RC 滤波器（不能构成高通），分别如图 4-44、图 4-45、图 4-46 所示。它们的主要特性参数也列于图中。

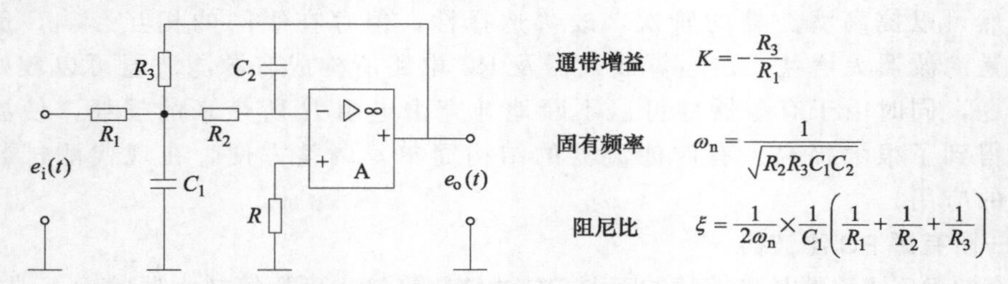

图 4-44　无限增益多路负反馈型二阶有源 RC 低通滤波器

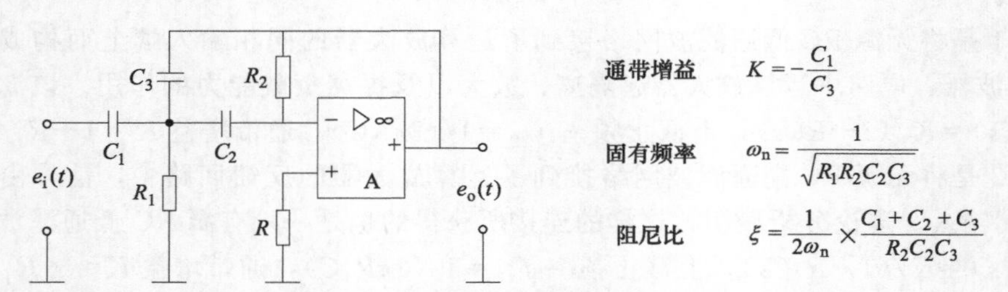

图 4-45　无限增益多路负反馈型二阶有源 RC 高通滤波器

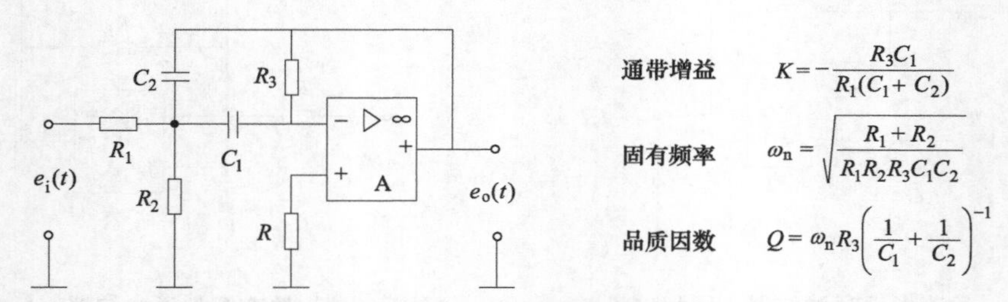

图 4-46　无限增益多路负反馈型二阶有源 RC 带通滤波器

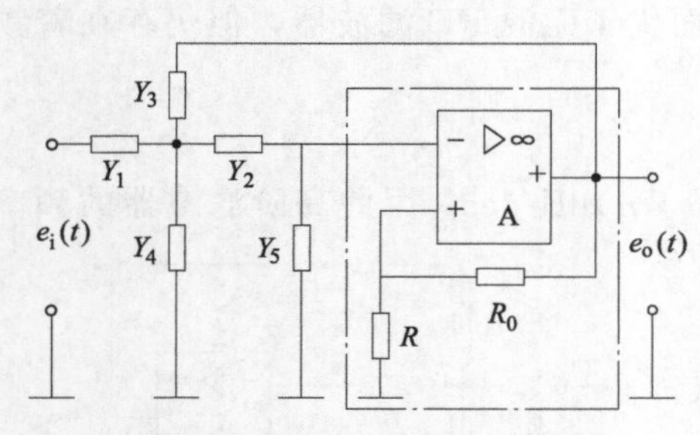

图 4-47　压控电压源型二阶有源 RC 滤波器的基本结构

② 压控电压源型　压控电压源型也称为有限电压型，它是把滤波网络接在运算放大器的同相输入端上，因此可以获得较高的输入阻抗。图 4-47 为这种类型的二阶有源 RC 滤波器的电路基本结构。点划线框内由电阻 R、R_0 及运算放大器构成的同相放大器称为压控电压源，$K_f=1+R_0/R$ 称为压控增益。滤波器的传递函数为

$$H(s)=\frac{K_fY_1Y_2}{(Y_1+Y_2+Y_3+Y_4)Y_5+[Y_1+(1-K_f)Y_3+Y_4]Y_2} \tag{4-43}$$

以此为基础，通过适当选取 RC 元件，就可构成图 4-48～图 4-51 分别示出的低通、高通、带通、带阻滤波器。

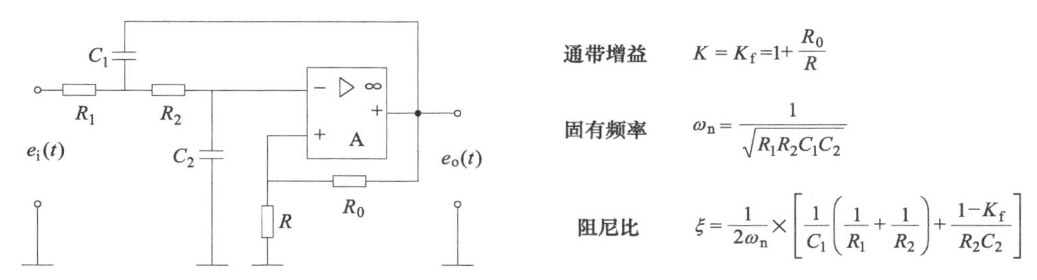

图 4-48　压控电压源型二阶有源 RC 低通滤波器

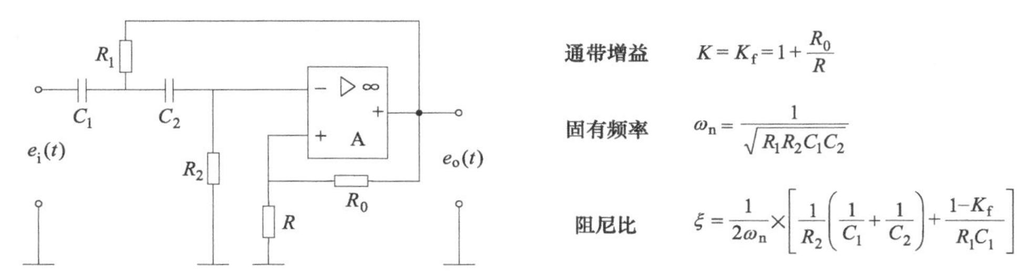

图 4-49　压控电压源型二阶有源 RC 高通滤波器

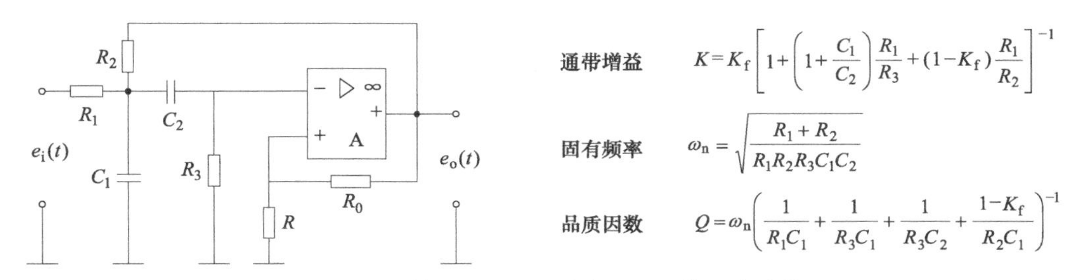

图 4-50　压控电压源型二阶有源 RC 带通滤波器

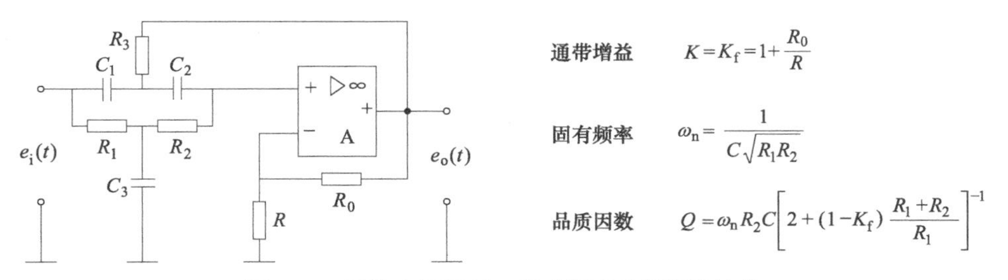

图 4-51　压控电压源型二阶有源 RC 带阻滤波器

对于带阻滤波器，为使双 T 网络具有平衡式结构，实用时常取电容 $C_1=C_2=C_3/2=C$ 及 $R_3=R_1//R_2$。图 4-51 中的特性参数就是在此条件下的结果。

思考题与习题

4.1　以阻值 $R=120\Omega$、灵敏度 $S=2$ 的电阻应变片与阻值为 100Ω 的固定电阻组成纯电阻电桥，供桥电压为 $e_s=3\text{V}$，并假设电桥的负载阻抗为无穷大。当工作应变片所感受到的应变为 $2\mu\varepsilon$ 和 $2000\mu\varepsilon$ 时，分别求出半桥单臂、半桥双臂接法的输出电压，并比较这两种接法的灵敏度（注：$\mu\varepsilon$——微应变，$1\mu\varepsilon=10^{-6}$）。

4.2 有人在使用电阻应变仪时，发现灵敏度不够，于是试图通过增加桥臂上的工作应变片数来提高灵敏度。试问，在下列情况下，是否可以提高灵敏度？为什么？

(1) 半桥双臂各串联一片；

(2) 半桥双臂各并联一片。

4.3 直流电桥、交流电桥的平衡条件各是什么？为什么在动态电阻应变仪上除了设有电阻平衡旋钮外，还设有电容平衡旋钮？

4.4 带感应耦合臂的电桥有什么特点？举例说明这种电桥的应用。

4.5 为什么在测试装置中广泛使用运算放大器？运算放大器有几个显著特点？

4.6 测量放大器的作用是什么？对测量放大器有哪些基本要求？

4.7 什么是自举电路？简要说明自举电路的工作原理及其应用场合。

4.8 试分析调幅过程中载波频率要比调制信号的频率高许多的原因。若调制信号是一个限带信号（最高频率 f_m 为有限值），载波频率为 f_c，那么 f_m 与 f_c 应满足什么关系？

4.9 为何要对缓变信号进行调制？常用的调制方法有几种？从信号运算角度看，调幅是将调制信号与载波进行什么运算？设调制信号如图 4-52 所示，试分别绘出经电桥调幅及相敏检波器解调后的输出波形，并定性说明幅值及频率的变化。

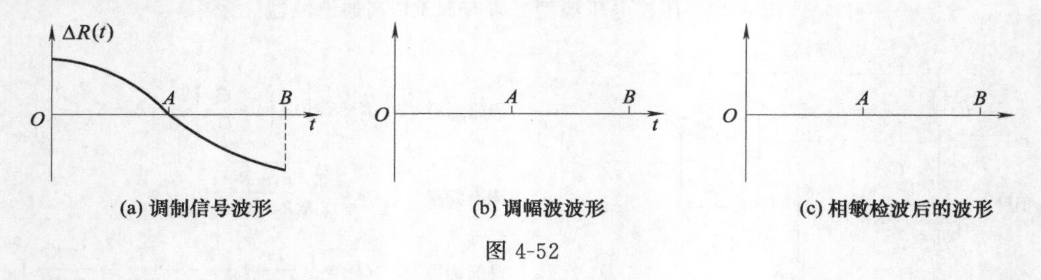

图 4-52

4.10 在图 4-53 所示装置中，$x_c(t)$ 为载波，$x_m(t)$ 为调幅波。问该装置能否实现相敏解调，并用波形图做出解释。

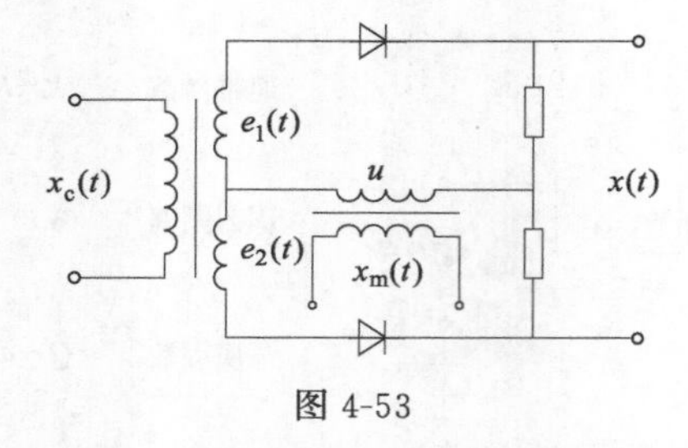

图 4-53

4.11 什么是滤波器的频率分辨力？它取决于滤波器的哪个特性参数？

4.12 图 4-54 所示的一阶低通滤波器，$R=1\text{k}\Omega$，$C=4.7\mu\text{F}$。试求该滤波器的截止频率，并求当输入信号 $e_i(t)=100\sin(100t)+200\sin(200t)$ 时滤波器的输出信号 $e_o(t)$。

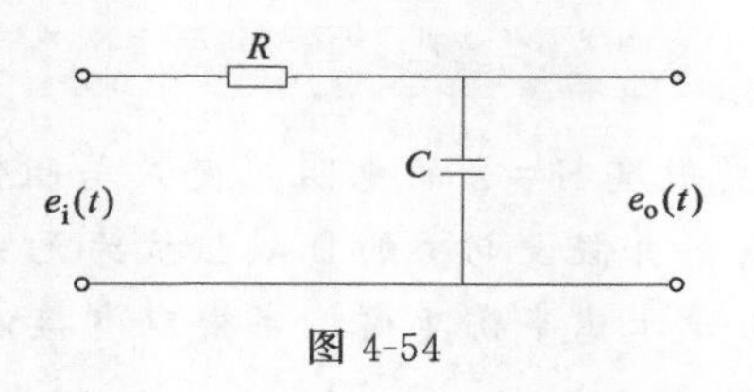

图 4-54

第5章 常用传感器

学习目标

1. 理解传感器的概念，掌握传感器的作用。

2. 了解电阻式传感器、电感式传感器、电容式传感器、压电式传感器、霍尔式传感器与热电偶传感器的结构与工作原理。

3. 理解光敏元件、热敏元件、磁敏元件和气敏元件的概念。

4. 掌握传感器的选用原则，能够根据实际工程应用的情况选用合适的传感器。

根据 GB 7665—2005 的规定，传感器（Transducer/Sensor）的定义是：能感受被测量并按照一定规律转换成可用输出信号的器件或装置，通常由敏感元件和转换元件组成。其中敏感元件是指传感器中能直接感受被测量的部分；转换元件是指传感器中能将敏感元件输出量转换为适于传输和测量信号的部分。传感器的作用类似于人的感觉器官，它们可以看成是人感官的延伸，借助于传感器可以把关于被测量的有关信息感受出来并加以适当的转换。

传感器可以从不同角度进行分类。

① 按被测量的属性分：位移、速度、加速度、力、压力、流量、温度等传感器。

② 按传感器的工作原理分：电阻式、电感式、电容式、压电式、磁电式、激光式、光电式等传感器。

③ 按信号转换特征分：结构型传感器、物性型传感器。结构型传感器是将被测量的变化转换成敏感元件结构参数的变化而工作的（如电容、电感传感器等），物性型传感器则是利用敏感元件材料的物理性质的某一特点而工作的（如压电、磁电、光电传感器等）。

④ 按传感器输出参量的状态分：模拟传感器、数字传感器。

⑤ 按工作时是否需要外部能源分：参量型传感器、发电型传感器。参量型传感器（也称为无源传感器、能量控制型传感器）必须借助于外加能源才能产生输出信号（如电容、电感传感器等），发电型传感器（也称为有源传感器、能量转换型传感器）则在感受被测量时自身产生具有能量的信号（如压电、磁电传感器等）。

5.1 电阻式传感器

电阻式传感器是将被测量的变化转换成电阻变化的传感器，主要分为变阻器式、电阻应变式、敏感电阻式（热敏电阻、气敏电阻、湿敏电阻、磁敏电阻、光敏电阻等）等几类。电阻的变化经中间转换装置（如电桥）转换成电压或电流信号，经放大、滤波等进一步处理后，便可进行显示、记录、分析、处理。本节将只介绍前两类电阻式传感器。

5.1.1　变阻器式传感器

变阻器式传感器也称为电位计式传感器，其工作原理是通过变阻器触点使其输出电阻随被测量的变化而变化。对于图 5-1（a）所示的变阻器，当电阻丝的材料和直径一定、绕制均匀时，有

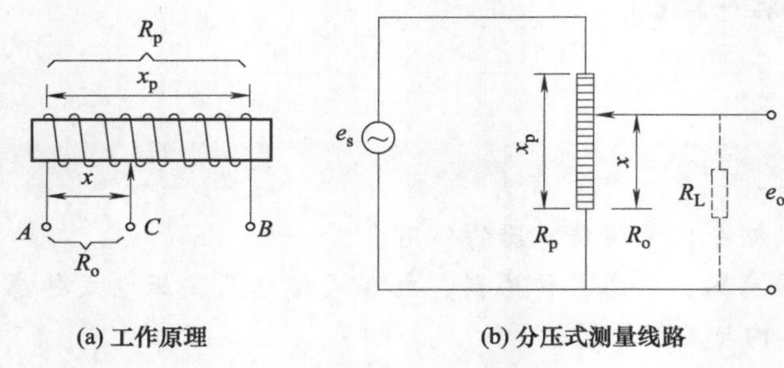

(a) 工作原理　　(b) 分压式测量线路

图 5-1　变阻器式传感器

$$R_o=\frac{x}{x_p}R=Sx \tag{5-1}$$

$$S=\frac{\mathrm{d}R_o}{\mathrm{d}x}=\frac{\rho}{A}=\text{const.（常数）} \tag{5-2}$$

从上面可以看出，变阻器式传感器的静态灵敏度理论上为常数，即输出电阻 R_o 的变化与输入位移 x 的变化成线性比例关系。

变阻器式传感器一般接入分压式测量线路中［图 5-1（b)］。由于负载 R_L 的接入，使其输出 e_o 与输入位移 x 的关系为：

$$e_o=\frac{1}{\dfrac{x_p}{x}+\dfrac{R_p}{R_L}\left(1-\dfrac{x}{x_p}\right)}e_s \tag{5-3}$$

式（5-3）表明，变阻器式传感器接上一定的负载后，输出电压 e_o 与输入位移 x 之间呈非线性关系。为改善加载引起的非线性，可增大 R_L 或减小 R_p。但前者增大了后接电路的输入阻抗，使干扰更容易侵入；后者则要降低传感器的灵敏度。

由于结构上的限制，传感器在触点移动一个电阻丝直径 d 的范围内不会使输出电压 e_o 产生变化，因此，变阻器式传感器的位移分辨力 $i \geqslant d$。

变阻器式传感器的优点是结构简单，性能稳定，受温度、湿度、电磁干扰等环境因素的影响小，输出信号大，成本低，精度较高（可优于 0.1%）。其主要缺点是存在摩擦和磨损，噪声大，抗冲击、振动性能差，易受灰尘等因素的影响，要求大能量输入，动态特性差。由于太细的金属丝绕制困难，所以分辨力很难优于 0.02mm。为克服这些缺点，人们又研究出了金属膜、合成膜、导电塑料（橡胶）等非线绕式变阻器式传感器。

变阻器式传感器主要用于各种自动化设备中的大位移（直线位移和角位移）检测及位置检测等场合，作为其中的位置反馈伺服元件进行位置、行程控制。

5.1.2　电阻应变式传感器

电阻应变式传感器是利用导体或半导体材料在受到应变作用时，其电阻会发生相应变化这一现象工作的。这类传感器大多制成电阻应变片（Strain Gauge），粘贴在构件表面上感受构件所承受的力、压力、应变等，然后通过其转换电路实现对被测量的转换。电阻应变片是工程测量领域中最常用的传感器之一。

按制成材料和工作原理，电阻应变片可分为金属电阻应变片和半导体应变片两类。

(1) 工作原理

金属电阻应变片的敏感栅由金属导体制成，其工作是基于金属材料的应变效应。

长度为 L、截面积为 A、电阻率为 ρ 的金属导体的电阻 R 为

$$R=\rho\frac{L}{A} \tag{5-4}$$

若其承受应变，L、A 和 ρ 都会因此而发生变化，从而使 R 产生相对变化

$$\frac{\mathrm{d}R}{R}=\frac{\mathrm{d}L}{L}-\frac{\mathrm{d}A}{A}+\frac{\mathrm{d}\rho}{\rho} \tag{5-5}$$

若金属导体是截面半径为 r 的金属丝，则 $A=\pi r^2$，$\mathrm{d}A=2\pi r\mathrm{d}r$。根据材料力学理论，对于受拉压的圆杆，有：$\frac{\mathrm{d}L}{L}=\varepsilon$，$\frac{\mathrm{d}r}{r}=-\mu\frac{\mathrm{d}L}{L}=-\mu\varepsilon$，$\frac{\mathrm{d}\rho}{\rho}=\lambda\sigma$，$\sigma=E\varepsilon$，其中 ε 为所承受的应变；σ 为轴向正应力；μ 为材料的泊松比；λ 为材料的压阻系数；E 为材料的弹性模量。将上述关系代入式（5-5）中，得到

$$\frac{\mathrm{d}R}{R}=(1+2\mu+\lambda E)\frac{\mathrm{d}L}{L}=(1+2\mu+\lambda E)\varepsilon \tag{5-6}$$

定义应变片的灵敏度 S 为单位应变所引起的应变片电阻的相对变化，即

$$S=\frac{\mathrm{d}R/R}{\mathrm{d}L/L}=\frac{\mathrm{d}R/R}{\varepsilon}=(1+2\mu)+\lambda E \tag{5-7}$$

则

$$\frac{\mathrm{d}R}{R}=S\varepsilon \tag{5-8}$$

上述关系也同样适用于半导体材料。

由上可以看出，金属导体和半导体材料在承受应变时，都会使其自身的电阻发生变化，这是由于材料本身具有应变效应和压阻效应的缘故。应变效应指的是材料在承受应变时，其几何尺寸发生变化而导致电阻发生变化（由 $1+2\mu$ 项引起）；压阻效应则指的是材料在承受应变时，其电阻率发生变化而导致电阻发生变化（由 λE 项引起）。

金属导体材料和半导体材料的这两种效应在程度上有很大的差别。对于用金属导体材料制成的金属应变片来说，电阻变化主要由应变效应引起，$1+2\mu\gg\lambda E$，$S\approx1+2\mu$；而半导体应变片的电阻变化则主要由压阻效应引起，其 $\lambda E\gg1+2\mu$，$S\approx\lambda E$。一般金属应变片的灵敏度多在 1.7～3.6 之间，而半导体应变片的灵敏度则多在 60～150 之间，是金属应变片的几十倍。

金属电阻应变片的灵敏度较低，但温度稳定性好、非线性误差小，用于测量精度要求较高的场合，半导体应变片的灵敏度较高，横向效应和机械滞后小，其缺点是温度稳定性差，非线性误差大，使用时通常要采取温度补偿和非线性误差补偿等措施。

电阻应变片是把所感受到的应变变化转换成应变片电阻的相对变化，还需要借助于转换电路将其微小的电阻变化先转换成电压或电流的变化，才能做进一步的处理。电阻应变片最常见的用法是在测量电桥的转换电路中。

(2) 结构

① 金属电阻应变片的结构　金属电阻应变片的敏感元件为栅形的金属敏感栅，有丝式、箔式及薄膜式等结构形式。

金属丝式应变片的敏感栅一般是由直径为0.025mm左右的高电阻率的合金丝（康铜或镍铬合金等）绕制而成的，如图5-2（a）所示。敏感栅用特殊的胶黏剂粘接在基底上，基底除起固定作用外，还起绝缘作用。敏感栅的上面还有一覆盖层，电阻丝的两端焊出两根引出线，用以和外接导线相连。

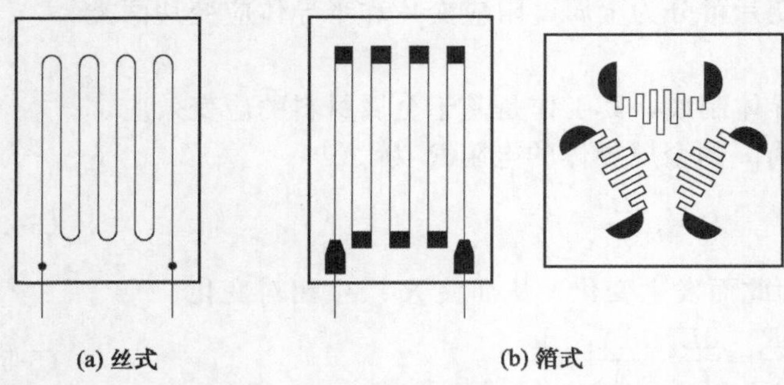

图5-2　金属电阻应变片的结构

图5-2（b）为金属箔式应变片的结构示意图。它是利用照相制版或光刻腐蚀的方法，将电阻箔材在绝缘基底上而制成的各种形状的应变片，箔材厚度多在0.003～0.01mm之间。箔式应变片适合于批量生产，其线条均匀，尺寸准确，阻值一致性和散热性都较好，允许通过较大的电流，灵敏系数也较高，已逐渐取代丝式应变片。

金属薄膜应变片是采用真空蒸镀或溅射式阴极扩散等方法，在薄的基底材料上制成一层金属电阻材料薄膜以形成应变片。这种应变片有较高的灵敏系数，允许电流密度大，工作温度范围较大。

② 半导体应变片　半导体应变片主要有体型、薄膜型、扩散型三种类型。

体型半导体应变片的敏感栅大多是由P型单晶硅、锗等半导体材料经切型、切条、光刻腐蚀成形（一般为单根状），然后压焊粘贴在基片上而制成；薄膜型半导体应变片是利用真空沉积技术将半导体材料沉积在带有绝缘层的试件上而制成；扩散型半导体应变片是将P型杂质扩散到N型硅单晶基底上，形成一层极薄的P型导电层，再通过超声波和热压焊法接上引线而制成。图5-3～图5-5分别为它们的结构示意图。

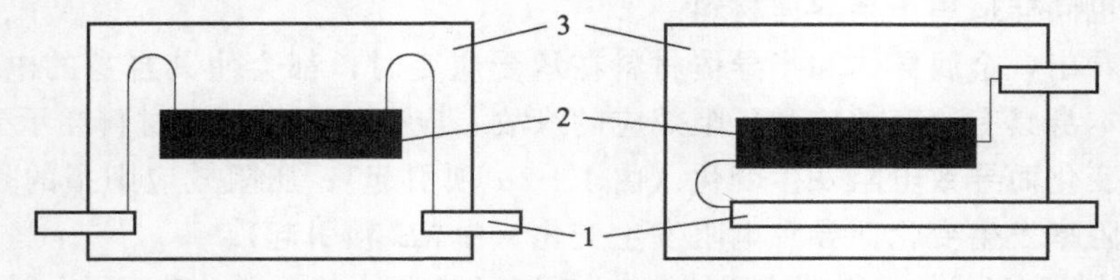

图5-3　体型半导体应变片的结构

1—引线；2—半导体片；3—基片

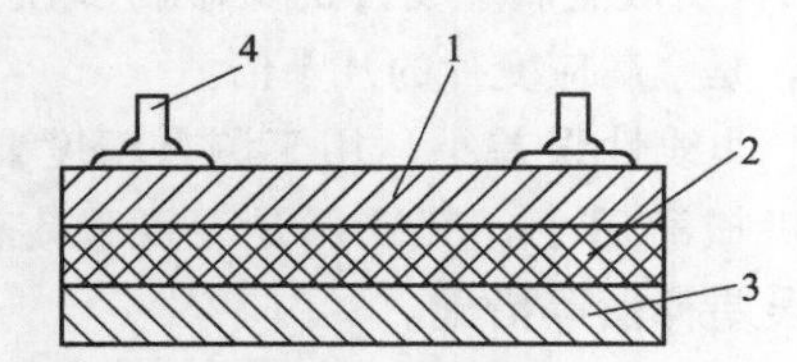

图5-4　薄膜型半导体应变片的结构

1—锗膜；2—绝缘层；3—金属箔基底；4—引线

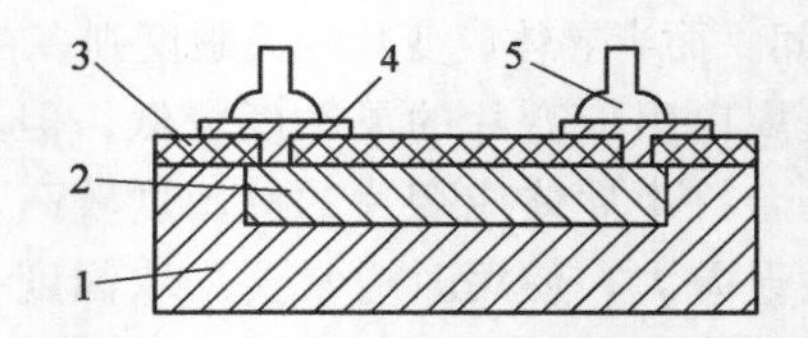

图5-5　扩散型半导体应变片的结构

1—N型硅；2—P型硅扩散层；3—二氧化硅绝缘层；4—铝电极；5—引线

(3) 应用

电阻应变式传感器具有体积小、动态响应快、测量精度高、使用简便等优点，可用来测量应变、力、位移、加速度、扭矩等参数，在机械、建筑、航空、船舶等许多领域得到了广泛应用。电阻应变片主要有以下两类应用。

① 直接用来测定构件的应变或应力。例如，为了研究某些构件在工作状态下的受力、变形情况，可将不同形状的电阻应变片，粘贴在构件的指定部位处，测出构件的应力、应变、弯矩等参数，为结构设计、应力校核或构件破坏的预测提供实验数据。图 5-6 为几个用电阻应变片测量构件应力、应变的例子。

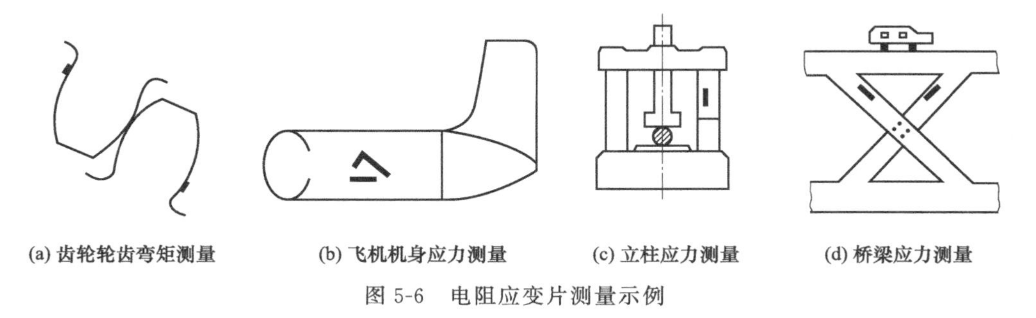

图 5-6 电阻应变片测量示例

② 与弹性元件一起构成各种电阻应变式传感器，用来测量力、位移、压力、加速度等工程参数。在这种情况下，弹性元件作为一次敏感元件，将被测量转换成与之成比例的应变；应变片则作为二次敏感元件，再将应变转换成电阻的变化。图 5-7 为几种电阻应变式传感器的原理示意图。

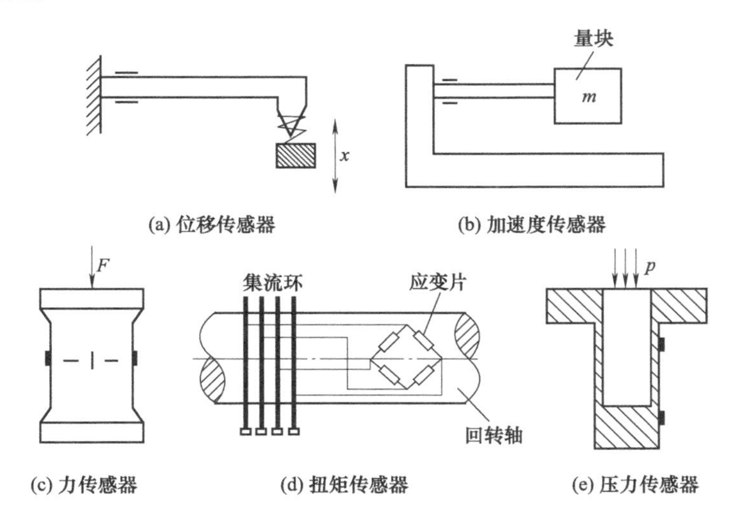

图 5-7 几种电阻应变式传感器的原理示意图

5.2 电感式传感器

电感式传感器是一种把被测量的变化转换成线圈电感参数（自感系数、互感系数、等效阻抗）变化的传感器，其工作原理是基于电磁感应。按变换方式的不同，电感式传感器可分为自感式、互感式和涡流式三种。

5.2.1 自感传感器

自感传感器将被测量的变化转换成线圈本身自感系数的变化。图 5-8（a）为其工作原理示意图。

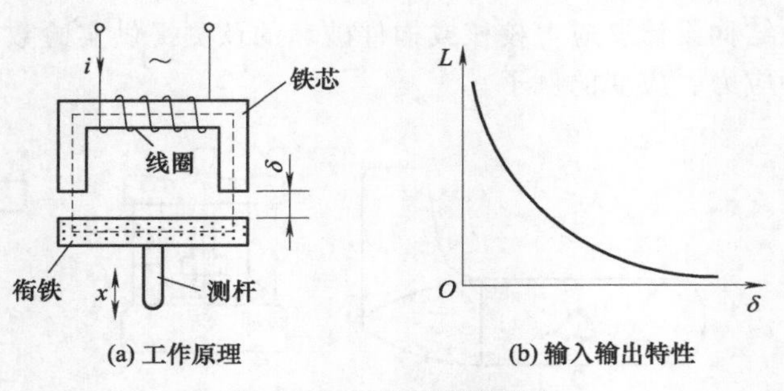

图 5-8 自感传感器原理

传感器由线圈、铁芯和衔铁组成，在铁芯与衔铁之间有空气隙 δ。当线圈中通以交变电流 i 时，在线圈中产生磁通 Φ_m，其大小与激励电流成正比，即

$$W\Phi_m = Li \tag{5-9}$$

式中 W——线圈的匝数；

L——线圈的自感。

另外，根据磁路的欧姆定律，有

$$\Phi_m = \frac{Wi}{R_m} \tag{5-10}$$

式中 R_m——磁路的磁阻。

将上面两式合并，可以得到线圈的自感 L 为

$$L = \frac{W^2}{R_m} \tag{5-11}$$

磁路的磁阻由铁芯的磁阻和空气隙的磁阻串联而成。由于铁芯的磁导率远高于空气的磁导率，其磁阻与空气隙的磁阻相比可以忽略不计。因此有

$$R_m = R_{m铁} + R_{m气} \approx R_{m气} = \frac{2\delta}{\mu_0 A} \tag{5-12}$$

式中 A——磁路的导磁截面积；

μ_0——空气的磁导率，$\mu_0 = 4\pi \times 10^{-7}$ H/m。

传感器线圈的自感 L 为

$$L = \frac{W^2 \mu_0 A}{2\delta} \tag{5-13}$$

因此，当铁芯的磁导率 μ_0、导磁截面积 A 及线圈的匝数一定时，空气隙 δ 的改变将使线圈的自感L 发生变化，自感 L 与空气隙 δ 之间的关系为反比关系［图 5-8（b）］。据此原理制成的传感器称为变气隙式自感传感器。传感器的灵敏度 S 为

$$S = \frac{dL}{d\delta} = -\frac{W^2 \mu_0 A}{2\delta^2} \tag{5-14}$$

灵敏度 S 与空气隙 δ 的平方成反比，说明传感器在不同的工作气隙下灵敏度不为常数，因此存在理论上的非线性误差。为限制传感器的非线性误差大小，通常是使传感器在初始气隙 δ_0 附近较小的范围 $\pm\Delta\delta$ 内工作，则此时的灵敏度

$$S=-\frac{W^2\mu_0 A}{2\delta^2}=-\frac{W^2\mu_0 A}{2(\delta_0+\Delta\delta)^2}\approx-\frac{W^2\mu_0 A}{2\delta_0^2}\left(1-2\frac{\Delta\delta}{\delta_0}\right) \tag{5-15}$$

当 $\Delta\delta \ll \delta_0$ 时，灵敏度近似为一常数，输入输出近似保持线性关系。因此，这种传感器的工作范围通常取为 $\Delta\delta/\delta_0 \leqslant 0.1$。$\delta_0$ 的选取主要与结构制造工艺性及灵敏度要求有关。

上述自感传感器只有一个工作线圈（称为单圈式），因此灵敏度较低，线性差，工作范围小，目前已很少使用。图 5-9（a）所示为差动式自感传感器，当衔铁在平衡位置（$\delta=\delta_0$）附近有一个位移 $\Delta\delta$ 时，两线圈的空气隙一个变为 $\delta_1=\delta_0-\Delta\delta$，另一个变为 $\delta_2=\delta_0+\Delta\delta$，从而使它们的自感 L_1 和 L_2 也一个增大，一个减小，两个线圈自感的差值 $\Delta L=L_1-L_2$ 也随之发生变化。根据单圈式自感传感器原理，有

$$\Delta L=L_1-L_2=\frac{W^2\mu_0 A}{2\delta_1}-\frac{W^2\mu_0 A}{2\delta_2}=\frac{W^2\mu_0 A}{2(\delta_0-\Delta\delta)}-\frac{W^2\mu_0 A}{2(\delta_0+\Delta\delta)}$$

$$\approx\frac{W^2\mu_0 A}{\delta_0}\times\frac{\Delta\delta}{\delta_0}$$

这种传感器的测量电路一般是把两个线圈分别接在交流电桥相邻的两个桥臂上［图 5-9（b）］，当输入 x（即 δ）发生变化时，ΔL 与 x 基本上为线性关系，电桥的输出 e_o 又正比于 ΔL，因此电桥的输出也与输入 x 基本保持线性关系［图 5-9（c）］。

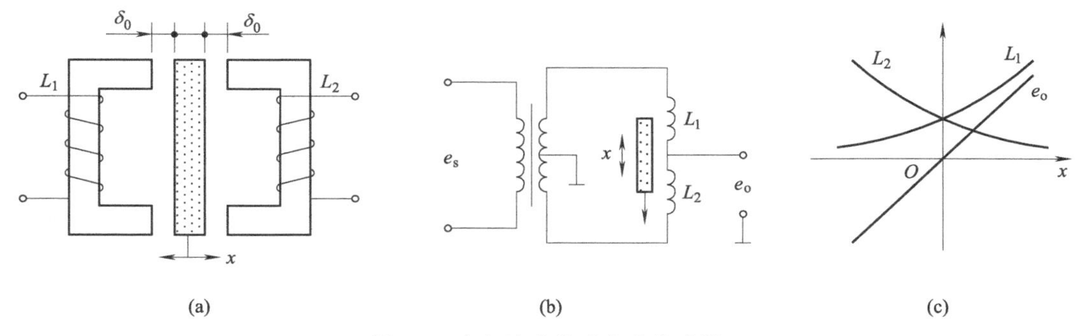

图 5-9　变气隙式差动自感传感器

将传感器做成差动式，不仅使灵敏度比单圈式提高了一倍，而且大大改善了传感器的非线性，同时还在一定程度上实现了对某些误差的补偿（诸如环境条件变化、铁芯材料的磁特性不均匀等）。

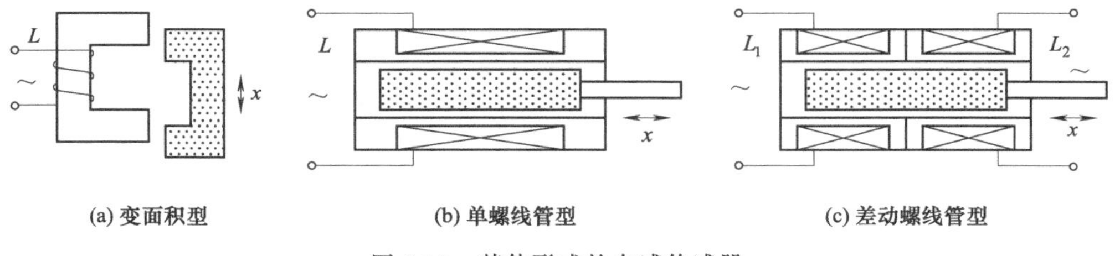

图 5-10　其他形式的自感传感器

图 5-10 示出了一些其他形式的自感传感器。图 5-10（a）为变面积型，图 5-10（b）为

单螺线管型，图 5-10（c）为差动螺线管型。由于差动螺线管型的灵敏度较高，在较大的测量范围内（最大可达数毫米）都具有非常好的线性，分辨率可达到 0.1μm 甚至更高，故实际使用的自感传感器大多为这种形式的。

5.2.2　涡流传感器

涡流式传感器是基于电磁学中的涡流效应工作的。如图 5-11 所示，把一个扁平线圈置于一金属板附近，当线圈中通以高频交变电流 i 时，线圈中便产生交变磁通 Φ_{m1}。此交变磁通通过邻近的金属板，金属板上便会感应出电流 i_e。所感应出的电流在金属内呈体分布，而且是环状闭合的，故称为涡电流或涡流。根据楞次定律，所感应出的涡流也产生一磁通 Φ_{m2}，其方向总是与Φ_{m1} 相反，即抵抗原磁通Φ_{m1} 的变化，这种现象称为涡流效应。由于涡流效应的存在，使线圈中的磁通相对于没有金属板时有所变化，相当于改变了线圈的阻抗，称此阻抗为线圈的等效阻抗 Z。线圈的等效阻抗与很多因素有关，可以近似用下面的函数表示：

$$Z=f(\delta,\omega,I,R,W,\mu,\rho) \tag{5-16}$$

式中　δ——线圈到金属板的距离；
ω——激励电流的频率；
I——激励电流的强度；
R——线圈半径；
W——线圈匝数；
μ——金属板的磁导率；
ρ——金属板的电阻率。

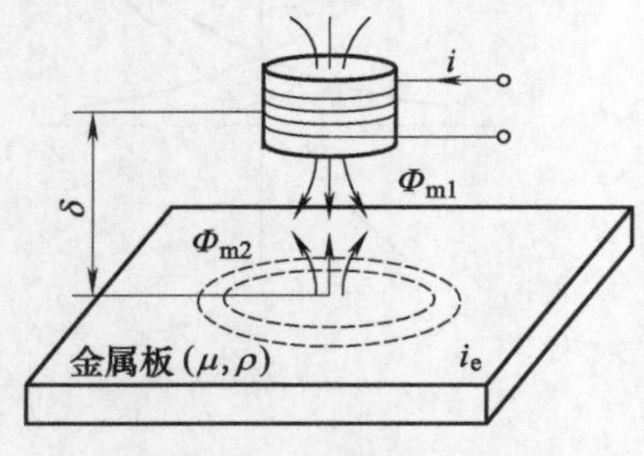

图 5-11　涡流效应

当上述自变量中的一个（通常是线圈与金属板之间的距离 δ）随被测量变化时，线圈的等效阻抗就要随之发生变化。通过适当的转换电路可将线圈等效阻抗的变化转换为电压的变化，从而实现各种参数的非接触测试，例如位移测试、振动测试等，也可实现工件计数、材料探伤等工作。

涡流传感器的转换电路主要有交流电桥、分压式调幅电路及调频电路等。图 5-12 是用于涡流测振仪上的分压式调幅电路的原理示意图，图 5-13 为其谐振曲线及输出特性曲线。

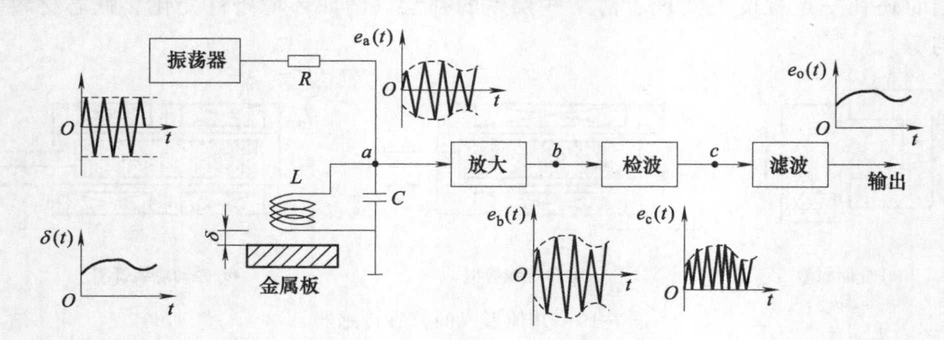

图 5-12　分压式调幅电路

传感器线圈 L 和固定电容 C 组成并联谐振回路，其谐振频率为

$$f_0=\frac{1}{2\pi\sqrt{LC}} \tag{5-17}$$

振荡器提供频率一定的稳幅高频交流电源，当谐振频率与电源频率相同时，谐振回路的交流阻抗最大，a 点的输出交流电压 $e_a(t)$ 的幅值也就最大。测量时，传感器线圈的阻抗随 $\delta(t)$ 的变化而变化，谐振频率也相应变化，LC 回路失谐，$e_a(t)$ 的幅值随失谐的程度而变化。由于 $\delta(t)$ 的瞬时幅值决定着 $e_a(t)$ 的瞬时幅值，因此 $e_a(t)$ 是一个被 δ（t）调制的调幅波。该输出电压信号再经放大、检波、滤波等处理，最后在输出端得到关于间隙 $\delta(t)$ 动态变化的信息。

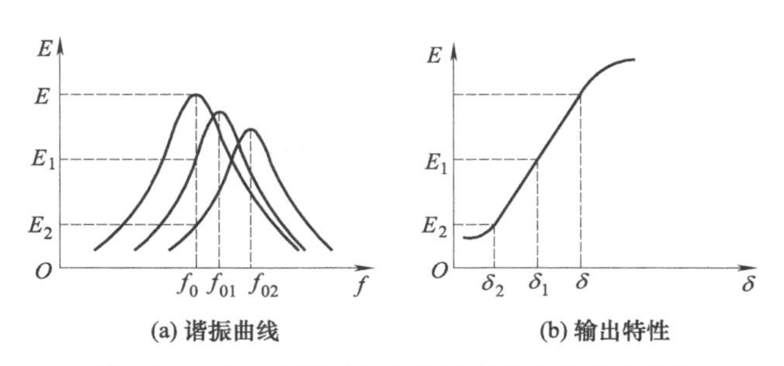

图 5-13　分压式调幅电路的谐振曲线及输出特性

涡流传感器主要用于动态非接触测量，测量范围视传感器的结构尺寸、线圈匝数、激励电源频率等因素而定，一般从±1mm 到±10mm 不等，最高分辨力可达 1μm。此外，这种传感器还具有结构简单、使用方便、不受油污等介质的影响等特点。因此，涡流式位移测量仪、涡流式测振仪、涡流式无损探伤仪、涡流式测厚仪等在机械、冶金等行业得到了日益广泛的应用。图 5-14 为 CZF-1 型涡流传感器的结构示意图。

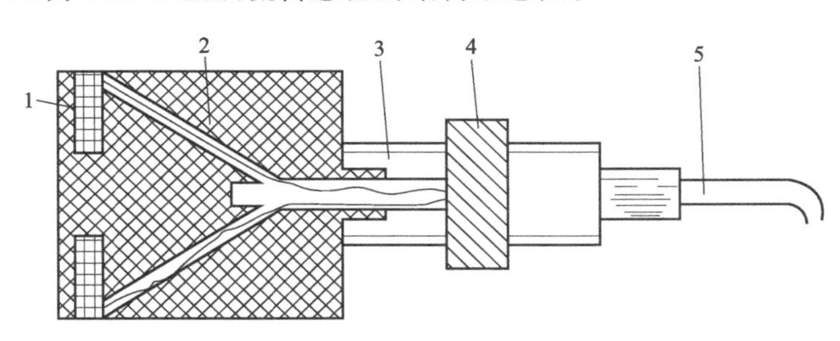

图 5-14　CZF-1 型涡流传感器的结构

1—线圈；2—框架；3—框架衬套；4—固定螺母；5—电缆

5.2.3　互感传感器

互感传感器是根据电磁感应中的互感原理工作的。互感原理指的是：当某一线圈中通以交变的电流时，在其周围产生交变的磁通，因而在其邻近的线圈上感应出感生电动势。如图 5-15 所示，当初级线圈 W_1 通入交流电流 i_1 时，次级线圈 W_2 上便产生感生电动势 e_{12}，其大小与 i_1 对时间的变化率成正比，即

$$e_{12}=-M\frac{\mathrm{d}i_1}{\mathrm{d}t} \tag{5-18}$$

式中，M 为比例系数，称为互感系数（简称为互感），其大小与两线圈的参数、磁路的导磁能力等因素有关，它表征了两线圈的耦合程度。

在图 5-16 中，磁路设计成开磁路（磁路中有导磁能力与铁芯相差很大的空气隙），此时互感 M 是下面一些参数的函数：

$$M=f(W_1,W_2,\mu_0,\mu,\delta,S) \tag{5-19}$$

式中 W_1，W_2——初、次级线圈的匝数；

μ_0，μ——真空（空气）的磁导率；

δ——空气隙的长度；

S——导磁截面积。

只要被测量能改变上述参数中的一个，即可改变 M 的大小，即感生电动势的大小。也就是说，感生电动势的变化可以反映传感器结构参数（例如 δ）的变化。据此可以制成各种互感传感器。互感传感器有很多种形式，其中最常用的是差动变压器式位移传感器。

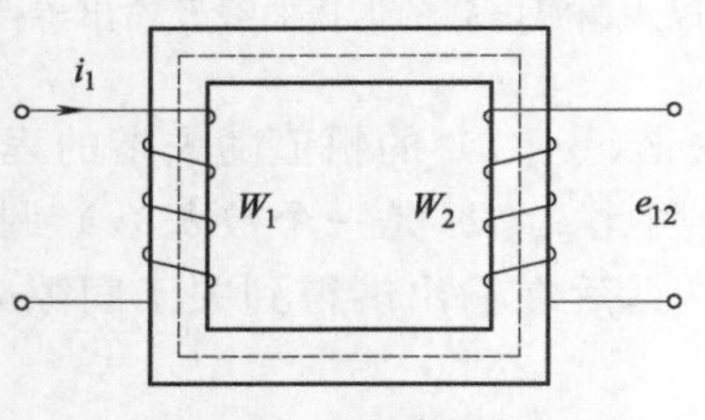

图 5-15 互感现象

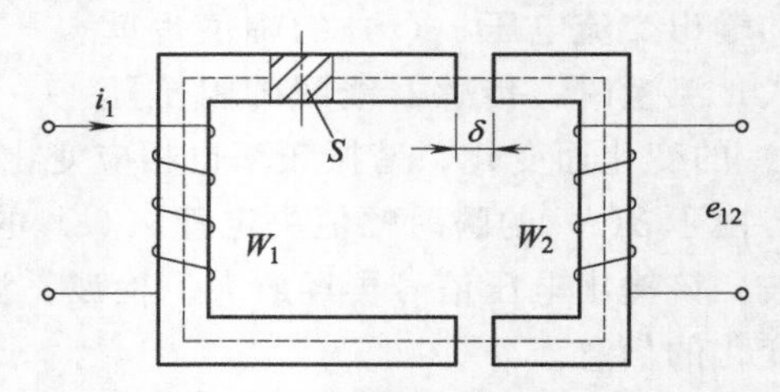

图 5-16 互感传感器原理

图 5-17 为差动变压器式传感器的工作原理示意图。传感器由一个初级线圈 W 和两个结构参数完全一致的次级线圈 W_1、W_2 组成，W-W_1、W-W_2 构成两个变压器，由于它们的感生电动势 e_1 和 e_2 采取反串连接（同极性端接在一起，见图 5-18）构成差动连接而得名。

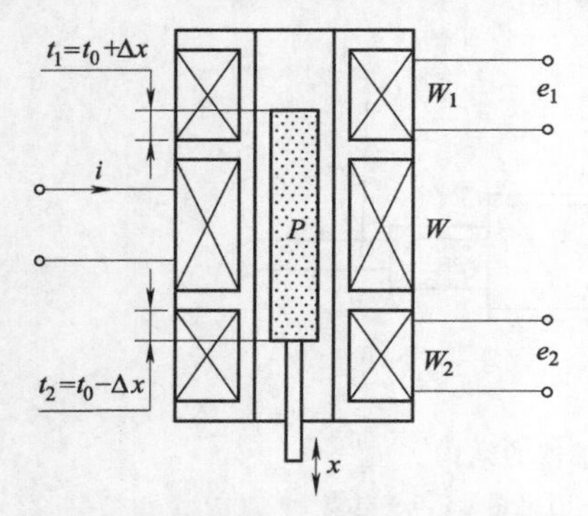

图 5-17 差动变压器式传感器工作原理示意图

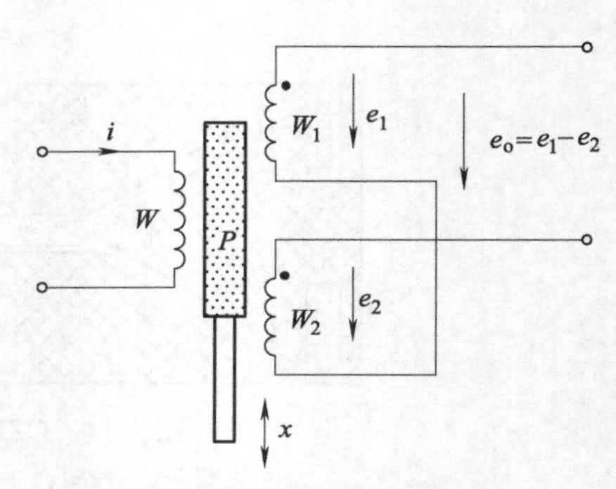

图 5-18 反串连接

两个变压器的初、次级线圈之间的耦合程度（互感 M_1、M_2）与磁芯 P 的位置有关。理论分析表明，当磁芯插入次级线圈的深度为 t_1、t_2，有

$$M_1 \propto t_1^2 \qquad M_2 \propto t_2^2 \tag{5-20}$$

从而

$$e_1 = kt_1^2 \qquad e_2 = kt_2^2 \tag{5-21}$$

反串连接后的输出电压 e_o 为

$$e_o = e_1 - e_2 = k(t_1^2 - t_2^2) \tag{5-22}$$

设磁芯处在中间位置时插入两次级线圈的深度为 t_0，当磁芯向上移动 Δx 后，磁芯插入 W_1、W_2 的深度分别变为 $t_1 = t_0 + \Delta x$ 和 $t_2 = t_0 - \Delta x$，输出电压 e_o 为

$$\begin{aligned} e_o &= e_1 - e_2 = k(t_1^2 - t_2^2) \\ &= k[(t_0 + \Delta x)^2 - (t_0 - \Delta x)^2] \\ &= 2kt_0 \Delta x = S\Delta x \end{aligned}$$

如果磁芯的移动方向相反，则输出仅差一个负号（反相）。图 5-19 为差动变压器的输入

输出特性曲线。

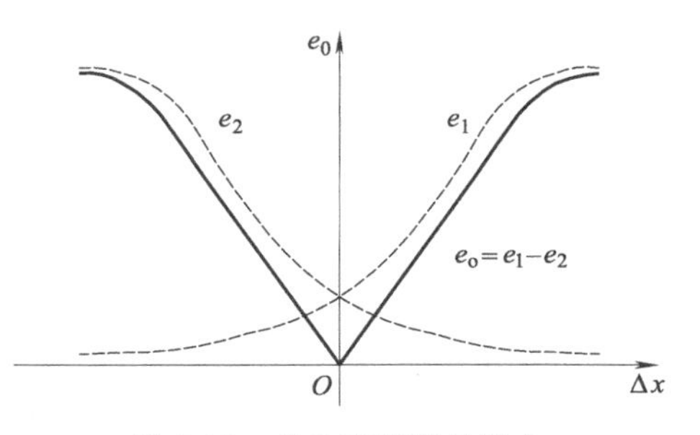

图 5-19 差动变压器的输入输出特性曲线

由上可见，差动变压器式传感器理论上具有理想的线性输入输出特性。实际上，由于边缘效应以及线圈结构参数不一致、磁芯特性不均匀等因素的影响，这种传感器仍具有一定的非线性误差。

差动变压器输出的是高频交流电压信号，信号的幅值 e_0 与磁芯对中间位置的偏离量 Δx 成正比。如果直接用普通交流电压表、示波器等指示结果，则只能反映磁芯位移的大小，不能反映位移的方向（极性）。所以，差动变压器式传感器的输出通常后接，既能判别位移的极性，又能表示位移大小的相敏检波电路。此外，由于两个次级线圈的结构参数不可能绝对一致，线圈的铜损电阻、分布电容、铁磁材料特性的均匀性等也不可能完全相同，因此使得最小输出不等于零，该最小输出称为零点残余电压。为尽可能减小零点残余电压对测量精度的影响，在后接电路中还要加入补偿环节。

差动变压器式电感传感器的分辨率及测量精度都很高（可达 0.1μm）、线性范围较大（可达±100mm）、稳定性好、使用方便，因此被广泛用于位移或可转换成位移变化的压力、重量、液位等参数的测量中。

5.3 电容式传感器

电容式传感器是将被测量的变化转换成电容量变化的传感装置。

由物理学可知，一对平行极板组成的电容器的电容量为

$$C=\frac{\varepsilon\varepsilon_0 A}{\delta} \tag{5-23}$$

式中 ε_0——真空的介电常数，$\varepsilon_0=8.85\times10^{-12}\mathrm{F/m}$；

ε——极板间介质的相对介电常数；

A——极板有效作用面积；

δ——极板间距。

由此可见，除 ε_0 外的其余三个参数 ε、A、δ 的变化都会引起电容量 C 的变化。如果可以使其中的两个参数保持恒定，利用被测量的变化引起另一个参数的变化，就可制成极距变化型、面积变化型、介质变化型三种类型的电容传感器。

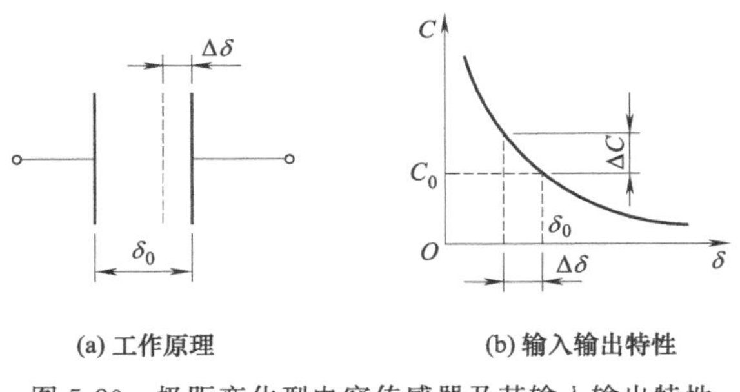

图 5-20 极距变化型电容传感器及其输入输出特性

如果两极板的有效作用面积及极板间的介质保持不变，则电容量 C 随极距 δ 按非线性关系变化（图 5-20）。当极距在初始极距 δ_0 附近有一微小变化时，所引起的电容量变化为

$$\mathrm{d}C=-\frac{\varepsilon\varepsilon_0 A}{\delta^2}\mathrm{d}\delta \tag{5-24}$$

传感器的灵敏度为

$$S=\frac{dC}{d\delta}=-\frac{\varepsilon\varepsilon_0 A}{\delta^2} \tag{5-25}$$

由此可见，极距变化型电容传感器的灵敏度与极距的平方成反比，极距越小灵敏度越高。但这种传感器由于存在原理上的非线性，灵敏度随极距变化而变化，当极距变动量较大时，非线性误差要明显增大。为限制非线性误差，通常是在较小的极距变化范围内工作，以输入输出特性保持近似的线性关系。一般取极距变化范围 $\Delta\delta/\delta_0\leqslant 0.1$。

实际应用的极距变化型传感器也常做成差动式（图 5-21）。左右两个极板为固定极板，中间极板为活动极板，当被测量使活动极板移动一个 $\Delta\delta$ 时，由活动极板与两个固定极板所形成的两个平板电容器的极距一个减小、一个增大，因此它们的电容量也都发生变化。若 $\Delta\delta\ll\delta_0$，则两电容器的变化量大小相等、符号相反。利用后接的转换电路（如电桥等）可以检出两电容器电容量的差值，该差值与活动极板的移动量 $\Delta\delta$ 有一一对应关系。

采用差动式原理后，电容传感器的灵敏度提高了一倍，非线性得到了很大的改善，某些因素（如环境温度变化、电源电压波动等）对测量精度的影响也得到了一定的补偿。

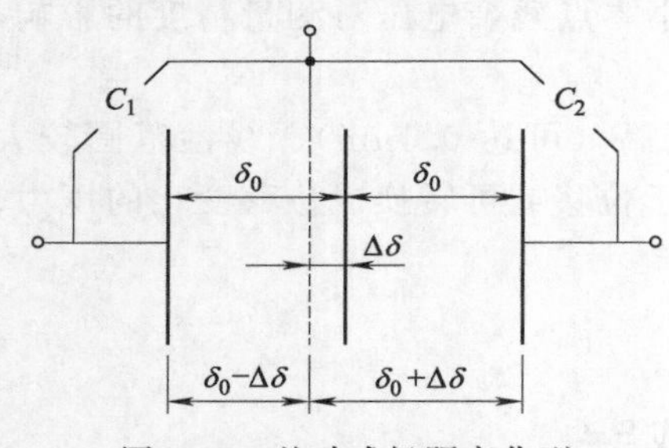

图 5-21　差动式极距变化型电容传感器

极距变化型电容传感器的优点是可实现动态非接触测量，动态响应特性好，灵敏度和精度极高（可达纳米级），适用于较小位移（1nm～1μm）的精密测量。但传感器存在原理上的非线性误差，线路杂散电容（如电缆电容、分布电容等）的影响显著，为改善这些问题而需配合使用的电子线路比较复杂。

面积变化型电容传感器在工作时的极距、介质保持不变，被测量的变化使其有效作用面积发生变化。图 5-22 为几种面积变化型电容传感器的原理结构示意图。在理想情况下，它们的灵敏度为常数，不存在非线性误差，即输入输出为理想的线性关系。实际上由于电场的边缘效应等因素的影响，仍存在一定的非线性误差。与极距变化型电容传感器相比，灵敏度较低，适用于较大的直线位移和角位移测量的场合。

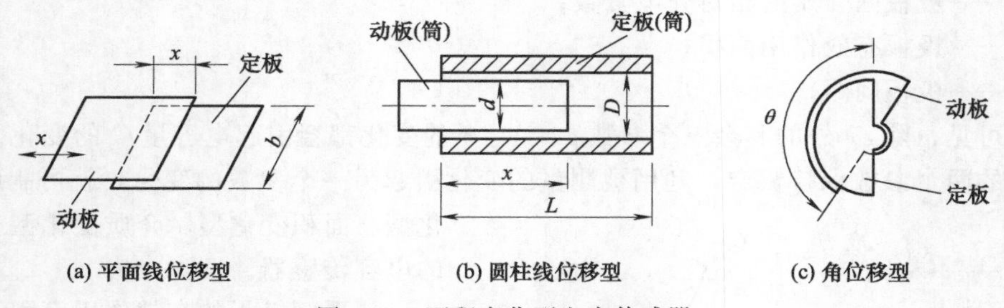

图 5-22　面积变化型电容传感器

介质变化型电容传感器的极距、有效作用面积不变，被测量的变化使其极板之间的介质情况发生变化。这类传感器主要用来测量两极板之间的介质的某些参数的变化，如介质厚度、介质湿度、液位等。图 5-23 为测量液位（如储油罐的油面高度、水库的水位等）的介质变化型电容传感器的测量原理示意图。

传感器的极板为两同心圆筒，其液面以下部分的介质为被测介质，相对介电常数为 ε_x；

液面以上部分的介质为空气，相对介电常数近似为 1。传感器的总电容 C 等于上、下两部分电容 C_1 和 C_2 的并联，即

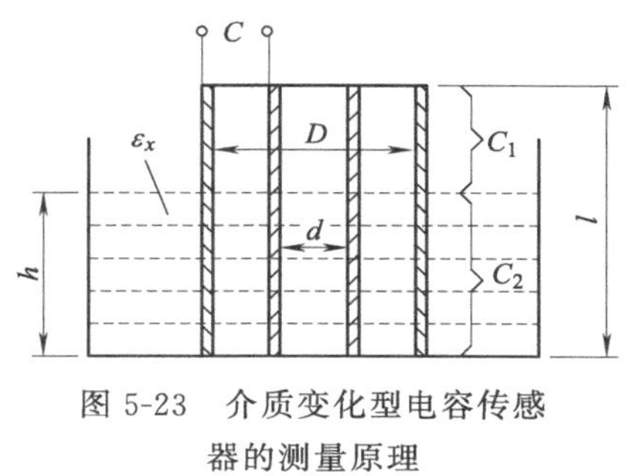

图 5-23　介质变化型电容传感器的测量原理

$$C=C_1+C_2=\frac{2\pi\varepsilon_0(l-h)}{\ln(D/d)}+\frac{2\pi\varepsilon_x\varepsilon_0 l}{\ln(D/d)}=\frac{2\pi\varepsilon_0 l}{\ln(D/d)}+\frac{2\pi(\varepsilon_x-1)\varepsilon_0}{\ln(D/d)}\times h=a+bh \quad (5\text{-}26)$$

灵敏度　$$S=\frac{\mathrm{d}C}{\mathrm{d}h}=b=\frac{2\pi(\varepsilon_x-1)\varepsilon_0}{\ln(D/d)}=\text{const.} \quad (5\text{-}27)$$

由此可见，这种传感器的灵敏度为常数，电容 C 理论上与液位 h 成线性关系，只要测出传感器电容 C 的大小，就可得到液位 h。

电容传感器将被测量的变化转换成电容的变化后，还需由后接的转换电路将电容的变化进一步转换成电压或电流、频率的变化。常用的转换电路主要有以下三种。

(1) 交流电桥

这种转换电路是将电容传感器的两个电容作为交流电桥的两个桥臂，通过电桥把电容的变化转换成电桥输出电压的变化。电桥通常采用由电阻-电容、电感-电容组成的交流电桥。如图 5-24 所示为电感-电容电桥，变压器的两个次级线圈电感 L_1、L_2 与差动电容传感器的两个电容 C_1、C_2 作为电桥的四个桥臂，由高频稳幅的交流电源为电桥供电。电桥的输出为调幅波，经放大、相敏检波、滤波后，获得与被测量变化相对应的输出，最后为仪表显示或记录。

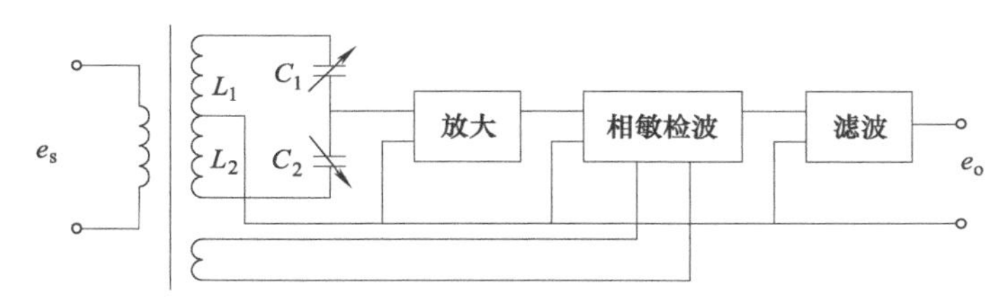

图 5-24　交流电桥转换电路

(2) 调频电路

如图 5-25 所示，把传感器接入调频振荡器的 LC 谐振网络中，被测量的变化引起传感器电容的变化，继而导致振荡器谐振频率的变化。频率的变化经过鉴频器转换成电压的变化，经过放大器放大后输出。这种测量电路的灵敏度很高，可测 0.01μm 的位移变化量，抗干扰能力强（加入混频器后更强），缺点是电缆电容、温度变化的影响较大，输出电压 e_o 与被测量之间的非线性一般要靠电路加以校正，因此电路比较复杂。

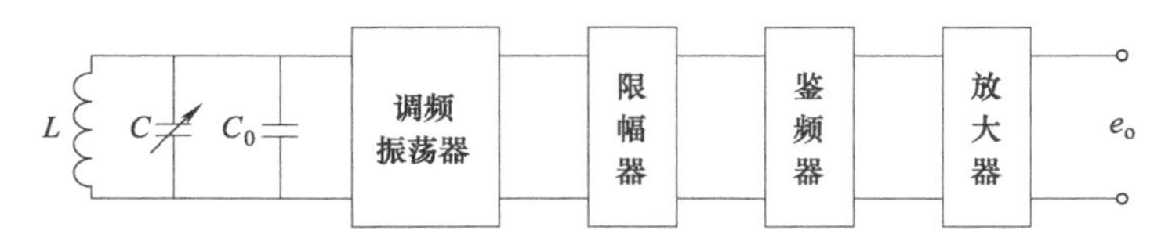

图 5-25　调频电路

(3) 运算式电路

如前所述，极距变化型电容传感器的电容与极距之间的关系为反比关系，传感器存在原

理上的非线性。利用运算放大器的反相比例运算可以使转换电路的输出电压与极距之间关系变为线性关系，从而使整个测试装置的非线性误差得到很大的减小。图 5-26 所示为电容传感器的运算式转换电路。图中 e_s 为高频稳幅交流电源；C_0 为标准参比电容，接在运算放大器的输入回路中；C 为传感器电容，接在运算放大器的反馈回路中。根据运算放大器的反相比例运算关系，有

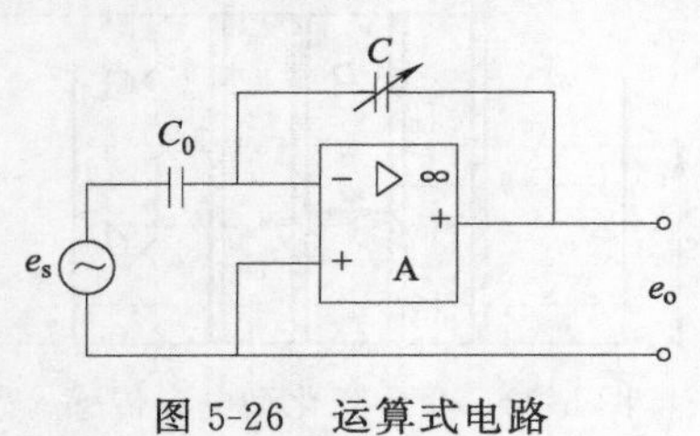

图 5-26 运算式电路

$$e_o = -\frac{z_f}{z_0}e_s = -\frac{C_0}{C}e_s = -\frac{C_0 e_s}{\varepsilon\varepsilon_0 A}\delta \tag{5-28}$$

式中，$z_0 = \frac{1}{j\omega C_0}$为 C_0 的交流阻抗；$z_f = \frac{1}{j\omega C}$为 C 的交流阻抗；$C = \frac{\varepsilon\varepsilon_0 A}{\delta}$。由式（5-28）可见，在其他参数稳定不变的情况下，电路输出电压的幅值 e_o 与传感器的极距 δ 成线性比例关系。该电路为调幅电路，高频稳幅交流电源提供载波，极距变化的信号（被测量）为调制信号，输出为调幅波。与其他转换电路相比，运算式电路的原理较为简单，灵敏度和精度最高，但一般需用“驱动电缆”技术来消除电缆电容的影响，电路较为复杂且调整困难。

除上面介绍的三种转换电路外，电容传感器的转换电路还有直流极化电路、谐振电路、脉（冲）宽（度）调制电路等。

5.4 压电式传感器

压电式传感器是一种发电型的可逆换能器，它利用了某些晶体材料所具有的压电效应，既可以把机械能（力、压力等）转换成电能（电荷、电压等），也可以把电能转换成机械能。用压电材料制成的各种压电式传感器，被广泛用于力、压力、加速度等参数的测量中。这种传感器具有体积小、重量轻、测量精度和灵敏度高、动态频率范围宽等优点，是工程上广泛应用的一类传感器。

5.4.1 压电效应

某些物质，如石英、钛酸钡等，当受到外力作用时，不仅其几何尺寸发生变化，而且其内部还出现极化现象，某些表面上出现电荷，形成电场。当外力去掉时，又回到原来的状态，物质的这种性质称为压电效应。相反，如果将这类物质置于电场下，其几何尺寸也会发生变化，即这类物质在外电场的作用下会产生机械变形，称为逆压电效应或电致伸缩效应。

具有明显压电效应的材料称之为压电材料，常见的压电材料有两大类：压电晶体（如天然石英、人造石英、酒石酸钾钠等）和压电陶瓷（钛酸钡、锆钛酸铅、铌酸锂等）。

石英（SiO_2）晶体的形状为六角形晶柱，两端为两个对称的六角棱锥，中间的六棱柱是它的基本组织，如图 5-27（a）所示。石英晶体上有三条特征轴线：z 轴（光轴）通过六角棱锥的两个锥顶，光线沿此方向入射时不产生双折射现象，沿此方向加力也不产生压电电荷；x 轴（电轴）与 z 轴垂直且通过六角棱线，此方向就是产生压电电荷的方向；y 轴（机械轴）与 x-z 平面垂直且符合右手螺旋法则，沿此方向受力时变形最小，机械强度最大。

压电传感器上的压电晶片一般是在晶体上沿平行于 y-z 平面的方向所切下的一小块晶片，如图 5-27（b）、（c）所示。晶体的压电效应有以下几种情况：

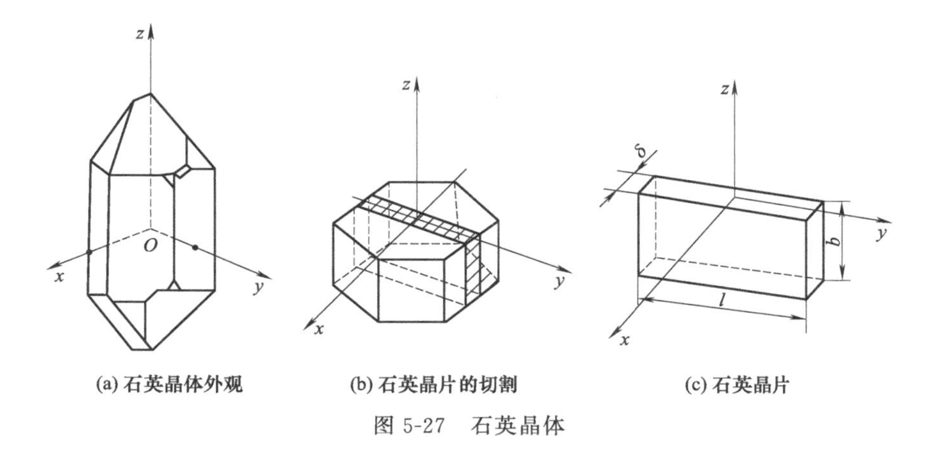

(a) 石英晶体外观　(b) 石英晶片的切割　(c) 石英晶片

图 5-27　石英晶体

沿 x 轴方向加力——纵向压电效应：在 y-z 平面上产生电荷，拉、压时所产生的电荷极性相反［图 5-28（a）］；

沿 y 轴方向加力——横向压电效应：在 y-z 平面上产生电荷，但极性与沿 x 轴方向加力时相反［图 5-28（b）］；

沿 y-z 平面或 x-z 平面施加剪力——切向压电效应：亦在 y-z 平面上产生电荷［图 5-28（c），图中未画出沿 x-z 平面施加剪力的情况］；

把压电晶片置于电场中——逆压电效应：晶片沿 x 轴方向产生机械变形。

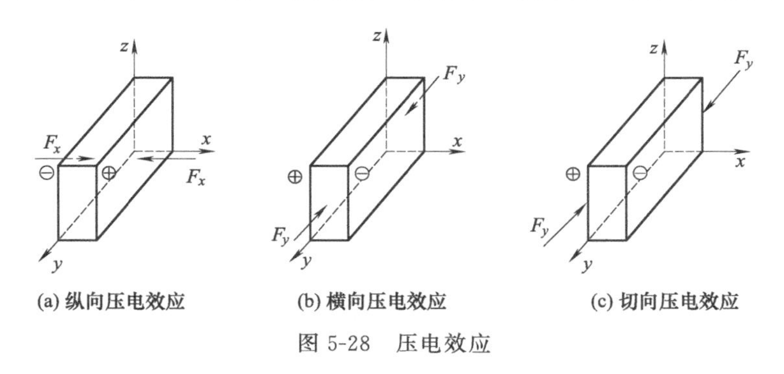

(a) 纵向压电效应　(b) 横向压电效应　(c) 切向压电效应

图 5-28　压电效应

尽管压电材料沿纵（x）、横（y）、切（y-z 平面）向受力时都会在 y-z 平面上产生电荷，但它们的电荷灵敏度（单位力所产生的电荷）是不同的，其中以纵向压电效应的电荷灵敏度最高，故一般的压电传感器均使晶片沿此方向感受被测力，即多利用纵向压电效应。

5.4.2　压电传感器及其等效电路、灵敏度

在压电晶片的两个工作表面（y-z 平面）上进行金属蒸镀，形成金属膜并引出两根引线作为电极，就构成了基本的压电传感器（图 5-29）。在外力作用下，传感器的两个工作表面上产生极性相反、数量相等的电荷，形成电场。两个金属极板构成一电容器。压电传感器工作表面上所产生的电荷 q 及传感器的固有电容 C_a 为

$$q=DF \tag{5-29}$$

$$C_a=\frac{\varepsilon\varepsilon_0 A}{\delta} \tag{5-30}$$

式中　D——压电系数，与压电材料及切片方向有关；

F——外部作用力；

ε——压电材料的相对介电常数；

ε_0——真空的介电常数；

δ——压电晶片的厚度；

A——极板面积。

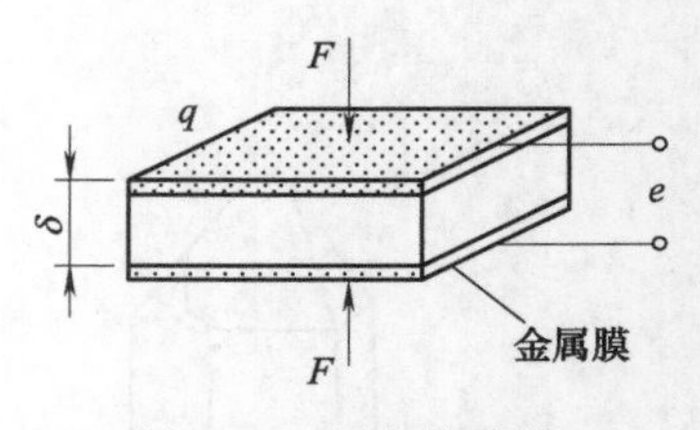

图 5-29 压电传感器

根据电荷、电容与电压之间的关系，传感器的开路电压 e 为

$$e=\frac{q}{C_a} \tag{5-31}$$

据此，压电传感器的等效电路有以下几种表示方法：

等效电路一：一个电荷源与一个电容器的并联［图 5-30（a）］；

等效电路二：一个电压源与一个电容器的串联［图 5-30（b）］；

等效电路三：由于压电传感器并非开路工作，它要通过电缆与后面的前置放大器相连，所以压电传感器完整的等效电路还应包括传感器的固有电阻 R_a、电缆电容 C_c、放大器的输入电阻 R_i、放大器的输入电容 C_i 的影响［图 5-30（c）］；

等效电路四：将所有的电阻及所有的电容合并，得到图 5-30（d）所示的等效电路，其中 $R=R_a||R_i$，$C=C_a||C_c||C_i=C_a+C_c+C_i$。

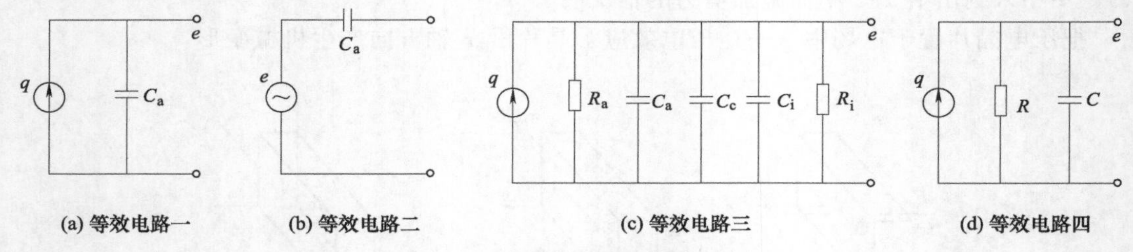

图 5-30 压电传感器的等效电路

后接的前置放大器对传感器上产生的电荷或形成的电压做进一步的转换、放大。根据前置放大器的输出与传感器上的电荷、电压之间的关系，压电传感器有两种灵敏度：

① 电荷灵敏度 S_q 单位作用力所产生的电荷，即

$$S_q=\frac{q}{F}=D \tag{5-32}$$

② 电压灵敏度 S_e 单位作用力所形成的电压，即

$$S_e=\frac{e}{F} \tag{5-33}$$

由于 $q=Ce$，因此不难得到电荷灵敏度与电压灵敏度之间的关系为

$$S_q=CS_e=C_a+C_c+C_i \tag{5-34}$$

或

$$S_e=\frac{S_q}{C}=\frac{S_q}{C_a+C_c+C_i} \tag{5-35}$$

电荷灵敏度 S_q 仅与压电材料有关，传感器制成后其值基本上就保持不变了，由厂家提供所标定出的结果。而电压灵敏度 S_e 除与 S_q 有关外，还与传感器的内、外电路特性（即 C）有关。例如，如果传感器在使用过程中更换了电缆，则电缆电容 C_c 要发生改变，电压灵敏度也要随之发生变化。

例 5-1 某压电式加速度计的固有电容 $C_a=1000\text{pF}$，电缆电容 $C_c=100\text{pF}$，后接前置放大器的输入电容 $C_i=150\text{pF}$，在此条件下标定得到的电压灵敏度 $S_e=100\text{mV}/g$，试求传感器的电荷灵敏度 S_q。又问，若该传感器改接 $C'_c=300\text{pF}$ 的电缆，此时的电压灵敏度 $S'_e=?$

解： 根据式（5-34），有

$S_q=CS_e=(C_a+C_c+C_i)S_e=(1000+100+150)\times10^{-12}\times100\times10^{-3}=1.25\times10^{-10}$ (C/g)

$=125$（pC/g）

若传感器改接 $C'_c=300\text{pF}$ 的电缆，由于 S_q 不随外电路发生变化，因此

$$S'_e=\frac{S_q}{C'}=\frac{S_q}{C_a+C'_c+C_i}=\frac{1.25\times10^{-10}}{(1000+300+150)\times10^{-12}}\approx8.62\times10^{-2}\text{V}/g=86.2\text{mV}/g$$

一般情况下，压电晶片很少单片使用。为提高灵敏度，常将多片压电晶片串、并联使用来构成压电传感器。图 5-31 为两个完全相同的压电晶片的串、并联情况。设单片的固有电容为 C_a，所产生的电荷为 q，开路电压为 e，则串、并联后的等效参数为

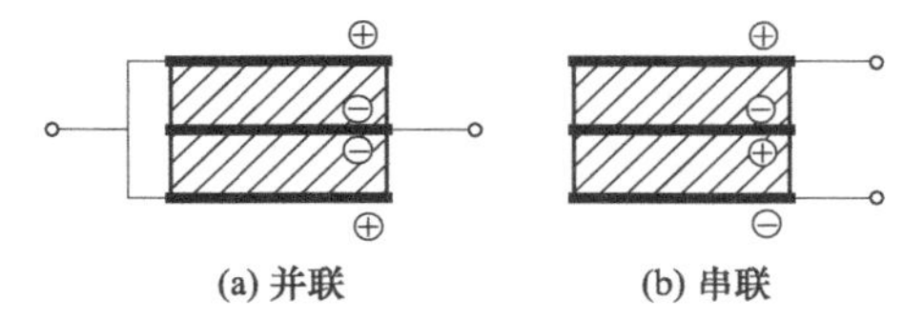

图 5-31 压电晶片的串、并联

并联时

$$C'_a=2C_a,q'=2q,e'=e \tag{5-36}$$

串联时

$$C''_a=C_a/2,q''=q,e''=2e \tag{5-37}$$

由此可见，若要以电荷输出（后接电荷放大器），则并联两个晶片可以将电荷灵敏度提高一倍；若要以电压输出（后接电压放大器），则串联两个晶片可以将电压灵敏度提高一倍。由于目前电荷放大器的应用越来越广泛，其低频特性比电压放大器要好，所以大部分压电传感器的敏感元件都采用并联的压电晶片。

5.4.3 压电传感器的频率特性

压电传感器可以等效为一个电荷源 q、一个电阻 R 和一个电容 C 的并联［图 5-30(d)］。由于 RC 网络存在着放电效应（放电时间常数 $\tau=RC$），所以对不同频率的输入力变化（电荷变化）有着不同的响应特性。设作用在单压电晶片上的作用力为 $f(t)=F_m\sin(\omega t)$，则

传感器上的电荷响应

$$q(t)=DF_m\sin(\omega t) \tag{5-38}$$

传感器上的电压响应

$$e(t)=\frac{D\omega RF_m}{\sqrt{1+(\omega RC)^2}}\sin\left[\omega t+\frac{\pi}{2}-\arctan(\omega RC)\right] \tag{5-39}$$

可见，压电传感器的响应与输入力信号的频率 ω 及传感器的放电时间常数 $\tau=RC$ 有直接关系。为实现不失真测试，传感器的放电时间常数 τ 越大越好。由于后接电荷、电压放大器时的输出分别正比于 $q(t)$、$e(t)$，所以对不同频率的输入力信号应后接不同的前置放大器。

5.4.4 压电传感器的转换电路

压电传感器的输出信号很微弱，而且又存在着电荷放电被消耗（频率特性）的影响，所以对后接的转换电路有着特殊的要求。压电传感器的后接转换电路（前置放大器）主要应满足以下两个要求：

- 阻抗匹配，即提供足够大的输入阻抗（以减小放电的影响）、足够小的输出阻抗；
- 对传感器的输出（电荷或电压）进行转换放大。

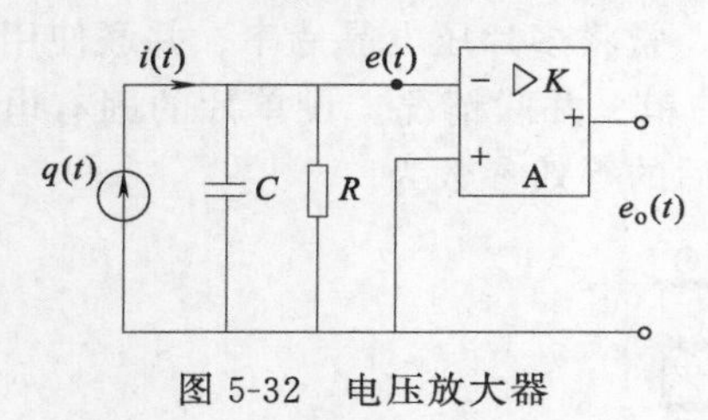

图 5-32 电压放大器

压电传感器的转换电路有以下两种。

(1) 电压放大器

压电传感器配接的电压放大器为一开环放大器（图 5-32），设其开环放大倍数为 K。由于其输入阻抗极高（设为∞），若不考虑放大器的相移，则放大器的输出等于传感器上的电压 $e(t)$ 的 K 倍，即

$$e_{\mathrm{o}}(t)=-Ke(t)=-\frac{KD\omega RF_{\mathrm{m}}}{\sqrt{1+(\omega RC)^{2}}}\sin\left[\omega t+\frac{\pi}{2}-\arctan(\omega RC)\right] \tag{5-40}$$

当 $\omega\to 0$ 时，$e_{\mathrm{o}}(t)\to 0$，因此在对静态或低频力信号进行测试时，不能用电压放大器作为前置放大器，其根本原因是 RC 网络的放电效应比较明显，信号产生明显的失真。

当 $\omega\gg\frac{1}{RC}$时，$e_{\mathrm{o}}(t)\approx\frac{KDF_{\mathrm{m}}}{C}\sin(\omega t)$，输出为与输入 $f(t)=F_{\mathrm{m}}\sin(\omega t)$ 同频、同相位的正弦信号，但幅值相差了$\frac{KD}{C}$倍。也就是说，压电传感器与电压放大器串联后的幅频特性 $A(\omega)\approx\frac{KD}{C}$（常数），相频特性 $\phi(\omega)\approx 0$，即满足不失真测试条件。

电压放大器的结构简单，易于实现，成本较低，适用于对变化较快的高频参数的动态测量，但对于低频或静态参数，由于放电效应的影响，测试的失真较大。为减小失真，需增大放电时间常数，但可能会导致干扰的增强及电压灵敏度的下降。

(2) 电荷放大器

为了增大放电时间常数，使系统能够对低频甚至静态参数进行不失真测试，可以采用负反馈技术。图 5-33 所示就是采用闭环负反馈运算放大器作为压电传感器的前置放大器的电荷放大器，C_{f} 为反馈电容。由运算放大器"虚地"的特点知，$e(t)\approx 0$，传感器上所产生的电荷全部聚集在 C 和 C_{f} 上，并按它们上面的电压分配，即

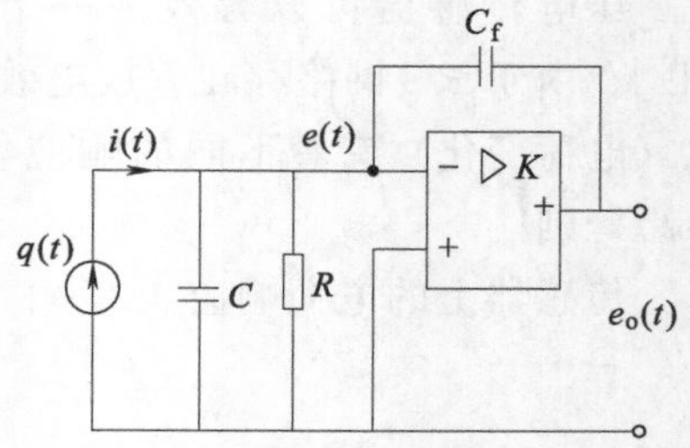

图 5-33 电荷放大器

$$q(t)=Ce(t)+C_{\mathrm{f}}[e(t)-e_{\mathrm{o}}(t)]=Ce(t)-C_{\mathrm{f}}e_{\mathrm{o}}(t) \tag{5-41}$$

考虑到 $e_{\mathrm{o}}(t)=-Ke(t)$，代入上式并整理后，有

$$e_o(t)=\frac{-Kq(t)}{C+(K+1)C_f} \tag{5-42}$$

由于运算放大器的开环增益 K 很大（可达 $10^4 \sim 10^5$），所以 $(K+1)C_f \gg C$，$K+1 \approx K$，故

$$e_o(t)\approx -\frac{q(t)}{C_f}=-\frac{D}{C}f(t) \tag{5-43}$$

上式表明，电荷放大器的输出正比于传感器上所产生的电荷，也即正比于作用在压电传感器上的力，与电路参数基本无关（只要保证放大器的开环放大倍数足够大、输入阻抗足够高即可）。从式（5-42）的分母可以看到，负反馈的引入相当于将放电时间常数中的电容从 C 增大到 $C+(K+1)C_f$，由于 K 很大，所以放电时间常数变得极大，放电效应也变得极不明显。由于传感器上的电荷正比于其上作用的被测力，因此电荷放大器的输出电压 $e_o(t)$ 也就正比于被测力，几乎一致地跟随被测力的变化，与被测力的频率基本无关。所以，压电传感器配接电荷放大器可以实现对高频、低频乃至静态参数的不失真测试，且输出基本不受电缆电容变化的影响，但电荷放大器的成本比电压放大器要高。

压电传感器是一种力敏感元件，主要用于力、加速度、机械阻抗以及其他可以转换成力的参数的测试。

5.5　磁电式传感器

磁电式传感器也称为电动力式传感器或电磁感应式传感器，其工作利用的是电磁感应原理。磁电式传感器一般是将速度转换成感应电动势输出，属于发电型传感器，不需要外加电源，且输出信号大，广泛应用于速度测量中。

根据物理学中的法拉第电磁感应定律，当线圈在磁场中切割磁力线时，穿过线圈的磁通量发生变化，线圈上就会感应出电动势，该电动势与磁通的变化率成正比，即

$$e=-W\frac{d\Phi}{dt} \tag{5-44}$$

式中　e——线圈上感应出的电动势；

W——线圈的匝数；

Φ——穿过线圈的磁通。

如果被测参数可以引起磁通的变化，那么根据感应电动势就可以确定被测参数的变化。使磁通发生变化的方法很多，下面主要介绍动圈式、动铁式和磁阻变化式三种磁电式传感器。

(1) 动圈式

动圈式磁电传感器常用作速度计，按被测量和传感器的结构形式又分为线速度型和角速度型两种，如图5-34所示。

图5-34（a）为线速度型惯性式速度计的结构原理示意图。传感器置于被测（速度）的物体上，由动力学分析可知，线圈相对于磁场的惯性速度 v 从大小上等于被测物体的运动速度。当线圈相对于磁场以速度 v 运动时，其上所感应出的电动势 e 为

$$e=WBlv\sin\theta \tag{5-45}$$

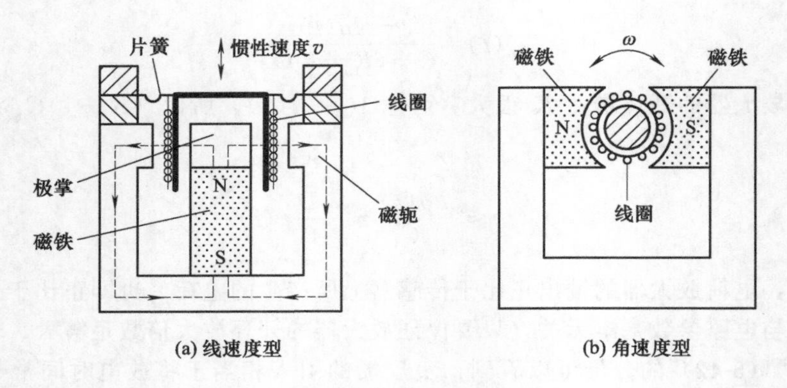

图 5-34　动圈式磁电速度计

式中　e——感应电动势；

W——线圈的匝数；

B——磁场的磁感应强度；

l——单匝线圈的平均长度；

v——线圈相对于磁场的运动速度（惯性速度）；

θ——线圈运动方向与磁场方向的夹角。

当线圈的匝数和尺寸、磁场的磁感应强度及运动方向一定时，感应电动势的大小与线圈相对磁场的运动速度成正比。惯性式速度计就是据此原理工作的。

图 5-34（b）为测量角速度的磁电式传感器。当线圈在固定的磁场中以角速度 ω 旋转时，其上所感应出的电动势为

$$e = kWBA\omega \tag{5-46}$$

式中，A 为线圈的平均环绕面积，k（$k<1$）为由线圈、磁场结构所决定的系数。

(2) 动铁式

这种传感器的原理与动圈式相似，都是线圈在磁场中切割磁力线而产生感应电动势，感应电动势的大小与二者之间的相对速度成正比。所不同的是，在如图 5-35 所示的动铁式磁电速度计中，是支承在弹簧上的磁铁因惯性相对传感器的壳体（即线圈）运动，而不是线圈运动。传感器的壳体固定在被测速度的物体上，磁铁的惯性速度在大小上等于运动物体的速度。

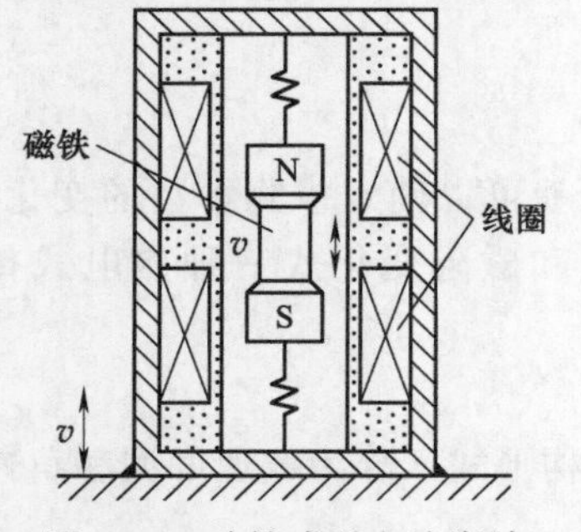

图 5-35　动铁式磁电速度计

动圈式速度计和动铁式速度计的速度输出还可以通过积分、微分环节进行积分、微分处理，进而得到被测物体运动的位移、加速度。

(3) 磁阻变化式

磁阻变化式磁电传感器的线圈与磁铁均不动，由运动着的、与被测参数有一定的联系的物体（导磁材料）改变磁路的磁阻。根据磁路欧姆定律，磁阻的改变会使磁通发生变化，从而使磁场中的线圈产生感应电动势。这种传感器一般是由一块永久磁铁及绕在其上的线圈所组成。图 5-36 为磁阻变化式磁电传感器的几种典型应用。

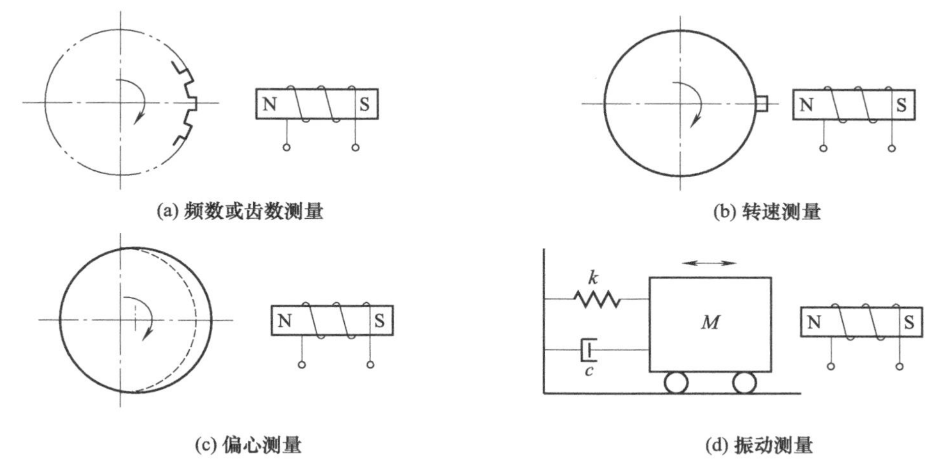

图 5-36　磁阻变化式磁电传感器

5.6　霍尔式传感器

霍尔式传感器是一种磁电转换元件，它利用某些半导体材料所具有的霍尔效应来实现参数的测量。它可以用来测量电流、磁场强度、位移、压力、压差、转速等参数，将被测参数转换成电动势输出，也可以用来产生开关信号，用于各种控制场合。目前，还出现了集成霍尔传感器，使霍尔传感器的性能越来越佳，应用也越来越广泛。

5.6.1　霍尔效应

1879 年，美国物理学家霍尔经过大量的实验，发现了金属或半导体材料所具有的霍尔效应。

如图 5-37（a）所示，将一金属或半导体薄片置于磁场 B 中并在相对的两个控制电极之

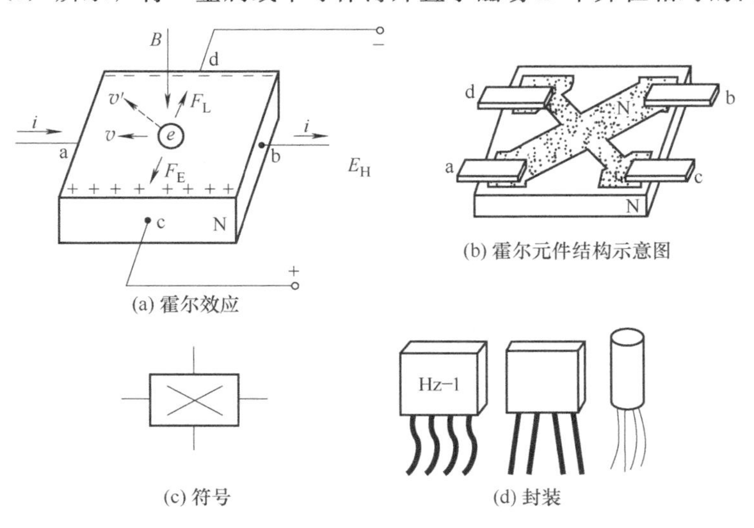

图 5-37　霍尔效应与霍尔元件

间通入电流 i 时，由于运动的电子在磁场中受到洛伦兹力的作用而在另两个电极的位置产生电子堆积，从而在这两个电极上形成电动势 V_H，称为霍尔电势，上述现象就称为霍尔效应。所产生的霍尔电势为

$$V_H = k_H i B \sin\alpha \tag{5-47}$$

式中　V_H——霍尔电势；

k_H——霍尔元件的灵敏度，取决于半导体的材料、形状、尺寸、温度等；

B——磁场的磁感应强度；

i——控制电流；

α——控制电流方向与磁感应强度方向的夹角。

由此可以看到，霍尔电势的大小与 B、i、α 有关，改变其中的任何一个都会使输出的霍尔电势发生变化，据此可以利用霍尔元件将被测参数的变化转换成霍尔电势的变化。

5.6.2　霍尔元件

霍尔传感器的核心是霍尔元件。虽然金属材料也具有霍尔效应，但这种效应非常微弱。随着半导体技术的迅速发展，人们研制出了许多具有较强霍尔效应的半导体材料。目前常用的是 N 型硅，其灵敏度、温度特性、线性度都比较好，其他的霍尔元件还有锑化铟（InSb）、砷化铟（Inas）、锗（Ge）、砷化镓（GaAs）等。

图 5-37（b）为霍尔元件的结构示意图，图 5-37（c）为霍尔元件的符号。霍尔元件可用塑料、环氧树脂、陶瓷进行封装，图 5-37（d）为常见的几种封装形式。

一般半导体材料的电阻率、电子迁移率等参数均随温度的变化而变化。霍尔元件都是由半导体材料制成的，因此其霍尔常数也随温度的变化而变化，从而使霍尔电势发生变化。霍尔元件的这种温度特性会导致测量时产生温度误差。为减小此项误差，除尽可能选用砷化镓制成的霍尔元件外，还需要在电路上采取适当的补偿措施，例如：采用恒流源供电，配接合理的负载（后接电路），加入温度补偿元件，等等。

在无外加磁场或无控制电流的情况下，霍尔元件上产生输出电压，霍尔元件的这种特性称为零位特性，由此而产生的测量误差称为零位误差。零位误差主要由不等位电势、寄生直流电动势等因素引起，一般需要采取适当的技术措施予以补偿。

5.6.3　集成霍尔传感器

随着微电子技术的发展，目前霍尔传感器大多已集成化。集成霍尔传感器是利用硅集成电路工艺将霍尔元件和测量线路集成在一起的一种传感器。与普通霍尔传感器相比，具有体积小、灵敏度高、重量轻、温漂小、功耗低、对电源稳定性要求低、可靠性高等优点。

集成霍尔传感器的输出是经过处理的信号。按照输出信号的形式，集成霍尔传感器可分为线性集成霍尔传感器和开关型集成霍尔传感器两类。

(1) 线性集成霍尔传感器

线性集成霍尔传感器是将霍尔元件、稳压源、线性差动放大器、温度补偿电路等集成在一个芯片上，其输出信号为与磁感应强度成正比的电压信号。线性集成霍尔传感器有单端输出和双端输出（差动输出）两种形式［图 5-38（a）、图 5-38（b）］。

(2) 开关型集成霍尔传感器

开关型集成霍尔传感器是将霍尔元件、稳压源、放大器、施密特触发器（整形电路）、

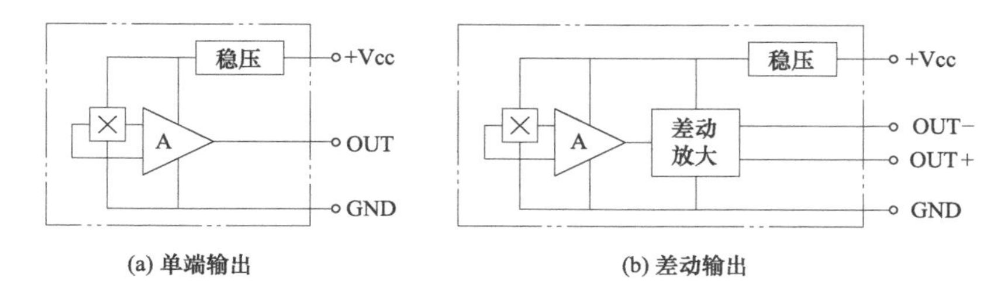

图 5-38　线性集成霍尔感器

OC 门（集电极开路输出门）集成在一个芯片上（图 5-39）。当外加磁感应强度超过规定的工作点时，OC 门呈导通状态，输出为低电平；当外加磁感应强度低于释放点时，OC 门呈高阻状态，输出为高电平。

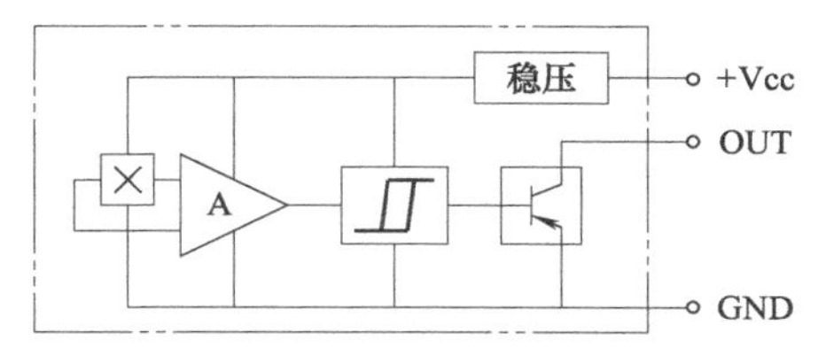

图 5-39　开关型集成霍尔传感器

5.6.4　霍尔传感器的应用

霍尔传感器具有在静止状态下感受磁场的独特能力，而且具有结构简单、体积小、噪声低、动态范围大、频率范围宽（从直流到微波频段）、非接触、寿命长、成本低等诸多特点，因此在工程测试及其他领域中得到了广泛的应用。这些应用主要集中在以下三个方面：

① 当控制电流不变、使传感器处于非均匀磁场中时，传感器的输出变化正比于磁场磁感应强度的变化。因此，对能转换为磁感应强度变化的参量都可用霍尔传感器进行测量，如线位移、角位移、转速、加速度、压力的测量。

② 当磁场不变时，霍尔传感器的输出正比于控制电流，因此可以用霍尔传感器实现能转换为电流变化的参量的测量。

③ 由于霍尔传感器的输出正比于磁感应强度和控制电流的乘积，因此可以用霍尔传感器实现信号的相乘运算，例如电功率测量中的电流与电压的相乘运算等。

图 5-40 给出了霍尔传感器的几种典型应用示意图。

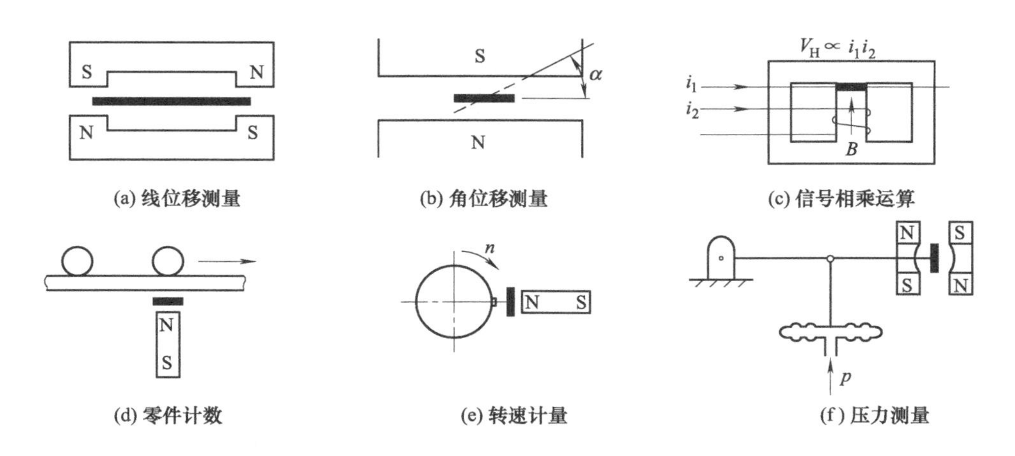

图 5-40　霍尔传感器的几种应用

5.7　热电偶传感器

5.7.1　热电偶的工作原理

1821 年，德国物理学家塞贝克发现，由两种不同材料的导体 A 和 B 组成的闭合回路，当两个结点温度不相同时，回路中将产生电动势，这种物理现象称为热电效应。

热电偶就是基于热电效应工作的一种测温传感器，它是一个由两种不同材料的导体组成的闭合回路，如图 5-41 所示。组成热电偶的导体称为热电极，所产生的电动势称为热电动势。两种导体的接触点称为结点，其中与被测温度相接触的一端称为热端或工作端（温度为 t），另一端称为冷端或参比端（温度为 t_0）。

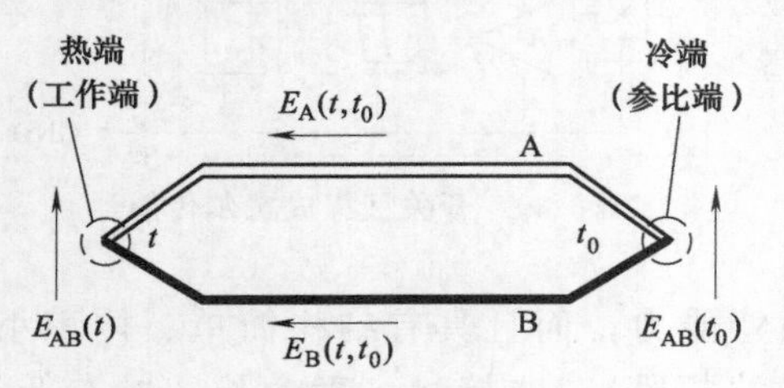

图 5-41　热电偶的工作原理

热电偶所产生的热电动势包括两部分：温差电势和接触电势。

温差电势是由于同一导体两端温度不同（自由电子所具有的动能不同）而产生的电势，如图中的 $E_A(t, t_0)$ 和 $E_B(t, t_0)$。接触电势则是由于两导体内的电子密度不同、电子从密度大的导体扩散到密度小的导体而在两导体接触点处产生的电势，如图中的 $E_{AB}(t)$ 和 $E_{AB}(t_0)$。温差电势取决于导体的材料及冷、热两端的温差，接触电势的大小取决于两导体的性质及接触点的温度。

热电偶所产生的总的热电动势 $E_{AB}(t, t_0)$ 为

$$E_{AB}(t,t_0)=E_{AB}(t)-E_{AB}(t_0)-E_A(t,t_0)+E_B(t,t_0) \tag{5-48}$$

当热电偶的材料等因素确定后，$E_{AB}(t, t_0)$ 的大小只取决于热端温度 t 和冷端温度 t_0，即 $E_{AB}(t, t_0)$ 可表示为

$$E_{AB}(t,t_0)=f(t)-g(t_0) \tag{5-49}$$

若使冷端温度 t_0 恒定，则 $g(t_0)=C$ 为一常数，热电偶输出的总电动势就只是热端（被测）温度 t 的单一函数，即

$$E_{AB}(t,t_0)=f(t)-C \tag{5-50}$$

通常冷端的温度 t_0 要求保持在 0℃，但实际中很难做到这一点。为此，实用中通常需要对热电偶进行冷端补偿。经过这样的处理后，就可根据热电偶输出的热电动势按式(5-50) 确定出热电偶的热端温度。

5.7.2　热电偶基本定律

(1) 中间导体定律

中间导体定律指的是：若在热电偶回路中插入中间导体 C，只要中间导体 C 两端温度相同，则对热电偶回路输出的总热电动势无影响（图 5-42）。同样，若热电偶回路中插入多种导体时，只要保证插入的每种导体的两端温度相同，则对热电偶的输出电动势也无影响。

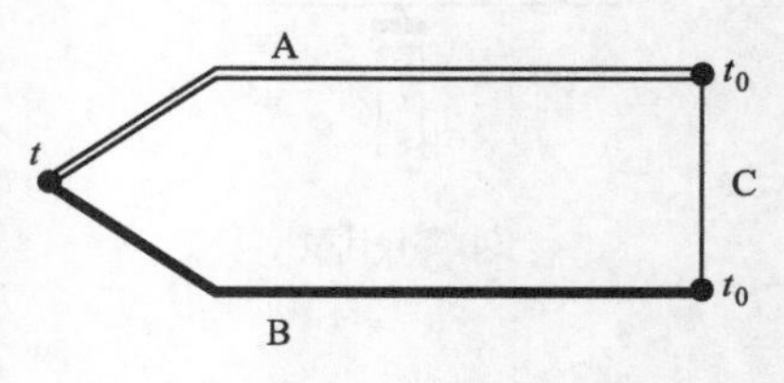

图 5-42　中间导体定律

中间导体定律对实际测温工作具有十分重要的指导

意义。测温时，输出电动势要通过导线、电路等最终连接到显示仪表上，形成如图 5-42 所示的回路。此时导线、电路、显示仪表等均可看成是中间导体，只要保证它们的输入端与输出端等温，就不会因此产生测量误差。

(2) 中间温度定律

热电偶在两结点温度（t，t_0）时的热电动势等于该热电偶在结点温度为（t，t_n）和（t_n，t_0）时的相应热电动势的代数和，即

$$E_{AB}(t,t_0)=E_{AB}(t,t_n)+E_{AB}(t_n,t_0) \tag{5-51}$$

中间温度定律为补偿导线的使用以及分度表的制定、使用奠定了理论基础。

(3) 参考电极定律

若热电极 A、B 与参考电极 C 组成的热电偶在结点温度为（t，t_0）时的热电动势分别为 E_{AC}（t，t_0）、E_{BC}（t，t_0），则 A、B 配对组成的热电偶在（t，t_0）时的热电动势 E_{AB}（t，t_0）为

$$E_{AB}(t,t_0)=E_{AC}(t,t_0)E_{BC}(t,t_0) \tag{5-52}$$

利用参考电极定律可大大简化热电偶的选配工作。由于铂的物理、化学性质稳定且熔点高、易提纯，因此通常选用高纯度的铂金属丝作为参考电极。只要知道各种导体与铂电极组成的热电偶的热电动势，就可利用式（5-52）计算出由任意两种导体组成的热电偶的热电动势。

5.7.3　常用热电偶

适合制作热电偶电极的材料有几百种，它们可以组合出成千上万种热电偶，国际电工委员会（IEC）将其中的七种推荐为标准热电偶。标准热电偶具有统一的分度表，同一型号的标准热电偶具有互换性，并且有相应的线性化集成电路与之对应。使用时，通常要根据测温范围、测温精度、工作环境、成本等因素来选择不同的标准热电偶。表 5-1 列出了几种常用标准热电偶的主要性能及特点。

表 5-1　几种常用标准热电偶的主要性能及特点

名称	分度号	测温范围/℃	100℃时的热电动势/mV	1000℃时的热电动势/mV	特　点
铂铑$_{30}$-铂铑$_6$	B	50～1820	0.033	4.834	测温上限高，性能稳定，精度高，价格昂贵，热电动势小，线性差，适用于高温的测量
铂铑$_{10}$-铂	S	−50～1768	0.646	9.587	性能稳定，抗氧化性强，适用于在氧化性或惰性气体介质中工作，精度高，价格昂贵
镍铬-镍硅	K	−270～1370	4.096	41.276	测温范围大，热电动势大，线性好，稳定性好，价廉
镍铬-康铜	E	−270～800	6.319	—	热电动势大，线性好，耐高湿度，价廉，适用于在氧化性或惰性气体介质中工作
铁-康铜	J	−210～760	5.269	—	价廉，热电动势较大，在还原性气体中较稳定，但纯铁易被腐蚀和氧化
铜-康铜	T	−270～400	4.279	—	价廉，加工性能好，离散性小，性能稳定，线性好，精度高，但铜在高温时易被氧化，测温上限低，多用于低温测量
铂铑$_{13}$-铂	R	−50～1768	0.647	10.506	使用上限较高，精度高，性能稳定，复现性好；但热电动势较小，价格昂贵；多用于高温精密测量

随着现代科学技术的发展，人们又相继研制出了一些用于特殊场合下（如高温、超低

温、高真空、核辐射等）测温的非标准热电偶。例如，钨铼系列的热电偶，可测温度达3000℃；镍铬-金铁热电偶可测到超低温2K。

5.8　半导体敏感元件

半导体材料的一个重要特征就是对光、热、磁、气、湿度、颜色等环境因素的敏感性，当这些环境因素发生变化时，半导体材料的某些电气特征也会随之发生变化。利用半导体材料的这些特征，可以将某些半导体材料作为光、热、磁、气、湿度测量的敏感元件。半导体敏感元件具有体积小、灵敏度高、寿命长等特点，在近代测试技术中得到了广泛的应用。

5.8.1　光敏元件

光敏元件是将光量转换成电量的一种半导体器件，是光电式传感器的最重要组成部分。光敏元件的转换原理是基于半导体材料的光电效应。光电效应有以下三种。

① 内光电效应（光导效应）：在光线作用下，半导体材料的电阻率发生变化。利用这种效应工作的光敏元件主要有光电阻、光敏晶体管等。

② 外光电效应：光照射在某些半导体材料上时，其表面上的电子脱离材料的表面进入外界空间，从而改变了材料的导电性能。利用这种效应工作的光敏元件主要有光电管、光电倍增管等。

③ 光生伏特效应：某些半导体材料会因光的照射而产生电动势。利用这种效应工作的光敏元件主要有光电池等。

(1) 光敏电阻

光敏电阻也称为光导管，属于光电导元件。图5-43为光敏电阻结构示意图及其图形符号。光敏电阻常做成栅形，以提高其灵敏度。在半导体薄膜上加装上两个电极，底部加绝缘衬底，封装于壳体中，并在顶部开透明窗，就构成了光敏电阻。

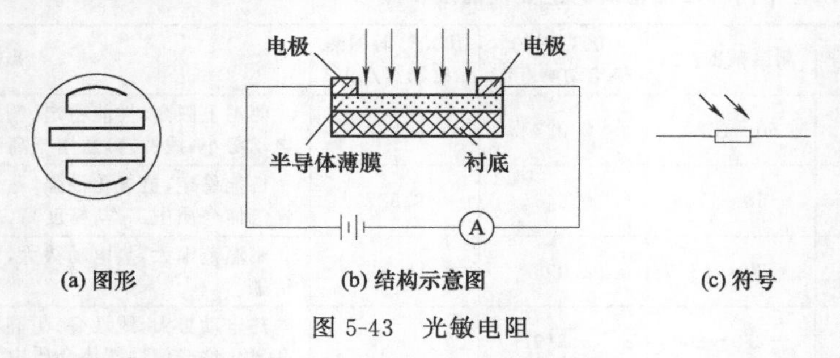

图5-43　光敏电阻

光敏电阻的半导体薄膜由具有内光电效应的半导体材料制成，一般为铊、镉、铅、铋的硒化物或硫化物。当其受到光照时，电阻值发生变化，光通量越大，阻值越小。无光照时的阻值一般在1～100MΩ之间，有光照时最小可达几千欧以下。

光敏电阻阻值的变化与照射光的光波波长有关，不同材料的光谱特性（对不同照射光的灵敏度）也不同，所以一般要根据照射光的波长选择不同材料制成的光敏电阻。例如，硫化镉（CdS）、硒化镉（CdSe）等适用于可见光范围；氧化锌（ZnO）、硫化锌（ZnS）等适用于紫外范围；硫化铅（PbS）、硒化铅（PbSe）、碲化铅（PbTe）等适用于红外范围。

光敏电阻的响应时间在10^{-2}～10^{-3}s数量级，其频率响应范围较宽，但灵敏度随照射光信号频率的增加而下降。

(2) 光电池

光电池是一种能量转换器，即把光能转化成电能的元件（图 5-44）。它是在 N 型半导体上扩散出一个 P 区，形成 PN 结。根据光势垒效应，当有光照射在 P 区上时，若光子的能量大于半导体禁带的能级宽度，则会在 PN 结的两端形成电势而作为电池使用。

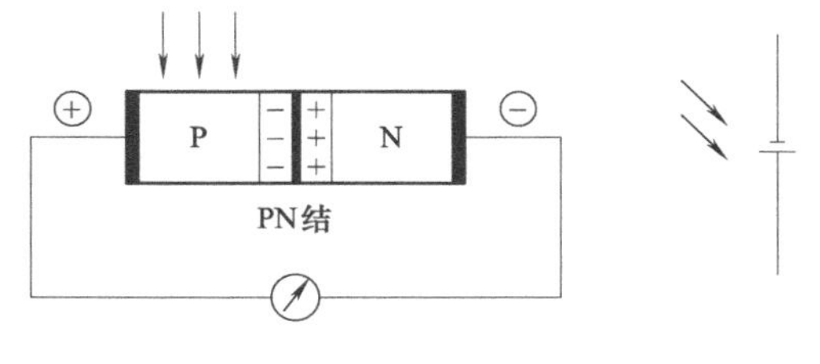

图 5-44　光电池

与一般晶体管结相比，光电池的 PN 结面积较大，以产生较高的电势。根据半导体材料的不同，有硅光电池、硒光电池、砷化镓光电池及锗光电池等几种光电池。其中使用最广的是硅光电池，其光谱范围为 0.4～1.1μm；灵敏度为 6～8nA・mm^{-2}；响应时间为数微秒至数十微秒；频率特性也是所有光电池中最好的。

(3) 光敏管

光敏管是一种利用半导体材料受光照射时使载流子增加，即把光能转换成电流的光电转换元件，其工作原理与光电池相似，都是基于光生伏特效应。光敏管与光电池的不同之处在于：前者的受光点在 PN 结上，后者的受光点为 P 区。

光敏管有光敏二极管和光敏三极管两种。光敏二极管有一个 PN 结［图 5-45（a)］，光敏三极管则有两个 PN 结［图 5-45（b)］。它们的主要工作特性都与普通晶体管相似。

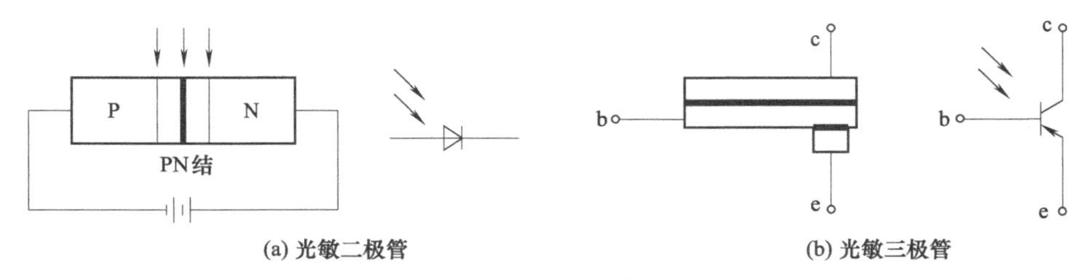

(a) 光敏二极管　(b) 光敏三极管

图 5-45　光敏管

(4) 位置敏感元件 PSD

位置敏感元件 PSD 也称为坐标光电池，它可以把照射到其感光面上的光点位置的变化转换成对应的输出电流或电压的变化。PSD 有一维 PSD 和二维 PSD 两种，前者用来测定光点的一维坐标位置，后者用来测定光点的二维坐标位置，两者的工作原理相似。图 5-46 为一维 PSD 的原理结构示意图。

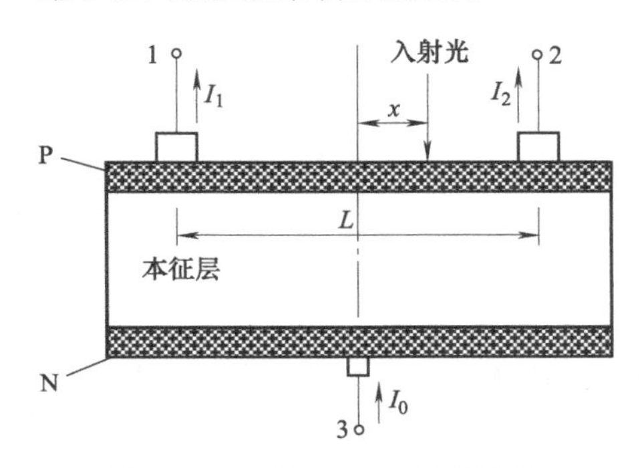

图 5-46　一维 PSD 的原理结构

在硅板的底层表面以胶合方式制成两片均匀的 P 和 N 电阻层，中间注入离子而形成本征层，在 P 层表面电阻层的两端各设置输出电极 1 和 2。当具有一定强度的光点照射到 PSD 的本征层上时，P 层的空穴浓度沿横向呈梯度变化，使得不同位置处存在一定的电位差，这种现象称为横向光电效应。

当公共极 3 加正电压、输出极 1 和 2 分别接地时，PSD 处于反向偏压状态。此时，流过公共极 3 的电流 I_0 与入射光点的强度成正比。由于 P 层为均

匀电阻层，因此 I_1、I_2 满足

$$I_1=\frac{1}{2}\left(1-\frac{2}{L}x\right)I_0 \tag{5-53}$$

$$I_2=\frac{1}{2}\left(1+\frac{2}{L}x\right)I_0 \tag{5-54}$$

整理上述两式可以得到

$$x=\frac{1}{2}\times\frac{I_2-I_1}{I_2+I_1}L \tag{5-55}$$

显然，$I_0=I_1+I_2$。由上可见，光点位置坐标 x 仅与 I_1、I_2 的比值有关，与入射光点的强度无关。

由于 PSD 具有灵敏度高、分辨率高、响应速度快、接续电路简单、成本低等特点，因此在各种位置伺服系统、目标跟踪系统及其他许多工业控制系统中得到了广泛的应用。

5.8.2　热敏元件

热敏元件一般指的是热敏电阻，图 5-47 为热敏电阻的结构示意图和电路符号。热敏电阻的制成材料是由金属氧化物（NiO、CuO、MnO_2、TiO_2 等）的粉末按一定比例混合烧结而成的半导体。通常它具有负的温度系数，阻值随温度的升高而下降。根据半导体理论，热敏电阻在温度为 T 时的电阻值 R_T 为

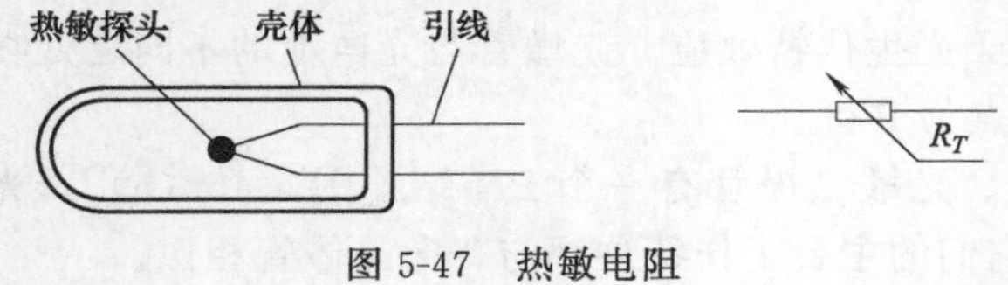

图 5-47　热敏电阻

$$R_T=R_0\mathrm{e}^{b\left(\frac{1}{T}-\frac{1}{T_0}\right)} \tag{5-56}$$

式中，R_0 为热敏电阻在温度 T_0 时的电阻值，b 为由半导体材料决定的常数。

热敏电阻的电阻温度系数 α 定义为

$$\alpha=\frac{\mathrm{d}R/\mathrm{d}T}{R}=-\frac{b}{T^2} \tag{5-57}$$

热敏电阻的特点是：①灵敏度高，其电阻温度系数比一般金属热电阻大 10～100 倍，可测出 0.001～0.005℃ 的微小温度变化；②热敏电阻可制成片状、柱状，直径可小到 0.5mm，由于体积小，其热惯性小，响应速度快，时间常数（热敏电阻可以看成是一阶系统）可小到毫秒级；③元件本身的电阻较大（可达到 3～700kΩ），远距离测量时可不考虑导线电阻的影响；④在 −50～350℃ 温度范围内具有较好的稳定性；⑤非线性误差大，对环境温度比较敏感，测量时易受干扰。

5.8.3　磁敏元件

磁敏元件可以将磁场的变化转换为电量或电参数的变化，它们的工作原理基于磁电转换的霍尔效应和磁阻效应。磁敏元件主要有霍尔元件、磁敏电阻和磁敏管，由于霍尔元件已在 5.6.2 节中做了介绍，因此下面只介绍磁敏电阻和磁敏管。

(1) 磁敏电阻

当一载流导体置于外磁场中时，其电阻将随磁场的变化而变化，这种现象称为磁阻效应，磁敏电阻就是基于磁阻效应工作的。磁阻效应的产生是由于运动电荷在磁场中受到洛伦兹力，从而使它们的运动途径发生改变。磁阻效应的强弱主要与磁敏电阻材料的迁移率以及

磁敏电阻的形状有关。

当温度恒定时，在弱磁场的范围内，磁阻的变化与磁场磁感应强度的平方成正比，据此可根据磁敏电阻的电阻变化测量磁场的磁感应强度。

磁敏电阻通常用锑化铟（InSb）、砷化铟（InAs）等半导体材料制成，其形状大多为圆盘形，从中心和边缘处分别引出电极。磁敏电阻在无磁场时的初始电阻值可达几百欧姆，感受 1T 磁场时的电阻值可达初始电阻值的十几倍。

磁敏电阻为两端器件，使用方便，但其电阻值受温度的影响较大。除了测量磁场外，磁敏电阻还可用来检测位移、角度、电流、功率等参数。

(2) 磁敏管

磁敏管有磁敏二极管和磁敏三极管两种。

图 5-48 为磁敏二极管的结构示意图。在高阻半导体芯片（本征型 I）的两端分别制作 P、N 两个电极，形成 P-I-N 结；I 区的一个侧面打毛使之有利于电子-空穴的复合，称之为 r 面。当把磁敏二极管置于磁场中并外加正向偏压（P 区接正、N 区接负）时，磁场的大小、方向将对电子-空穴的复合产生影响，从而使通过磁敏二极管的电流随磁场的变化而变化。这样，就可根据某一偏压下通过磁敏二极管的电流值来确定磁场的方向及磁感应强度的大小。

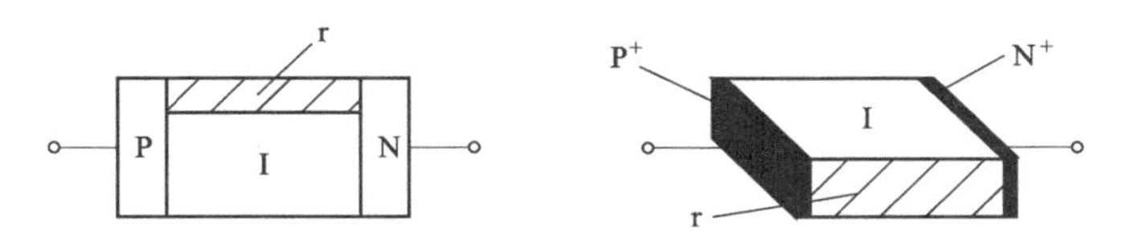

图 5-48　磁敏二极管的结构

磁敏二极管的灵敏度很高，比霍尔元件要高数百倍甚至上千倍。此外，磁敏二极管还具有正反磁灵敏度，可以用来作为无触点开关。磁敏二极管一般用半导体锗或硅制成，锗管的截止频率约为 1kHz，硅管的截止频率可达 100kHz。磁敏二极管可用来测量交、直流磁场，且特别适合于测量弱磁场；可用来对高压线的电流进行不断线、非接触测量；可用作无触点开关、无触点电位计。不足的是，磁敏二极管的线性范围比较窄。

磁敏三极管与普通三极管一样具有发射极、集电极和基极，其基区结构类似于磁敏二极管。当其置于磁场中时，集电极电流将随磁场的变化而出现明显变化。磁敏三极管的主要应用是用作计数装置、接近开关。

5.8.4　气敏元件

制作气敏元件的半导体材料有氧化锡（SnO_2）、二氧化锰（MnO_2）等。当气敏半导体材料吸收了某些气体（主要是可燃性气体，如氢、一氧化碳、烷、醚、醇、苯、天然气、沼气等）时，会发生还原反应，放出热量，使其温度发生相应变化，从而导致电阻值发生变化。用这类半导体材料制成的气敏元件，可以将气体的浓度、成分的变化转换成电信号的变化。

气敏元件分为电阻式和非电阻式两大类。电阻式气敏元件有烧结型、薄膜型、厚膜型三种结构，其制作工艺简单，价格低廉，使用方便，对气体浓度的变化响应快，灵敏度高；缺点是稳定性差，老化较快，其他识别能力较低。非电阻式气敏元件包括气敏二极管、气敏 MOS 二极管、气敏 Pd-MOSFET 等。

气敏元件具有辨别气体的“嗅觉”，因此人们也常将它们称为“电子鼻”。它们主要用在石油、化工、采矿、环保、交通等部门，用来对危险或有害气体进行检测、监测、报警。

5.9　传感器的选用原则

传感器作为测试系统的最前端，其选用是否合理对测试系统的性能、成本等有着显著的影响。下面概要介绍一下选用传感器时应考虑的一些主要因素，其中的一些原则同样适用于其他测试装置的选用。

(1) 传感器类型

为实现对某一被测参数的测试，可供选用的传感器类型可能会有很多。不同类型的传感器在原理、测量方式、信号输出方式、精度、动态特性等诸多方面有着很大的差异。例如，对于一个位移测试任务，如果被测参数变化较快、参数值的变化较小且有较高的测试精度要求（如机床主轴振动振幅的测试），此时可以选用电容式位移传感器，而用电感式位移传感器则无法满足上述测试要求。

(2) 灵敏度

一般来说，传感器的灵敏度越高越好，因为灵敏度高，意味着传感器所能感受的最小被测参数变化小，当被测参数发生变化时，传感器将会产生较大的输出变化。应该注意的是，选用高灵敏度的传感器也会带来如下一些不利的影响。

① 灵敏度越高，外部干扰、噪声越容易混入。混入的干扰、噪声也会与有用信号一样被后面的装置放大，从而可能会使有用信号淹没在这些无用的干扰、噪声之中。因此，在有较高的灵敏度要求（检测微弱信号）且工作时可能存在干扰、噪声的情况下，应该选用灵敏度高、信噪比也高的传感器。

② 传感器的灵敏度与测量范围密切相关。一般来说，灵敏度越高测量范围越小。如果输入信号过大，则将会使传感器工作在非线性区甚至是饱和区而无法正常工作。

如果被测参数是一个单向向量，则所选传感器的单向灵敏度越高越好、横向灵敏度越低越好。如果被测参数为二维或三维向量，那么所选传感器在各测量方向上的单向灵敏度越高越好、交叉灵敏度越低越好。

(3) 频率响应特性

如果被测参数是随时间变化的物理量，则应特别注意所选传感器的频率响应特性。在被测参数的频带内，所选传感器应能实现近似的不失真测试，即满足不失真测试条件的要求；与幅频特性对应的灵敏度应尽可能高些，与相频特性对应的响应时间越短越好。

一般来说，利用光电效应、压电效应等制成的各种物性型传感器，它们的响应时间短，工作频带宽；而结构型传感器（电感、电容、磁电式传感器等）由于受到原理、结构上的限制，运动部分的机械惯性质量较大，固有频率低，所以工作频带较窄；非接触式传感器的动态特性比接触式传感器要好。

(4) 线性范围

线性范围指的是使测试装置的输出与输入保持线性比例关系的输入变化范围。任何传感器都有一定的线性工作范围，线性范围越大，表明传感器的测量范围越大。

使传感器工作在其线性范围内，是保证测试精度的基本条件。例如，机械式传感器中的弹性敏感元件，其材料的弹性极限是决定传感器线性范围、工作量程的基本因素，当输入使其超出弹性变形区时，将产生非线性误差。

然而，任何传感器都不可能具有绝对理想的线性输出输入关系，因此线性范围是相对于允许的非线性误差而言的。例如，变间隙式电感传感器、电容传感器的输出输入特性存在原理上的非线性，它们只能在初始间隙附近很小的范围内工作，才能保证非线性误差不超过一定的允许限度。

(5) 可靠性与稳定性

可靠性是指仪器、装置及其他产品在规定的条件下、规定的时间内实现指定功能的能力。传感器的可靠性主要取决于它的设计、制造以及使用时的工作条件的满足程度等因素，特别是受使用工作环境条件的影响很大。例如，电阻应变式传感器中的应变片，湿度会影响其绝缘性，温度会影响其零漂，使用时间过长则会产生蠕变现象；对于变间隙式电容传感器，湿度会导致工作间隙中介质的介电常数发生变化；光电传感器的受光表面有尘埃、水汽时，会改变光通量、偏振性及光谱成分；磁电式传感器及霍尔式传感器工作于电场、磁场中时，附加电场、磁场都会引起测量误差。因此，选用传感器时必须要考虑诸如此类的影响，以确保传感器的正常工作。

稳定性指的是仪器、装置及其他产品在长时间工作后或工作条件发生变化后保持其性能不变的能力。稳定性主要有时间稳定性和温度稳定性，分别用时漂、温漂来度量。稳定性是传感器可靠工作的条件和保证，设计、选用传感器时必须予以充分的考虑。

(6) 精度

传感器的精度表示其输出与输入的被测量值的一致程度。传感器是测试系统最前沿的环节，其输出能否真实准确地反映输入的被测量值，将直接影响整个系统的使用性能。

然而，并非要求在所有的情况下都使用高精度的传感器，要综合考虑精度与经济性。传感器的精度越高，价格越昂贵。在保证使用要求的前提下，尽可能选用价格便宜的传感器。对于那些只需要做定性测量、分析的测试系统，重要的是传感器的重复性，高精度的测量结果就无太大必要。在一些特殊情况下，则要求传感器必须具有较高的精度。例如，现代超精密切削机床运动部件的定位精度、主轴回转运动误差、振动及热变形等的测试，往往要求测试精度在 $0.1\sim0.01\mu m$ 左右，这样的精度必须靠高精度的传感器来保证。

(7) 工作方式

① 接触测量与非接触测量　在机械系统中，运动部件的被测参数（例如回转轴的运动误差、主轴振动、扭力矩等）多采用非接触测量方式。因为对运动部件的接触测量，在测头磨损、测头接触的可靠性、动态响应特性等方面都存在着问题，实现合理测量有许多困难，也容易产生较大的测量误差。在这些情况下，则应尽可能选用电容式、涡流式、光电式、激光式等非接触式传感器。

② 破坏性检验与非破坏性检验　破坏性检验使被测对象无法再用，因此应尽量避免使用，若能用模拟试件代替实际的产品或结构，也可以使用破坏性检验方式。在一般情况下，应尽可能采用非破坏性检验方式（如涡流检验、超声波检验、核辐射检验、声发射检验、激光检验等），以避免造成经济上的重大损失。

③ 在线测试与非在线测试　在线测试就是在被测对象处于实际工作状态的条件下进行测试，在过程的自动控制与监视、参数的实时检测中一般都要求采用在线测试。相对来说在线测试的实现是比较困难的，对传感器及整个测试系统的特性有比较高而特殊的要求。例如，飞行器飞行姿态的检测与控制、自动机床加工过程中的尺寸的自动控制等，都采用的是在线测试。实现在线测试的新型传感器的研制，也是当今测试技术的主要发展方向之一。

(8) 其他因素

选用传感器时还要兼顾结构简单、体积小、重量轻、价格便宜、易于维护等因素。

思考题与习题

5.1 什么是传感器？一般由几部分组成？列举出三种测量不同物理量的传感器。

5.2 电涡流传感器的工作原理是什么？常用于何种物理量的测量？

5.3 电容式传感器有哪几种类型？它们的测量原理是什么？

5.4 差动式传感器的优点有哪些？将传感器做成差动式后，灵敏度有什么变化？

5.5 什么是压电效应？试画出压电传感器的等效电路，说明各参数的含义。

5.6 传感器的选用原理有哪些？如果想测量液体压力，试选用两种不同类型的传感器并说明测量原理。

5.7 图 5-49 为一沉筒式液位计，它利用沉筒浮力的变化确定液位变化，试回答：

(1) 该液位计使用的是什么传感器？

(2) 该传感器的变换原理是什么？

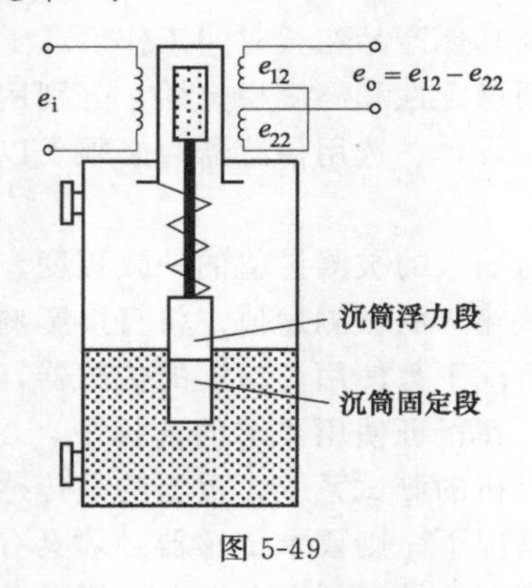

图 5-49

5.8 某电容测微仪的传感器为变间隙式电容传感器，其圆形极板半径 $r=4\text{mm}$，工作初始间隙 $\delta_0=0.3\text{mm}$，问：

(1) 工作时，如果传感器的间隙变化 $\Delta\delta=\pm1\mu\text{m}$，那么传感器电容量变化多少？

(2) 如果测量电路的灵敏度 $S_1=100\text{mV/pF}$，记录仪的灵敏度为 $S_2=5$ 格/mV，当间隙变化 $\Delta\delta=\pm1\mu\text{m}$ 时，记录仪的指示变化多少？

第6章 现代新型传感器

学习目标

1. 掌握激光传感器、光栅传感器、光纤传感器、固态图像传感器、角度编码器、超声波传感器、红外传感器的工作原理与应用，能根据实际的工程需要选择合适的传感器。

2. 了解现代传感器的发展方向。

近年来，现代科技、生产及生活取得了迅速的发展，相应地对测试工作也就提出了越来越复杂的要求。随着新材料、新工艺、新技术的出现，许多新型传感器相继被研制出来，使得现代测技术的内容得到了极大的丰富，测试水平也有了很大的提高。本章将对几种新型传感器做一简要介绍。

6.1 激光传感器

激光（Laser）是近代科学技术发展的重要成果之一。由于激光具有方向性强、亮度高、单色性及相干性好等诸多优点，因此自20世纪60年代问世以来，激光已广泛应用于生产、科研、军事、医疗卫生等各种领域。

产生激光的装置称为激光器，它是利用受激辐射原理使光在某些受激发的工作物质中放大或发射的器件。激光器的种类很多，如氦氖激光器、二氧化碳激光器、红宝石激光器、钇铝石榴石激光器、砷化镓激光器、染料激光器、氟化氢激光器和氩离子激光器等。在测量领域中使用最多的是氦氖激光器，它所发出的激光波长为632.8nm，波长变动量不超过10^{-8}nm。

严格地说，激光器本身并不是一种传感器，它更多地是与其他传感器、元件（如光栅、各种光电元件等）一起，共同实现某些测试任务。下面介绍激光的两种典型应用。

6.1.1 激光干涉测长

激光光波波长是一个十分稳定的长度量，在测试工作中常常利用激光的干涉实现各种长度测量。激光干涉测量的典型装置是激光干涉仪，这类仪器目前大多是基于迈克尔逊干涉仪的原理工作的。图6-1为激光干涉仪的结构原理示意图。

从氦氖激光器发出的单色光经过准直透镜 L_1 变成平行光束，到达分光镜 M_B 后被分成

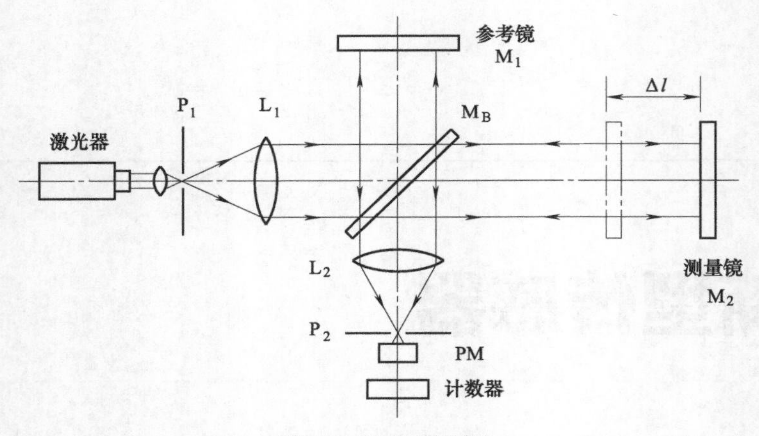

图 6-1　激光干涉仪

两部分——参考光束和测量光束。参考光束经分光镜反射后向上到达参考镜 M_1 而后被反射回来，参考镜的位置是固定不动的。测量光束穿过分光镜到达测量反射镜 M_2 后被反射回来，测量镜在测量过程中随着被测量而前后移动。从 M_1、M_2 反射回来的两路光束在分光镜处汇合发生干涉，产生明暗变化的干涉条纹。干涉条纹由光电器件 PM 接收，经处理后由计数器计数。根据迈克尔逊干涉原理，每当两路光束的光程差变化一个波长时，干涉条纹明暗变化一次。当测量反射镜移动 Δl 时，干涉条纹数的变化 k 为

$$k=\frac{\Delta l n}{(\lambda/2)} \tag{6-1}$$

从而

$$\Delta l=\frac{\lambda k}{2n} \tag{6-2}$$

式中，n 为空气的折射率。激光干涉仪由计数值 k 根据式（6-2）就可计算出被测位移 Δl。

光电元件接收到的干涉条纹信号一般还要经过细分、辨向处理，同时还要进行脉冲当量补偿、折射率修正等技术环节，以提高激光干涉仪的分辨率和测量精度。

激光干涉测长的分辨率及测量精度都比较高（0.01μm），测量范围大，既可测量长达几十米的大尺寸，也可测量微小尺寸。激光干涉测长技术还可方便地与其他测试技术结合起来，实现各种工程参量的测量，如速度测量、表面粗糙度测量、振动测量、压力及流量测量等。

6.1.2　激光跟踪空间坐标测量

激光跟踪空间坐标测量有极坐标法、三角法和多边法。图 6-2 为基于多边法的四路激光跟踪空间坐标测量系统的工作原理示意图。

系统由四路激光跟踪干涉仪（图 6-3）和一个目标镜 T（猫眼逆反射器）组成。$B_1 \sim B_4$ 分别为四路激光跟踪干涉仪的跟踪转镜的回转中心点，称为系统的四个基点。测量时，目标镜 T 在空间运动，四路激光跟踪干涉仪同时跟踪目标镜的运动，分别测出四个基点到目标镜中心的距离的变动量。根据这些数据以及事先标定好的系统参数（四个基点的空间坐标以及它们到初始目标点的初始距离）就可实时地得到运动目标的空间坐标。

激光跟踪干涉仪由普通的激光干涉仪改造而成，它与普通激光干涉仪的区别仅在于测量

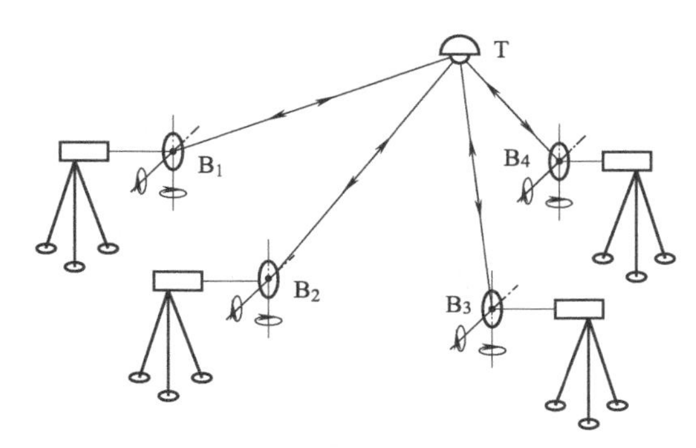

图 6-2 激光跟踪空间坐标测量系统

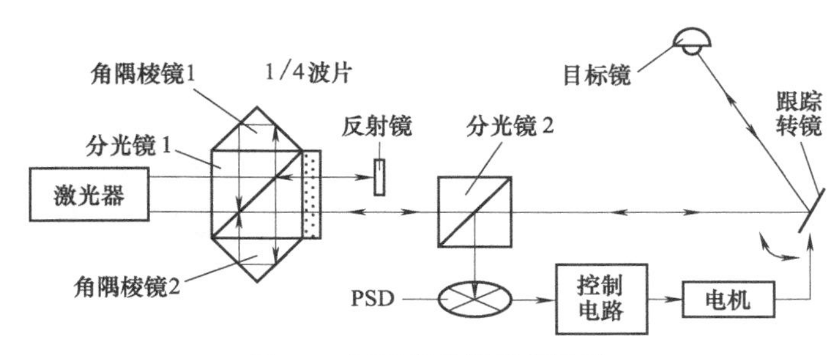

图 6-3 四路激光跟踪干涉仪

光路上。激光头发出的准直激光束，经过分光镜 1 分成两束，一束作为参考光束经角隅棱镜 1 返回至激光头的入孔；另一束作为测量光束，经分光镜 1、1/4 波片、角隅棱镜 2、分光镜 2 后，入射到跟踪转镜上，然后射向目标镜。目标镜将光束按原光路反射回来后，返回光束的 80%进入激光头，与参考光束产生干涉，测出目标镜位置的长度变动量；返回光束的 20%通过分光镜 2 反射到四象限 PSD 上。若入射光束未照射到目标镜的中心，PSD 上将会产生一偏差信号，此偏差信号被送至跟踪转镜的控制电路，其输出的控制信号驱动转镜回转，直到光束入射到目标镜的中心为止。

由于系统采用了冗余设计，因此可以实现系统参数的自标定，它不需要标尺之类的标准量以及导轨，光波波长就是标准量，因此是一个柔性测量系统。这种系统可以对几十米范围内的运动目标进行跟踪测量，测量精度可达微米级，广泛应用于机器人标定、大型工程结构测量、大型曲面测量等场合。

6.2 光栅传感器

光栅传感器属于数字传感器，它利用光栅莫尔条纹现象，把光栅作为测量元件，具有结构原理简单、测量精度高等优点，在高精度机床、数控机床和仪器的精密定位或长度、速度、加速度、振动测量等方面得到了广泛应用。

6.2.1 光栅传感器的组成、种类及结构

光栅传感器由照明系统、光栅副和光电接收元件所组成，如图 6-4 所示。

光源和透镜构成了照明系统，主光栅和指示光栅构成了光栅副，光电接收元件接收莫尔

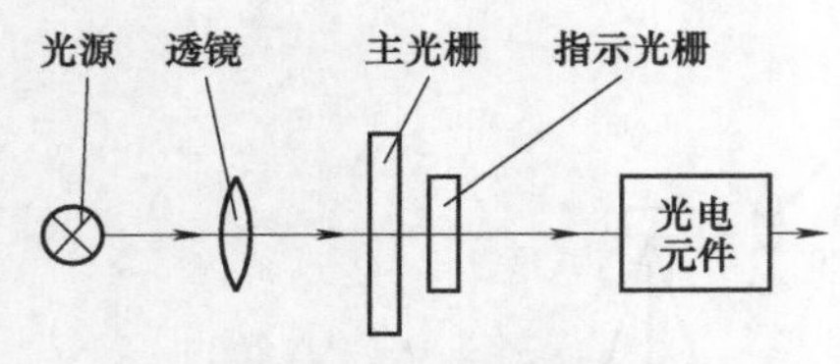

图 6-4 光栅传感器的组成

条纹信号，并通过后续电路将莫尔条纹信号转换成脉冲数字信号。

用于测量目的的光栅称为计量光栅。根据工作原理，光栅可分为透射光栅和反射光栅两类。按形状和用途，光栅可分为长光栅和圆光栅两类，前者用于测量长度，后者用于测量角度。

6.2.2 莫尔条纹的形成原理及特点

光栅上相邻两条刻线之间的距离称为光栅常数或栅距。把光栅常数相同的主光栅与指示光栅相对叠合在一起，中间保持很小的夹角 θ，则因为光线的叠加及抵消作用产生如图 6-5 所示的莫尔条纹。莫尔条纹间距 B 与栅距 W、夹角 θ 之间的关系为

$$B=\frac{W}{2\sin\frac{\theta}{2}}\approx\frac{W}{\theta} \tag{6-3}$$

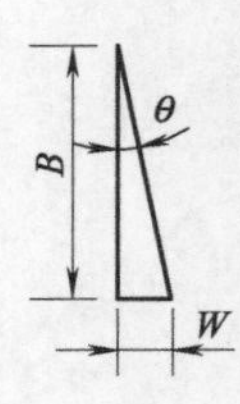

图 6-5 莫尔条纹的形成原理

根据莫尔条纹的形成原理，可以明显地看出莫尔条纹具有以下几个特点：

① 对应关系——主光栅与指示光栅之间相对移动一个栅距 W，莫尔条纹也移动一个间距 B，而且在移动方向上也具有对应关系。

② 放大作用——光栅的放大倍数 $K=B/W\approx 1/\theta$，由于 θ 很小，因此放大倍数 K 可以很大，即使 W 很小（通常在 0.04～0.004mm 之间），莫尔条纹间距仍可很大，有利于光电元件的接收。

③ 平均作用——莫尔条纹的形成是多条刻线综合作用的结果，因此单一刻线间距的误差基本上可以被抵消。

与激光传感器的干涉条纹信号相似，光栅传感器产生的莫尔条纹信号也要经过细分、辨向等处理。

6.3 光纤传感器

光纤传感器是光导纤维传感器的简称。光导纤维（Optical Fiber）作为测量传感器，自 20 世纪 70 年代问世以来发展非常迅速，无论是对电磁量（电压、电流、磁场强度等）或非电量（位移、温度、压力、流量、速度、加速度、液位等）测量，都取得了惊人的进展。之所以如此，是因为光导纤维传感器具有一系列的优点，如传输信息量大、抗干扰能力强、体积小、可弯曲、灵敏度高以及耐高温、耐高压、耐腐蚀、可以实现非接触动态测量等。

光纤传感器分为两类：物性型和结构型。

6.3.1 物性型光纤传感器

物性型光纤传感器是通过光纤把输入物理量的变化转换成调制的光信号，其工作原理是基于光纤的光调制效应——改变光纤环境（应变、温度、压力、电场、磁场、放射性、化学

作用等）可以改变光在传播中的相位和光强。因此，测出通过光纤的光的相位、光强变化，就可以得到被测物理量的变化。由于这种传感器是利用光纤对环境变化的敏感性进行检测的，因此也被称为敏感元件型或功能型光纤传感器。

图 6-6 示出了一种物性型光纤压力传感器的测量示意图。图 6-6（a）表示光纤承受均衡压力的情况，这是由于光弹性效应引起光纤折射率的变化、光纤形状的变化及光纤尺寸的变化，从而引起传播光的相位变化和偏振波面的旋转；图 6-6（b）表示光纤承受点压力的情况，这时光纤产生局部变形，引起光纤折射率的不连续变化，从而影响传播光的散射损耗，使传播光的振幅发生变化。

图 6-6 物性型光纤压力传感器

6.3.2 结构型光纤传感器

结构型光纤传感器是由光检测元件和光纤传输回路一起组成的测量系统。由于光纤仅起传播媒质的作用，所以这类传感器又被称为传光型或非功能型光纤传感器。

图 6-7 为一种传光型光纤位移传感器。来自光源的光线经入射光纤传输，射到被测物体上。由于散射作用，反射光的光强相对于入射光的光强要发生变化，在接收光纤的输出端，由光电元件将此变化转换成电压信号的变化。实验表明，在一定的位移范围内，输出电压 U 的变化与输入位移 x 的变化成线性关系。这种传感器主要用于微小位移及表面粗糙度的非接触测量。

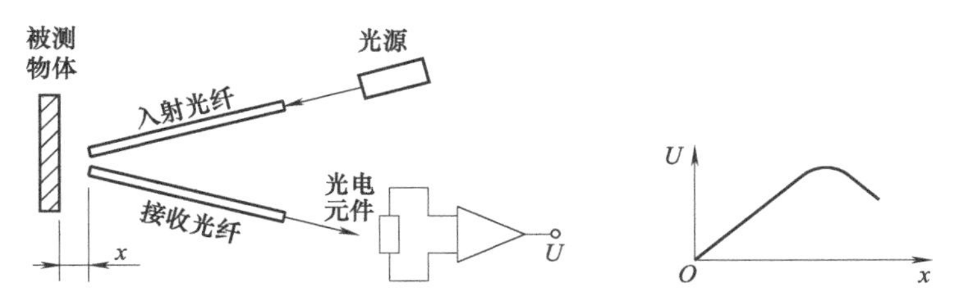

图 6-7 传光型光纤位移传感器

图 6-8 为一种激光-多普勒测振（速度）系统。这是一种利用多普勒效应（反射光频率的变化 Δf——多普勒频率，与振动物体的振动速度 v 成比例）进行高频、微小振幅测量的非接触式测振系统。

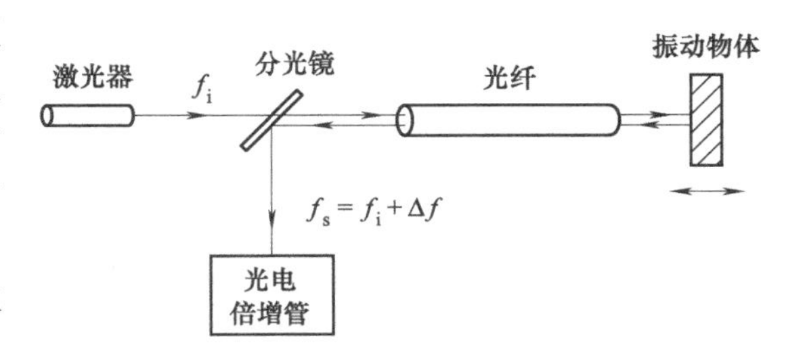

图 6-8 激光-多普勒测振系统

被测物体的振动速度 v 与多普勒频率 Δf 之间的关系为：

$$\Delta f=f_s-f_i=2nv/\lambda \qquad (6\text{-}4)$$

式中 f_i——入射光（激光源）的频率；

f_s——反射光的频率；

n——发生反射的介质的折射率；

λ——入射光的波长。

上式表明，多普勒频率 Δf 随被测物体振动速度 v 的变化而变化，测出 Δf 后，就可得到被测物体的振动速度 v。这种传感器与其他形式的测振传感器相比，测头体积小、可弯曲、可伸向机械系统的任何部位。

6.4 固态图像传感器

图像传感器的工作原理基本上是：把一个图像分成若干个小单元（称为像素或像元），把各像素分别成像在特定的“感光”器件上，由这些器件将各像素的图像信息转换成电信号。从结构上来说，图像传感器是一种固态集成器件，它的敏感元件可以是电荷耦合器件 CCD（Charge Coupled Device）、电荷注入器件 CID、斗链式器件 BBD、金属氧化物半导体器件等，其中以电荷耦合器件 CCD 应用最为广泛，因此人们也把这类传感器简称为 CCD。

CCD 传感器由一系列的光敏元件和一系列的 CCD 器件按一定的阵列组合而成，按光敏元件及 CCD 器件的排列情况，主要有线阵和面阵两种结构形式。线阵 CCD 的分辨率（像素的个数）目前有 1024、1728、2048、4096 等，面阵 CCD 的分辨率主要有 32×32、100×100、320×244、490×400 以及 28 万～38 万、130 万像素等。

固态图像传感器 CCD 具有小型、轻便、响应快、灵敏度高、稳定性好以及以光为媒介可以对任何地点的图像进行识别、检测等优点，同时它是一种数字传感器，其输出可以直接以数字方式进行存储（例如数码照相机），易于计算机的处理。基于上述优点，自 20 世纪 70 年代出现 CCD 以来，这种传感器以得到了迅速的发展和广泛的应用，主要是作为固态摄像装置的光敏器件。CCD 的主要应用有：

① 零件尺寸、形状、缺陷以及物位等的检测；

② 作为自动控制、自动检测系统中的敏感器件；

③ 作为光学信息处理装置的传感元件（输入环节），如光学图像识别、文字识别以及电视、摄影、摄像、传真等；

④ 作为机器人的视觉，监控机器人的运行。

图 6-9 为使用线阵 CCD 传感器检测零件尺寸的检测系统。通过透镜以一定的放大率将被测零件成像于 CCD 传感器上，以计算机为核心的视频处理器对 CCD 输出信号进行存储和数字处理，最后将测量结果显示或打印出来。这种系统可以实现对微小尺寸、形状的非接触自动测量。

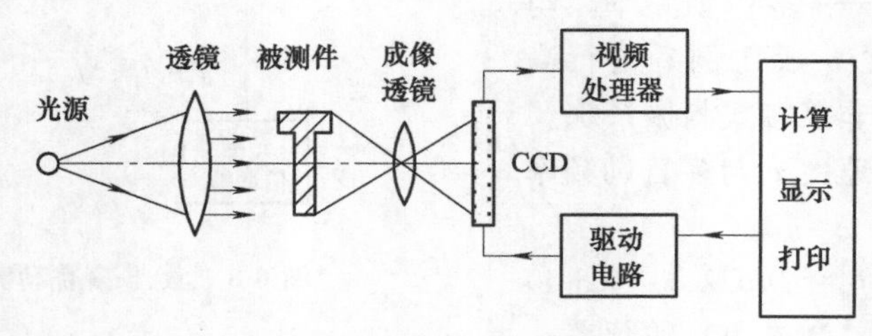

图 6-9　零件尺寸检测系统

图 6-10 为用 CCD 测量热轧铝板宽度的系统。两个 CCD 线阵传感器置于铝板的上方，板端的一小部分处于传感器的视场内，依据几何光学的方法可以分别测出宽度 l_1、l_2，再已知两个传感器视场的宽度 l_m 时，就可以根据传感器的输出计算出铝板的宽度 L。图中右边的 CCD 传感器是用来摄取激光器在板上的反射光像的，其输出信号是用来补偿由于板厚变化而造成的测量误差的。

整个系统由微机控制，这样可做到在线实时检测热轧板宽度。对于 2m 宽的热轧板，最终的测量精度可达板宽的±0.025%。

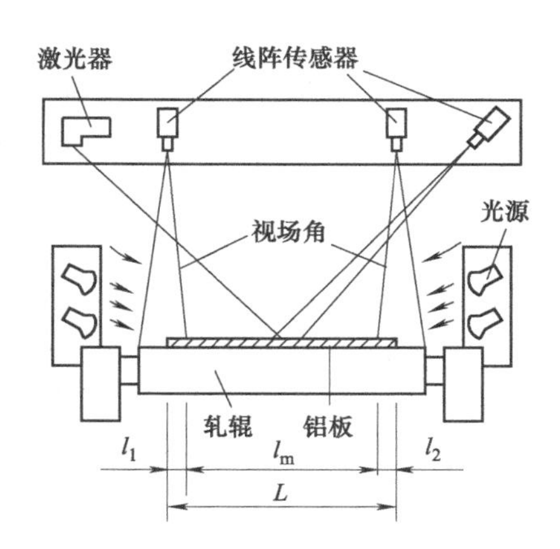

图 6-10　热轧铝板宽度检测系统

6.5　角度编码器

角度编码器也简称码盘，是一种用来测量物体旋转角度的最主要的数字式传感器，它广泛应用于角度测量、电机控制、转速测量以及数控机床的进给控制、工位编码等场合。

按照不同的测量方式，角度编码器分为绝对式、增量式两大类；根据测量原理，又有脉冲式和编码式两大类，后者又分为光电式、光栅式、磁电式、自整角机/旋转变压器等多种形式。目前，常用的编码器主要有脉冲式编码器、光电式绝对编码器、光电式增量编码器、光栅式绝对编码器、光栅式增量编码器、感应同步器、磁敏型增量编码器、自整角机绝对编码器、旋转变压器式绝对编码器等，其中脉冲式编码器和光电式编码器因具有非接触、体积小、分辨率高等特点而应用最为广泛。目前，角度编码器的分辨率可达 $360°/2^{20}$（1″），工作转速可达上 10^4 r/min。

6.5.1　脉冲式编码器

脉冲式编码器属于增量式编码器，其结构原理示意图 6-11（a）所示。

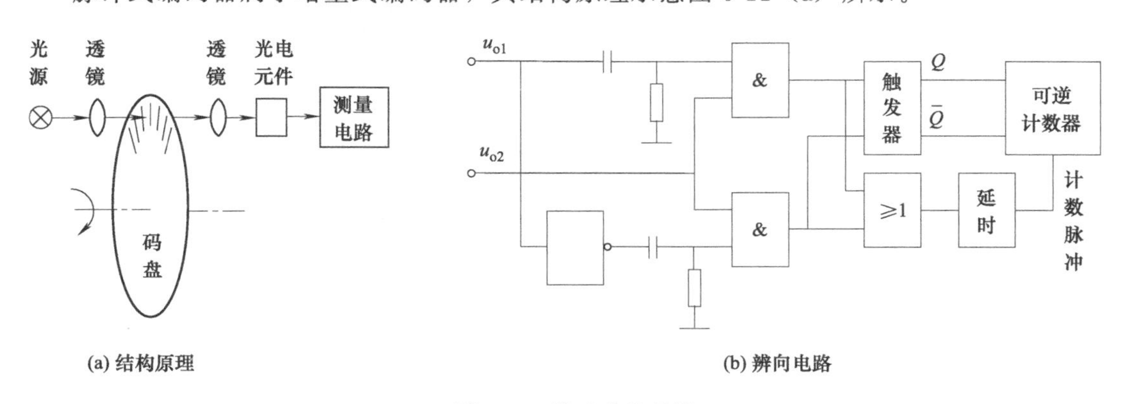

图 6-11　脉冲式编码器

编码器由一个玻璃制成的码盘以及光源、透镜、光电元件等组成。码盘上沿圆周方向均布着 n 条狭缝，来自光源的光线可以通过狭缝照射到光电元件上。当码盘绕其轴线回转时，每转过一条狭缝，光电元件所接收到的光信号就明暗变化一次，光电元件输出的电信号也就强弱变化一次，经光电元件后的测量电路放大、整形后，输出一个电脉冲。

由于码盘无论正向转动还是反向转动都输出同样的脉冲，为使编码器的测量结果真实准确地反映转轴回转角度的大小，编码器的后面通常要设置辨向电路。图 6-11（b）给出了一种辨向电路的原理示意图，它可使可逆计数器在码盘正、反转时分别进行加、减脉冲处理。这种电路需要两路相位相差 90°的脉冲信号，为此编码器上要设置两个光电元件，它们的空间位置应保证光电元件的两路输出信号相位相差 90°。

为提高角度测量的分辨率，通常还要通过细分电路对光电元件所产生的脉冲信号进行细分。通常采用的细分方法是倍频法，它是将 m（$m=2$ 或 4）个光电元件所输出的相位相差 90°的脉冲信号输入到细分电路中，能使码盘在转过一条狭缝的过程中输出 2^m 个脉冲，从而实现 2^m 分频。对于码盘具有 n 条均布狭缝的编码器来说，细分后的测角分辨率为 $360°/(2^m n)$。

6.5.2 光电式编码器

光电式有绝对式和增量式两种，图 6-12 为绝对式光电编码器及其码盘的原理结构示意图。绝对式光电编码器的结构与脉冲式编码器相似，所不同的是玻璃码盘上刻的不是均布的狭缝，而是按二进制规则排列的一系列透光区和不透光区。码盘上白色的区域为透光区，用“1”表示；黑色的区域为不透光区，用“0”表示。这些透光区域和不透光区域均布在一些圆周上，这些圆周称为码道。图 6-12 示意画出的就是一个 5 码道绝对式光电编码器。

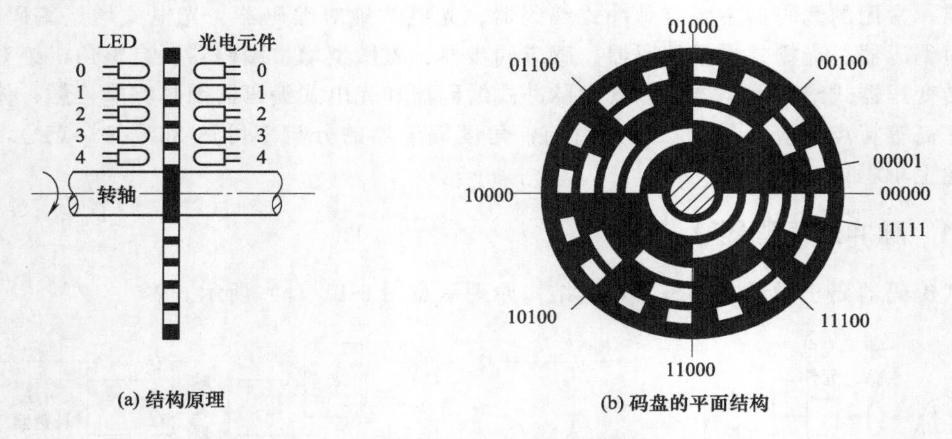

图 6-12 绝对式光电编码器

编码器上的 5 个 LED、5 个光电元件分别与 5 条码道相对应。当码盘转动到某一位置上时，5 个光电元件有的受光有的不受光，因此输出不同的“1”-“0”组合，表示不同的绝对角度坐标。对于 n 码道的光电编码器来说，其角度分辨率为 $360°/2^n$（未细分），因此码道数越多，分辨率就越高。若再进行细分，分辨率可更高。各光电元件输出的信号经放大、整形后，送入其后的脉冲数字电路或计算机进行加权处理，最终得到绝对角度位置坐标。

绝对式光电编码器的码盘与其他元件之间没有接触，因而工作转速可以很高，测量精度可达 10^{-8}。其缺点是结构复杂，价格昂贵，光源寿命短。

6.6 超声波传感器

声波是一种机械波。人耳所能听闻的声波频率在 20～20000Hz 之间，频率低于 20Hz 的声波称为次声波，频率超过 20000Hz 的叫做超声波（Ultrasonic Wave）。次声波的频率可以低达 10^{-8}Hz，超声波的频率则可以高达 10^{11}Hz。

超声波的频率高，其能量远远大于振幅相同的可闻声波的能量，具有很强的穿透能力，甚至可穿透 10m 厚的钢材。此外，超声波的方向性好，它在介质中传播时与光波相似，遵循几何光学的基本规律，具有反射、折射、聚焦等特性。在液体、固体中传播时衰减小，且绕射现象小。目前，超声波被广泛用于测量速度、流量、流速、流体黏度、厚度、液位、固体料位、温度及工件内部探伤等场合。

6.6.1 超声波的发生与接收

超声波传感器的核心器件是超声波发生器和超声波接收器，它们也称为超声波探头。发生器与接收器的原理基本相同，都是利用压电材料的逆压电效应或铁磁材料的磁致伸缩效应进行电—声或声—电能量转换，即电磁能-机械能或机械能-电磁能转换。

超声波发生器主要有压电式、磁致伸缩式、电磁式等几种类型。发生器需要有产生高频激励电压或电流的电源为其提供电磁能。图 6-13（a）和图 6-13（b）分别为压电式和磁致伸缩式超声波发生器的结构原理示意图。

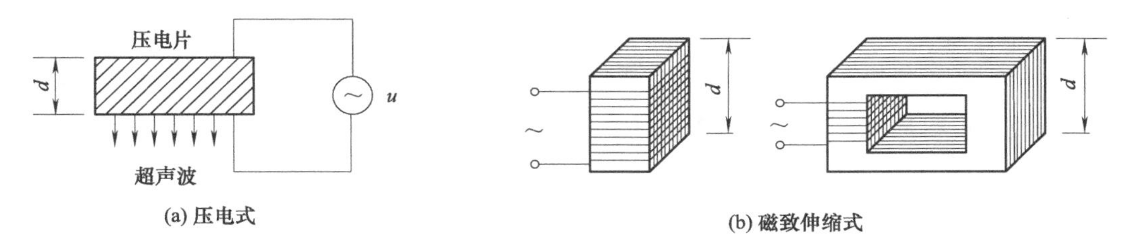

图 6-13 超声波发生器

压电式超声波发生器利用了压电晶体的电致伸缩效应（逆压电效应），当在压电晶片上施加交变电压时，压电晶片产生电致伸缩振动而发出超声波。压电晶片的固有频率主要取决于厚度 d，当外加交变电压的频率等于压电镜片的固有频率时产生共振，产生的超声波最强，因此压电晶片的固有频率就是所产生的超声波的频率。这种发生器可以产生几十千赫兹到几十兆赫兹的超声波，产生的超声波声强可达几十瓦每平方厘米。

磁致伸缩式超声波发生器利用了铁磁性材料的磁致伸缩效应，当把铁磁性材料置于交变磁场中时，材料在顺着磁场的方向上将产生伸缩，使其尺寸发生交替变化而产生机械振动，从而发出超声波。磁致伸缩式超声波发生器有矩形、窗形等形式，用厚度为 0.1～0.4mm 的铁磁材料金属薄片制成，通过给绕在其上的线圈上施加交变电流产生交变磁场。磁致伸缩效应的大小主要取决于铁磁材料的性质，所发出超声波的频率则取决于铁磁材料在磁场方向上的高度 d。在所有铁磁材料中，镍的磁致伸缩效应最强，此外还有铁钴钒合金以及含锌、镍的铁氧体等。磁致伸缩超声波发生器所产生的超声波的频率高达几十千赫兹，但功率可达上百千瓦，声强可达几千瓦每平方厘米，能耐较高的温度。

超声波接收器利用的是超声波发生器的逆效应，其原理结构与超声波发生器相似，有时甚至可以互换使用，或者用同一个探头同时完成发生器和接收器两项功能。

6.6.2 超声波传感器的应用

(1) 超声波探伤

① 穿透法探伤　图 6-14 为穿透法探伤的工作原理示意图。穿透法探伤使用两个探头，一个用来发射超声波，一个用来接收超声波。检测时，两个探头分置在工件的两侧，根据超声波穿透工件后能量的变化来判别工件内部质量。发射的超声波可以是连续波，也可以是脉冲。

在检测过程中，当工件内部无缺陷时，接收探头所接收到的能量大，仪表指示值大；当工件内有缺陷时，因部分能量被反射掉，接收能量小，仪表指示值小。根据这个变化，就可判断出工件内部是否存在缺陷。

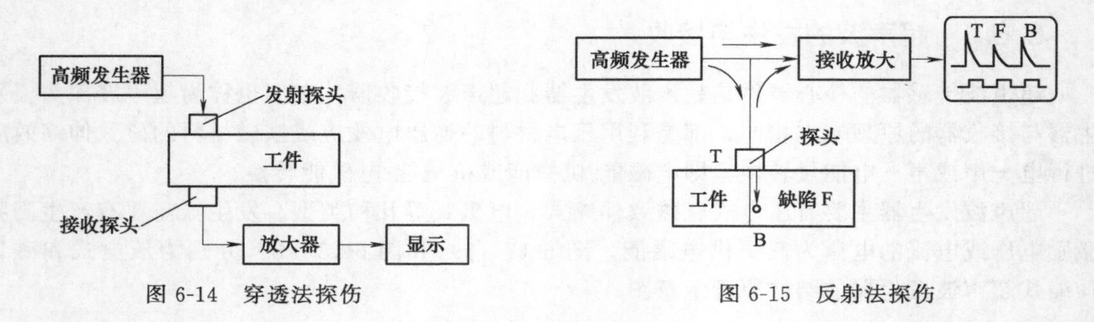

图 6-14　穿透法探伤　　图 6-15　反射法探伤

② 反射法探伤　反射法探伤的工作原理如图 6-15 所示。高频发生器产生的高频脉冲激励信号作用在探头上，所产生的发射波 T 向工件内传播。如果工件内部存在缺陷，波的一部分将被缺陷反射回来，这部分反射波 F 称为缺陷波。发射波的其余部分传播到工件底面后也将被反射回来，这部分反射波 B 称为底波。缺陷波 F 和底波 B 反射至探头后被探头转换成电脉冲，与高频发生器产生的原始激励脉冲一起被放大后送到显示装置进行显示。根据 T、F、B 相对于扫描基线的位置可确定出缺陷的位置；根据缺陷波的幅度可确定缺陷的大小；根据缺陷波的形状可分析缺陷的性质。如果工件内部无缺陷，则屏幕上只有 T、B 波而没有 F 波。

(2) 超声波测厚

超声波测厚技术中应用最广泛的是脉冲回波法，其原理示意图如图 6-16 所示。这种方法测厚的原理是：测量超声波通过被测工件所需的时间间隔，然后根据已知的超声波在工件材料中的传播速度计算出工件的厚度。

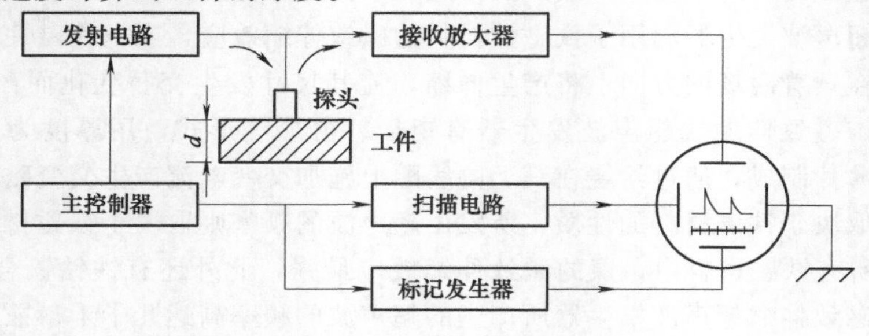

图 6-16　脉冲回波法测厚

主控制器产生高频脉冲信号，经发射电路进行电流放大后为超声波探头提供激励。超声波探头发出的超声波脉冲进入工件后，以已知的速度 c 在工件内传播，到达底面被反射回来，最后由同一个超声波探头接收。若工件的厚度为 d，那么超声波在工件内所经过的路程为 $2d$。探头所接收到的脉冲信号经放大器加至示波器的垂直偏转板上。主控制器控制标记发生器输出一定时间间隔的标记脉冲信号，也加到示波器的垂直偏转板上。通过扫描电路将扫描电压加到示波器的水平偏转板上。这样，在示波器荧光屏上可以直接观察到发射脉冲和接收脉冲信号。根据横轴上的标记信号，可以测出从发射到接收的时间间隔 Δt，此即超声波在工件内传播所经历的时间间隔。试件的厚度 d 可用下式求出

$$d=\frac{c\Delta t}{2} \tag{6-5}$$

(3) 超声波测液位

超声波测液位利用的是超声波的回声原理。如图 6-17 所示，超声波探头可以外置，也可以内置于液体中。探头发出的超声波到达液面后被反射回来，又被探头接收，通过测量电路可测得超声波经过传播路程 $2h$ 所需要的时间，经计算就可得到 h。由于探头的安装位置是已知的，因此可以很容易换算得到液位。

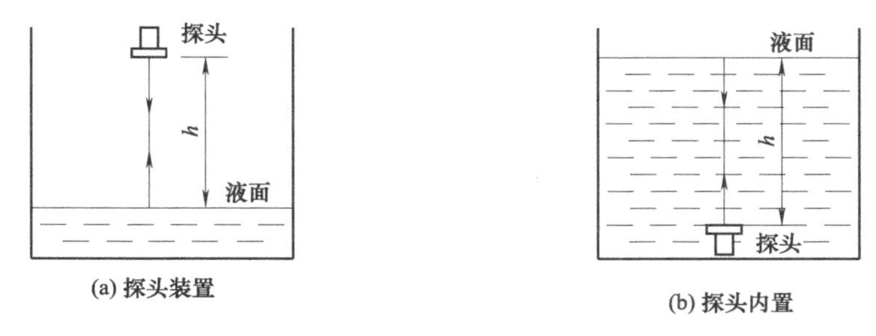

图 6-17　超声波测液位

这种测量方法需要事先准确地知道超声波在被测液体介质或空气介质中的传播速度，但传播速度要受温度、压力的影响，为实现精密测量通常要对它们采取补偿措施。此外，液面的晃动会导致接收困难，此时可以用直管将超声波传播路径限定在某一空间内。

6.7　红外传感器

自然界中的任何物体，当温度高于绝对零度（−273.15℃）时，都将有一部分能量以波动的方式向外辐射，辐射的波长范围很宽，但以波长为 0.8～4μm 的红外线（Infrared Ray）和波长为 0.4～0.8μm 的可见光为最强，一般把这部分能量辐射称为热辐射。

红外检测就是利用了物体的热辐射性质。分析表明，物体的辐射能量与物体的温度、性质及表面状态有关，当测得物体的辐射能量以后，就可以确定物体的温度或鉴别物体的性质。

6.7.1　红外探测器

测定物体红外辐射能量的装置称为红外探测器或红外传感器。

红外探测器分为热敏探测器及光电探测器两类。热敏探测器利用了材料的热电效应，其

响应时间为毫秒级，对功率相同但波长不同的红外辐射具有相同的响应，因此也称为无选择性红外探测器。光电探测器也称为光子探测器，它利用了半导体材料的光电效应，其响应时间最短可达纳秒级，但由于辐射必须高于某一频率才能产生光电效应，因此光电探测器的使用波长就受到了一定的限制。

根据光学系统的结构，红外探测器可分为透射式和反射式两类，它们的光学系统如图6-18、图6-19所示。

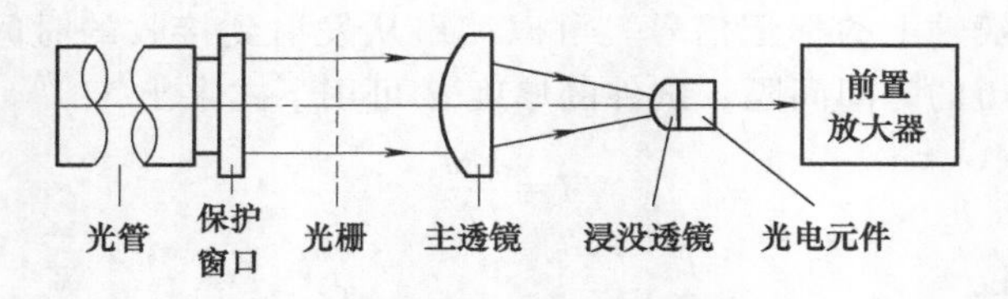

图6-18　透射式红外探测器的光学系统

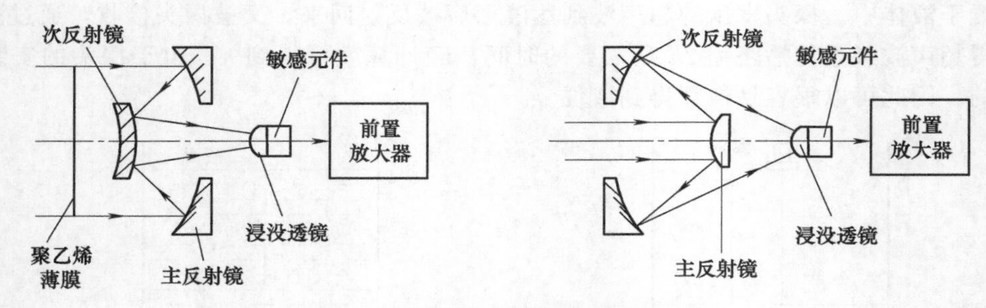

图6-19　反射式红外探测器的光学系统

透射式红外探测器需要根据不同的工作波长选择不同的透镜玻璃材料，因为透镜对不同波长红外线的透过率差别很大，玻璃材料的选择应尽可能减少辐射损失。为此，还要在透镜表面蒸镀红外增透膜。反射式红外探测器则不需考虑透射率问题，系统的口径可以做得比较大，但反射镜的加工比较困难。

6.7.2　红外传感器的应用

红外线检测技术已广泛用于生产、科研、军事、医学、日常生活等各个领域中，特别是红外遥感技术以成为空间科学的重要研究手段。在机械工程中，红外线检测技术已被用于自动控制、机器温度场的研究以及加工过程中刀具磨损的监测等方面。

(1) 红外无损检测

红外无损检测技术是20世纪60年代后发展起来的新技术。它是根据金属或非金属材料内部的温度场分布是否均匀来鉴定材料的质量、探测内部缺陷的。对于某些采用X射线、超声波等无法检测出来的缺陷，使用红外无损检测一般可以获得比较好的效果。

① 焊接缺陷的检测　给焊接区两端施加一定的交流电压，在焊口上则会因出现的交流电流而产生一定的热量。如果内部存在缺陷，由于缺陷区的电阻比较高，从而导致该区域的温度高于其他区域，从红外检测设备上就可清楚地发现这样的“热点”——内部缺陷。

② 铸件内部缺陷的检测　给铸件内部通以液态氟利昂进行冷却，然后利用红外摄像仪快速扫描整个铸件表面。如果存在壁厚不均、残余型芯等缺陷，红外摄像仪显示的热图中就会在白色条纹的基底上存在相应的黑色条纹标记。

③ 疲劳裂纹的检测　在待测表面处用一个点辐射源给表面上的一个小区域注入能量，

然后用红外辐射温度计测量表面温度。如果测点附近存在疲劳裂纹，则热传导受到影响，导致裂纹附近区域的温度升高，在红外辐射温度计的扫描曲线上就会出现一个“温度峰”。

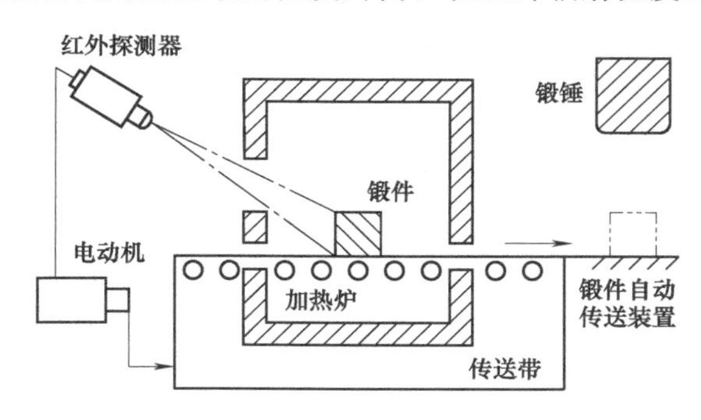

图 6-20　以锻件温度红外检测为核心的锻造自动线

(2) 锻造自动线上的锻件温度检测

锻件毛坯在锻造之前需要加热到900℃，其误差不能超过±5℃，否则会影响锻件的质量。传统的温度人工目测法很难保证上述要求，目前已逐渐被红外温度检测取代。图 6-20 就是一种以锻件温度红外检测装置为核心的锻造自动线的原理示意图。

红外探测器对正在加热的锻件毛坯温度进行实时检测。当毛坯的温度达到900℃时，红外探测器通过其测量控制电路发出信号，控制电动机起动传送带，将锻件毛坯送到锻锤下进行锻造加工。

6.8　现代传感技术的发展方向

现代传感器指的是近年来借助于现代先进科学技术新开发出来的传感器。它们利用了现代科学原理，或者应用了现代新型功能材料，或者采用了现代制造技术，等等。目前，现代传感技术总的发展方向是：第一，开发基础研究，发现新现象，采用新原理，开发新的功能材料，采用新的制造工艺；第二，扩大传感器的功能和应用范围，提高传感器的性能。

6.8.1　发现并利用新现象

利用物理现象、化学反应、生物效应作为传感器原理，所以研究发现新现象与新效应并加以合理的利用，是发展传感技术的重要基础。例如，日本夏普公司利用超导技术成功研制高温超导磁性传感器，是传感器技术的重大突破，其灵敏度高，仅次于超导量子干涉器件。它的制造工艺远比超导量子干涉器件简单，可用于磁成像技术，有广泛推广价值。

6.8.2　开发利用新的功能材料

开发利用新的功能材料是发展传感技术的另一重要基础。由于材料科学的进步，人们可以通过控制材料的成分来制造具有各种特殊性能的功能材料。例如控制半导体氧化物的成分可以制造出气体传感器所需的材料；控制高分子聚合物的成分与结构可以制造出温度传感器所需的薄膜；光纤、陶瓷等材料以及纳米材料的研制成功也都为新型传感器的制造创造了条件。由于这些材料是按传感器功能、性能要求研究出来的，因此不仅能扩展传感器的功能，还可大大提高传感器的性能。

6.8.3　采用新的制造工艺

传感技术的发展与敏感元件的制造加工工艺有着密切的关系。随着半导体、陶瓷、高分子等材料在传感技术中应用的日益广泛，各种先进的制造加工工艺也逐渐引入到传感器的制造过程中来，例如氧化、光刻、扩散、沉积、平面电子工艺、各向导性腐蚀、蒸镀、溅射薄膜、集成工艺、离子注入技术、微细加工技术等。这些先进制造工艺的引入为制造性能稳定、可靠性高、体积小、重量轻的敏感元件提供了充分的技术保证。

6.8.4 开发多功能集成传感器

集成传感器是将传感器的敏感元件、测量电路以及各种补偿元件及其他一些电路集成在一块芯片上，除可实现一般意义上的传感功能外，还具有转换测量甚至校准、补偿、自诊断和网络通信的功能。集成传感器的优点是明显的，除可降低成本、减小体积和重量外，还可减少干扰、提高信噪比、便于遥测和控制的实现，其功能强、性能好。将若干种敏感元件及它们的各部分电路集成在一个芯片上，就是所谓的多功能集成传感器，可用一个多功能集成传感器实现多参数的测量。

6.8.5 开发智能传感器

智能传感器（Smart Sensor）是一种带微处理器的兼有测量、信息处理、信息存储、逻辑分析判断等功能的传感器。与传统传感器相比，智能传感器具有以下特点：具有判断和信息处理功能，能对测量值进行修正、误差补偿，提高了测量精度；可实现多传感器多参数测量；具有自诊断、自补偿和自校准功能，提高了可靠性；可对测量数据进行存取；有数据通信接口，能与微机等设备直接通信。

6.8.6 开发仿生传感器

仿生传感器就是模仿人的感官的传感器，如视觉传感器、听觉传感器、嗅觉传感器、味觉传感器、触觉传感器等。目前，只有视觉传感器和触觉传感器发展得比较好，其他几种传感器尚处在发展初期阶段。仿生传感器在智能化高级机器人中有着重大意义的应用。

思考题与习题

6.1 光电编码器是如何进行角度测量的？其码道和分辨率的关系是什么？

6.2 什么是辨向电路？为什么激光传感器和光电编码器的后级都要接辨向电路？

6.3 采用超声波传感器进行厚度测量时，通常采用的方法是什么？其原理是什么？

6.4 举出两种红外传感器在工业上的应用实例。

6.5 现代传感器的发展方向有哪些？举出三种你认为在未来会广泛应用的新型传感器。

第7章
压力检测技术

学习目标

1. 掌握压力的基本概念与检测方法。
2. 熟悉弹性压力计、电测式压力计的组成、结构和工作原理。
3. 能够根据测量对象的要求正确地选用及安装压力仪表。

7.1 概　　述

压力是工业生产过程中重要的工艺参数之一。例如，在化工生产过程中，压力既影响物料平衡，又影响化学反应速度，必须严格遵守工艺操作规程，保持一定的压力，才能保证生产正常运行。因此，正确地测量和控制压力是保证工业生产过程良好运行，达到高产优质低耗及安全生产的重要环节。本章介绍压力检测的基本方法以及常用的压力仪表。

7.1.1 压力的基本概念与计量单位

(1) 压力名词与定义

① 压力：垂直而均匀地作用在单位面积上的力称为压力（物理学上称的压强）。由此定义，压力可表示为

$$p=F/S \tag{7-1}$$

式中，p 为压力；F 为垂直作用力；S 为受力面积。

② 绝对压力：以完全真空（绝对压力零位）作参考点的压力称为绝对压力，用符号 p_i 表示。

③ 大气压力：由地球表面大气层空气柱重力所产生的压力，称为大气压力，用符号 p_0 表示。它随地理纬度、海拔高度及气象条件而变化。

④ 表压力：以大气压力为参考点，大于或小于大气压力的压力称为表压力；大于大气压力的压力又称正压，小于大气压力的压力又称负压。工业上所用的压力仪表指示值多数为表压力。

⑤ 差压（力）：任意两个相关压力之差称为差压（Δp）。

上述压力名词的相互关系如图 7-1 所示。

工程上按压力随时间的变化关系还有静态压力（不随时间变化或变化缓慢的压力）和动

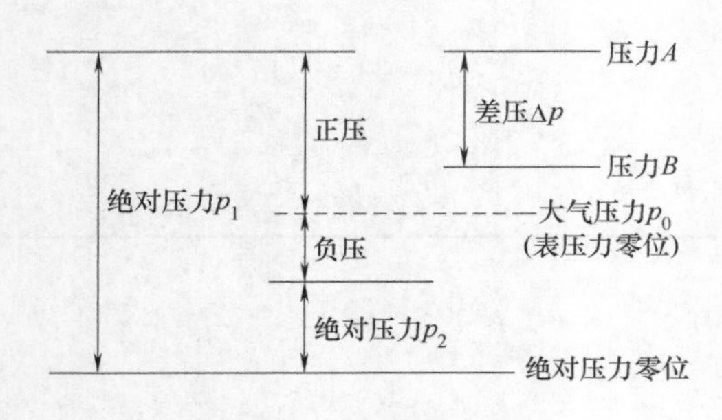

图 7-1 压力定义

态压力（随时间作快速变化的压力）之分。

(2) 压力的计量单位

在国际单位制中，压力的单位为牛顿/平方米，用符号 N/m^2 表示；压力单位又称为帕斯卡或简称帕，符号为 Pa，$1Pa=1N/m^2$。因帕单位太小，工程上常用千帕（kPa）或兆帕（MPa）表示。我国已规定帕斯卡为压力的法定计量单位。

由于历史发展的原因、单位制的不同以及使用场合的差异，压力还有多种不同的单位。目前工程技术部门仍在使用的压力单位有工程大气压、物理大气压、巴、毫米水柱、毫米汞柱等。各种压力单位间的换算关系列于表 7-1 中。

表 7-1 压力单位间的换算关系

单位	帕 Pa(N/m^2)	巴(bar)	毫米水柱(mmH_2O)	标准大气压(atm)	工程大气压(kgf/cm^2)	毫米汞柱(mmHg)
帕 Pa(N/m^2)	1	1×10^{-5}	1.019716×10^{-1}	0.9869236×10^{-5}	1.019716×10^{-5}	0.75006×10^{-2}
巴(bar)	1×10^5	1	1.019716×10^4	0.9869236	1.019716	0.75006×10^3
毫米水柱(mmH_2O)	0.980665×10	0.980665×10^{-4}	1	0.9678×10^{-4}	1×10^{-4}	0.73556×10^{-1}
标准大气压(atm)	1.01325×10^5	1.01325	1.033227×10^4	1	1.0332	760
工程大气压(kgf/cm^2)	0.980665×10^5	0.980665	1×10^4	0.967841	1	735.56
毫米汞柱(mmHg)	1.333224×10^5	1.333224×10^3	1.35951×10	1.316×10^{-3}	1.35951×10^{-2}	1

7.1.2 压力检测方法

工业生产过程通常都是在一定压力条件下进行的，压力的高低不仅会影响生产效率和产品质量，而且会关系到生产的安全。例如化学工业中的高压聚合，石油加工中的减压蒸馏等。因此，需要在不同条件下，根据不同要求对各种介质的压力采取不同的检测方法和仪表。

根据测压原理的不同，压力检测方法主要有以下几类：

(1) 重力平衡法

这种方法是按照压力的定义，通过直接测量单位面积上所受力的大小来检测压力。例如液柱式压力计和活塞式压力计。

液柱式压力计基于液体静力学原理，当被测压力与一定高度的工作液体产生的重力相平衡时，就可将被测压力转换为液柱高度来测量，其典型仪表是 U 形管压力计。这类压力计的特点是结构简单、读数直观、价格低廉，适合于低压测量。

活塞式压力计基于活塞以及加于活塞上的砝码重量与被测压力相平衡的原理，将被测压力转换为平衡砝码的重量来测量。活塞式压力计测量范围宽、精度高（可达±0.01%）、性能稳定可靠，多用作压力校验仪表。

(2) 弹性力平衡法

这种方法利用弹性元件受压力作用发生弹性变形而产生的弹性力与被测压力相平衡的原理来检测压力。

弹性元件在压力作用下会因发生弹性变形而形成弹性力，当弹性力与被压力相平衡时，其弹性变形的大小反映了被测压力的大小，因此可以通过测量弹性位移变形的大小测出被测压力。依据此原理工作的弹性压力表有许多种形式，可以测量压力、负压、绝对压力和差压，应用最为广泛。

(3) 物性测量法

这种方法根据压力作用于物体后所产生的各种物理效应来实现压力测量。

敏感元件在压力的作用下，某些物理特性会发生与压力有确定关系的变化，通过测量这种变化就可测出被测压力，这种方法通常可将被测压力直接转换为各种电量来测量。依据此原理制造的各种压力计（如压阻、压电式等），大多具有精度高、体积小、动态特性好等优点，是压力检测技术的一个主要发展方向。

7.2　常用压力检测仪表

压力检测仪表简称压力计或压力表，根据应用场合的不同要求，其可以具有指示、记录或带远传变送、报警、调节等多种功能，压力显示有指针位移式或数字显示形式。

7.2.1　弹性压力计

弹性压力计历史悠久，根据所用弹性元件的不同构成了多种形式的弹性压力计，其基本组成如图7-2所示。弹性元件是核心部分，用于感受压力并产生弹性变形，采用何种形式的弹性元件要根据测量要求选择和设计；弹性元件的位移变形较小，故在其与指示机构之间设有变换放大机构，将弹性元件的变形进行变换与放大；指示机构用于给出压力示值，其形式有直读式的指针或刻度标尺，也可将压力值转为电信号远传；调整机构用于调整压力计的零点和量程。

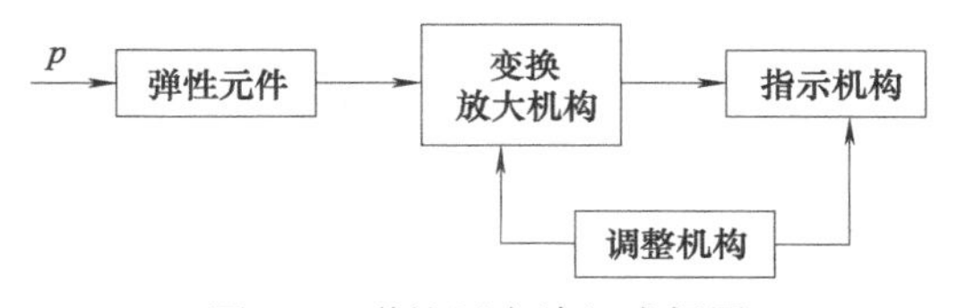

图7-2　弹性压力计组成框图

(1) 弹性元件

弹性压力计的测压性能主要取决于弹性元件的弹性特性，它与弹性元件的材料、加工和热处理质量有关，同时还与环境温度有关。弹性元件有多种结构形式，常用的材料有铜合金、合金钢、不锈钢等，各适用于不同的测压范围和被测介质。工业上常用的弹性元件结构和测压范围如表7-2所示。

表7-2　弹性元件的结构和压力测量范围

弹簧管式		波纹管式	弹性膜式		
单圈弹簧管	多圈弹簧管	波纹管	平薄膜	波纹膜	挠性膜
$0\sim10^6$kPa	$0\sim10^5$kPa	$0\sim10^3$kPa	$0\sim10^5$kPa	$0\sim10^3$kPa	$0\sim10^2$kPa

弹簧管又称波登管（法国人波登发明），是一根弯成圆弧状、管截面为扁圆形的空心金属管，其一端封闭并处于自由状态，另一端开口为固定端，被测压力由固定端引入弹簧管内腔。在压力作用下，弹簧管变形引起自由端产生位移，为增加位移量，弹簧管还可做成多圈型形式。弹簧管压力测量范围大，可用于高、中、低压或负压的测量。

波纹管是一端封闭的薄壁圆管，壁面是环状波纹。被测压力从开口端引入，封闭端将产生位移。波纹管的位移相对较大，灵敏度高，用于低压或差压测量。

弹性膜片是外缘固定的片状弹性元件，有平膜片、波纹膜片和挠性膜片几种形式，其弹性特性由中心位移与压力的关系表示，用于低压、微压测量。平膜片位移很小，波纹膜片压有正弦、锯齿或梯形等环状同心波纹，挠性膜片仅用作隔离膜片，需与测力弹簧配用。

(2) 弹簧管压力计

弹簧管式压力计是工业生产上应用很广泛的一种测压仪表，以单圈弹簧管结构应用最多，其结构如图 7-3 所示。

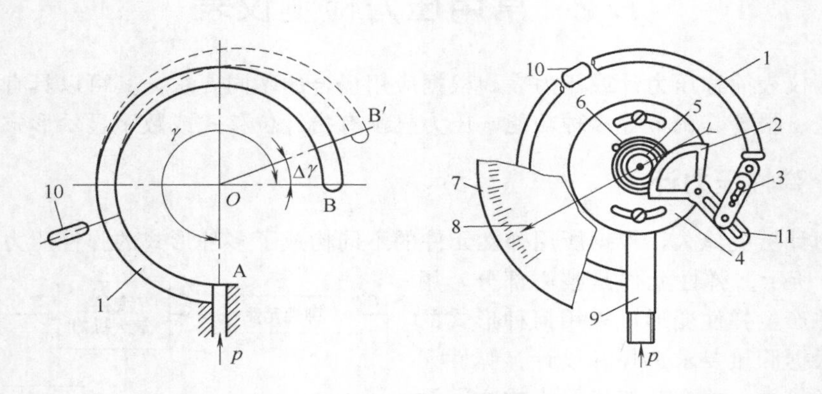

图 7-3 弹簧管压力计结构

1—弹簧管；2—扇形齿轮；3—拉杆；4—底座；5—中心齿轮；6—游丝；7—表盘；8—指针；9—接头；10—弹簧管横截面；11—调节开口槽

被测压力由接口引入，迫使弹簧管 1 的自由端 B 产生弹性变形，拉杆 3 带动扇形齿轮 2 逆时针偏转并使与其啮合的中心齿轮 5 顺时针偏转，与中心齿轮 5 同轴的指针 8 将同步偏转，在表盘 7 的刻度标尺上指示出被测压力 p 的数值，弹簧管压力计的刻度标尺是线性的。

扇形齿轮 2 的一端有调节开口槽 11，通过调整螺钉可以改变拉杆 3 与扇形齿轮 2 的接合点位置，从而可以改变传动机构的传动比，调整仪表的量程。游丝 6 一端与中心齿轮 5 连接，另一端固定在底座 4 上，用以消除扇形齿轮与中心齿轮之间的啮合间隙，减小测量误差。直接改变指针 8 套在转动轴上的角度，可以调整弹簧管压力计的示值零点。

在压力作用下，弹簧管变形相对较小，一般用于测量较大压力的场合。为提高测压灵敏度，可采用多圈弹簧管。

弹簧管压力计结构简单，使用方便，价格低廉，测压范围宽，精度最高可达±0.1%。

(3) 波纹管压力计

波纹管压力计以波纹管作为压力-位移转换元件。由于金属波纹管在压力作用下容易变形，所以测压灵敏度很高，常用于低压或负压测量。在波纹管压力计中，波纹管既是弹性测压元件，又作为隔离元件隔离被测介质。为改变量程，在波纹管上还可加辅助弹簧。

图 7-4 是一种采用双波纹管测量差压的双波纹管差压计的结构示意图。

图中，连接轴 1 固定在波纹管 9 和 13 的端面上，将两波纹管刚性地连接在一起。量程弹簧 7 在低压室，其两端分别与连接轴 1 和中心基座 12 相连。两波纹管及中心基座间的空腔中充有填充液以传递压力。当压力 p_1、p_2（$p_1>p_2$）经管道引入差压计时，高压波纹管 13 被压缩，其中的填充液经中心基座 12 间的环形间隙流向低压波纹管 9 使其伸长，量程弹簧 7 被拉伸，直至差压在波纹管 9 和 13 的端面上形成的力与量程弹簧及波纹管产生的弹性力相平衡为止。这时连接轴 1 被波纹管 9 端面带动向低压侧偏移，连接轴 1 上的推板 4 推动摆杆 10，带动扭力管 5 转动，使与扭力管固定在一起的芯轴 6 扭转，而此扭转角则反映了被测压差的大小。

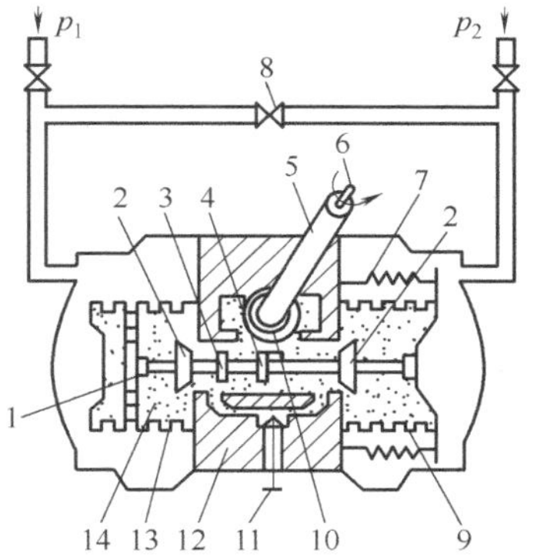

图 7-4　双波纹管差压计结构

1—连接轴；2—保护阀；3—阻尼环；4—推板；5—扭力管；6—芯轴；7—量程弹簧；8—平衡阀；9—低压波纹管；10—摆杆；11—阻尼阀；12—中心基座；13—高压波纹管；14—填充液

阻尼阀 11 起控制填充液的流动阻力的作用，保护阀 2 保护仪表在压差过大或单向受压时不致损坏，平衡阀 8 在压差计工作时应关闭。

(4) 膜式压力计

膜式压力计有膜片压力计和膜盒压力计两种。前者主要用于测量腐蚀性介质或非凝固、非结晶的黏性介质的压力，后者常用于测量气体微压和负压。

膜片的形状如表 7-2 中所示。膜片四周固定，当通入压力后，两侧面存在压差时，膜片将向压力低的一侧弯曲，膜片中心产生一定的位移，通过传动机构带动指针转动，指示出被测压力。膜式压力计的传动机构和显示装置在原理上与弹簧管压力计基本相同。

为了增大膜片中心位移，提高仪表测压灵敏度，可以把两片金属膜片的周边焊接在一起制成膜盒，甚至可以把多个膜盒串接在一起，形成膜盒组。图 7-5 是一种膜盒式压力计的结构原理示意图。

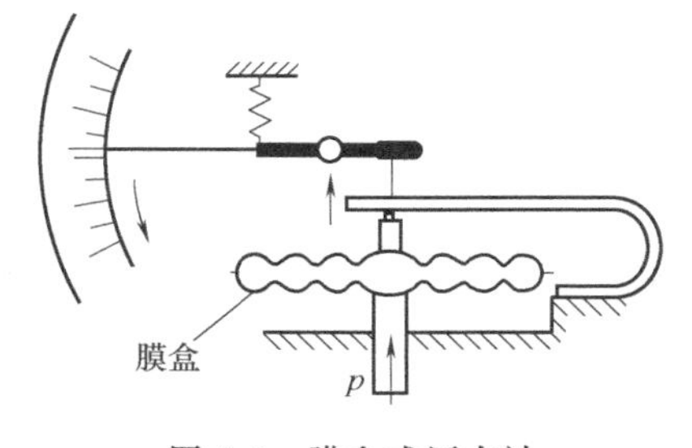

图 7-5　膜盒式压力计

(5) 弹性压力计信号电远传方式

弹性压力计一般为直读式仪表，可就地显示被测压力，但在许多情况下，为了便于对压力参数的检测与控制，需要能够将压力信号远传。在普通弹性压力计的基础上，增加转换部件，将弹性元件的变形转换为电信号输出，就可使之除就地显示压力之外，兼有信号远传的功能。实现弹性元件变形到电信号转换的方法很多，用不同转换方法就构成了各种不同的弹性远传压力计。图 7-6 给出了几种弹性压力计信号电远传方式原理。

图 7-6（a）为电位器式。在弹簧管压力计内安装滑线电位器，其滑动触点由弹簧管的自由端带动。如将电位器的两端和滑动触点用三根导线引出，并在电位器两端接稳定的直流电压，则滑动触点和电阻的任意一端之间的电压将取决于滑动触点位置，即取决于被测压力。这样便可将压力信号远传并与测直流电压的仪表相连，从而测出压力值。这种电远传方法比较简单，且有很好的线性输出，但滑动触点会有磨损，可靠性较差。

图 7-6（b）为霍尔式，其转换原理基于半导体材料的霍尔效应（请参见 5.6 节）。将片

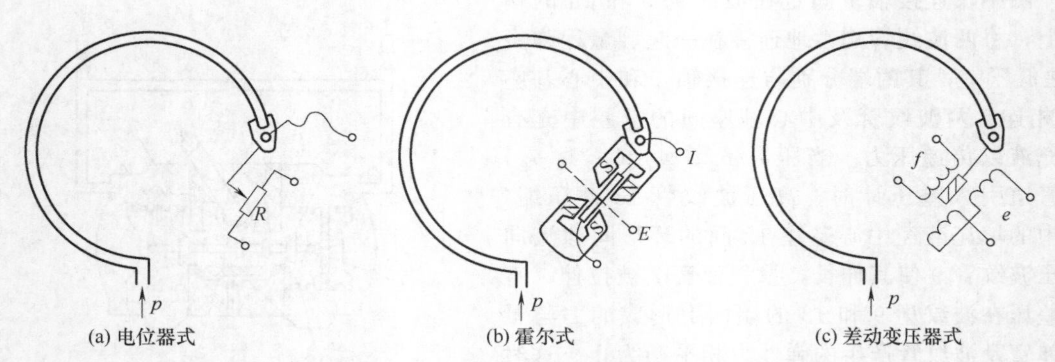

(a) 电位器式　(b) 霍尔式　(c) 差动变压器式

图 7-6　弹性压力计信号电远传方式

状霍尔元件固定在弹性元件的自由端，并处于两对磁场方向相反的永久磁铁的磁极间隙中，磁场强度为常数，而霍尔元件两端则通以恒定电流。当压力为零时，因霍尔元件处于方向相反的两对磁极间隙中的面积相等，故没有霍尔电势产生。当压力增大时，霍尔元件被弹性元件自由端带动在磁场中移动而使其处在两对磁极中的面积不相等。压力越大，两面积差越大，则在霍尔元件垂直于磁场和电流方向的另两侧产生的霍尔电势也越大，此输出电势与被测压力值是相对应的。这种电远传方法结构简单，灵敏度高，寿命长，但对外部磁场敏感，耐振性差。

图 7-6（c）为差动变压器式（差动变压器原理请参见第 4 章）。可移动的铁芯与弹性元件的自由端相连并处于差动变压器的线圈中，变压器的原边通以交流电，另外两个匝数相等的线圈按同名端极性反向串联而成为副边。在被测压力为零时，铁芯位于线圈的中央，副边上两组线圈中的感应电势大小相等，因反向串联而使输出电压为零；当被测压力增大时，铁芯被弹性元件自由端带动而偏离中央位置，副边将出现交流电压。被测压力越大则铁芯偏离越多，输出交流电压越高，从而可测出压力值。差动变压器式线性好、附加力小、位移范围较大。但当铁芯处于中央位置时，因有一定的残余电压而会使输出不为零，需要采取一定措施加以补偿。

7.2.2　电测式压力计

能够测量压力并提供远传电信号的装置称为压力传感器，如果装置内部还设有适当处理电路，能将压力信号转换成工业标准信号（如 4～20mA 直流电流）输出，则称其为压力变送器。采用压力传感器便于满足自动化系统集中检测与控制的要求，因而在工业生产中得到广泛应用。电测式压力传感器结构形式很多，常见的有应变式、电容式、压电式、振频式，此外还有光电式、光纤式、超声式压力传感器等。

(1) 应变式压力传感器

应变式压力传感器是一种通过测量弹性元件因压力的作用而产生的应变来间接测量压力的传感器，它由弹性元件、应变片及测量电路等组成。

弹性元件有多种形式，常见的有筒式、膜片式、弹性梁等，根据被测介质和压力测量范围的不同而选用。应变片有金属和半导体两类，粘贴在弹性元件的适当位置上感受压力，阻值随被测压力的变化而变化。测量电路将应变片阻值的变化转换为电信号输出，实现被测压力的测量和信号远传。

应变式压力传感器发展较早，应用范围很广。它具有精度高、体积小、重量轻、测量范围宽等优点，同时抗振动、抗冲击性能良好。但应变片阻值受温度影响较大，需要考虑温度补偿。

① 应变筒式压力传感器　应变筒式压力传感器结构如图 7-7 所示。弹性元件应变筒是一个一端封闭的薄壁圆管，另一端有法兰与被测系统连接。两片工作应变片粘贴于应变筒薄壁部分，感受被测压力的作用。应变筒实心部分在被测压力作用时不会产生形变，其上贴有两片应变片用作温度补偿。当应变筒内腔承受压力时，薄壁筒表面的周向应力最大，相应的周向应变 ε 为

$$\varepsilon=\frac{p(2-\mu)}{E(D^2/d^2-1)} \tag{7-2}$$

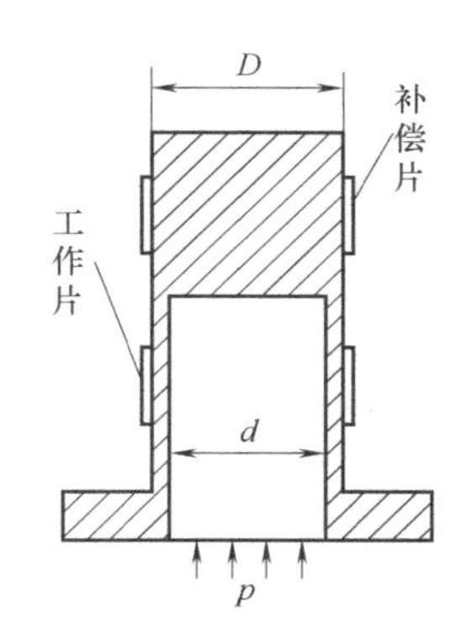

图 7-7　应变筒式压力传感器

式中，p 为被测压力；E 为应变筒材料的弹性模量；μ 为应变筒材料的泊松比；D 为应变筒外径；d 为应变筒内径。

四片应变片接成全桥。当没有压力作用时，电桥是平衡的；当有压力作用时，应变筒产生形变，工作应变片电阻变化，电桥失去平衡，产生与压力变化相应的电压输出。

应变筒式压力传感器的优点是结构简单，制造方便，能进行静、动态压力测量，测量范围也比较宽。

② 平膜式压力传感器　平膜片式压力传感器结构如图 7-8 所示。弹性元件是周边固定的平圆膜片，其上粘贴有如图 7-9（a）所示的箔式组合应变片。在被测压力作用下膜片发生弹性变形时，粘贴在上面的应变片因所处位置和方向不同而产生相应的应变，使应变片阻值发生变化，四个应变片组成如图 7-9（b）所示的电桥，输出相应的电压信号。

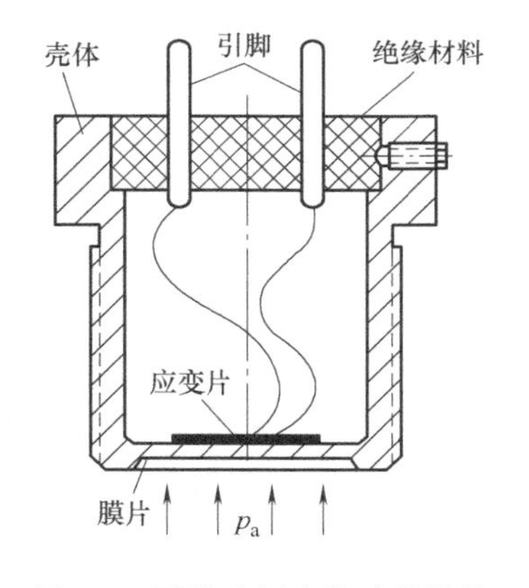

图 7-8　平膜式压力传感器结构

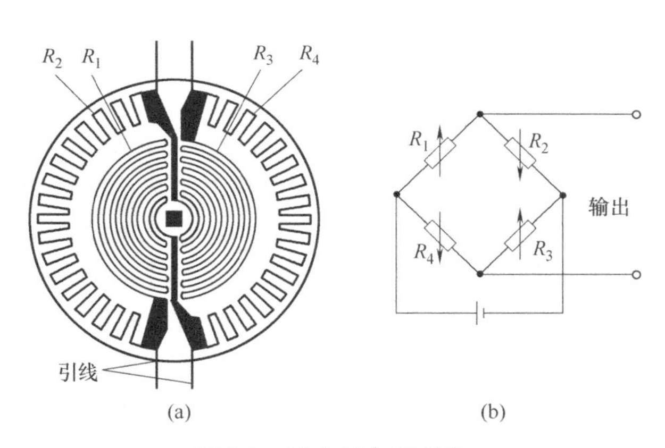

图 7-9　箔式组合应变片

对于边缘固定的平圆膜片，当受压力作用时，膜片上任意一点的应变可分为径向应变 ε_r 和切向应变 ε_t，如图 7-10（a）所示，其值与压力 p 的大小和该点到膜片中心的距离 r 有关。

$$\varepsilon_r=\frac{3(1-\mu^2)(r_0^2-3r^2)}{8h^2E}\times p$$

$$\varepsilon_t=\frac{3(1-\mu^2)(r_0^2-r^2)}{8h^2E}\times p \tag{7-3}$$

式中，p 为被测压力；E 为膜片材料弹性模量；μ 为膜片材料的泊松比；r_0 为膜片半

径；r 为膜片上任意点半径；h 为膜片厚度。

根据式（7-3）可知，在膜片中心处（$r=0$），径向应变 ε_r 和切向应变 ε_t，均达到最大值

$$\varepsilon_{r\max}=\varepsilon_{t\max}=\frac{3(1-\mu^2)r_0^2}{8h^2E}\times p \tag{7-4}$$

在膜片边缘处（$r=r_0$），切向应变（$\varepsilon_t=0$），而径向应变 ε_r 达到负最大值（压缩应变）

$$\varepsilon_{r\min}=\frac{3(1-\mu^2)r_0^2}{4h^2E}\times p \tag{7-5}$$

在（$r=r_0/\sqrt{3}$）处，径向应变 $\varepsilon_r=0$。

根据上述分析，平圆膜片上应变分布规律如图 7-10（b）所示。

由于受压力作用时，位于膜片中心部分切向应变 ε_t（拉伸应变）较大，而在膜片边缘部分径向应变 ε_r（压缩应变）较大，故将应变片中部丝栅设计成按圆周方向排列，两个电阻 R_1 和 R_3 感受切向拉伸应变 ε_t（阻值增大）；边缘部分丝栅设计成按半径方向排列，两个电阻 R_2 和 R_4 感受径向压缩应变 ε_r（阻值减小），如图 7-9 所示。按这种方式布置的 4 个应变片组成的全桥电路灵敏度较大，并具有温度自补偿作用。

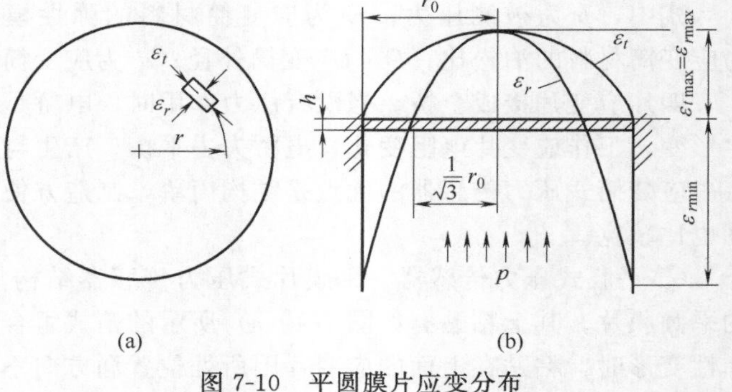

图 7-10　平圆膜片应变分布

平膜式压力传感器的优点是结构简单，性能稳定可靠，精度、灵敏度较高，但频率响应较低，输出线性差。

③ 压阻式压力传感器　压阻式压力传感器是基于半导体材料的压阻效应制成的，与粘贴式应变片不同，它利用集成电路工艺直接在作为弹性元件的硅平膜片上按一定晶向制成扩散电阻，这样就很容易得到尺寸小、高灵敏度、高自振频率的压力传感器。

压阻式压力传感器的工作原理在第 5 章已有论述，其具体组成结构因被测压力的性质和测压环境而有所不同。图 5-4 为一种用于测量差压的压阻式压力传感器，在硅平膜片的两边有两个压力腔，高压腔接被测压力，低压腔与大气连通或接参考压力，从而测出差压。为了补偿温度效应的影响，一般还可在膜片上沿对压力不敏感的晶向生成一个电阻，该电阻只感受温度变化，可接入桥路作为温度补偿电阻，以提高测量精度。

压阻式压力传感器的特点是重复性、稳定性好，工作可靠；灵敏度高，固有频率高；测量范围宽，可测低至 10Pa 的微压到高至 60MPa 的高压；精度高，其精度可达±0.2%～0.02%；易于微小型化，目前国内可生产出直径 1.8～2mm 的压阻式压力传感器。压阻式压力传感器的应用领域非常广泛，特别适合在中、低温度条件下的中、低压测量。

④ 压力传感器的变送电路　如果将压力传感器的输出通过一定的变送电路转换成形式和数值范围都符合工业标准的信号，则因为有了统一的信号形式和数值范围，就可以选择使用标准的后续检测仪表组成检测系统或调节系统。无论什么样的仪表或检测装置，只要有同样标准的输入电路接口，就可以从变送器获得被测量的信息。这样，仪表的配套极为方便，系统的兼容性、互换性和经济性也大为提高。

工业上最广泛采用 4～20mA 直流电流作为标准信号来传输模拟量，采用电流传输的原因是其不容易受干扰且适宜远距离传输信号，而传输线路的导线电阻不会影响信号传输精度，在普通双绞线上可以传输数百米。电流上限取 20mA 是因为防爆的要求；下限不取 0mA 是为了便于检测传输线路断线故障和给传感器电路供电。

电流输出型变送器有四线制、三线制、二线制等几种。长距离传输时以二线制变送器最为经济、方便，因而应用最多。图 7-11 是一种二线制的压阻式差压传感器的变送器电路，由应变电桥、恒流源、温度补偿网络、放大及电压-电流转换等几部分组成，采用 24V 直流供电。

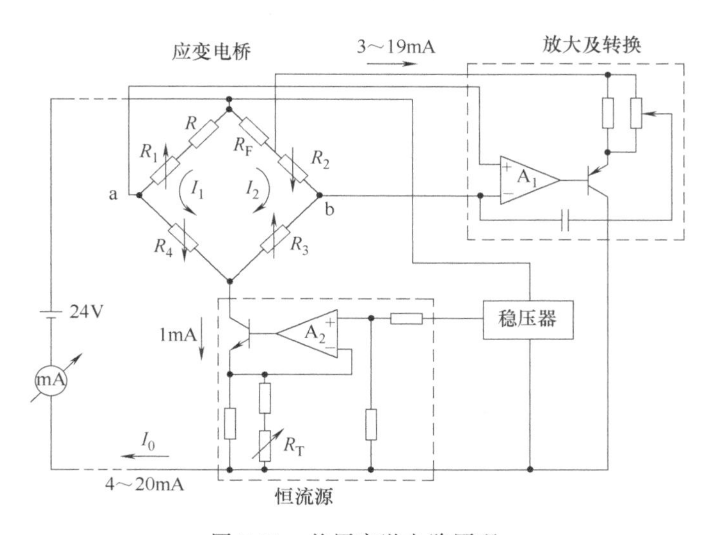

图 7-11　差压变送电路原理

在变送电路中，应变电桥由 1mA 的恒流源供电。未承受压力时，$R_1=R_2=R_3=R_4$，左右桥臂支路的电流相等，$I_1=I_2=0.5\text{mA}$，电桥平衡，a、b 两点电位相等，电路输出电流 $I_0=4\text{mA}$。当受压时，电桥中 R_1、R_3 增大，R_2、R_4 减小，从而导致 b 点电位升高，a 点电位降低，电桥失去平衡。电桥输出电压送入放大器 A_1，经电压-电流转换电路转换成电流 $I_0+\Delta I_0$（3～19mA），这个增大的电流流过反馈电阻 R_F，使其上的反馈电压增加而导致 b 点电位降低，直至 a、b 两点电位相等，应变电桥在压力作用下达到新的平衡。当压力达到传感器量程上限时，$I_0=20\text{mA}$，而与量程范围对应的电路输出电流范围则在 4～20mA。

（2）电容式压力传感器

电容式压力传感器采用变电容测量原理，将被测压力引起的弹性元件的位移变形转变为电容的变化，测出电容量，便可知道被测压力的大小。

① 差动变极距式电容压力传感器　对于平板电容，在被测压力作用下，电容值 C 会因两平行板间距 d 发生的微小变化而变化。用这种方式测量压力有较高的灵敏度，但当位移较大时传感器非线性严重。如采用差动电容法则可改善非线性、提高灵敏度，并可减小因极板间电介质的介电常数 E 受温度影响而引起的不稳定性。

左右对称的不锈钢基座内有玻璃绝缘层，其内侧的凹形球面上除边缘部分外镀有金属膜作为固定电极，中间被夹紧的弹性膜片作为可动测量电极，左、右固定电极和测量电极经导线引出，从而组成了两个电容器。不锈钢基座和玻璃绝缘层中心开有小孔，不锈钢基座两边外侧焊上了波纹密封隔离膜片，这样测量电极将空间分隔成左、右两个腔室，其中充满硅油。当隔离膜片感受两侧压力的作用时，通过硅油将差压传递到弹性测量膜片的两侧从而使膜片产生位移。电容极板间距离的变化，将引起两侧电容器电容值的改变。此电容量的变化经过适当的变换器电路，可以转换成反映被测差压的标准电信号输出。这种传感器可以测量压力和差压。

② 变面积式电容压力传感器　图 7-12 所示为一种变面积式电容压力传感器。被测压力作用在金属膜片上，通过中心柱和支承簧片，使可动电极随簧片中心位移而动作。可动电极与固定电极均是金属同心多层圆筒，断面呈梳齿形，其电容量由两电极交错重叠部分的面积所决定。固定电极与外壳之间绝缘，可动电极则与外壳导通。压力引起的极间电容变化由中心柱引至适当的变换器电路，转换成反映被测压力的标准电信号输出。

金属膜片为不锈钢材质，膜片后设有带波纹面的挡块，限制膜片过大变形，以保护膜片在过载时不至于损坏。膜片中心位移不超过 0.3mm，膜片背面为无硅油的封闭空间，不与被测介质接触，可视为恒定的大气压，故仅适用于压力测量，而不能测量压差。

电容式压力传感器的主要优点是：灵敏度高，输出信号大；测量精度高；结构简单、牢固，可靠性高，环境适应性强，能承受高过载，耐冲击与振动，可在高温条件下工作；由于可动极板质量小，故传感器固有频率高，动态响应快。但其易受分布电容影响，制造难度大。

(3) 压电式压力传感器

压电式压力传感器利用压电材料的压电效应将被测压力转换为电信号。由压电材料制成的压电元件受到压力作用时产生的电荷量与作用力之间呈线性关系。

$$Q=kSp \tag{7-6}$$

式中，Q 为电荷量；k 为压电常数；S 为作用面积；p 为压力。通过测量电荷量可知被测压力大小。

图 7-13 为一种压电式压力传感器的结构示意图。压电元件夹于两个弹性膜片之间，压电元件的一个侧面与膜片接触并接地，另一侧面通过引线将电荷量引出。被测压力均匀作用在膜片上，使压电元件受力而产生电荷，电荷量用电荷放大器或电压放大器放大后转换为电压或电流输出，输出信号与被测压力值相对应。

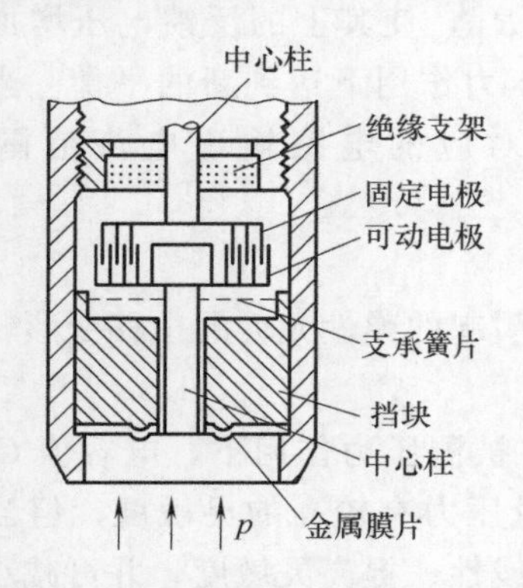

图 7-12　变面积式电容压力传感器

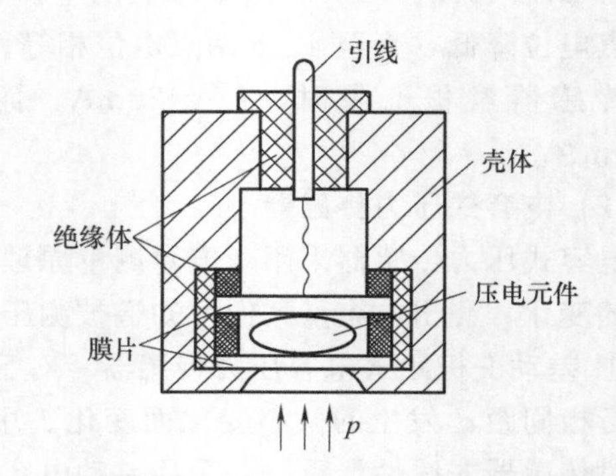

图 7-13　压电式压力传感器结构

除在校准用的标准压力传感器或高精度压力传感器中采用石英晶体作压电元件外，一般压电式压力传感器的压电元件材料多为压电陶瓷，也有用高分子材料（如聚偏二氟乙烯）或复合材料的。

更换压电元件可以改变压力的测量范围；在配用电荷放大器时，可采用将多个压电元件并联的方式提高传感器的灵敏度；在配用电压放大器时，可将多个压电元件串联来提高传感器的灵敏度。

压电式压力传感器体积小，结构简单，工作可靠；测量范围宽，可测 100MPa 以下的压力；测量精度较高；频率响应高，可达 30kHz，是动态压力检测中常用的传感器。但由于压电元件存在电荷泄漏，故不适宜测量缓慢变化的压力和静态压力。

(4) 谐振式压力传感器

谐振式压力传感器是靠被测压力所形成的应力改变弹性元件的谐振频率，通过测量频率信号的变化来检测压力。这种传感器特别适合与计算机配合使用，组成高精度的测量、控制系统。根据谐振原理可以制成振筒、振弦及振膜式等多种形式的压力传感器。

图 7-14 为一种振筒式压力传感器的结构示意图。感压元件是一个薄壁金属圆筒，壁厚 0.08mm 左右，用低温度系数的恒弹性材料制成。筒的一端封闭，为自由端，另一端固定在基座上。筒内绝缘支柱上固定有激振线圈和检测线圈，其铁芯为磁化的永磁材料，两线圈空间位置互相垂直，以减小电磁耦合。线圈引线自支柱中央引出，被测压力由引压孔引入振筒内，外界为大气压。振筒有一定的固有频率，当被测压力作用于筒壁时，筒壁内应力增加使其刚度加大，振筒固有频率相应改变。振筒固有频率与作用压力的关系可近似表示为

$$f_p = f_0 \sqrt{1+\alpha p} \tag{7-7}$$

式中，f_p 为受压后的振筒固有频率；f_0 为筒内外压力相等时的固有频率；α 为振筒结构系数，当筒内压力大于筒外压力时取为正，反之为负；p 为被测压力。

激振线圈使振筒按固有频率振动，受压前后的频率变化可由检测线圈检出。图 7-15 为振筒式压力传感器的检测与驱动电路原理图。

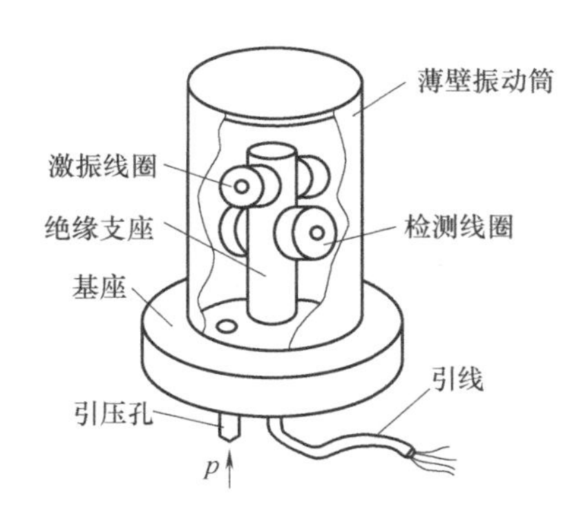

图 7-14　振筒式压力传感器结构

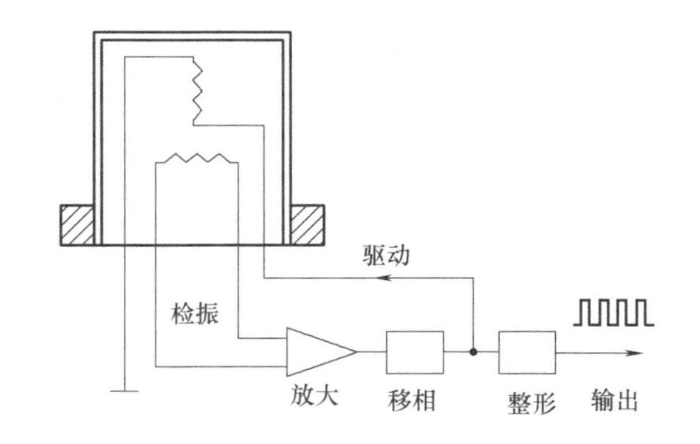

图 7-15　振筒式压力传感器电路原理

激振线圈在外加交流信号驱动下产生周期性的磁力吸引振筒使其按外加交流信号频率振动，如果交流信号频率与振筒固有频率相同，则振筒共振，振幅将达到最大值。检测线圈因筒壁与铁芯间隙的周期性变化而产生交变感应电动势，该电动势作为检振信号送入放大器输入端，经放大并移相后得到的交流电压再送到激振线圈驱动振筒。如果相位和幅值满足正反馈的要求，就能使振筒持续不断地振荡下去。上述电路不需要外加交流信号源，只要有电源就能起振并维持振荡，根据输出电信号的频率便可进行压力测量。

振筒式压力传感器适用于气体压力的测量，其体积小，输出频率信号重复性好，耐振；精度高，可达±0.1%～±0.01%，且有良好的稳定性。

7.3 压力检测仪表的选择与安装

压力检测仪表的正确选择和安装是保证其在生产过程中发挥应有作用及保证测量结果准确可靠的重要环节。

7.3.1 压力检测仪表的选择

选择压力检测仪表应根据具体情况，在满足生产工艺对压力检测要求的情况下，本着节约的原则，合理地选择压力仪表的类型、量程、精度等级等。

(1) 类型选择

压力仪表类型的选择主要应从以下几个方面考虑：

要考虑被测介质的物理、化学性质（如温度高低、黏度大小、腐蚀性、易燃易爆性能等），以选择相应的仪表。例如，对于腐蚀性较强的介质，应选用不锈钢之类的弹性元件或加防腐隔离装置；对于黏性大、易结晶介质，可选用膜片压力计或加隔离装置；对于氧、氨、乙炔等介质，则应选用专用压力仪表。

要根据生产工艺对压力仪表的要求和用途选择压力仪表。例如，只需要就地观察压力变化情况的，可选用如弹簧管压力计一类现场指示型仪表；需将压力信号远传的，则应选用带变送功能的压力检测仪表；对于有调节、报警需要的，可选择带有记录、报警或自动调节功能的压力仪表。

要考虑压力仪表使用现场环境条件。对湿热环境，宜采用热带型压力仪表；有振动的场合，应采用抗振型压力仪表；易燃易爆环境，应选择防爆型压力仪表；腐蚀性环境，则应选用防腐型压力仪表等。

还要考虑被测压力的种类（压力、负压、绝对压力、差压等）、变化快慢等情况，选择压力仪表。例如，有些压力仪表只适合测量绝对压力，有些则既可测量差压又可测量绝对压力。对于静态压力，选择一般的弹性压力仪表即可满足要求，而要测量快速变化的压力，则需根据其最高频率考虑采用动态特性好的压电式、压阻式等压力传感器。

(2) 量程选择

压力仪表的量程要根据被测压力的大小及在测量过程中被测压力变化的情况等条件来选取，为保证测压仪表安全可靠地工作，选择量程时必须留有足够的余地。一般在测量稳定压力时，正常操作压力应小于满量程的2/3；测量脉动压力时，正常操作压力应小于满量程的1/2；而在测量高压时，正常操作压力应小于满量程的3/5。为保证测量精度，被测压力的最小值，不应低于满量程的1/3。当被测压力变化范围大，最大和最小工作压力可能不能同时满足上述要求时，应首先满足最大工作压力条件。

根据生产过程要求确定了压力仪表的测量范围后，再从仪表系列中选用量程相近的仪表。目前我国出厂的压力（包括差压）检测仪表有统一的量程系列，它们是（1、1.6、2.5、4、6）$\times 10^{n}$ MPa，其中 n 为正或负整数。

(3) 精度等级选择

压力检测仪表的精度等级应根据生产过程对压力测量所允许的最大误差，在规定的仪表精度等级中选择确定。精度越高，测量结果越准确，但仪表价格也越昂贵，操作和维护要求也越高。选择时应坚持经济的原则，在能满足生产要求的条件下，不应追求使用过高精度的仪表。

按国家相关标准的规定，作为专门的计量器具，一般压力仪表的精度等级分为1.0、1.6、2.5、4.0级；而作为压力标准器，用于压力量值传递的精密压力仪表的精度等级分为0.1、0.16、0.25、0.4级。

例7.1 某压力器内介质的正常工作压力范围为0.4～0.6MPa，用弹簧管压力表进行检测。要求测量误差不大于被测压力的5%，试确定该压力表的量程和精度等级。

解： 由题意知，被测对象的压力比较稳定，设弹簧管压力表的量程为A，则根据最大工作压力有

$$A>0.6\div 2/3=0.9\text{MPa}$$

根据最小工作压力有

$$A<0.4\div 1/3=1.2\text{MPa}$$

故根据仪表的量程系列，可选用量程范围为0～1.0MPa的弹簧管压力表。

由题意，被测压力允许的最大绝对误差为

$$\Delta_{max}=0.4\times 5\%=0.02\text{MPa}$$

仪表精度等级的选取应使得其最大引用误差不超过允许测量误差。对于测量范围0～1.0MPa的压力表，其最大引用误差为

$$\gamma=\pm 0.02\text{MPa}\times 100\%/1.0\text{MPa}=\pm 2\%$$

故应选取1.6级的压力表。

7.3.2 压力检测仪表的安装

压力的检测需要由一个包括压力测量仪表、压力取压口和传递压力的引压管路在内的检测系统来实现。要保证压力测量准确，只是压力仪表本身准确是不够的，系统安装的正确与否也有很大的影响。应根据具体被测介质、管路和环境条件，选取适当的取压点、正确安装引压管路和测量仪表。

(1) 取压点选择

取压位置要具有代表性，能真实地反映被测压力。应按下述原则选择：

① 取压点不能处于流束紊乱的地方，要选在直管段上，不可选在管路弯曲、分岔、死角或其他能形成涡流的区域。

② 取压点上游侧不应有突出管路或设备的阻力件（如温度计套管、阀门、挡板等），否则应保证有一定的直管段长度。

③ 测量液体压力时，取压点应在管道下侧，以避免气体进入引压管；但也不宜取在最低部，以免沉淀物堵塞取压口；测量气体压力时，取压点应在管道上侧，以避免气体中的尘埃、水滴进入引压管。

④ 取压口开孔轴线必须与介质流动方向垂直，引压管口端面应与设备连接处的内壁保持平齐。若需插入对象内部时，管口平面应严格与流体流动方向平行，不能有倒角、毛刺和凸出物。

(2) 引压管的敷设

引压管路用于将被测容器内的压力引至压力仪表，为保证压力传递的准确和快速响应，引压管的敷设应注意以下几点：

① 引压管的粗细、长短均应选取合适。一般引压管的内径为6～10mm、长度≤60m，否则会影响测压系统的动态特性，有更长距离要求时应使用远传式仪表。

② 水平安装的引压管应保持有 1∶10～1∶20 的倾斜度，以避免引压管中积存液体（或气体），并有利于这些积液（或气）的排出。当被测介质为液体时，引压管向仪表方向倾斜，并在最高处设排气装置；当被测介质为气体时，引压管向取压口方向倾斜，并在最低处设排积液装置。

③ 若被测介质易冷凝或冻结，应增加保温伴热措施。

④ 取压点与压力表之间在靠近取压口处应安装切断阀，以备检修压力仪表时使用。

(3) 压力仪表的安装

压力仪表的安装要注意以下方面：

① 压力仪表应安装在能满足规定的使用环境条件和易于观察、维修之处；仪表安装处与取压点之间的距离应尽量短，以免指示迟缓。

② 为避免温度变化对仪表的影响，当测量高温气体或蒸汽压力时，应装冷凝管或冷凝器。

③ 仪表安装在有振动的场所时，应加装减振器。

④ 测量有腐蚀性、黏度较大、有结晶或沉淀物等介质压力时，应采取相应的保护措施（如安装适当的隔离容器），以防腐蚀、堵塞等发生。

⑤ 压力仪表的连接处根据压力高低和介质性质，必须加装密封垫片，以防泄漏。

⑥ 当被测压力较小而压力仪表与取压点不在同一高度时，应考虑修正液体介质的液柱静压对仪表示值的影响。

7.3.3 动态压力检测的管道效应

测量快速变化的压力时，要求压力检测系统有良好的动态特性。为使系统具有最佳的动态性能，压力传感器的感压膜片在测压点处应与压力容器壁面保持齐平，即“齐平安装”，如图 7-16（a）所示。但在许多情况下，要实现“齐平安装”是有困难的，往往需要采用引压管道，形成如图 7-16（b）所示有管道和空腔的安装方式。感压元件前的引压管道和空腔的存在会引起压力信号的衰减和相位滞后，这就是动态压力测量的管道效应。对动态压力检测系统而言，虽然所选用的压力传感器固有频率很高，响应速度快，但由于管道效应的存在会使整个测量系统的响应速度大大低于传感器的响应速度，造成动态压力测量的严重失真，因此必须予以考虑。

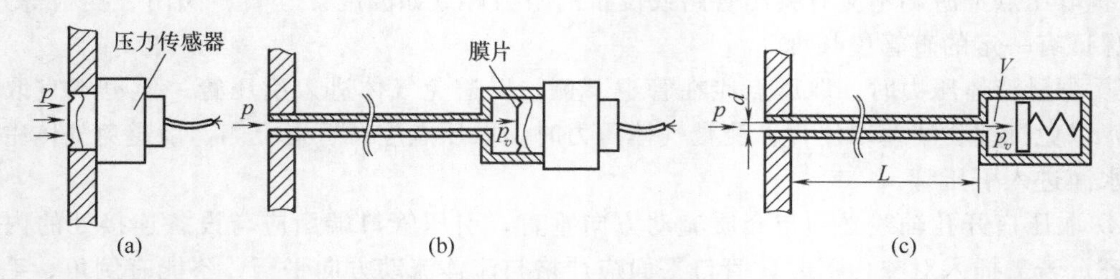

图 7-16 动态压力检测的管道效应

有引压管道和空腔的压力检测系统可等效为图 7-16（c）所示的压力传输系统。其中，引压管道直径为 d，长为 L，压力传感器前的空腔容积为 V，p 为引压管道入口处压力，而 p_v 则为空腔中作用于压力传感器上的压力，管道效应即 p 与 p_v 的变化关系。测量动态压力时，空腔内介质流速很小，其惯性质量可以忽略，压力传感器膜片可简化为支承弹簧上的集中质量，考虑到流体运动的摩擦阻尼，管道、空腔和传感器膜片就构成典型的单自由度二阶系统。

引压管道、空腔这一压力传输系统的固有频率 f 可用下面的近似公式来估算

$$f=\frac{cd}{4\sqrt{\pi V(L+0.35d)}} \tag{7-8}$$

式中，c 为流体声速；d 为引压管内径；L 为引压管长度；V 为空腔体积。

由式（7-8）可见，引压管道、空腔系统的固有频率 f 与流体声速 c 成正比，为提高系统频率，可在管道与空腔内充液体以提高声速；而引压管道越长，空腔容积越大，则系统频率 f 越低，因此应尽可能减小管长和传感器膜片前的空腔容积；此外，在引压管道长度一定的条件下，增大管径可提高频率 f。

由于管道内流动现象的复杂性，在此不能对管道效应详加研究，但其对动态压力测量的影响必须给予足够的重视，否则就可能得不到可信的测量结果。

思考题与习题

7.1　简述“压力”的定义及国际单位。

7.2　请简述压力测量的方法。

7.3　某容器的顶部压力和底部压力分别为 68kPa 和 450kPa，若当地的大气压力为标准大气压，试求容器顶部和底部处的绝对压力以及顶部和底部间的差压。

7.4　弹性式压力计的测量原理是什么？常用的弹性元件有哪些类型？

7.5　提高弹簧管压力计灵敏度有哪些途径？

7.6　简述电容式压力传感器的工作原理与特点。

7.7　简述测压仪表的选择原则。

7.8　要实现准确的压力测量需要注意哪些环节？

7.9　压力检测系统中，取压点的选择应遵循哪些原则？

第8章 温度检测技术

学习目标

1. 了解温标的概念，能够根据不同被测对象及温度范围选择合适的测温方法及仪器。
2. 掌握接触式测温方法、辐射式测温方法以及其常用的测温仪表。

温度是国际单位制给出的基本物理量之一，它是工农业生产、科学试验中需要经常测量和控制的主要参数，也是与人们日常生活紧密相关的一个重要物理量。通常把长度、时间、质量等基准物理量称作“外延量”，它们可以叠加，例如把长度相同的两个物体连接起来，其总长度为原来的单个物体长度的2倍；而温度则不然，它是一种“内涵量”，叠加原理不再适用，例如把两瓶90℃的水倒在一起。其温度绝不可能增加，更不可能成为180℃。

从热平衡的观点看，温度可以作为物体内部分子无规则热运动剧烈程度的标志，温度高的物体，其内部分子平均动能大；温度低的物体其内部分子的平均动能亦小。热力学的第零定律指出：具有相同温度的两个物体，它们必然处于热平衡状态。若两个物体分别与第三个物体处于热平衡状态，则这两个物体也处于热平衡状态，因而这三个物体将处于同一温度。据此，如果我们能用可复现的手段建立一系列基准温度值，就可把其他待测物体的温度和这些基准温度进行比较，得到待测物体的温度。

8.1 概　述

8.1.1 温标

现代统计力学虽然建立了温度和分子动能之间的函数关系，但由于目前尚难以直接测量物体内部的分子动能，因而只能利用一些物质的某些物性（诸如尺寸、密度、硬度、弹性模量、辐射强度等）随温度变化的规律，通过这些量来对温度进行间接测量。为了保证温度量值的准确和利于传递，需要建立一个衡量温度的统一标准尺度，即温标。

随着温度测量技术的发展，温标也经历了一个逐渐发展、不断修改和完善的渐进过程。从早期建立的一些经验温标，发展为后来的理想热力学温标和绝对气体温标，到现今使用具有较高精度的国际实用温标，其间经历了几百年时间。

(1) 经验温标

根据某些物质体积膨胀与温度的关系，用实验方法或经验公式所确定的温标称为经验温标。

① 华氏温标　1714 年德国人法勒海特（Fahrenheit）以水银为测温介质，制成玻璃水银温度计，选取氯化铵和冰水的混合物的温度为温度计的 0 华氏度，人体温度为温度计的 100 华氏度，把水银温度计从 0～100 按水银的体积膨胀距离分成 100 份，每一份为 1 华氏度，记作“1℉”。按照华氏温标，则水的冰点为 32℉，沸点为 212℉。

② 摄氏温标　1740 年瑞典人摄氏（Celsius）提出在标准大气压下，把水的冰点规定为 0 摄氏度，水的沸点规定为 100 摄氏度。根据水这两个固定温度点来对玻璃水银温度计进行分度，两点间作 100 等分，每一份称为 1 摄氏度，记作 1℃。

摄氏温度和华氏温度的换算关系为

$$T=\frac{9}{5}t+32 \tag{8-1}$$

式中，T 为华氏温度值，℉；t 为摄氏温度值，℃。

除华氏和摄氏外，还有一些类似经验温标如列氏、兰氏等，这里不再一一列举。

经验温标均依赖于其规定的测量物质，测温范围也不能超过其上、下限（如摄氏为 0℃、100℃）。超过了这个温区，摄氏将不能进行温度标定。另外，经验温标是主观规定的温标，具有很大的局限性，很快就不能适应工业和科技等领域的测温需要。

(2) 热力学温标

1848 年由开尔文（Kelvin）提出的以卡诺循环（Carnot cycle）为基础建立的热力学温标，是一种理想而不能真正实现的理论温标，它是国际单位制中七个基本物理单位之一。该温标为了在分度上和摄氏温标相一致，把理想气体压力为零时对应的温度——绝对零度（是在实验中无法达到的理论温度，而低于 0K 的温度不可能存在）与水的三相点温度分为 273.16 份，每份为 1K（Kelvin）。热力学温度的单位为 K。

(3) 绝对气体温标

从理想气体状态方程入手来复现热力学温标叫绝对气体温标。由波义耳定律

$$pV=RT \tag{8-2}$$

式中，p 为一定质量的气体的压强；V 为该气体的体积；R 为普适常数；T 为热力学温度。

当气体的体积为恒定（定容）时，其压强就是温度的单值函数。这样就有 $T_2/T_1=p_2/p_1$

这种比值关系与开尔文（Kelvin）提出、确定的热力学温标的比值关系完全类似。因此若选用同一固定点（水的三相点）来作参考点，则两种温标在数值上将完全相同。

理想气体仅是一种数学模型，实际上并不存在，故只能用真实气体来制作气体温度计。由于在用气体温度计测量温度时，要对其读数进行许多修正（诸如真实气体与理想气体的偏差修正、容器的膨胀系数修正、毛细管等有害容积修正、气体分子被容器壁吸附修正等），而进行这些修正又需依据许多高精度、高难度的精确测量；因此直接用气体温度计来统一国际温标，不仅技术上难度很大、很复杂，而且操作上非常繁杂、困难；因而在各国科技工作者的不懈努力和推动下，产生和建立了协议性的国际实用温标。

(4) 国际实用温标和国际温标

经国际协议产生的国际实用温标，其指导思想是要它尽可能地接近热力学温标，复现精度要高，且使用于复现温标的标准温度计，制作较容易，性能稳定，使用方便，从而使各国均能以很高的准确度复现该温标，保证国际上温度量值的统一。

第一个国际温标是1927年第七届国际计量大会决定采用的国际实用温标。此后在1948年、1960年、1968年经多次修订，形成了近二十多年各国普遍采用的国际实用温标称为(IPTS-68)。

1989年7月第77届国际计量委员会批准建立了新的国际温标，简称ITS-90。

为和IPTS-68温标相区别，用T_{90}表示ITS-90温标。ITS-90基本内容为：

① 重申国际实用温标单位仍为K，1K等于水的三相点时温度值的1/273.16。

② 把水的三相点时温度值定义为0.01℃（摄氏度），同时相应把绝对零度修订为−273.15℃；这样国际摄氏温度t_{90}（℃）和国际实用温度T_{90}（K）关系为

$$t_{90}=T_{90}-273.15 \tag{8-3}$$

在实际应用中，为书写方便，通常直接用t和T分别代表t_{90}和T_{90}。

规定把整个温标分成4个温区，其相应的标准仪器如下：

① 0.65～5.0K，用^3He和^4He蒸汽温度计；

② 3.0～24.5561K，用^3He和^4He定容气体温度计；

③ 13.803K～961.78℃，用铂电阻温度计；

④ 961.78℃以上，用光学或光电高温计；

⑤ 新确认和规定17个固定点温度值以及借助依据这些固定点和规定的内插公式分度的标准仪器来实现整个热力学温标，如表8-1所示。

表8-1 ITS-90温标17个固定点温度

序号	定义固定点	国际实用温标的规定值	
		T_{90}/K	t_{90}/℃
1	氦蒸气压点	3～5	−270.15～−268.15
2	平衡氢三相点	13.8033	−259.3467
3	平衡氢(或氦)蒸气压点	≈17	≈−256.15
4	平衡氢(或氦)蒸气压点	≈20.3	≈−252.85
5	氖三相点	24.5561	−248.5939
6	氧三相点	54.3584	−218.7916
7	氩三相点	83.8058	−189.3442
8	汞三相点	234.3156	−38.8344
9	水三相点	273.16	0.01
10	镓熔点	302.9146	29.7646
11	铟凝固点	429.7458	156.5985
12	锡凝固点	505.078	231.928
13	锌凝固点	692.677	419.527
14	铝凝固点	933.473	660.323
15	银凝固点	1234.93	961.78
16	金凝固点	1337.33	1064.18
17	铜凝固点	1357.77	1084.62

我国从1991年7月1日起开始对各级标准温度计进行改值，整个工业测温仪表的改值在1939年年底前全部完成，并从1994年元旦开始全面推行ITS-90新温标。

8.1.2 测温方法分类及其特点

根据传感器的测温方式，温度基本测量方法通常可分成接触式和非接触式两大类。

接触式温度测量的特点是感温元件直接与被测对象相接触，两者进行充分的热交换，最后达到热平衡，此时感温元件的温度与被测对象的温度必然相等，温度计就可据此测出被测对象的温度。因此，接触式测温一方面有测温精度相对较高，直观可靠及测温仪表价格相对较低等优点，另一方面也存在由于感温元件与被测介质直接接触，从而要影响被测介质热平衡状态，而接触不良则会增加测温误差；被测介质具有腐蚀性及温度太高亦将严重影响感温元件性能和寿命等缺点。根据测温转换的原理，接触式测温又可分为膨胀式、热阻式、热电式等多种形式。

非接触式温度测量特点是感温元件不与被测对象直接接触，而是通过接受被测体的热辐射能实现热交换，据此测出被测对象的温度。因此，非接触式测温不改变被测物体的温度分布，热惯性小，测温上限可设计得很高，便于测量运动物体的温度和快速变化的温度等优点。两类测温方法的主要特点如表 8-2 所示。

表 8-2 接触式与非接触式测温特点比较

方式	接触式	非接触式
测量条件	感温元件要与被测对象接触良好；感温元件的加入几乎不改变被测对象的温度；被测温度不超过感温元件能承受的上限温度；被测对象不对感温元件产生腐蚀	需准确知道被测对象表面发射率；被测对象的辐射能充分照射到检测元件上
测量范围	特别适合 1200℃以下、热容大、无腐蚀性对象的连续在线测温，对高于 1300℃以上的温度测量较困难	原理上测量范围可以从超低温到极高温，但 1000℃以下，测量误差大，能测运动物体和热容小的物体温度
精度	工业用表通常为 1.0、0.5、0.2 及 0.1 级，实验室用表可达 0.01 级	通常为 1.0、1.5、2.5 级
响应速度	慢，通常为几十秒到几分钟	快，通常为 2～3s
其他特点	整个测温系统结构简单、体积小、可靠、维护方便、价格低廉，仪表读数直接反映被测物体实际温度；可方便地组成多路集中测量与控制系统	整个测温系统结构复杂、体积大，调整麻烦、价格昂贵；仪表读数通常只反映被测物体表现温度(需进步转换)；不易组成测温、控温一体化的温度控制装置

各类温度检测方法构成的测温仪表的大体测温范围如表 8-3 所示。

表 8-3 各种温度检测方法及其测量范围

测温方式	类别	原理	典型仪表	测温范围/℃
接触式测温	膨胀类	利用液体、气体的热膨胀及物质的蒸气压变化	玻璃液体温度计	−100～600
			压力式温度计	−100～500
		利用两种金属的热膨胀差	双金属温度计	−80～600
	热电类	利用热电效应	热电偶	−200～1800
	电阻类	固体材料的电阻随温度而变化	铂热电阻	−260～850
			铜热电阻	−50～150
			热敏电阻	−50～300
	其他电学类	半导体器件的温度效应	集成温度传感器	−50～150
		晶体的固有频率随温度而变化	石英晶体温度计	−50～120
	光纤类	利用光纤的温度特性或作为传光介质	光纤温度传感器	−50～400
非接触式测温			光纤辐射温度计	200～400
	辐射类	利用普朗克定律	光电高温计	800～3200
			辐射传感器	400～2000
			比色温度计	500～3200

8.2 接触式测温方法

8.2.1 膨胀式温度计及应用特点

根据测温转换的原理，接触式测温又可分为膨胀（包括液体和固体膨胀）式、热阻（包括金属热电阻和半导体热电阻）式、热电（包括热电偶和PN结）式等各种形式。

膨胀式测温是基于物体受热时产生膨胀的原理，分为液体膨胀式和固体膨胀式两类。一般膨胀式温度测量大都在－50～550℃范围内，用于那些温度测量或控制精度要求较低不需自动记录的场合。

膨胀式温度计种类很多，按膨胀基体可分成液体膨胀式玻璃温度计、液体或气体膨胀式压力温度计及固体膨胀式双金属温度计。

(1) 压力温度计

压力温度计是根据一定质量的液体、气体、蒸汽在体积不变的条件下其压力与温度呈确定函数关系的原理实现其测温功能的。压力温度计的典型结构示意图如图8-1所示。

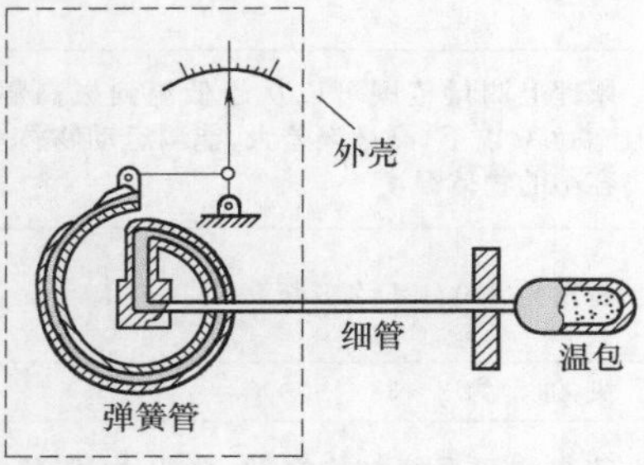

图8-1　压力温度计结构示意图

它由充有感温介质的感温包，传递压力元件（毛细管）、压力敏感元件齿轮或杠杆传动机构、指针和读数盘组成。测温时将温包置入被测介质中，温包内的感温介质（为气体或液体或蒸发液体）因被测温度的高低而导致其体积膨胀或收缩造成压力的增减，压力的变化经毛细管传给弹簧管使其产生变形，进而通过传动机构带动指针偏转，指示出相应的温度。

这类压力温度计其毛细管细而长（规格为11～60m）它的作用主要是传递压力，长度愈长，则温度计响应愈慢；在长度相等的条件下，管愈细，准确度愈高。

压力温度计和玻璃温度计相比，具有强度大、不易破损、读数方便，但准确度较低、耐腐蚀性较差等特点。压力温度计测温范围下限能达－100℃以下，上限最高可达600℃，常用于汽车、拖拉机、内燃机、汽轮机的油、水系统的温度测量。

(2) 双金属温度计

固体长度随温度变化的情况可用于下式表示，即

$$L_1=L_0[1+k(t_1-t_0)] \tag{8-4}$$

式中，L_1 为固体在温度 t_1 时的长度；L_0 为固体在温度 t_0 时的长度；k 为固体在温度 t_0、t_1 之间的平均线膨胀系数。

基于固体受热膨胀原理，测量温度通常是把两片线膨胀系数差异相对很大的金属片叠焊在一起，构成双金属片感温元件（俗称双金属温度计）。当温度变化时，因双金属片的两种不同材料线膨胀系数差异相对很大而产生不同的膨胀和收缩，导致双金属片产生弯曲变形。双金属温度计原理图如图8-2所示。

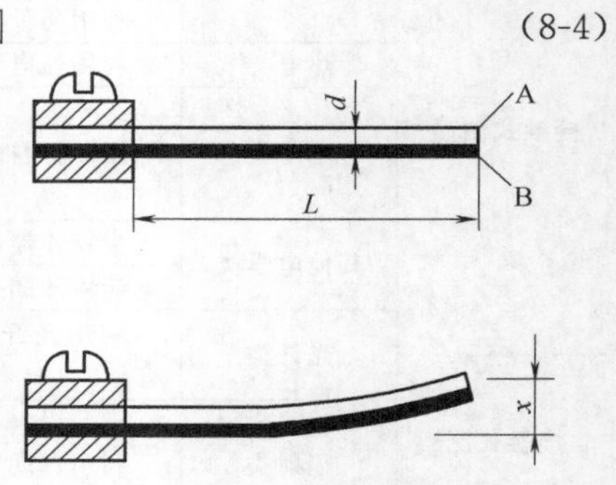

图8-2　双金属温度计原理

在一端固定的情况下，如果温度升高，下面的金属 B（例如黄铜）因热膨胀而伸长，上面的金属 A（例如因瓦合金）却几乎不变。致使双金属片向上翘，温度越高产生的线膨胀差越大，引起的弯曲角度也越大。其关系可用下式表示：

$$X = G(L^2/d)\Delta t \tag{8-5}$$

式中，X 为双金属片自由端的位移，mm；L 为双金属片的长度，mm；d 为双金属片的厚度，mm；Δt 为双金属片的温度变化，℃；G 为弯曲率［将长度为 100mm、厚度为 1mm 的线状双金属片的一端固定，当温度变化 1℃（1K）时，另一端的位移称为弯曲率］，取决于双金属片的材质，通常为（5～14）$\times 10^{-6}$/K。

目前实际采用的双金属材料及测温范围：100℃以下，通常采用黄铜与 34%镍钢；150℃以下，通常采用黄铜与因瓦合金；250℃以上，通常采用蒙乃尔高强度耐蚀镍合金与 34%～42%镍钢。双金属温度计不仅可用于测量温度，而且还可方便地用作简单温度控制装置（尤其是开关的“通-断”控制）。

双金属温度计的感温双金属元件的形状有平面螺旋形和直线螺旋形两大类，其测温范围大致为－80～600℃，精度等级通常为 1.5 级左右。由于其测温范围和前两种温度计大致相同，且可作恒温控制，可彻底解决水银玻璃温度计和水银压力温度计易破损造成泄汞危害的问题。所以在测温和控温精度不高的场合，双金属温度计应用范围不断扩大。双金属片常制成螺旋管状来提高灵敏度。双金属温度计抗振性好，读数方便，但精度不太高，只能用做一般的工业用仪表。

8.2.2 热电阻测温技术

基于热电阻原理测温是根据金属导体或半导体的电阻值随温度变化的性质，将电阻值的变化转换为电信号，从而达到测温的目的。

用于制造热电阻的材料，要求电阻率、电阻温度系数要大，热容量、热惯性要小，电阻与温度的关系最好近于线性；另外，材料的物理、化学性质要稳定，复现性好，易提纯，同时价格尽可能便宜。

热电阻测温的优点是信号灵敏度高、易于连续测量、可以远传（与热电偶相比）、无须参比温度；金属热电阻稳定性高、互换性好、准确度高，可以用作基准仪表。热电阻主要缺点是需要电源激励、有（会影响测量精度）自热现象以及测量温度不能太高。

常用热电阻种类主要有铂电阻、铜电阻和半导体热敏电阻。

(1) 铂电阻测温

① 概述　铂电阻（IEC）的电阻率较大，电阻-温度关系呈非线性，但测温范围广，精度高，且材料易提纯，复现性好；在氧化性介质中，甚至高温下，其物理、化学性质都很稳定。国标 ITS-90 规定，在－259.34～630.74℃温度范围内，以铂电阻温度计作为基准温度仪器。

铂的纯度用百度电阻比 W_{00} 表示。它是铂电阻在 100℃时电阻值 R_{100} 与 0℃时电阻值 R_0 之比，即 $W_{100} = R_{100}/R_0$。W_{100} 越大，其纯度越高。目前技术已达到 $W_{100} = 1.3930$，其相应的铂纯度为 99.9995%。国标 ITS-90 规定，作为标准仪器的铂电阻 W_{100} 应大于 1.3925。一般工业用铂电阻的 W_{100} 应大于 1.3850。

目前工业用铂电阻分度号为 Pt1000、Pt100 和 Pt10，其中 Pt100 更为常用，而 Pt10 是用较粗的铂丝制作的，主要用于热电阻标准器或 600℃以上的测温。铂电阻测温范围通常最大为－200～850℃。在 550℃以上高温（真空和还原气氛将导致电阻值迅速漂移）只适合在

氧化气氛中使用。铂电阻与温度的关系

当$-200℃<t<0℃$时

$$R(t)=R_0[1+At+Bt^2+Ct^3(t-100)] \tag{8-6}$$

当$0℃<t<850℃$时

$$R(t)=R_0(1+At+Bt^2) \tag{8-7}$$

式中，R 是温度为零时铂热电阻的电阻值（Pt100 为 100Ω，Pt10 为 10Ω，Pt1000 为 1000Ω）；$R(t)$ 是温度为 t 时铂热电阻的电阻值；$A=3.90802\times10^{-3}/℃$；$B=-5.8019\times10^{-7}/℃^2$；$C=-4.27350\times10^{-12}/℃^4$。

② 热电阻的结构　工业热电阻的基本结构如图 8-3 所示。

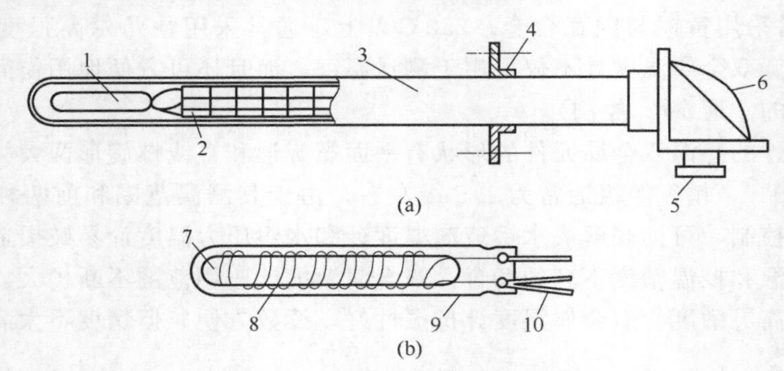

图 8-3　三引线热电阻结构

1—电阻体；2—瓷绝缘套管；3—不锈钢套管；4—安装固定件；5—引线口；6—接线盒；7—芯柱；8—电阻丝；9—保护膜；10—引线端

热电阻主要由感温元件、内引线、保护管三部分组成。通常还具有与外部测量及控制装置、机械装置连接的部件。它的外形与热电偶相似，使用时要注意避免用错。

热电阻感温元件是用来感受温度的电阻器。它是热电阻的核心部分，由电阻丝及绝缘骨架构成。作为热电阻丝材料应具备如下条件：

a. 电阻温度系数大、线性好、性能稳定；

b. 使用温度范围广、加工方便；

c. 固有电阻大，互换性好，复制性强。

能够满足上述要求的材料，最好是纯铂丝。

绝缘骨架是用来缠绕、支承或固定热电阻丝的支架。它的质量将直接影响电阻的性能。因此，作为骨架材料应满足如下要求：

a. 在使用温度范围内，电绝缘性能好；

b. 热膨胀系数要与热电阻相近；

c. 物理及化学性能稳定，不产生有害物质污染热电阻丝；

d. 足够的机械强度及良好的加工性能；

e. 比热容小，热导率大。

目前常用的骨架材料有云母、玻璃、石英、陶瓷等。用不同骨架可制成各种热电阻感温元件。云母骨架感温元件的结构特点是：抗机械振动性能强，响应快。很久以来多用云母作骨架。但是，由于云母是天然物质，其质量不稳定；即使是优质云母，在 600℃以上也要放出结晶水并产生变形。所以，使用温度宜在 500℃以下。

③ 热电阻的引线形式　内引线是热电阻出厂时自身具备的引线，其功能是使感温元件

能与外部测量及控制装置相连接。内引线通常位于保护管内。因保护管内温度梯度大，作为内引线要选用纯度高、不产生热电动势的材料。对于工业铂热电阻而言，中低温用银丝作引线，高温用镍丝。这样，既可降低成本，又能提高感温元件的引线强度。对于铜和镍热电阻的内引线，一般都用铜、镍丝。为了减少引线电阻的影响，内引线直径通常比热电阻丝的直径大很多。

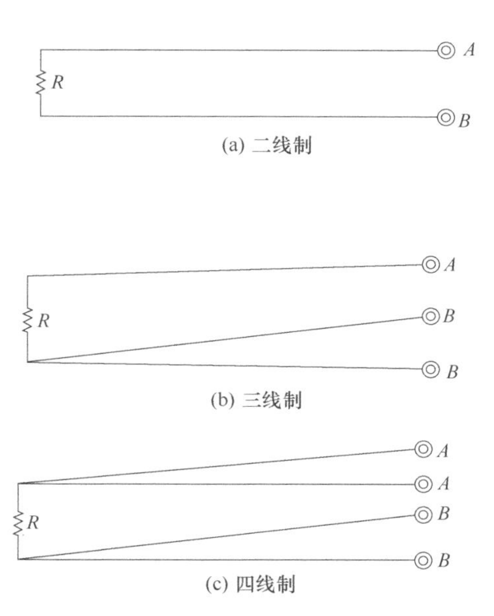

图 8-4　热电阻外引线接线法

热电阻的外引线有二线制、三线制及四线制三种，如图 8-4 所示。

a. 二线制　在热电阻感温元件的两端各连一根导线［图 8-4（a）］的引线形式为二线制。这种二线制热电阻配线简单，安装费用低，但要带进引线电阻的附加误差。因此，不适用于 A 级。并且在使用时引线及导线都不宜过长。采用二线制的测温电桥如图 8-5 所示，图 8-5（a）为接线示意图，图 8-5（b）为等效原理图。可以看出热电阻两引线电阻 R_w 和热电阻 R_t 一起构成电桥测量臂，这样当引线电阻 R_w 随沿线环境温度改变引起的阻值变化量 $2\Delta R_w$ 和热电阻 R_t 随被测温度变化的增量值 ΔR_t 一起成为有效信号转换成测量信号电压，从而影响温度测量精度。

b. 三线制　在热电阻感温元件的一端连接两根引线，另一端连接一根引线，见图 8-6（b），此种引线形式称为三线制。用它构成如图 8-6 所示的测量电桥，可以消除内引线电阻的影响，测量精度高于二线制。目前三线制在工业检测中应用最广。而且，在测温范围窄或导线长或导线途中温度易发生变化的场合必须考虑采用三线制。

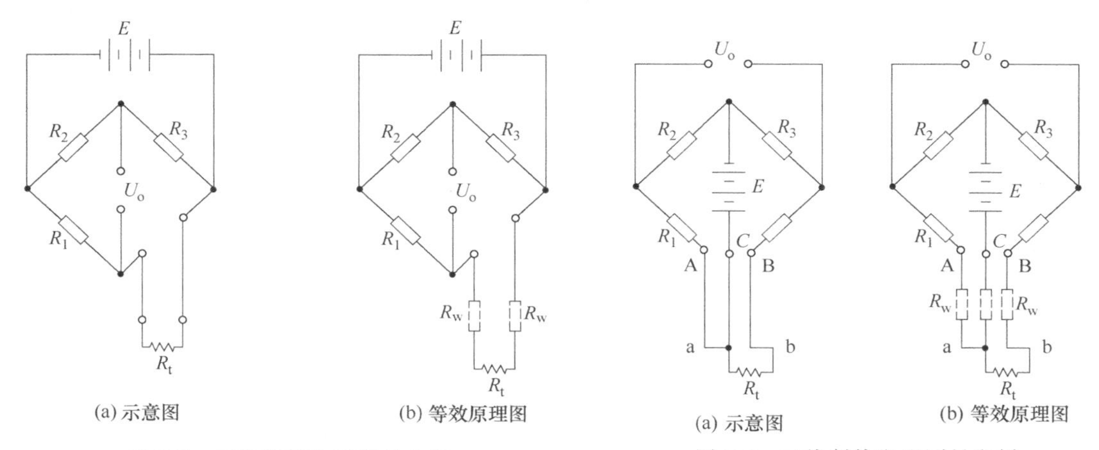

图 8-5　二线制热电阻测量电桥

图 8-6　三线制热电阻测量电桥

c. 四线制　在热电阻感温元件的两连两根引线，见图 8-4（c）。在高精度测量时，通常采用原理如图 8-7 所示采用四线制热电阻欧姆表（非电桥）测量法。

图 8-7 中，RTD 为被测热电阻，通过四根电阻引线将热电阻引入测量设备中，各引线电阻为 R_{LEAD}；恒流源 I 加到 RTD 的两端，RTD 另两端接入电压表 V_M，由于电压表具有

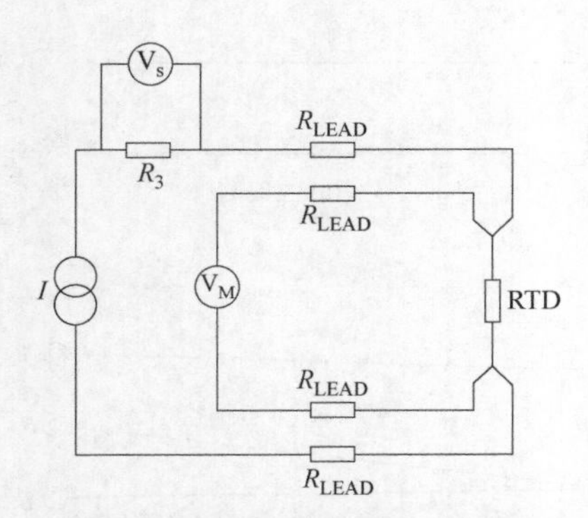

图 8-7　四线制热电阻欧姆表测量原理图

极高的输入电阻（通常高于 100MΩ），因此流经电压表的电流可忽略不计，V_M 两端电压完全等于 RTD 两端的电压，流经 RTD 的电流完全等于恒流源电流 I。由此可见，RTD 的电阻值精确等于 U/I，与引线电阻无关。

该测量原理的误差源主要来自于恒流源的精度、电压表的测量精度、引线的固有热电势。可采用如下措施提高测量精度：

a. 在电流回路中加入一具有极低温度系数的高精密电阻作为采样电阻，测量该采样电阻上的电压值 V_s 进而精确得到恒流源的电流值 I，从而消除由于温漂、失调等因素造成的恒流源误差；

b. 变换恒流源极性测量热电阻，可大大抑制热电势的影响。

另外，为保护感温元件、内引线免受环境的有害影响，热电阻外面往往装有可拆卸式或不可拆卸式的保护管。保护管的材质有金属、非金属等多种材料，可根据具体使用特点选用合适的保护管。

(2) 铜电阻和热敏电阻测温

① 铜电阻　铜电阻（WZC）的电阻值与温度的关系几乎呈线性，其材料易提纯，价格低廉；但因其电阻率较低（仅为铂的 1/2 左右）而体积较大，热响应慢；另因铜在 250℃以上温度本身易于氧化，故通常工业用铜热电阻（分度号分别为 Cu50 和 Cu100）一般其工作温度范围为－40～120℃。其电阻值与温度的关系为

当－50℃≤t≤0℃时

$$R(t)=R_0(1+At+Bt^2+Ct^3) \tag{8-8}$$

式中，R_0 是温度为零时铜热电阻的电阻值（Cu100 为 100Ω，Cu50 为 50Ω）；$R(t)$ 是温度为 t 时铜热电阻的电阻值；$A=4.28899\times10^{-3}/℃$；$B=-2.133\times10^{-7}/℃^2$；$C=1.233\times10^{-9}/℃^3$。

② 半导体热敏电阻。对于在低温段－50～350℃左右的范围、测温要求不高的场合，目前世界各国，特别是工业化国家，采用半导体热敏元件作温度传感器，大量用于各种温度测量、温度补偿及家电、汽车等要求不高的温度控制。

热敏电阻和热电阻、热电偶及其他接触式感温元件相比具有下列优点：

a. 灵敏度高，其灵敏度比热电阻要大 1～2 个数量级；由于灵敏度高，可大大降低后面调理电路的要求；

b. 标称电阻有几欧到十几兆欧之间的不同型号、规格，因而不仅能很好地与各种电路匹配，而且远距离测量时几乎无需考虑连线电阻的影响；

c. 体积小（最小珠状热敏电阻直径仅 0.1～0.2mm），可用来测量“点温”；

d. 热惯性小，响应速度快，适用于快速变化的测量场合；

e. 结构简单、坚固，能承受较大的冲击、振动；采用玻璃、陶瓷等材料密封包装后，可应用于有腐蚀性气氛等的恶劣环境；

f. 资源丰富，制作简单、可方便地制成各种形状，易于大批量生产，成本和价格十分低廉。

热敏电阻的主要缺点：

a. 阻值与温度的关系非线性严重；

b. 元件的一致性、互换性较差；

c. 元件易老化，稳定性较差；

d. 除特殊高温热敏电阻外，绝大多数热敏电阻仅适合 0～150℃范围，使用时必须注意。

8.2.3　热电偶测温技术

热电偶是工业和武器装备试验中温度测量应用最多的器件，它的特点是测温范围宽、测量精度高、性能稳定、结构简单，且动态响应较好；输出直接为电信号，可以远传，便于集中检测和自动控制。

(1) 测温原理

热电偶的测温原理基于热电效应。将两种不同的导体 A 和 B 连成闭合回路，当两个接点处的温度不同时，回路中将产生热电势，由于这种热电效应现象是 1821 年塞贝克（Seeback）首先发现提出，故又称塞贝克效应，如图 8-8 所示。

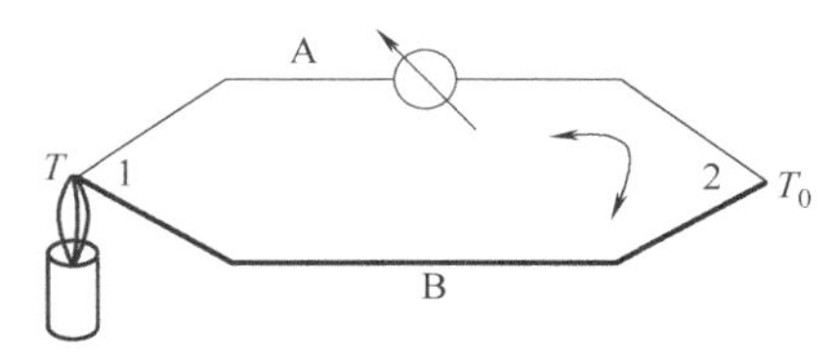

图 8-8　塞贝克效应示意图

人们把图 8-8 中两种不同材料构成的上述热电变换元件称为热电偶，导体 A 和 B 称为热电极，通常把两热电极一个端点固定焊接，用于对被测介质进行温度测量，这一接点称为测量端或工作端，俗称热端；两热电极另一接点处通常保持为某一恒定温度或室温，被称做参比端或参考端，俗称冷端。

热电偶闭合回路中产生的热电势由两种电势组成：温差电势（又称汤姆逊电势）和接触电势（又称珀尔帖电势）。

温差电势是指同一热电极两端因温度不同而产生的电势。当同一热电极两端温度不同时，高温端的电子能量比低温端的大，因而从高温端扩散到低温端的电子数比逆向来得多，结果造成高温端因失去电子而带正电荷，低温端因得到电子而带负电荷。当电子运动达到平衡后，在导体两端便产生较稳定的电位差，即为温差电势，如图 8-9 所示。

热电偶接触电势是指两热电极由于材料不同而具有不同的自由电子密度，而热电极接点接触面处就产生自由电子的扩散现象，接触面上便逐渐形成静电场。该静电场具有阻碍原扩散继续进行的作用，当达到动态平衡时，在热电极接点处便产生一个稳定电势差，称为接触电势，如图 8-10 所示。其数值取决于热电偶两热电极材料和接触点的温度，接触点温度越高，接触电势越大。

设热电偶两热电极分别叫 A（为正极）和 B（为负极），两端温度分别为 T 且 $T>T_0$；则热电偶回路总电势为

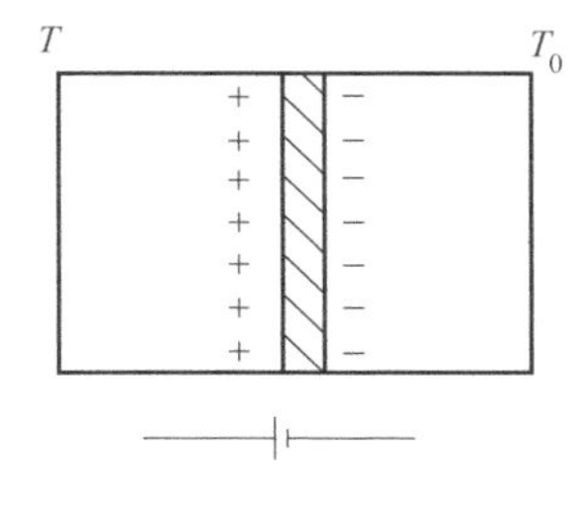

图 8-9　温差电势示意图

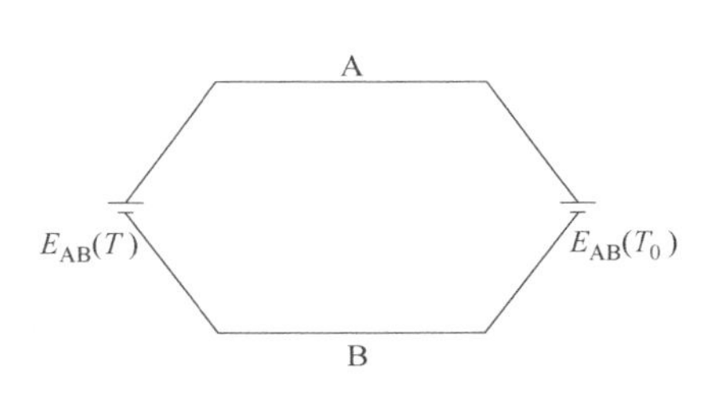

图 8-10　接触电势示意图

$$E_{AB}(T,T_0)=E_{AB}(T)-E_{AB}(T_0)-E_A(T,T_0)+E_B(T,T_0) \tag{8-9}$$

由于温差电势 $E_A(T, T_0)$ 和 $E_B(T, T_0)$ 均比接触电势小很多，通常均可忽略不计。又因为 $T>T_0$，故总电势的方向取决于接触电势 $E_{AB}(T)$ 的方向，并且 $E_{AB}(T_0)$ 总与 $E_{AB}(T)$ 的方向相反；这样式（8-9）可简化为

$$E_{AB}(T,T_0)=E_{AB}(T)-E_{AB}(T_0) \tag{8-10}$$

由此可见，当热电偶两热电极材料确定后，其总电势仅与其两端点温度 T、T_0 有关。为统一和实施方便，世界各国均采用参比端保持为零摄氏度，即 $t=0$℃条件下，用实验的方法测出各种不同热电极组合的热电偶在不同热端温度下所产生的热电势值，制成测量端温度（通常用国际摄氏温度单位）和热电偶电势对应关系表，即分度表；也可据此计算得到两者的函数表达式。

(2) 热电偶分类及特性

为了得到实用性好、性能优良的热电偶，其热电极材料需具有以下性能：

① 优良的热电特性：即热电势及热电势率（灵敏度）要大，热电关系接近单值线性或近似线性，热电性能稳定；

② 良好的物理性能：即高电导率，比热容小，耐高温，低温下不易脆断，高、低温下不发生再结晶等；

③ 优良的化学性能：如抗氧化、抗还原性和耐其他腐蚀性介质等；

④ 优良的力学性能：易于提纯和机械加工、工艺性好，易于大批量生产和复制；

⑤ 足够的机械强度和长的使用寿命；

⑥ 制造成本低，价格比较便宜。

近一个世纪来，各国先后生产的热电偶的种类有几百种，应用较广的有几十种，而国际电工委员会推荐的工业用标准热电偶为八种（目前我国的国家标准已与国际标准统一）。其中分度号为 S、R、B 的三种热电偶均由铂和铂铑合金制成，属贵金属热电偶。分度号分别为 K、N、T、E、J 的五种热电偶，是由镍、铬、硅、铜、铝、锰、镁、钴等金属的合金制成，属贱金属热电偶。这八种标准热电偶的热电极材料、最大测温范围、适当气氛等如表 8-4 所示。

表 8-4 工业用热电偶厕温范围

名称	分度号	测量范围/℃	适用气氛	稳定性
铂铑$_{30}$-铂铑$_6$	B	200～1800	O、N	<1500℃，优；>1500℃，良
铂铑$_{13}$-铂	R	−40～1600	O、N	<1400℃，优；>1400℃，良
铂铑$_{10}$-铂	S			
镍铬-镍硅(铝)	K	−270～1300		中等
镍铬硅-镍硅	N	−270～260	O、N、R	良
镍铬-康铜	E	−270～1000	O、N	中等
铁-康铜	J	−40～760	O、N、R、V	<500℃，良；>500℃，差
铜-康铜	T	−270～350	O、N、R、V	−170～200℃，优
钨铼$_3$-钨铼$_{25}$	WR$_e$3-WR$_e$25	0～2300	N、V、R	中等
钨铼$_5$-钨铼$_{26}$	WR$_e$5-WR$_e$26			

表中，O 为氧化气氛，N 为中性气氛，R 为还原气氛，V 为真空。

热电偶的选用除了考虑被测对象的温度范围外，还需考虑热电偶使用环境的气氛，通常被测对象的温度范围在−200～300℃时可优选 T 型热电偶，因为它在贱金属热电偶中精度最高，或选 E 型热电偶，它是贱金属热电偶中热电势最大、灵敏度最高的；当上限温度

<1000℃时，可优先选 K 型热电偶，其特点为使用温度范围宽（上限最高可达 1300℃）、高温性能较稳定，价格较满足该温区的其他热电偶低；当上限温度<1300℃时，可选 N 型或 K 型电偶；当测温范围为 1000～1400℃时，可选 S 或 R 型热电偶；当测温范围为 1400～1800℃时，应选 B 型热电偶；当测温上限大于 1800℃时，应考虑选用非国际标准的钨铼系列热电偶（其最高上限温度可达 2800℃，但超过 2300℃其精确度要下降；要注意保护，因为钨极易氧化，必须用惰性或干燥氢气把热电偶与外界空气严格隔绝；不能用于含碳气氛）或非金属耐高温热电偶（国内还未商品化，这里不再一一列举）。

在氧化气氛下，且被测温度上限小于 1300℃时，应优先选用抗氧化能力强的贱金属 N 型或 K 型热电偶；当测温上限高于 1300℃时，应选 S、R 或 B 型贵金属热电偶。在真空或还原性气氛下，当上限温度低于 950℃时，应优先选用 J 型热电偶（它不仅可在还原气氛下工作，也可在氧化气氛中使用），高于此限，可选钨铼系列热电偶、非贵金属系列热电偶或选采取特殊的隔绝保护措施的其他标准热电偶。

常用电偶的热电特性均有现成分度表可查。温度与热电势之间的关系也可以用函数式表示，称为参考函数。ITS-90 给出了新的热电偶分度表和参考函数，它们是热电偶测温的依据。

(3) 热电偶结构

① 普通工业用热电偶　普通工业用热电偶的种类很多，结构和外形也不尽相同。热电偶通常主要由四部分组成：热电极、绝缘管保护管和接线盒，典型的工业热电偶的基本结构如图 8-9 所示。

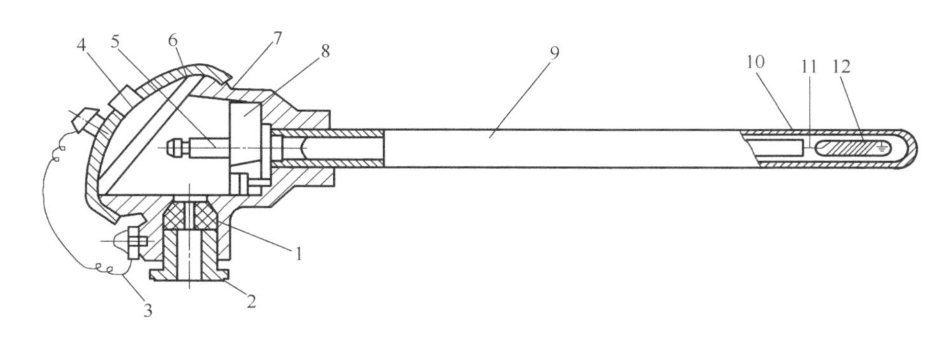

图 8-11　工业热电偶基本结构

1—出线密封圈；2—出线孔螺母；3—链条；4—盖；5—接线柱；6—盖的密封圈；7—接线盒；8—接线座；9—保护管；10—绝缘管；11—内引线；12—热电偶丝

为了保证热电偶正常工作，对其结构提出如下要求：

a. 测量端的焊接要牢固；

b. 热电极间必须有良好的绝缘；

c. 参比端与导线的连接要方便、可靠；

d. 用于对热电极有害介质测量时，须采用保护管，将有害介质隔开。

② 铠装热电偶　所谓铠装热电偶，是将热电偶丝和绝缘材料一起紧压在金属保护管中制成的热电偶。铠装热电偶材料是将热电偶丝装在有绝缘材料的金属套管中，三者经组合加工成可弯曲的坚实的组合体。将此铠装热电偶线按所需长度截断，对其测量端和参比端进行加工，即制成铠装热电偶。由于它具有许多优点，因而受到用户欢迎，应用很普遍。它的主要优点是：

a. 测量范围宽，铠装热电偶规格多，品种齐全，适合于各种测量场合，在－200～1600℃温度范围内均能使用；

b. 响应速度快，与装配式热电偶相比，因为外径细、热容量小，故微小的温度变化也能迅速反应，尤其是微细铠装热电偶更为明显，露端铠装热电偶的时间常数只有0.01s；

c. 挠性好，安装使用方便，铠装热电偶材料可在其外径5倍的圆柱体上绕5圈，并可在多处位置弯曲；

d. 使用寿命长，普通热电偶易引起热电偶劣化、断线等事故，而铠装热电偶用氧化镁绝缘，气密性好，致密度高，寿命长；

e. 机械强度、耐压性能好，在有强烈振动、低温、高温、腐蚀性强等恶劣条件下均能安全使用，铠装热电偶最高可承受36kN/cm^{2}的压力；

f. 铠装热电偶外径尺寸范围宽，铠装热电偶材料的外径范围为0.25～8mm，特殊要求时可提供直径达12mm的产品；

g. 铠装热电偶的长度可以做得很长，铠装热电偶材料的最大长度可达500m。

(4) 热电偶温度测量

① 补偿导线　在一定温度范围内，与配用热电偶的热电特性相同的一对带有绝缘层的导线称为补偿导线。若与所配用的热电偶正确连接，其作用是将热电偶的参比端延伸到远离热源或环境温度较恒定的地方。使用补偿导线的优点：

a. 改善热电偶测温线路的力学与物理性能，采用多股或小直径补偿导线可提高线路的挠性，接线方便，也可以调节线路的电阻或遮蔽外界干扰。

b. 降低测量线路的成本。当热电偶与仪表的距离很远时，可用贱金属补偿型补偿导线代替贵金属热电偶。

在现场测温中若采用多股补偿导线，则便于安装与敷设；用直径粗、导电系数大的补偿导线，还可减少测量回路电阻。采用补偿导线虽有许多优点，但必须掌握其特点，否则，不仅不能补偿参比端温度的影响，反而会增加测温误差。补偿导线的特点是：在一定温度范围内，其热电性能与热电偶基本一致。它的作用只是把热电偶的参比端移至离热源较远或环境温度恒定的地方，但不能消除参比端不为0℃的影响，所以，仍须将参比端的温度修正到0℃。

补偿导线使用注意事项如下：

a. 各种补偿导线只能与相应型号的热电偶匹配使用；连接时，切勿将补偿导线极性接反；

b. 补偿导线与热电偶连接点的温度，不得超过规定的使用温度范围，通常连接点温度在100℃以下，耐热用补偿导线温度可达200℃；

c. 由于补偿导线与电极材料通常并不完全相同，因此两连接点温度必须相同，否则会产生附加电势、引入误差；

d. 在需高精度测温场合，处理测量结果时应加上补偿导线的修正值，以保证测量精度。

② 参比端处理　通常使用的热电偶分度表，都是在热电偶参比端为0℃的条件下制作的。在实验室条件下可采取诸如在保温瓶内盛满冰水混合物的方法（最好用蒸馏水及用蒸馏水制成的冰，并且，保温瓶内要有足够数量的冰块，才能保证参比端为0℃；值得注意的是，冰水混合物并不一定就是0℃，只有在冰水两相界面处才是0℃）或利用半导体制冷的原理制成的电子式恒温槽使参比端温度保持在0℃。

在工业测温现场一般不能使参比端保持0℃，在计算机尤其是微处理器和单片机推广普及前，这是个十分令人头痛的问题；各国从事热电偶温度测量研究与应用的科技工作者，对各种分度号热电偶参比端不为0℃，设计了许多补偿方案和专用补偿电路，并因此申报了许多专利，但这些成果的适用范围和应用效果都不是很理想。

现在由于计算机尤其是微处理器和单片机的推广普及，智能化测温仪普遍按下述以软件为主的补偿方式：

当热电偶的测量端和参比端温度分别为 t、t_1 时（假定 $t_1>t_0=0$℃），则热电动势

$$E_{AB}(t,t_0)=E_{AB}(t,t_1)+E_{AB}(t_1,t_0) \tag{8-11}$$

可变成

$$E_{AB}(t,0)=E_{AB}(t,t_1)+E_{AB}(t_1,0) \tag{8-12}$$

式中，E_{AB}（t，t_0）是测量端和参比端温度分别为 t、t_0 时的热电势；E_{AB}（t_1，t_0）是测量端和参比端温度分别为 t_1、t_0 时的热电势；E_{AB}（t，t_1）是测量端和参比端温度分别为 t、t_1 时的热电势。

在工业现场实际测量温度时，智能化仪器增加一路测量参比端（由于其置于现场正常环境中，温度变动范围不大，因此，测量参比端的感温元件可采用价格十分低廉的铜电阻或使用半导体集成温度传感器 AD590 或 DS1820 等）温度 t_1 的电路。E_{AB}（t，t_1）是由智能化仪器通过测量端和参比端输入回路直接测得，E_{AB}（t，0）则由智能化仪器根据另一路测得的参比端环境温度 t_1，通过查存入仪器程序存储器中的对应热电偶分度表得到，两者相加求得 E_{AB}（t，0），再由 E_{AB}（t，0）仪器程序存储器中的对应热电偶分度表得到热电偶测量端的真实温度的数值。

以上这种方法对各种标准化与非标准化热电偶均适用，具有成本十分低廉，补偿精度高的特点，因此目前已被各种智能化（热电偶）测温控温仪器广泛采用。

例 8.1 用K型热电偶测炉温时，测得参比端温度 $t_1=38$℃；测得测量端和参比端间的热电动势 $E(t, 38)=29.90$mV，试求实际炉温。

解 由K型分度表查得 E（38，0）=1.53mV，由式（8-12）可得到

$$E(t,0)=E(t,t_1)+E(t_1,t)=29.90+1.53=31.43\text{mV}$$

再查K型分度表，由31.43mV查得到实际炉温为755℃。

上述例子中，若参比端不作修正，则按所测测量端和参比端间的热电动势 E（t，32）=29.90mV 查K型分度表得对应的炉温718℃，与实际炉温755℃相差37℃，由此产生的相对误差约为5%。由此可见，如果不考虑参比端温度修正、补偿，有时将产生相当大的（温度）测量误差。

8.3 辐射法测温

任何物体，其温度超过绝对零度，都会以电磁波的形式向周围辐射能量。这种电磁波是由物体内部带电粒子在分子和原子内振动产生的，其中与物体本身温度有关，传播热能的那部分辐射，称为热辐射。而把能对被测物体热辐射能量进行检测，进而确定被测物体温度的仪表，称为辐射式温度计。辐射式温度计的感温元件不需和被测物体或被测介质直接接触，所以其感温元件不需达到被测物体的温度，从而不会受被测物体的高温及介质腐蚀等影响；它可以测量高达几千摄氏度的高温。感温元件不会破坏被测物体原来的温度场，可以方便地用于测量运动物体的温度是此类仪表的突出优点。

8.3.1　辐射测温的基本原理

辐射式温度计的感温元件通常工作在属于可见光和红外光的波长区域。可见光的光谱很窄，其波长仅为0.3～0.72μm；红外光谱分布相对较广，其波长范围为0.72～100μm。辐射式温度计的感温元件使用的波长范围为0.3～40μm。

自然界中所有物体对辐射都有吸收、透射或反射的能力，如果某一物体在任何温度下，均能全部吸收辐射到它上面的任何辐射能量，则称此物体为绝对黑体。

根据基尔霍夫定律得知，具有最大吸收本领的物体，在其受热后，也将具有最大的辐射本领。人们称那些对辐射能的吸收（或辐射）除与温度有关外，还与波长有关的物体为选择吸收体；称那些吸收（或辐射）本领与波长无关的物体为灰体。

绝对黑体的吸收系数$L_0=1$，反射系数$\beta_0=0$，理想的绝对黑体在自然界中是不存在的，人们为科学研究和实验所需已能设计出吸收系数为0.99±0.01的近似黑体。

绝对黑体在任何温度下都能全部吸收辐射到其表面的全部辐射能；同时在任何一个温度下，它向外辐射的辐射出射度（简称辐出度）亦最大；其他物体的辐出度总小于绝对黑体。在同一温度T下，某一物体在全波长范围的积分辐射出射度$M(T)$与绝对黑体在全波长范围的积分辐射出射度$M_0(T)$之比，称为该物体的全辐射率（或称全辐射系数）$\varepsilon(T)$，其值在0～1之间。

在任一温度T和某个波长λ下，物体在此波长的光谱辐射出射度$M(\lambda, T)$与黑体在此波长的光谱辐射出射度$M_0(\lambda, T)$之比值称为光谱（单色）辐射度，用$\varepsilon(\lambda, T)$表示，简写成ε_λ。

物体光谱辐射度的大小，不仅与温度、波长有关，而且取决于物体的材料、尺寸、形状、表面粗糙度等，一个真实物体的辐射系数可表示成

$$\varepsilon=1-\beta-\gamma \tag{8-13}$$

式中，β为物体的反射系数；γ为物体的透射系数。凡β、γ不全为零的物体统称为非黑体。

辐射测温的物理基础是普朗克（Planck）热辐射定律和斯蒂藩-玻尔兹曼（Stefan-Boltzmann）定律。绝对黑体的光谱辐射亮度$L(\lambda, T)$与其波长λ、热力学温度T的关系由普朗克定律确定

$$L(\lambda,T)=\frac{C_1}{\lambda^5\pi[e^{c_2/(\lambda T)}-1]} \tag{8-14}$$

式中，λ为物体发出的辐射波长；T为热力学温度；$C_1=2\pi c^2 h$为普朗克第一辐射常数，$C_1=3.7418\times10^{-16}\mathrm{W\cdot m^2}$；$C_2=hc/k$为普朗克第二辐射常数，$C_2=1.438786\times10^{-2}\mathrm{m\cdot K}$；$h$为普朗克常数；$k$为玻尔兹曼常数；$c$为电磁波在真空中的速度。如果波长$\lambda$与温度$T$满足$C_2/(\lambda T)\geqslant1$，则可把普朗克公式简化为维恩（Wien）公式。

$$L_0(\lambda,T)=\frac{C_1}{\lambda^5\pi e^{c_2/(\lambda T)}} \tag{8-15}$$

在温度低于3000K，对于波长较短的可见光，用维恩公式替代普朗克公式产生的误差$<1\%$。

如图8-12所示根据普朗克公式制成的绝对黑体在不同温度下的光谱辐射曲线，每条曲线代表一个固定的温度。

从图中可以看到如下一些规律：每条曲线均有一个极大值，而且这个极值是随着温度升高而向波长短的力向移动；不同温度下的曲线，其曲线峰值点的波长 λ_m 和温度 T 均满足维恩位移定律

$$\lambda_m T = 2898(\mu m \cdot K) \tag{8-16}$$

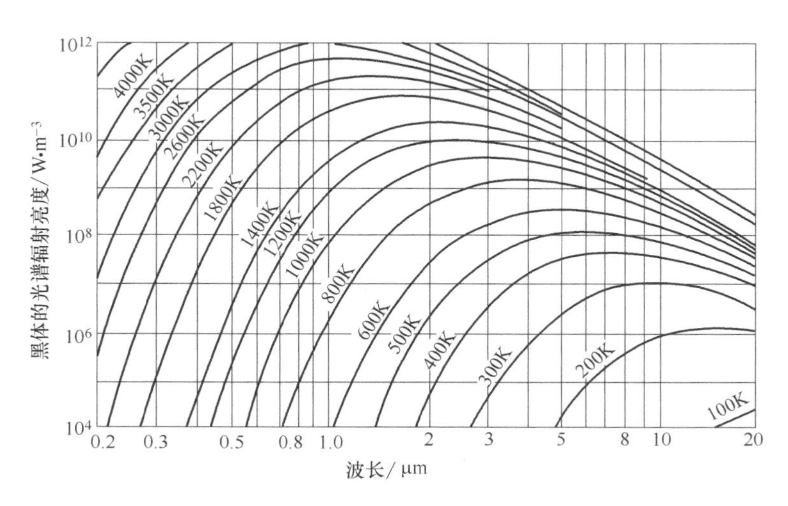

图 8-12　黑体的光谱辐射曲线

由式（8-16）可得：当 $T=3000$K 时，$\lambda_m=0.966\mu m$，处于红外光区；当 $T=5000$K，$\lambda_m=0.58\mu m$，处于黄光区；当 $T=7200$K 时，$\lambda_m=0.4\mu m$，处于紫光区。

上述计算与实际观察是完全吻合的。由维恩位移定律可知，若能测出黑体光谱辐射亮度最大时的对应波长 λ_m，便可方便地得到黑体的温度。工程中，常用的比色温度就是基于这一原理，通过对黑体光谱辐射亮度的测量实现非接触测温的。

实验和理论分析表明，黑体的总辐射能力与温度的关系如式（8-17）所示：

$$M_0(T) = \sigma T^4 \tag{8-17}$$

即在单位时间内，由绝对黑体单位面积上辐射出的总能量 M_0（T）与绝对温度 T 的四次方成正比。式（8-17）被称做斯蒂藩-玻尔兹曼定律，式中，σ 为斯蒂藩-玻尔兹曼常数。

$$\sigma = \frac{2\pi^5 k^4}{15h^3 c^2} = 5.67032 \times 10^{-8} \mathrm{W/m^2 \cdot K^4} \tag{8-18}$$

式中，k 为玻尔兹曼常数；h 为普朗克常数；c 为电磁波在真空中的速度。

如果将式（8-16）用辐射亮度表示，则有

$$L_0 = \frac{\sigma}{\pi} T^4 \tag{8-19}$$

斯蒂藩-玻尔兹曼定律表明：绝对黑体总的辐射出射度或亮度与其热力学温度的四次方成正比。此定律不仅适合绝对黑体，而且适合所有非黑体的实际物体。由于实际物体的发射率低于绝对黑体，所以实际物体的辐射亮度公式为

$$L = \varepsilon(T) \frac{\sigma}{\pi} T^4 \tag{8-20}$$

式中，$\varepsilon(T)$ 为实际物体的全发射率。

综上所述，任何实际物体的总辐射亮度与温度的四次方成正比；通过测量物体的辐射亮度就可得到该物体的温度，这就是辐射测量的基本原理。

8.3.2　辐射测温方法及其仪表

(1) 光谱辐射温度计

依据物体光谱辐射出射度或辐射亮度和其温度 T 的关系，可以测出物体的温度。工程上，直接测定物体光谱辐射出射度比较困难，而测定物体的辐射亮度，则相对容易得多。故目前国内外使用的光谱辐射温度计都是根据被测物体的光谱辐射亮度来确定物体的温度。我国目前生产的光谱辐射温度计有光学高温计、光电高温计及硅辐射温度计等。

① 光学高温计　光学高温计是发展最早、应用最广的非接触式温度计。它结构较简单，使用方便，适用于1000～3500K范围的温度测量，其精度通常为1.0级和1.5级，可满足一般工业测量的精度要求。它被广泛用于高温熔体、高温窑炉的温度测量。

值得指出的是，由于各物体的光谱发射率 ε_λ 不同，即使它们的光谱辐射亮度相同，其实际温度也不会相等；光谱发射率大的物体的温度比光谱发射率小的物体的温度低。因此物体的光谱发射率和光谱辐射亮度是确定物体温度的两个决定因素，如果同时考虑这两个因素将给光学高温计的温度刻划带来很大困难。因此，现在光学高温计均是统一按绝对黑体来进行温度刻划。所以，用光学高温计测量被测物体的温度时，读出的数值将不是该物体的实际温度，而是这个物体此时相当于绝对黑体的温度，即所谓的“亮度温度”。

亮度温度的定义是：在波长为 λ、温度为 T 时，若某物体的辐射亮度 L 与温度为 T_L 的绝对黑体的亮度 $L_{0\lambda}$ 相等，则称 T_L 为这个物体在波长为 λ 时的亮度温度。其数学表达式为

$$L(\lambda,T)=\varepsilon(\lambda,T)L_0(\lambda,T)=L_0(\lambda,T_L) \tag{8-21}$$

式中，$\varepsilon(\lambda, T)$ 为实际物体在温度为 T、波长为 λ 时的光谱发射率；T 为实际物体的真实温度，单位为K；T_L 为黑体温度，也即实际物体的亮度温度，单位为K。

在常用温度和波长范围内，通常用维恩公式来近似表示光谱辐射亮度，这时式（8-19）表示成

$$\varepsilon(\lambda,T)\frac{C_1}{\pi\lambda^5 e^{c_2/(\lambda T)}}=\frac{C_1}{\pi\lambda^5 e^{c_2/(\lambda T_L)}} \tag{8-22}$$

两边取对数，整理后得

$$\frac{1}{T_L}-\frac{1}{T}=\frac{\lambda}{C_2}\ln\frac{1}{\varepsilon_\lambda} \tag{8-23}$$

根据亮度温度的定义，光学高温计是在波长为 λ 的单色波长下获得的亮度。这样，物体的真实温度为

$$T=\frac{C_2T_L}{\lambda T_L\ln\varepsilon_\lambda+C_2} \tag{8-24}$$

对于真实物体总是有 $\varepsilon_\lambda<1$，故测得的亮度温度总比物体的实际温度低，即 $T_L<T$。

光学高温计通常采用（0.66±0.01）μm的单一波长，将物体的光谱辐射亮度 L_λ 和标准光源的光谱辐射亮度进行比较，确定待测物体的温度。光学高温计有三种形式：灯丝隐灭式光学高温计、恒定亮度式光学高温计和光电亮度式光学高温计。

灯丝隐灭式光学高温计是由人眼对热辐射体和高温计灯泡在单一波长附近的光谱范围的辐射亮度进行判断，调节灯泡的亮度使其在背景中隐灭或消失而实现温度测量的。此种隐灭式光学高温计又称目视光学高温计或简称光学高温计，国产WGGZ型光学高温计就是此类高温计。

WGGZ 型光学高温计的原理示意图如图 8-13 所示。

② 光电高温计　光学高温计虽然有结构相对较简单、灵敏度高、测量范围广、使用方便等优点，但是光学高温计在测量物体的温度时，由于要靠手动调节灯丝的亮度，由人眼判别灯丝的“隐灭”，故观察误差较大，也无法实现自动检测和记录。由于科技不断发展和进步，依据光学高温计原理制造出来的光电高温计正在迅速替代光学高温计而广泛用于工业高温测量。

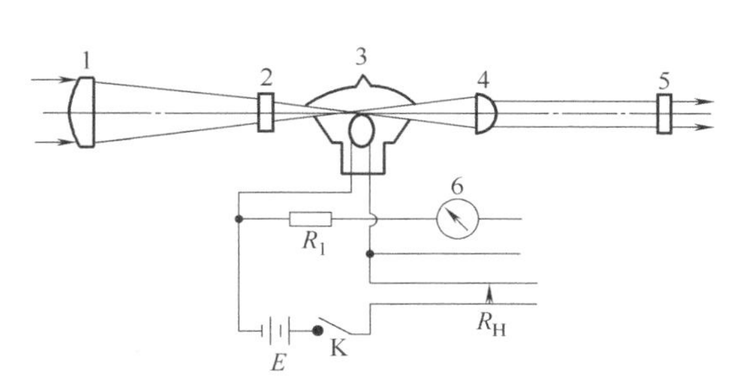

图 8-13　WGGZ 型光学高温计原理图

1—物镜；2—灰色吸收玻璃；3—灯泡；4—目镜；5—红色滤光片；6—显示表头

光电高温计克服了光学高温计的主要缺点，它采用硅光电池作为仪表的光敏元件，代替人眼感受被测物体辐射亮度的变化，并将此亮度信号按比例转换成电信号，经滤波放大后送检测系统进行后续转换处理，最后显示出被测物体的亮度温度。

光电高温计与光学高温计相比，主要优点有：

a. 灵敏度高：光学高温计在金点的灵敏度最佳值为 0.5℃，而光电高温计却能达到 0.005℃，较光学高温计提高两个数量级；

b. 精确度高：采用干涉滤光片或单色仪后，使仪器的单色性能更好，因此，延伸点的不确定度明显降低，在 2000K 时为 0.25℃，至少比光学高温计提高一个数量级；

c. 使用波长范围不受限制：使用波长范围不受人眼光谱敏感度的限制，可见光与红外光范围均可应用，其测温下限可向低温扩展；

d. 光电探测器的响应时间短：光电倍增管可在 10^{-6}s 内响应，响应时间很短；

e. 便于自动测量与控制：可自动记录或远距离传送。

光电高温计由于目前的硅光电池和反馈灯等光电器件的特性离散性大，故光电器件的互换性差，所以在使用、维修时若要更换硅光电池和反馈灯，必须对整个仪表重新进行调整和标定（刻度）。工业用光电高温计精度等级仍为 1.0 级和 1.5 级两种。

③ 辐射温度计　辐射温度计是根据全辐射定律，基于被测物体的辐射热效应进行工作的。它通常由辐射敏感元件、光学系统、显示仪表及辅助装置等几大部分组成。辐射温度计是最古老、最简单、较常用的非接触式高温检测仪表，过去习惯称之为全辐射温度计。虽然此种仪器具有能聚集被测物体辐射能于敏感元件的光学系统，但实际上任何实际的光学系统都不可能全部透过或全部反射所有波长范围的全部辐射能，所以把它直接称之为辐射温度计，似乎更合理一些。

辐射温度计与光学高温计一样是按绝对黑体进行温度分度的，因此用它测量非绝对黑体的具体物体温度时，仪表上的温度指示值将不是该物体的真实温度，称该温度为此被测物体的辐射温度。由此，可以给辐射温度定义为：黑体的总辐射能量等于被测非黑体的总辐射温度。其数学表达式为

$$\varepsilon_T \sigma T^4 = \sigma T_F^4 \tag{8-25}$$

亦即

$$T = T_F \sqrt[4]{\frac{1}{\varepsilon_T}} \tag{8-26}$$

式中，T 为被测物体的真实温度；T_F 为被测物体的辐射温度；ε_T 为被测物体的全发

射率。由于 $0<\varepsilon_T<1$，所以，辐射温度 T_F 总要低于物体的真实温度，现将一些常用材料在给定温度范围内的全发射率列于表 8-5 中，供参考。

值得注意的是，ε_T 与光谱发射率 ε_λ 一样，涉及的因素很多，它随物体的化学成分、表面状态、温度及辐射条件的不同而改变。例如金属镍，在 1000～1400℃ 范围内，$\varepsilon_T=0.056\sim0.069$；在类似温度范围内氧化镍的 ε_T 却为 0.54～0.87，大致相差一个数量级。又如磨光的铂在 260～538℃范围内，$\varepsilon_T=0.06\sim0.10$；而在完全相同的温度范围内，铂黑 ε_T 高达 0.96～0.97。由此可见，被测物体的化学成分或表面状态的差异，均可能造成 ε_T 的很大变化。

表 8-5 一些材料在给定温度范围内的全发射率

名称	温度范围/℃	全发射率 ε_T	名称	温度范围/℃	全发射率 ε_T
磨光的纯铁	260～538	0.08～0.13	铬	260～538	0.17～0.26
磨光的熟铁	260	0.27	镍铬合金 KA-25	260～538	0.38～0.44
氧化铸铁	260～538	0.66～0.75	镍铬合金 NCT-3	260－538	0.90～0.97
氧化的熟铁	260	0.95	镍铬合金 NCT-6	260～538	0.89
磨光的钢	260～538	0.10～0.14	氧化的锡	100	0.05
碳化的钢	260～538	0.53～0.56	未氧化的钨	100、500	0.032～0.071
氧化的钢	93～538	0.88～0.96	磨光的银	260	0.03
磨光的铝	93～538	0.05～0.11	氧化的锌	260	0.11
明亮的铝	148	0.49	磨光的银	260～538	0.02～0.03
氧化的铝	93～538	0.20～0.33	未氧化的银	100～500	0.02～0.035
磨光的铜	260～538	0.05～0.18	氧化的银	200～500	0.02～0.038
氧化的铜	100～538	0.56～0.88	大理石	260	0.58
磨光的镍	260～538	0.07～0.10	石灰石	260	0.80
未氧化的镍	100～500	0.06～0.12	石灰泥	260	0.92
氧化的镍	260～538	0.46～0.67	石英	538	0.58
磨光的铂	260～538	0.06～0.10	白色耐火砖	260、538	0.68～0.89
未氧化的铂	100～500	0.047～0.096	石墨碳	100、500	0.71～0.76
氧化的铂	200～600	0.06～0.11	石墨	200～538	0.49～0.54
铂黑	260～538	0.96～0.97	镍铬合金	125、1034	0.64～0.76
未加工的铸铁	925～1115	0.8～0.95	铂丝	225～1375	0.073～0.183
抛光的铁	425～1020	0.144～0.377	铬	100～1000	0.08～0.26
铁	1000～1400	0.08～0.13	硅砖	1000	0.80
银	1000	0.035	硅砖	1100	0.85
抛光的钢铸件	370～1040	0.52～0.56	耐火黏土砖	1000、1100	0.75
磨光的钢板	940～1100	0.55～0.61	煤	1100～1500	0.52
氧化铁	500～1200	0.85～0.95	钽	1300～2500	0.19～0.30
熔化的铜	1100～1300	0.13～0.15	钨	1000～3000	0.15～0.3
氧化铜	800～1100	0.66～0.84	生铁	1300	0.29
镍	1000～1400	0.056～0.069	铝	200～600	0.11～0.19
氧化镍	600～1300	0.54～0.87			

辐射温度计的敏感元件，分光电型与热敏型两大类。

a. 光电型：常用的有光电倍增管、硅光电池、锗光电二极管等。这类敏感元件的特点是响应速度极快，而同类元件光电特性曲线一致性不是很好，故互换性较差。

b. 热敏型：常用的有热敏电阻、热电堆（由热电偶串联组成）等。这类敏感元件的特点是对响应波长无选择性，灵敏度高，同类元件的热电特性曲线一致性好，响应时间常数较大，通常为 0.01～1s。

辐射温度计光学系统的作用是聚集被测物体的辐射能。其形式有透射型和反射型两大类，光学系统中的物镜通常为平凸形透镜，透镜的材料选用取决于温度计测温范围。测温范围为 400～1200℃时，应选石英玻璃材料（它可透过 0.3～0.4μm 的光谱段）；当测温范围为 700～2000℃时，透镜材料应选用 K-9 型光学玻璃（透过光谱段为 0.3～2.7μm）。所以测量范围不同的辐射温度计的透镜材料是不同的。图 8-14 是采用热电堆作敏感元件的辐射温度计结构示意图。

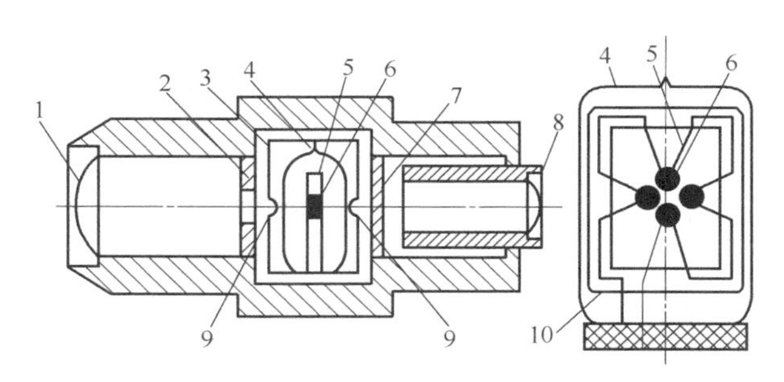

图 8-14 全辐射温度计的构造示意图

1—物镜；2—光阑；3—铜壳；4—玻璃泡；5—热电堆；6—铂黑片；7—吸收玻璃；8—目镜；9—小孔；10—云母片

辐射温度计的测量仪表按显示方式可分为自动平衡式、动圈式和数字式三类。它们均包括测量电路、显示驱动电路、指示器；数字式测量仪表还包括模拟/数字转换电路。自动平衡式测量仪表需有平衡驱动的执行器，如小型步进电机。

辐射温度计的辅助装置主要包括水冷却和烟尘防护装置。与光学温度计相比较，辐射温度计的测量误差要大一些。其原因是被测物体的光谱发射率比其全辐射发射率 ε_T 稳定、准确。另外在 $\lambda=0.66\mu$m 时，光谱辐射能的增加量比全辐射能的增加量大得多，故光学高温计的灵敏度高。鉴于以上原因，辐射温度计在使用上远不及光学高温计普遍，并有进一步被淘汰的趋势。

(2) 比色高温计

维恩位移定律指出：当温度升高时，绝对黑体辐射能量的光谱分布要发生变化。一方面辐射峰值向波长短的方向移动，另一方面光谱分布曲线的斜率将明显增加；斜率的增加致使两个波长对应的光谱能量比发生明显的变化。把根据测量两个光谱能量比（两波长下的亮度比）来测量物体温度的方法称比色测温法；把实现此种测量的仪器称为比色高温计。用此种方法测量非黑体时所得的温度称之为“比色温度”或“颜色温度”。所以，可把比色温度定义为：绝对黑体辐射的两个波长 λ_1 和 λ_2 的亮度比等于被测辐射体在相应波长下的亮度比时，绝对黑体的温度就称为这个被测辐射体的比色温度。

绝对黑体，对应于波长 λ_1 与 λ_2 的光谱辐射亮度之比 R，可用式（8-27）表示：

$$R=\frac{L_{0\lambda_1}}{L_{0\lambda_2}}=\left(\frac{\lambda_2}{\lambda_1}\right)^5 e^{\frac{C_2}{T_B}\left(\frac{1}{\lambda_2}-\frac{1}{\lambda_1}\right)} \tag{8-27}$$

两边取自然对数，得

$$\ln R=5\ln\frac{\lambda_2}{\lambda_1}+\frac{C_2}{T_B}\left(\frac{1}{\lambda_2}-\frac{1}{\lambda_1}\right) \tag{8-28}$$

整理得

$$T_B=C^2\frac{\frac{1}{\lambda_2}-\frac{1}{\lambda_1}}{\ln\frac{L_{0\lambda_1}}{L_{0\lambda_2}}-5\ln\frac{\lambda_2}{\lambda_1}} \tag{8-29}$$

根据比色温度的定义，应用维恩公式，可导出物体的真实温度和其比色温度的关系

$$\frac{1}{T}-\frac{1}{T_B}=\frac{\ln\frac{\varepsilon(\lambda_1,T)}{\varepsilon(\lambda_2,T)}}{C_2\left(\frac{1}{\lambda_1}-\frac{1}{\lambda_2}\right)} \tag{8-30}$$

式中，T_B 为绝对黑体温度，也即物体的比色温度；T 为物体的真实温度；ε (λ_1，T)、ε (λ_2，T) 为物体在 λ_1 和 λ_2 时的光谱发射率。通常 λ_1 和 λ_2 为比色高温计出厂时统一标定的定值，由制造厂家选定，例如选 0.8μm 的红光和 1μm 的红外光。

对于灰体，由于其 $\varepsilon_{\lambda1}=\varepsilon_{\lambda2}$，所以灰体的真实温度与其比色温度相一致。由于很多金属或合金随波长的增大其单色光谱发射率是逐渐减小的，故这类物体的比色温度是高于真实温度的。而相当多的金属其 $\varepsilon_{\lambda1}$ 近似等于 $\varepsilon_{\lambda2}$，故用比色高温计测量此类金属时所得的比色温度就近似等于它们的真实温度。以上这些是比色高温计的一个主要优点。其次，在测量物体的光谱发射率时，比色高温计测量它们相对比值的精度总高于测量它们绝对值的精度；另外由于采用两个波长亮度比的测量，故对环境气氛方面的要求可大大降低，中间介质的影响相对前述光谱辐射温度计来说要小得多。

综上所述，与光谱辐射温度计相比，比色高温计的准确度通常较高，更适合在烟雾、粉尘大等较恶劣环境下工作。国产 WDS-Ⅱ光电比色高温计的原理示意图如图 8-15 所示。

由图 8-15 (a) 可知，被测物体的辐射能经物镜 1 聚焦后，经平行平面玻璃 2、中间有通孔的回零硅光电池 3，再经透镜 4 到分光镜 5。分光镜的作用是反射 λ_1 而让 λ_2 通过，将可见光分成 λ_1(≈0.8μm)、λ_2(≈1μm) 两部分。一部分的能量经可见光滤光片 9，将少量长波辐射能滤除后，剩下波长约为 0.8μm 的可见光被硅光电池 8（即 E_1）接收，并转换成电信号 U_1，输入显示仪表；另一部分的能量则通过分光镜 5，经红外滤光片 6 将少量可见

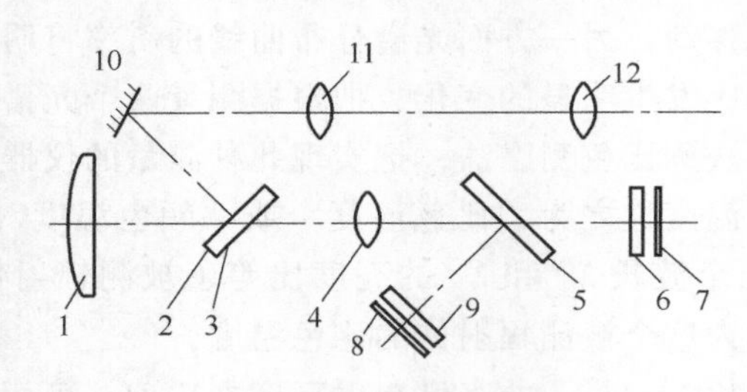

(a) 光路系统

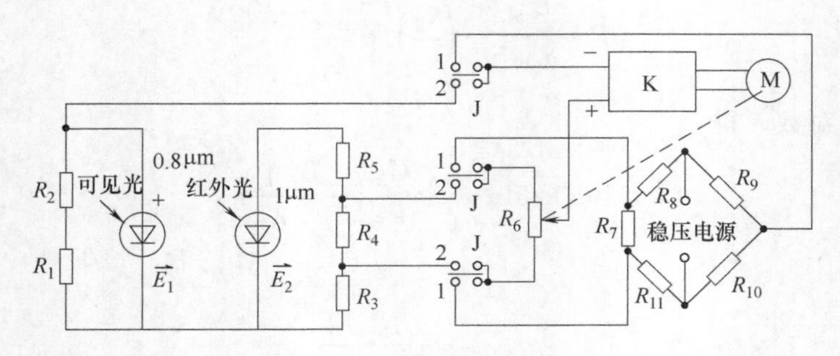

(b) 测量线路图

图 8-15 WDS-Ⅱ型光电比色高温计

1—物镜；2—平行平面玻璃；3—回零硅光电池；4—透镜；5—分光镜；6—红外滤光片；7—硅光电池 E_2；8—硅光电池 E_1；9—可见光滤光片；10—反射镜；11—例像镜；12—目镜

光滤掉。剩下波长为1μm的红外光被硅光电池7（即E_2）接收，并转换成电信号U_2送入显示仪表。

由两个硅光电池输出的信号电压，经显示仪表的平衡桥路测量得出其比值$B=U_1/U_2$，比值的温度数值是用黑体进行分度的。显示仪表由电子电位差计改装而成，其测量线路如图8-15（b）所示，当继电器J处于位置2时，两个硅光电池E_1、E_2输出的电势在其负载电阻上产生电压，这两个电压的差值送入放大器推动可逆电机M转动。电机将带动滑线电阻R_6上的滑动触点移动，直到放大器的输出电压是零为止。

此时滑动触点的位置则代表被测物体的温度。继电器J处于位置1时，仪表指针回零。

在WDS-Ⅱ型光电比色高温计中选用的两波长分别为可见光与红外光。如果两个波长均选在红外光波段，则该仪表称为红外比色温度计，可用来测量较低温度。

8.3.3 红外测温与红外成像测温仪

（1）红外测温

① 红外辐射　红外辐射俗称红外线，它是一种人眼看不见的光线。但实际上它和其他任何光线一样，也是一种客观存在的物质。任何物体，只要它的温度高于绝对零度，就有红外线向周围空间辐射。红外线是位于可见光中红光以外的光线，故称为红外线。它的波长范围大致在0.75～1000μm的频谱范围之内。相对应的频率大致为$4\times10^{14}\sim3\times10^{11}$Hz，红外线与可见光、紫外线、X射线、γ射线和微波、无线电波一起构成了整个无限连续的电磁波谱。

红外辐射的物理本质是热辐射。物体的温度越高，辐射出来的红外线越多，红外辐射的能量就越强。研究发现，太阳光谱各种单色光的热效应从紫色光到红色光是逐渐增大的，而且最大的热效应出现在红外辐射的频率范围内，因此人们又将红外辐射称为热辐射或热射线。

除了上述两类辐射温度计外，还有其他一些利用光电管、光电池、光敏电阻电元件等作为光敏元件的辐射式温度计。这些辐射温度计对光谱具有一定的选择性，仅对部分光谱能量进行测量，故亦称部分辐射温度计。它们的特点是灵敏度高，测温下限低和响应速度较快。下面重点介绍一下目前工业上应用较广的红外部分辐射温度计，简称红外温度计。在温度低于1600℃时，$L_{0\lambda}$最大值所对应的波长范围已明显超出可见光区而进入红外光谱区，这时人眼无法敏感，只能借助各种红外敏感元件，即红外检测器来进行。

② 红外测温的特点　红外测温是比较先进的测温方法，其特点如下：

a. 红外测温是非接触测温，特别适合用于较远距离的高速运动物体、带电体、高温及高压物体的温度测量；

b. 红外测温反应速度快，它不需要与物体达到热平衡的过程，只要接收到目标的红外辐射即可测定温度，反应时间一般都在毫秒级甚至微秒级；

c. 红外测温灵敏度高，由于物体的辐射能量与温度的四次方成正比，因此物体温度微小的变化，就会引起辐射能量较大的变化，红外传感器即可迅速地检测出来；

d. 红外测温准确度较高，由于是非接触测量，不会破坏物体原来温度分布状况，因此测出的温度比较真实，其测量准确度可达到0.1℃以内，甚至更小；

e. 红外测温范围广泛，可测摄氏温度零下几十度到零上几千度的温度范围；

f. 红外测温方法，几乎可在所有温度测量场合使用。例如，各种工业窑炉、热处理炉温度测量、感应加热过程中的温度测量，尤其是钢铁工业中的高速线材、无缝钢管轧制，有色金属连铸、热轧等过程的温度测量等；军事方面的应用如各种运载工具发动机内部温度测量、导弹红外（测温）制导、夜视仪等；在一般社会生活方面如快速非接触人体温度测量、防火监测等。

③ 红外测温原理　红外测温有几种方法，这里只介绍全辐射测温。全辐射测温是测量物体所辐射出来的全波段辐射能量来决定物体的温度。它是斯蒂藩-玻尔兹曼定律的应用，定律表达式为

$$W=\varepsilon\sigma T^4 \tag{8-31}$$

式中，W 为物体单位面积所发射的辐射功率，数值上等于物体的全波辐射出射度；ε 为物体表面的法向比辐射率；σ 为斯蒂藩-玻尔兹曼常数；T 为物体的绝对温度，K。

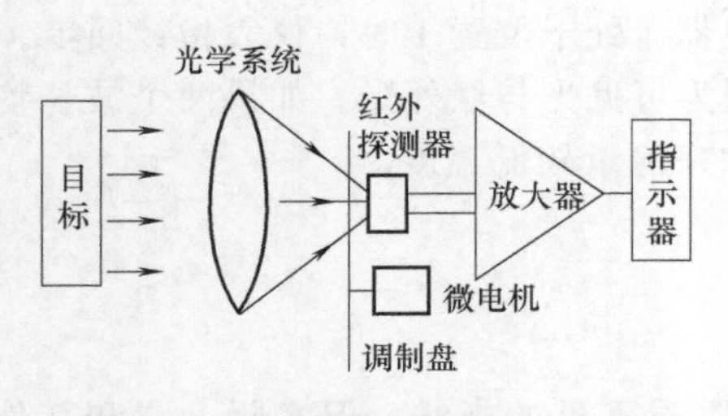

图 8-16　红外辐射测温仪结构原理

红外辐射测温仪结构原理如图 8-16 所示。

由图 8-16 可知，红外测温仪由光学系统、调制器、红外传感器、放大器和指示器等部分组成。光学系统可以是透射式的，也可以是反射式的。透射式光学系统的部件是用红外光学材料制成的，根据红外波长选择光学材料。一般测量高温（700℃以上）仪器，有用波段主要在 0.76～3μm 的近红外区，可选用一般光学玻璃或石英等材料。测量中温（100～700℃）仪器，有用波段主要在 3～5μm 的中红外区，通常采用氟化镁、氧化镁等热压光学材料。测量低温（100℃以下）仪器，其有用波段主要在 5～14μm 的中远红外波段，一般采用锗、硅、热压硫化锌等材料。通常还在镜片表面蒸镀红外增透层，一方面滤掉不需要的波段，另一方面增大有用波段的透射率。反射式光学系统多用凹面玻璃反射镜，表面镀金、铝或镍铬等在红外波段反射率很高的材料。

调制器就是把红外辐射调制成交变辐射的装置。一般是用微电机带动一个齿轮盘或等距离孔盘，通过齿轮盘或带孔盘旋转，切割入射辐射而使投射到红外传感器上的辐射信号成交变的。因为系统对交变信号处理比较容易，并能取得较高的信噪比。

红外传感器是接收目标辐射并转换为电信号的器件，选用哪种传感器要根据目标辐射的波段与能量等实际情况确定。

(2) 红外成像测温仪

在许多场合，人们不仅需要知道物体表面的平均温度，更需要了解物体的温度分布情况，以便分析、研究物体的结构，探测内部缺陷。红外成像就能将物体的温度分布以图像的形式直观地显示出来。下面根据不同成像器件对成像原理做简要介绍。

① 红外摄像管　红外摄像管是将物体的红外辐射转换成电信号，经过电子系统放大处理，再还原为光学像的成像装置，如光导摄像管、硅靶摄像管和热释电摄像管等。前二者是工作在可见光或近红外区的，而后者工作波段长。图 8-17 是热释电摄像管的结构简图。该摄像管靶面为一块热释电材料薄片，在接收辐射的一面覆盖一层对红外辐射透明的导电膜。当经过调制的红外辐射经光学系统成像在靶上时，靶面吸收红外辐射，温度升高并释放出电荷。靶面各点的热释电与靶面各点温度的变化成正比，而靶面各点的温度变化又与靶面的辐照度成正比。因而，靶面各点的热释电量与靶面的辐照度成正比。当电子束在外加偏转磁场和纵向聚焦磁场的作用下扫过靶面时，就得到与靶面电荷分布相一致的视频信号。通过导电膜取出视频信号，送视频放大器放大后，再送到控制显像系统，在显像系统的屏幕上便可见到与物体红外辐射相对应的热像图。

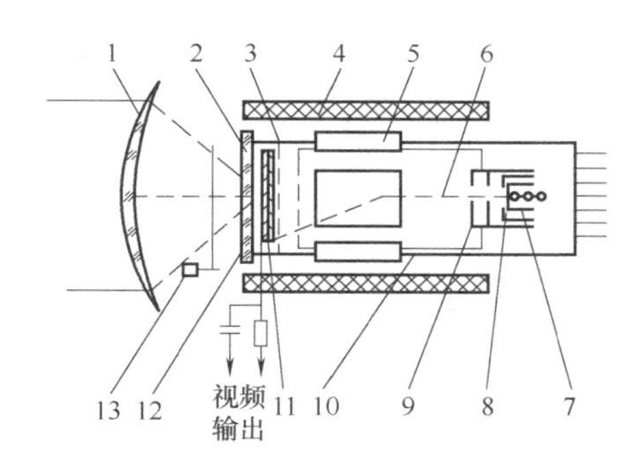

图 8-17 热释电摄像管结构简图

1—锗透镜；2—锗窗口；3—栅网；4—聚焦线圈；5—偏转线圈；6—电子束；7—阴极；8—栅极；9—第一阳极；10—第二阳极；11—热释电靶；12—导电膜；13—斩光器

这里需要提起注意的是：热释电材料只有在温度变化的过程中才产生热释电效应，温度一旦稳定，热释电就消失。所以，当对静止物体成像时，必须对物体的辐射进行调制。对于运动物体，可以在无调制的情况下成像。

② 红外变像管　红外变像管是直接把物体红外图像变成可见图像的电真空器件，主要由光电阴板、电子光学系统和荧光屏三部分组成，均安装在高度真空的密封玻璃壳内。当物体的红外辐射通过物镜照射到光电阴极上时，光电阴极表面的红外敏感材料接收物体的红外辐射后，便发射与表面的辐射照度大小成正比的光电子。光电阴极发射的光电子在电场的作用下飞向荧光屏。荧光屏上的荧光物质，受到高速电子的轰击便发出可见光。可见光辉度与轰击的电子密度的大小成比例，即与物体红外辐射的分布成比例。这样，体现物体各部位温度高低的红外图像便被转换成人眼很容易识别的可见光图像。

思考题与习题

8.1　经验温标有哪几种？它们是如何定义的？

8.2　温度的测量方法有哪几种？它们的特点分别是什么？

8.3　工程上实用性良好的热电偶对其热电极材料有哪些要求？

8.4　简述双金属温度计的工作原理和适用场合。

8.5　热敏电阻和热电阻、热电偶等其他换能式感温元件相比有哪些显著的特点？

8.6　热电阻在应用的过程中有哪些典型的引线方式？

8.7　什么是亮度温度？什么是颜色温度？为什么比色辐射温度计通常相比其他辐射式温度计能获得较高的测量精度？

第9章
流量检测技术

学习目标

1. 了解流量检测的基本概念，掌握管流相关基础知识。

2. 掌握差压式流量计、容积式流量计、叶轮式流量计、电磁式流量计、流体振动式流量计、超声波流量计、质量流量计的工作原理与应用，能够根据实际工程应用选择合适的流量计。

3. 了解流量计的校准方法与标准装置。

在现代工农业生产和科学研究中，流体的流量是一个重要参数。流量检测的主要任务有两类：一是为流体工业提高产品质量和生产效率，降低成本以及水利工程和环境保护等做必要的流量检测和控制；二是为流体贸易结算、储运管理和污水废气排放控制等做总量计量。随着科学技术的发展，需要测量的流体越来越多，对流量测量的要求也越来越高，因此，要根据被测流体的种类、流动状况和测量条件，研究各种相应的流量测量方法和仪表。本章介绍流量测量的基本知识和常用的流量检测仪表。

9.1 流量检测的基本概念

9.1.1 流量和流量计

(1) 流量

所谓流量，是指单位时间内流体流经管道或明渠某横截面的数量，又称瞬时流量。当流体以体积表示时称为体积流量，以质量表示时称为质量流量。

根据流量的定义，体积流量 q_V 和质量流量 q_m 可分别表示为

$$q_V=\lim_{\Delta t\to 0}\frac{\Delta V}{\Delta t}=\frac{\mathrm{d}V}{\mathrm{d}t}=\mu A \tag{9-1}$$

$$q_m=\lim_{\Delta t\to 0}\frac{\Delta M}{\Delta t}=\frac{\mathrm{d}M}{\mathrm{d}t}=\rho\mu A \tag{9-2}$$

式中，V 为流体体积；M 为流体质量；t 为时间；A 为观测截面面积；ρ 为流体密度；μ 为截面上流体的平均流速。

体积流量和质量流量的关系为

$$q_m = \rho \mu A = \rho q_V \tag{9-3}$$

在工业生产中，瞬时流量是在涉及流体介质的工艺流程中，为保持均衡稳定的生产和保证产品质量而需要调节和控制的重要参量。

(2) 累积流量

在工程应用中，往往需要了解在某一段时间内流过某横截面流体的总量，即累积流量。累积流量等于该时间内瞬时流量对时间的积分

$$Q_V = \int_t q_V \mathrm{d}t \tag{9-4}$$

$$Q_m = \int_t q_m \mathrm{d}t \tag{9-5}$$

式中，Q_V 为累积体积流量；Q_m 为累积质量流量；t 为测量时间。

累积流量是有关流体介质的贸易、分配、交接、供应等商业性活动中所必知的参数之一，是计价、结算、收费的基础。

(3) 流量计

用于测量流量的计量器具称为流量计，通常由一次装置和二次仪表组成。一次装置安装于流体管道内部或外部，根据流体与一次装置相互作用的物理定律，产生一个与流量有确定关系的信号，一次装置又称流量传感器。二次仪表接受一次装置的信号，并转换成流量显示信号或输出信号。流量计可分为专门测量流体瞬时流量的瞬时流量计和专门测量流体累积流量的累积式流量计。目前，随着流量测量技术及仪表的发展，大多数流量计都同时具备测量流体瞬时流量和积算流体总量的功能。

(4) 流量计量单位

体积流量的计量单位为立方米/秒（m^3/s），质量流量的计量单位为千克/秒（kg/s）；累积体积流量的计量单位为立方米（m^3）；累积质量流量的计量单位为千克（kg）。

除上述流量计量单位外，工程上还使用立方米/时（m^3/h）、升/分（L/min）、吨/小时（t/h）、升（L）、吨（t）等作为流量计量单位。

9.1.2　流体物理参数与管流基础知识

测量流量时，必须准确知道反映被测流体属性和状态的各种物理参数，如流体的密度、黏度、压缩系数等。对管道内的流体，还必须考虑其流动状况、流速分布等因素。

(1) 流体的密度

单位体积的流体所具有的质量称为流体密度

$$\rho = \frac{M}{V} \tag{9-6}$$

式中，ρ 为流体密度，kg/m^3；M 为流体质量，kg；V 为流体体积，m^3。

流体密度是温度和压力的函数，流体密度通常由密度计测定，某些流体的密度可查表求得。

(2) 流体黏度

实际流体在流动时有阻止内部质点发生相对滑移的性质，这就是流体的黏性，黏度是表示流体黏性大小的参数。通常采用动力黏度和运动黏度来表征流体黏度。

根据牛顿的研究，流体运动过程中阻滞剪切变形的黏滞力与流体的速度梯度和接触面积成正比，并与流体黏性有关，其数学表达式（牛顿黏性定律）为

$$F=\mu A\ \frac{du}{dy} \tag{9-7}$$

式中，F 为黏滞力；A 为接触面积；$d\mu/dy$ 为流体垂直于速度方向的速度梯度；μ 为表征流体黏性的比例系数，称为动力黏度或简称黏度。各种流体的黏度不同。

流体的动力黏度 μ 与流体密度 ρ 的比值称为运动黏度 ν，即

$$\nu=\frac{\mu}{\rho} \tag{9-8}$$

动力黏度的单位为牛顿·秒/平方米（$N\cdot s/m^2$），即帕斯卡·秒（$Pa\cdot s$）；运动黏度的单位为平方米/秒（m^2/s）。黏度是温度和压力的函数，可由黏度计测定，有些流体的黏度可查表求得。

服从牛顿黏性定律的流体称为牛顿流体，如水、轻质油、气体等。不服从牛顿黏性定律的流体称为非牛顿流体，如胶体溶液、泥浆、油漆等。非牛顿流体的黏度规律较为复杂，目前流量测量研究的重点是牛顿流体。

(3) 流体的压缩系数和膨胀系数

在一定的温度下，流体体积随压力增大而缩小的特性，称为流体的压缩性；在一定压力下，流体的体积随温度升高而增大的特性，称为流体的膨胀性。

流体的压缩性用压缩系数表示，定义为：当流体温度不变而所受压力变化时，其体积的相对变化率，即

$$k=-\frac{1}{V}\times\frac{\Delta V}{\Delta p} \tag{9-9}$$

式中，k 为流体的体积压缩系数（1/Pa）；V 为流体的原体积，m^3；Δp 为流体压力增量，Pa；ΔV 为流体体积变化量，m^3。因为 Δp 与 ΔV 的符号总是相反，公式中引入负号以使压缩系数 k 总为正值。

如果压力不是很高，液体的压缩系数非常小，一般准确度要求时其压缩性可忽略不计，故通常把液体看作是不可压缩流体，而把气体看作是可压缩流体。

流体的膨胀性用膨胀系数来表示，定义为：在一定的压力下，流体温度变化时其体积的相对变化率，即

$$\beta=\frac{1}{V}\times\frac{\Delta V}{\Delta T} \tag{9-10}$$

式中，β 为流体的体积膨胀系数（1/℃）；V 为流体的原体积，m^3；ΔV 为流体体积变化量，m^3；ΔT 为流体温度变化量，℃。

流体膨胀性对测量结果的影响较明显，无论是气体还是液体均须予以考虑。

(4) 管流类型

通常把流体充满管道截面的流动叫管流。管流分为下述几种类型。

① 单相流和多相流　管道中只有一种均匀状态的流体流动称为单相流，如只有单纯气态或液态流体在管道中的流动；两种不同相的流体同时在管道中流动称为两相流；两种以上不同相的流体同时在管道中流动称为多相流。

② 可压缩和不可压缩流体的流动　流体的流动分为可压缩流体流动和不可压缩流体流动两种，这两种不同的流体在流动规律中的某些方面有根本的区别。

③ 稳定流和不稳定流　当流体流动时，若其各处的速度和压力仅与流体质点所处的位置有关，而与时间无关，则流体的这种流动称为稳定流；若还与时间有关，则称为不稳

定流。

④ 层流与紊流　管内流体有层流和紊流两种性质截然不同的流动状态。层流中流体沿轴向作分层平行流动，各流层质点没有垂直于主流方向的横向运动，互不混杂，有规则的流线，层流状态流体流量与流体压力降成正比；紊流状态管内流体不仅有轴向运动，而且还有剧烈的无规则的横向运动，紊流状态流量与压力降的平方根成正比。这两种流动状态下，管内流体的流速分布不同。可以用无量纲数——雷诺数作为判别管内流体流动是层流还是紊流的判据。对于圆管流，雷诺数表示为

$$Re_D=\frac{u\rho D}{\mu}=\frac{uD}{\nu} \tag{9-11}$$

式中，Re_D 为圆管流雷诺数；u 为流动横截面的平均流速；μ 为动力黏度；ν 为运动黏度；ρ 为流体的密度；D 为管道内径，即圆管流特征长度。

通常认为，$Re_D\leqslant 2320$ 为层流状态，当 Re_D 大于该数值时，流动就开始转变为紊流。

(5) 流速分布与平均流速

流体在管内流动时，由于管壁与流体的黏滞作用，越接近管壁，流速越低，管中心部分的流速最快，这称为流速分布。流体流动状态不同，其流速分布也不同。比较简单的流速分布模型为

层流流动

$$u_x=u_{\max}\left[1-\left(\frac{r_x}{R}\right)^2\right] \tag{9-12}$$

紊流流动

$$u_x=u_{\max}\left(1-\frac{r_x}{R}\right)^{1/n} \tag{9-13}$$

式中，u_x 为距管中心距离 r_x 处的流速；$u_{\max}$ 为管中心处最大流速；r_x 为距管中心径向距离；R 为管内半径；n 为随流体雷诺数不同而变化的系数（如表 9-1 所示为雷诺数与 n 的关系）。

表 9-1　雷诺数 Re_D 与 n 的关系

$Re_D\times 104$	n	$Re_D\times 104$	n	$Re_D\times 104$	n
2.56	7.0	38.4	8.5	110.0	9.4
10.54	7.3	53.6	8.8	152.0	9.7
20.56	8.0	70.0	9.0	198.0	9.8
32.00	8.3	84.4	9.2	278.0	9.9

图 9-1 为圆管内的流速分布示意图，可以看出层流状态下流速呈轴对称抛物线分布，在管中心轴上达到最大流速，紊流状态下流速呈轴对称指数分布，其流速分布形状随雷诺数不同而变化，而层流流速分布与雷诺数无关。

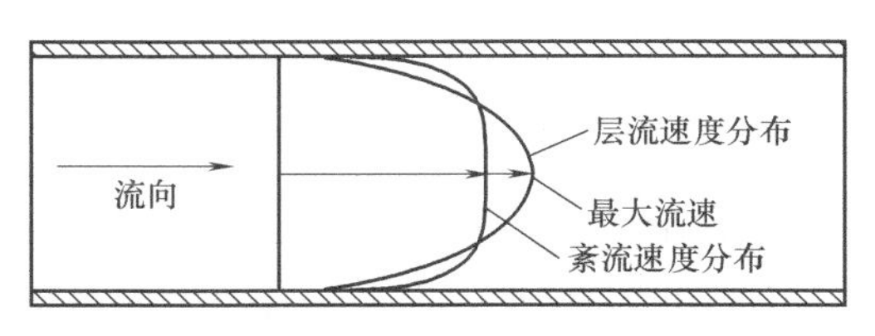

图 9-1　圆管内的流速分布

流体需流经足够长的直管段才能形成上述管内流速分布，而在弯管、阀门和节流元件等后面管内流速分布会变得紊乱。因此，对于由测量流速进而求流量的测量仪表，在安装时其上下游必须有一定长度的直管段。在无法保证足够直管段长度时，应使用整流装置。

通过测流速求流量的流量计一般是检测出平均流速然后求得流量。对于层流，平均流速

是管中心最大流速的0.5倍（$u=0.5u_{max}$）；紊流时的平均流速 u 与 n 值有关

$$u=\frac{2n^2}{(n+1)(2n+1)}u_{max} \tag{9-14}$$

(6) 流动基本方程

① 连续性方程　连续性方程是质量守恒定律在运动流体中的具体应用。对于可压缩流体的定常流动，连续性方程可表达为

$$\rho_1 u_1 A_1=\rho_2 u_2 A_2=q_m=\text{常数} \tag{9-15}$$

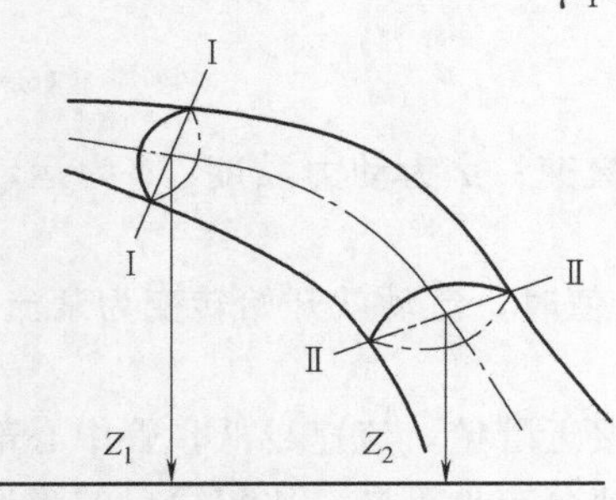

图 9-2　流动基本方程示意图

式中，A_1、ρ_1、u_1 和 A_2、ρ_2、u_2 分别为图 9-2 所示管道中任意两个截面Ⅰ、Ⅱ处的面积、流体密度和截面上流体的平均流速。

对于不可压缩流体，则 ρ 为常数，方程可简化为

$$u_1 A_1=u_2 A_2=q_V=\text{常数} \tag{9-16}$$

② 伯努利方程　当无黏性、不可压缩流体在重力作用下在管内定常流动时，伯努利方程可表达为

$$gZ_1+\frac{p_1}{\rho}+\frac{u_1^2}{2}=gZ_2+\frac{p_2}{\rho}+\frac{u_2^2}{2}=\text{常数} \tag{9-17}$$

式中，g 为重力加速度；Z_1、Z_2 为截面Ⅰ、Ⅱ相对基准线的高度；p_1、p_2 为截面Ⅰ、Ⅱ上流体的静压力。

伯努利方程说明，流体运动时，单位质量流体的总机械能（位势能、压力能和动能）沿流线守恒，且不同性质的机械能可以互相转换。应用伯努利方程，可以方便地确定管道中流体的速度或压力。

实际流体具有黏性，在流动过程中要克服摩擦阻力而做功，这将使流体的一部分机械能转化为热能而耗散。因此，在黏性流体中使用伯努利方程要考虑由于阻力而造成的能量损失。

9.2 流量测量仪表

现代工业中，流量测量应用的领域广泛，由于各种流体性质不同，测量时其状态（压力、温度）也不相同，因此采用各种各样的方法和流量仪表进行流量的测量。流量仪表种类繁多，已经在使用的超过百种，它们的测量原理、结构、使用方法、适用场合各不相同，各有特点。流量检测仪表可按各种不同的原则划分，目前并无统一的分类方法。通常有以下几种分类：

① 按测量对象分类　流量仪表可分为封闭管道流量计和明渠流量计。

② 按测量目的分类　流量仪表可分为瞬时流量计和总量表。

③ 按测量原理分类　流量仪表可分为差压式、容积式、速度式等几类。

④ 按测量方法和仪表结构分类　这种分类方法较为流行。流量仪表可分为差压式流量计、浮子流量计、容积式流量计、叶轮式流量计、电磁式流量计、流体振动式流量计、超声式流量计以及质量流量计等。

9.2.1 差压式流量计

差压式流量计是目前工业生产中用来测量液体、气体或蒸汽流量的最常用的一类流量仪

表，其使用量占整个工业领域内流量计总数的一半以上。

差压式流量计基于流体在通过设置于流通管道上的流动阻力件时产生的压力差与流体流量之间的确定关系，通过测量差压值来求得流体的流量。产生差压的装置有多种形式，相应地有各种不同的差压式流量计，其中使用最广泛的是节流式流量计，其他形式的差压式流量计还有均速管、弯管、靶式流量计、浮子流量计等。

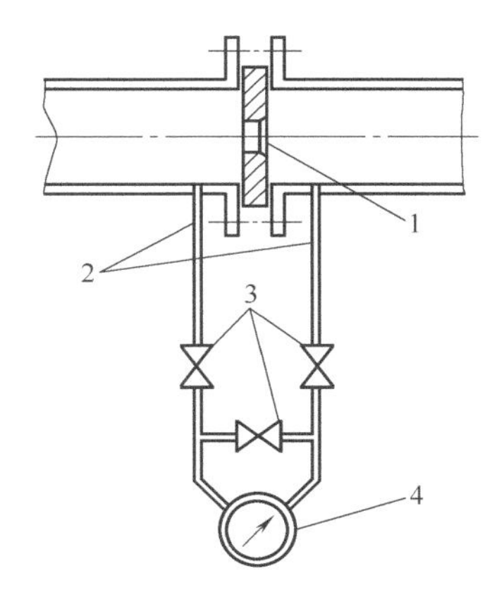

图 9-3　节流式流量计组成
1—节流元件；2—引压管路；
3—三阀组；4—压差计

(1) 节流式流量计测量原理

节流式流量计由节流装置、引压管路、三阀组和差压计组成，如图 9-3 所示节流式流量计中产生差压的装置称节流装置，其主体是一个流通面积小于管道截面的局部收缩阻力件，称为节流元件。当流体流过节流元件时产生节流现象，流体流速和压力均发生变化，在节流元件两侧形成压力差。实践证明，在节流元件形状、尺寸一定，管道条件和流体参数一定的情况下，节流元件前后的压力差与流体流量之间成一定的函数关系。因此，可以通过测量节流元件前后的差压来测量流量。

流体流经节流元件时的压力、速度变化情况如图 9-4 所示。从图中可见，稳定流动的流体沿水平管道流动到节流元件前的截面 1 处之后，流束开始收缩，靠近管壁处的流体向管道中心加速，而管道中心处流体的压力开始下降。由于惯性作用，流体流过节流元件后流束继续收缩，因此流束的最小截面位置不在节流元件处，而在节流元件后的截面 2 处（此位置随流量大小而变），此处流体平均流速 u_2 最大，压力 p_2 最低。截面 2 后，流束逐渐扩大。在截面 3 处，流束又充满管道，流体速度 u_3 恢复到节流前的速度 u_1（$u_3=u_1$）。由于流体流经节流元件时会产生漩涡以及沿程的摩擦阻力等会造成能量损失，因此压力 p_3 不能恢复到原来的数值 p_1。p_1 与 p_3 的差值 δp（$\delta p=p_1-p_2$）称为流体流经节流元件的压力损失。

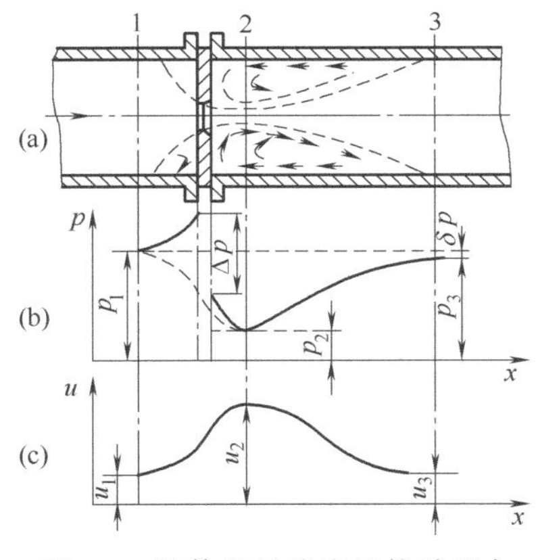

图 9-4　流体流经节流元件时压力和流速变化情况

沿管壁流体压力的变化和轴线上是不同的，在节流件前由于节流件对流体的阻碍，造成部分流体局部滞止，使管壁上流体静压比上游压力稍有增高。图 9-4 中实线表示管壁上流体压力沿轴向的变化，虚线表示管道轴线上流体压力沿轴向的变化。

(2) 流量方程

节流件前后差压与流量之间的关系，即节流式流量计的流量方程可由流动连续性方程和伯努利方程推出。设管道水平放置，对于截面 1、2，由于 $Z_1=Z_2$，则由式 (9-16)、式 (9-17) 可求出

$$\rho_1 u_1 \frac{\pi}{4} D^2=\rho_2 u_2 d'^2 \tag{9-18}$$

$$\frac{p_1}{\rho_1}+\frac{u_1^2}{2}=\frac{p_2}{\rho_2}+\frac{u_2^2}{2} \tag{9-19}$$

式中，p_1、p_2 为截面 1 和 2 上流体的静压力；u_1、u_2 为截面 1 和 2 上流体的平均流速；ρ_1、ρ_2 为截面 1 和 2 上流体的密度，对于不可压缩流体，$\rho_1=\rho_2=\rho$；D、d' 为截面 1 和 2 上流束直径。

由式（9-18）、式（9-19）可求出

$$u_2=\frac{1}{\sqrt{1-(d'/D)^4}}\sqrt{\frac{2}{\rho}(p_1-p_2)} \tag{9-20}$$

根据流量的定义，可得流量与差压的关系为

$$q_V=u_2A_2=\frac{1}{\sqrt{1-(d'/D)^4}}\frac{\pi}{4}d'^2\sqrt{\frac{2}{\rho}(p_1-p_2)} \tag{9-21}$$

$$q_m=\rho u_2A_2=\frac{1}{\sqrt{1-(d'/D)^4}}\frac{\pi}{4}d'^2\sqrt{2\rho(p_1-p_2)} \tag{9-22}$$

式中，A_2 为截面 2 上流束截面积。

在推导上述流量方程时，未考虑压力损失 δp；而截面 2 的位置是随流量的大小变化的，流束收缩最小截面直径 d' 难以确定；另外，(p_1-p_2) 是理论差压，难以测量。

因此，在实际使用上述流量公式时，以节流元件的开孔直径 d 代替 d'，并令直径比 $\beta=d/D$；以实际采用的某种取压方式所得到的压差 Δp 代替 (p_1-p_2) 的值；同时引入流出系数 C（或流量系数 α）对式（9-21）、式（9-22）进行修正，得到实际的流量方程

$$q_V=\frac{C}{\sqrt{1-\beta^4}}\frac{\pi}{4}d^2\sqrt{\frac{2}{\rho}\Delta p}=\alpha\frac{\pi}{4}d^2\sqrt{\frac{2}{\rho}\Delta p} \tag{9-23}$$

$$q_m=\frac{C}{\sqrt{1-\beta^4}}\frac{\pi}{4}d^2\sqrt{2\rho\Delta p}=\alpha\frac{\pi}{4}d^2\sqrt{2\rho\Delta p} \tag{9-24}$$

式中，流量系数 $\alpha=\frac{C}{\sqrt{1-\beta^4}}=CE$，$E$ 称为渐近速度系数，$E=\frac{1}{\sqrt{1-\beta^4}}$

对于可压缩流体，考虑到节流过程中流体密度的变化而引入流束膨胀系数 ε 进行修正，ρ 采用节流元件前的流体密度，由此流量方程可更一般地表示为

$$q_V=\alpha\varepsilon\frac{\pi}{4}d^2\sqrt{\frac{2}{\rho}\Delta p} \tag{9-25}$$

$$q_m=\alpha\varepsilon\frac{\pi}{4}d^2\sqrt{2\rho\Delta p} \tag{9-26}$$

式中，当用于不可压缩流体时，$\varepsilon=1$；用于可压缩流体时，$\varepsilon<1$。

流量系数 α（或流出系数 C）除与节流元件形式、流体压力的取压方式、管道直径 D、直径比 β 及流体雷诺数 Re 等因素有关外，还受管道粗糙度的影响。

流束膨胀系数 ε 也是一个影响因素十分复杂的参数。实验表明，ε 与雷诺数无关，对于给定的节流装置，ε 的数值主要取决于 β、$\Delta p/p_1$ 及被测介质的等熵指数 k。

α 和 β 均可通过查阅图表求得。

(3) 节流装置

节流装置由节流元件、取压装置与测量管段（节流件前后的直管段）等三部分组成。

根据标准化程度，节流装置分为标准节流装置和非标准节流装置两大类。标准节流装置是按标准规定设计、制造、安装、使用的节流装置，不必经过单独标定即可投入使用。我国现行国家标准为 GB/T 2624—2006，标准中对节流元件的结构形式、尺寸、技术要求等均已标准化，对取压方式、取压装置以及对节流元件前后直管段的要求都有相应规定，有关计算数据都经过大量的系统实验而有统一的图表可供查阅。

非标准节流装置成熟程度较差，还没有列入标准文件。

① 标准节流元件的结构形式 按国标规定，标准节流元件有标准孔板、标准喷嘴（ISA1932）、长径喷嘴、文丘里管和文丘里喷嘴等。工业上最常用的是孔板，其次是喷嘴，文丘里管使用较少。

a. 标准孔板。标准孔板是一块具有与管道同心圆形开孔的圆板，迎流一侧是有锐利直角入口边缘的圆筒形孔，顺流的出口呈扩散的锥形。标准孔板的各部分结构尺寸、粗糙度在国标中都有严格的规定（图 9-5）。它的特征尺寸是节流孔径 d，在任何情况下，应使 $d>12.5\text{mm}$，且直径比 β 应为 $0.20\leqslant\beta\leqslant0.75$；节流孔厚度 e 应在 $0.005D$ 与 $0.02D$（D 为管道直径）之间；孔板厚度 E 应在 e 与 $0.05D$ 之间；扩散的锥形表面应经精加工，斜角 F 应为 $45°\pm15°$。

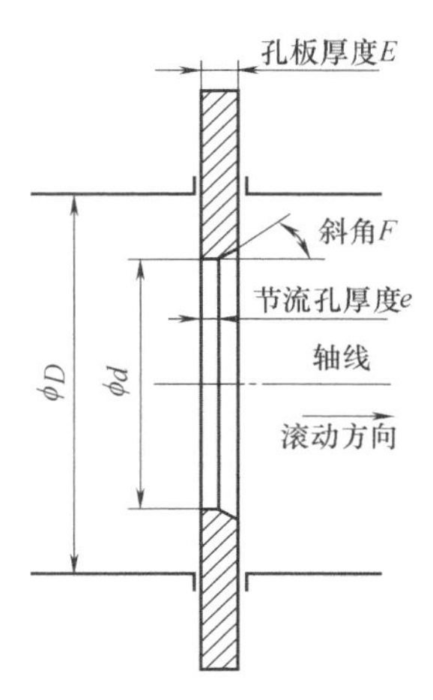

图 9-5 标准孔板

标准孔板结构简单，加工方便，价格便宜；但对流体造成的压力损失较大，测量精度较低，而且一般只适用于洁净流体介质的测量。此外，在大管径条件下测量高温高压介质时，孔板易变形。

b. 标准喷嘴。标准喷嘴是一种以管道轴线为中心线的旋转对称体，主要由入口圆弧收缩部分与出口圆筒形喉部组成，有 ISA1932 喷嘴和长径喷嘴两种形式。ISA1932 喷嘴的结构如图 9-6 所示，其廓形由入口端面 A、收缩部分第一圆弧曲面 B 与第二圆弧曲面 C、圆筒喉部 E 和出口边缘保护槽 F 组成。各段型线之间相切，不得有任何不光滑部分。喷嘴的特征尺寸是其圆筒形喉部的内直径 d，筒形长度 $b=0.3D$。

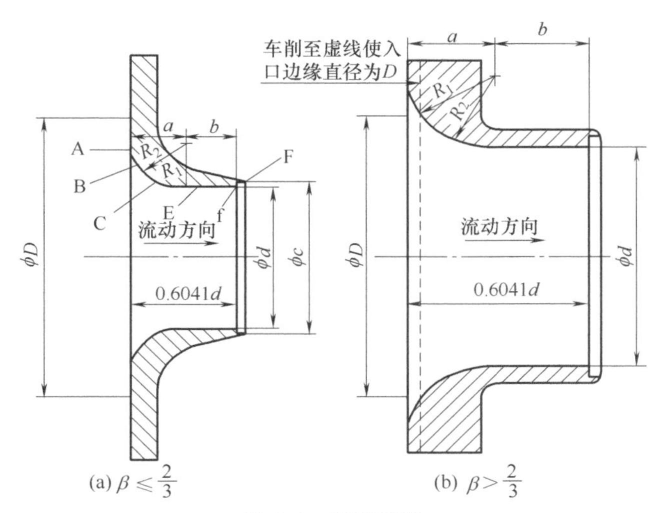

图 9-6 标准喷嘴

标准喷嘴的测量精度比孔板高，压力损失要小于孔板。能测量带有污垢的流体介质，使用寿命长。但结构较复杂、体积大，比孔板加工困难，成本较高。

c. 文丘里管。文丘里管有两种标准形式：经典文丘里管（简称文丘里管）与文丘里喷嘴。经典文丘里管如图 9-7 所示。

文丘里管压力损失最低，有较高的测量精度，对流体中的悬浮物不敏感，可用于污脏流体介质的流量测量，在大管径流量测量方面应用得较多，但尺寸大、笨重，加工困难，成本高，一般用在有特殊要求的场合。

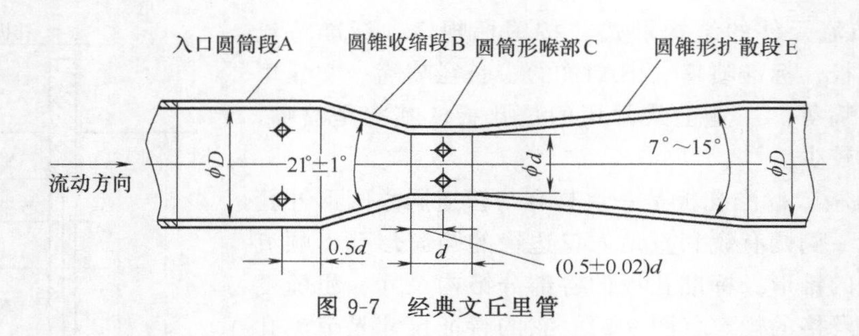

图 9-7 经典文丘里管

② 节流装置的取压方式与取压装置 由图 9-7 可以看出，即使流量相同，在节流元件上下游的取压口位置选择不同，得到的差压也将不同。根据节流装置取压口位置，可将取压方式分为理论取压、角接取压、法兰取压、径距取压与损失取压等五种。各种取压方式对取压口位置、取压口直径、取压口的加工及配合都有严格规定。

标准节流装置的取压方式规定为：

a. 标准孔板：可以采用角接取压、法兰取压和径距取压；

b. ISA1932 喷嘴：上游采用角接取压，下游可采用角接取压或在较远处取压；

c. 经典文丘里管：在上游和喉部均各取不少于 4 个，且由均压环室连接的取压口取压，各取压口在垂直于管道轴线的截面平均分布。

角接取压法的取压孔紧靠孔板的前后端面；法兰取压法上下游取压孔中心与孔板前后端面的距离均为 25.4mm；径距取压法上游取压孔中心与孔板前端面的距离为 $1D$，下游取压孔中心与孔板后端面的距离为 $0.5D$。

目前广泛采用的是角接取压法，其次是法兰取压法。角接取压法比较简便，角接取压装置（图 9-8）的取压口结构有环室取压和单独钻孔取压两种。环室有均压作用，压差比较稳定，使用广泛，测量精度较高。但当管径＞500mm 时，因环室加工困难，一般采用单独钻孔取压，取压孔直径 4～10mm。

法兰取压装置（图 9-9）结构较简单，由一对带有取压孔的法兰组成，两个取压孔轴线垂直于管道轴线，取压孔直径 6～12mm。法兰取压装置制造和使用比较方便，通用性好，但精度较角接取压法低些。

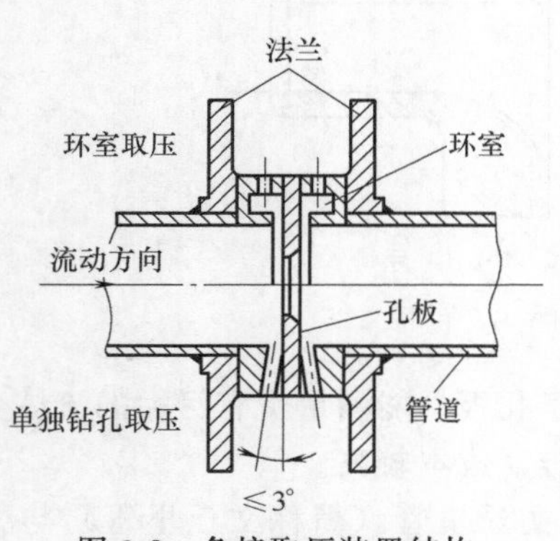

图 9-8 角接取压装置结构

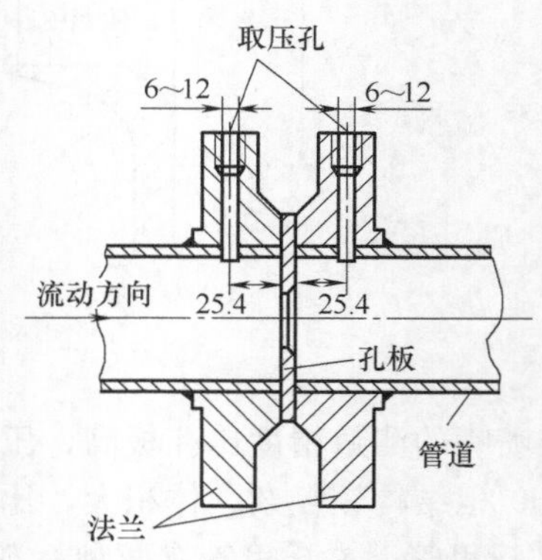

图 9-9 法兰取压装置结构

③ 标准节流装置的管道条件 国家标准给出的标准节流装置的流量系数值，是流体在到达节流元件上游 $1D$（一倍管道直径）处的管道截面上形成典型的紊流分布且无漩涡的条件下取得的。如果在实际测量时不能满足或接近这种条件，就可能引起难以估计的测量误

差，因此，除对节流元件和取压装置有严格规定外，对管道使用条件，如管道长度、圆度和内表面粗糙度也有严格的要求。

a. 安装节流元件的管道应是圆形直管道。节流元件及取压装置安装在截面为圆形的两直管之间。管道圆度按有关标准的规定检验，在节流元件上下游各 $2D$ 长度范围内应实测，$2D$ 以外可目测管道圆度，管道直线度可用目测法检验。

b. 管道内壁应洁净。管道内表面在节流元件上游 $10D$ 和下游 $4D$ 范围内应是洁净的（可以是光滑的，也可以是粗糙的），并满足有关粗糙度的规定。

c. 节流元件前后应有足够长的直管段。为保证流体流到节流元件前达到充分的紊流状态，节流元件前后应有足够长的直管段。标准节流装置组成部分中的测量直管段（前 $10D$ 后 $4D$，一般由仪表厂家提供）是最小直管段 L 的一部分。由于工业管道上常存在各种弯头、阀门、分叉、会合等局部阻力件，它们会使平稳的流束受到严重的扰动，需要流经很长的直管段才能恢复平稳。因此，节流元件前后实际直管段的长度要根据节流元件上下游局部阻力件的形式、节流元件的形式和直径比 β 决定，具体情况可查阅规范。当现场难以满足直管段的最小长度要求或有扰动源存在时，可考虑在节流元件前安装流动整流器，以消除流动的不对称分布和旋转流等情况。安装位置和使用的整流器形式在标准中有具体规定。安装了整流器后会产生相应的压力损失。

④ 非标准节流装置　在工程实际应用中，对于诸如脏污介质、低雷诺数流体、多相流体、非牛顿流体或小管径、非圆截面管道等流量测量问题，标准节流元件不能适用，需要采用一些非标准节流装置或选择其他形式的流量计来测量流量。非标准节流装置就是试验数据尚不充分、尚未标准化的节流装置，其设计计算方法与标准节流装置基本相同，但使用前需要进行实际标定。

图 9-10 是几种典型的非标准节流装置节流元件，图中，D 代表管道内径，d 代表节流元件的孔径。其中，图 9-10（a）是主要用于低雷诺数流量测量的 1/4 孔板；图 9-10（b）与

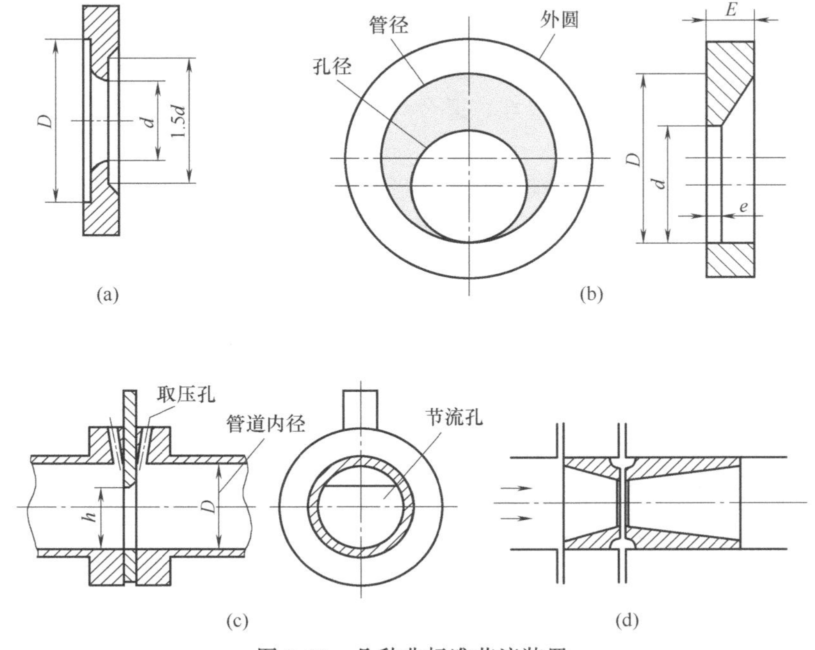

图 9-10　几种非标准节流装置

图 9-10（c）是适用于脏污介质流量测量的偏心孔板和圆缺孔板；图 9-10（d）是具有低压力损失的道尔管。

⑤ 差压计　差压计与节流装置配套组成节流式流量计。差压计经导压管与节流装置连接，接受被测流体流过节流装置时所产生的差压信号，并根据生产的要求，以不同信号形式把差压信号传递给显示仪表，从而实现对流量参数的显示、记录和自动控制。

差压计的种类很多，凡可测量差压的仪表均可作为节流式流量计中的差压计使用。目前工业生产中常用的有双波纹管差压计、电动膜片式差压变送器、电容式差压变送器等。

(4) 节流式流量计主要特点

节流式流量计发展早、应用历史长。其主要优点是：结构简单，工作可靠，成本低，而且检测件与差压显示仪表可分在不同专业化工厂生产，便于形成规模经济生产，它们的结合非常灵活方便；应用范围非常广泛，能够测量各种工况下的液、气、蒸汽等全部单相流体和高温、高压下的流体，也可应用于部分混相流，如气固、气液、液固等的测量，至今尚无任何一类流量计可与之相比；有丰富、可靠的实验数据和运行经验，标准节流装置设计加工已标准化，无须实流标定就可在已知不确定度范围内进行流量测量。

节流式流量计的主要缺点是：现场安装条件要求较高，需较长的直管段，较难满足；测量范围窄，范围度（即测量的最大流量与最小流量的比值）小，一般为 3：1～4：1；流量计对流体流动的阻碍而造成的压力损失较大；测量的重复性、精度不高，由于影响因素错综复杂，精度也难以提高。

9.2.2　容积式流量计

容积式流量计是一种直接测量型流量计，历史悠久，在流量仪表中是精度最高的一类。

容积式流量计的工作原理是：由流量计的转动部件与仪表壳内壁一起构成“计量空间”，在流量计进出口压力差的作用下推动流量计的转动部件旋转，把流经仪表的流体连续不断地分隔为一个个已知固定体积的部分排出，在这个过程中，流体一次次地充满流量计的“计量空间"，然后又不断地被送往出口。在给定流量计条件下，通过计算单位时间或某一时间间隔内经仪表排出的流体固定体积的数量就能实现流量的计量与总量积算。

容积式流量计一般不具有时间基准，适合计量流体的累积流量，如需测量瞬时流量则需另外附加时间测量装置。

容积式流量计的种类很多，按其测量元件形式和测量方式可分为椭圆齿轮流量计、腰轮流量计、刮板流量计、活塞式流量计、湿式流量计和皮膜式流量计等。

(1) 腰轮流量计

腰轮流量计又称罗茨流量计，其测量本体由一对腰形轮转子和壳体组成，这对腰轮在流量计进出口两端流体差压作用下，交替地各自绕轴作非匀角速度的旋转，如图 9-11 所示。

由于流体在流量计入、出口处的压力 $p_1 > p_2$，当 A、B 两轮处于图 9-11（a）所示位置时，A 轮与壳体间构成体积固定的半月形计量室（图中阴影部分），此时进出口差压作用于 B 轮上的合力矩为零，而在 A 轮上的合力矩不为零，产生一个旋转力矩，使得 A 轮作顺时针方向转动，并带动 B 轮逆时针旋转，计量室内的流体排向出口；当两轮旋转处于图 9-11（b）位置时，两轮均为主动轮；当两轮旋转 90°，处于图 9-11（c）位置时，转子 B 与壳体之间构成计量室，此时，流体作用于 A 轮的合力矩为零，而作用于 B 轮的合力矩不为零，B 轮带动 A 轮转动，将测量室内的流体排向出口。当两轮旋转至 180°时，A、B 两轮重新回到位置图 9-11（a）。如此周期地主从更换连续地旋转，每旋转一周流量计排出 4 个半

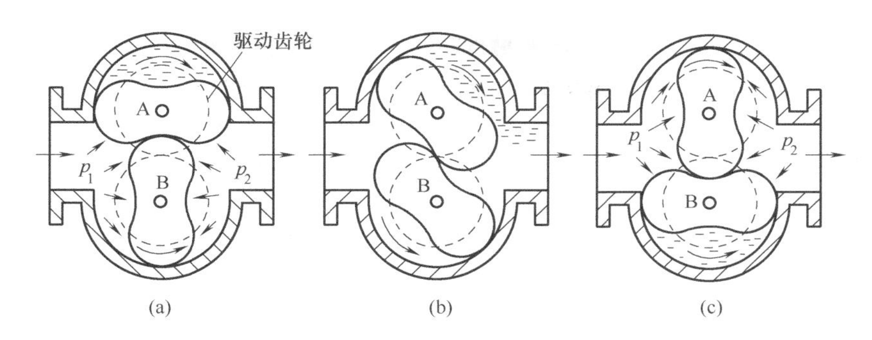

图 9-11 腰轮流量计工作原理

月形（计量室）体积的流体。设计量室的体积为 V，则腰轮每旋转一周排出的流体体积为 $4V$。只要测量腰轮的转速 n 或某时间段内的转数 N，就可知道瞬时流量和累积流量

$$q_V = 4nV$$
$$Q = 4NV \tag{9-27}$$

腰轮与壳体内壁的间隙很小，以减少流体的滑流量并保证测量的准确性。在转动过程中两腰轮也不直接接触而保持微小的间隙，依靠套在壳体外的与腰轮同轴的啮合齿轮来完成相互驱动，因此运行中磨损很小，能保持流量计的长期稳定性。测量时，通过机械的或其他的方式测出腰轮的转速或转数，就可得到被测流体的体积流量。

腰轮流量计的结构按照工作状态可分为立式和卧式两种；而腰轮的结构有一对腰轮和由两对互呈 45°夹角的腰轮构成的组合式腰轮两种。组合式腰轮流量计运转平稳，可使管道内压力波动大大减小，通常大口径流量计采用立式或卧式组合腰轮以减小或消除在流量测量过程中引起的管道振动。

腰轮流量计的转子线型比较合理，允许测量含有微小颗粒的流体，可用于气体和液体的测量，它是近年来迅速发展、广泛应用的一种容积式流量计，该型流量计除用于工业测量外，还作为标准流量计对其他类型的流量计进行标定，精度可达±0.1％。

（2）刮板流量计

刮板流量计是一种高精度的容积式流量计，适用于含有机械杂质的流体。较常见的凸轮式刮板流量计如图 9-12 所示。这种流量计主要由可旋转的转子、刮板、固定的凸轮及壳体组成。壳体的内腔为圆形，转子是一个可以转动、有一定宽度的空心薄壁圆筒，筒壁上开了四个互成 90°的槽，刮板可在槽内径向自由滑动。四块刮板由两根连杆连接，相互垂直，在空间交叉。每一刮板的一端装有一小滚轮，沿一具有特定曲线形状的固定凸轮的边缘滚动，使刮板时伸时缩，且因为有连杆相连，若某一端刮板从转子筒边槽口伸出，则另一端的刮板就缩进筒内。转子在流量计进、出口差压作用下转动，每当相邻两刮板进入计量区时均伸出至壳体内壁且只随转子旋转而不滑动，形成具有固定体积的计量室，当离开计量区时，刮板缩入槽内，流体从出口排出，同时后一刮板又与其另一相邻刮板形成计量室。转子旋转一周，排出 4 份固定体积的流体，故由转子的转速和转数就可以求得被测流体的流量。

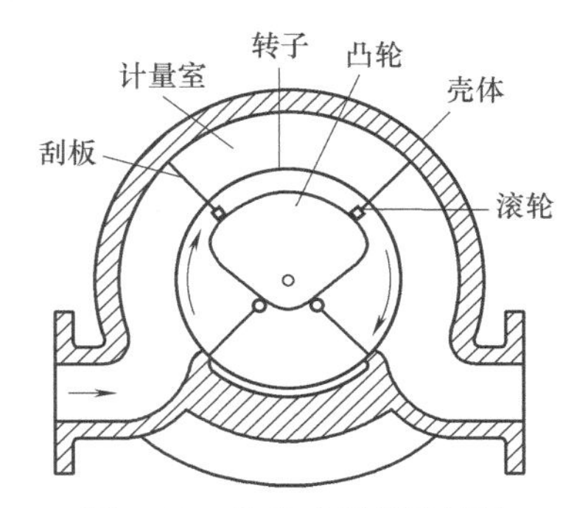

图 9-12 凸轮式刮板流量计

昂贵介质和需要精确计量的场合；安装管道条件对流量计的测量精度没有影响，故流量计前后无直管段长度要求；特别适合高黏度流体介质的测量；测量范围度较宽；直读式仪表，无须外加能源就可直接读数得到流体总量，使用方便。

容积式流量计的主要缺点是：结构复杂，体积庞大，比较笨重，一般只适用于中小口径；大部分容积式流量计对被测流体中的污物较敏感，只适用于洁净的单相流体；部分容积式流量计（如椭圆齿轮、腰轮、活塞式流量计等）在测量过程中会给流体带来脉动，大口径仪表还会产生噪声甚至使管道产生振动；可测量的介质种类、介质工况（温度、压力）和仪表口径局限性较大，适应范围窄。

9.2.3 叶轮式流量计

若测得管道截面上流体的平均流速，则体积流量为平均流速与管道横截面积的乘积，这种测量方法称为流量的速度式测量方法，也是流量测量的主要方法之一。叶轮式流量计是一种速度式流量仪表，它利用置于流体中的叶轮受流体流动的冲击而旋转，旋转角速度与流体平均流速成比例的关系，通过测量叶轮的转速来达到测量流过管道的流体流量的目的。叶轮式流量计是目前流量仪表中比较成熟的高精度仪表，主要品种是涡轮流量计，还有分流旋翼流量计、水表、叶轮风速计等。

(1) 涡轮流量计

在各种流量计中，涡轮流量计是重复性和精度都很好的产品，主要用于测量精度要求高、流量变化快的场合，还用作标定其他流量计的标准仪表。涡轮流量计广泛应用于石油、有机液体、无机液体、液化气、天然气、煤气和低温流体等测量对象的流量测量。在国外液化石油气、成品油和轻质原油等的转运及集输站，大型原油输送管线的首末站都大量采用它进行贸易结算。

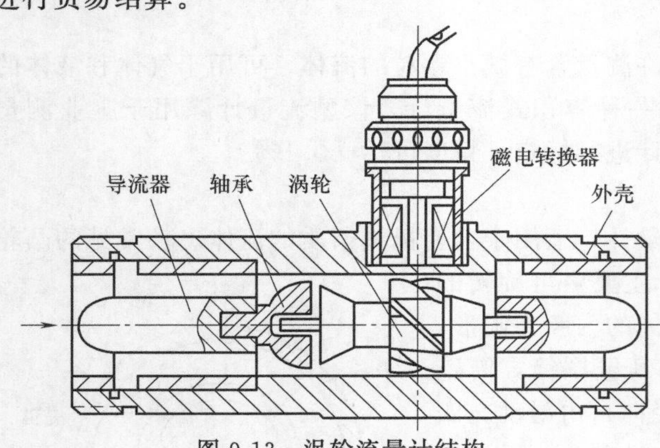

图 9-13 涡轮流量计结构

① 结构与工作原理 涡轮流量计的结构如图 9-13 所示，主要由壳体、导流器、支承轴承、涡轮和磁电转换器组成。

壳体用非磁性材料制成，用于固定和保护流量计其他部分以及与管道相连。

导流器由前后导向片及导向座构成，采用非磁性材料，其作用一是支承涡轮，是对进入流量计的流体进行整流和稳流，将流体导直，使流束基本与轴线平行，防止因流体自旋而改变与涡轮叶片的作用角度，以保证流量计测量的准确性。

涡轮是测量元件，由导磁材料制成。根据流量计直径的不同，其上装有 2～8 片螺旋形叶片，支承在摩擦力很小的轴承上。为提高对流速变化的响应性，涡轮的质量要尽可能小。

支承轴承要求间隙和摩擦系数尽可能小、有足够高的耐磨性和耐腐蚀性，这关系到涡轮流量计的长期稳定性和可靠性。

磁电转换装置由线圈和磁钢组成，安装在流量计壳体上，它可分成磁阻式和感应式两种。磁阻式将磁钢放在感应线圈内，当由导磁材料制成的涡轮叶片旋转通过磁钢下面时，磁路中的磁阻改变，使得通过线圈的磁通量发生周期性变化，因而在线圈中感应出电脉冲信号，其频率就是转过叶片的频率。感应式是在涡轮内腔放置磁钢，涡轮叶片由非导磁材料制成。磁钢随涡轮旋转，在线圈内感应出电脉冲信号。由于磁阻式比较简单、可靠，所以使用较多。除磁电转换方式外，也可用光电元件、霍尔元件、同位素等方式进行转换。为提高抗干扰能力和增大信号传送距离，在磁电转换器内装有前置放大器。

涡轮流量计是基于流体动量矩守恒原理工作的。当流体通过管道时，冲击涡轮叶片，对涡轮产生驱动力矩，使涡轮克服摩擦力矩和流体阻力矩而产生旋转。在一定的流量范围内，对一定的流体介质黏度，涡轮的转速与流体的平均流速成正比，故流体的流速可通过测量涡轮的旋转角速度得到，从而可以计算流体流量。涡轮转速通过磁电转换装置变成电脉冲信号，经放大、整形后送给显示记录仪表，经单位换算与流量积算电路计算出被测流体的瞬时流量和累积流量。

② 流量方程　设流体经导流器导直后沿平行于管道轴线的方向以平均速度 u 冲击叶片，使涡轮旋转，涡轮叶片与流体流向成角度 θ，流体平均流速 u 可分解为叶片的相对速度 u_r 和切向速度 u_s，如图 9-14 所示。

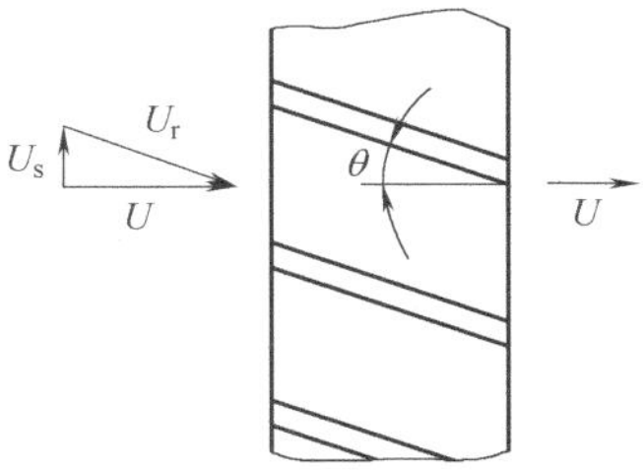

切向速度

$$u_s = u\tan\theta \tag{9-28}$$

当涡轮稳定旋转时，叶片切向速度

$$u_s = \omega R \tag{9-29}$$

则涡轮转速为

$$n = \frac{\omega}{2\pi} = \frac{u\tan\theta}{2\pi R} \tag{9-30}$$

图 9-14　尾轮叶片速度分解

式中，R 为涡轮叶片的平均半径。

可见，涡轮转速 n 与流速 u 成正比。而磁电转换器所产生的脉冲频率为

$$f = nZ = \frac{u\tan\theta}{2\pi R}Z \tag{9-31}$$

式中，Z 为涡轮叶片的数目。

流体的体积流量方程为

$$q_V = uA = \frac{2\pi A}{Z\tan\theta}f = \frac{f}{\xi} \tag{9-32}$$

式中，A 为涡轮的流通截面积；ξ 为流量转换系数，$\xi = \dfrac{Z\tan\theta}{2\pi RA}$。

流量转换系数 ξ 的含义是单位体积流量通过磁电转换器所输出的脉冲数，它是涡轮流量计的重要特性参数。由式 (9-32) 可见，对于一定的涡轮结构，流量转换系数为常数。因此流过涡轮的体积流量 q_V 与脉冲频率 f 成正比。但是由于涡轮轴承的摩擦力矩、磁电转换器的电磁力矩，以及流体和涡轮叶片间的摩擦阻力等因素的影响，在整个流量测量范围内流量转换系数不是常数，其与流量间的关系曲线如图 9-15 所示。

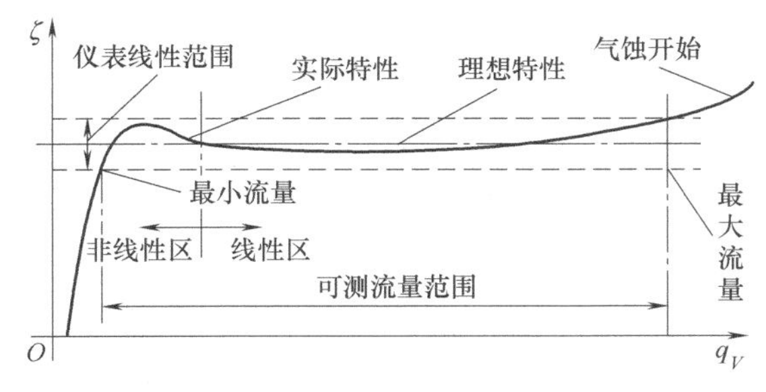

图 9-15　ξ 与流量的关系曲线

由图 9-15 可见，流量转换系数可分为二段，即线性段和非线性段。在非线性段，特性受轴承摩擦力，流体黏性阻力影响较大。当流量低于流量计测量下限时，ξ 值

随着流量迅速变化，这主要是由于各种阻力矩之和与叶轮的转矩相比较大；当流量大于某一数值后，ξ值才近似为一个常数，这就是涡轮流量计的工作区域，因此涡轮流量计也有测量范围的限制。当流量超过流量计测量上限时会出现气蚀现象。

③ 涡轮流量计的特点和安装使用　涡轮流量计的主要优点是：测量精度高，基本误差可达±0.1%；复现性好，短期重复性可达0.05%～0.2%，因此在贸易结算中是优先选用的流量计；测量范围度宽，可达（10～20）：1，适合于流量变化幅度较大的场合；压力损失较小；耐高压，承受的工作压力可达16MPa，适用的温度范围宽；对流量变化反应迅速，动态响应好；输出为脉冲信号，抗干扰能力强，信号便于远传及与计算机相连；结构紧凑轻巧，安装维护方便，流通能力大。

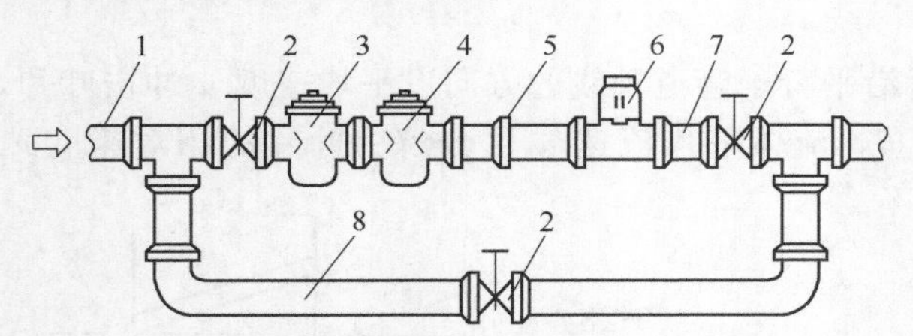

图 9-16　涡轮流量计安装示意图

1—入口；2—阀门；3—过滤器；4—消气器；5—前直管段；6—流量计；7—后直管段；8—旁路管

涡轮流量计的主要缺点是：不能长期保持校准特性，需要定期校验；流体物性（黏度和密度）对测量准确性有较大影响；对被测介质的清洁度要求较高。

涡轮流量计可用于测量气体、液体流量，其安装示意图如图9-16所示。流量计应水平安装，并保证其前后有足够长的直管段或加装整流器。要求被测流体黏度低，腐蚀性小，不含杂质，以减少轴承磨损，一般应在流量计前加装过滤装置。如果被测液体易气化或含有气体时，要在流量计前装消气器。

(2) 水表

水表是记录流经封闭管道中水流量的一种仪表，主要用于计量用户累计用水量。

水表按工作原理可分为流速式水表、容积式水表和活塞式水表，目前建筑给水系统中广泛采用的是流速式水表。水表具有结构简单、量程宽、使用方便、成本低廉等特点，在水资源日益紧张的今天，节水工作已受到世界各国政府的重视，水表作为节水环节中的计量器具和控制手段，得以迅速发展。

流速式水表按其内部叶轮构造不同可分为旋翼式水表和螺翼式水表两种。

① 旋翼式水表　旋翼式水表的叶轮轮轴与水流方向垂直，水流阻力较大，计量范围较窄，体积大，安装维修不便，但灵敏度高，适用于小口径管道的单向水流、小流量的总量计量，如用于口径15mm、20mm、25mm、32mm、40mm等规格管道的家庭用水量计量。这种水表有外壳、叶轮测量机构以及指示机构等几个部分，其中测量机构由叶轮盒、叶轮、叶轮轴、调节板组成，指示机构由刻度盘、指针、三角指针或字轮、传动齿轮等组成。

旋翼式水表有单流束和多流束两种，见图9-17和图9-18。

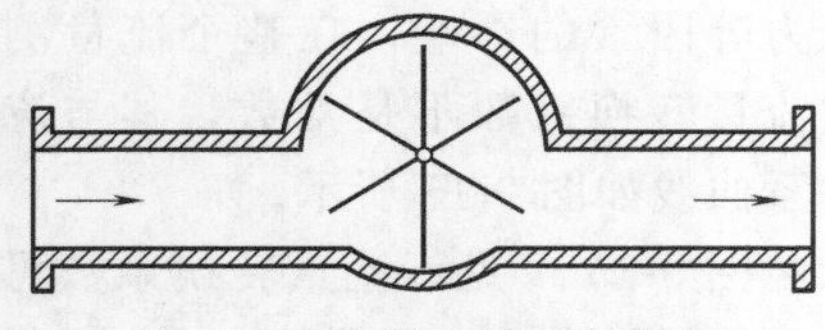
图 9-17　旋翼式单流束水表

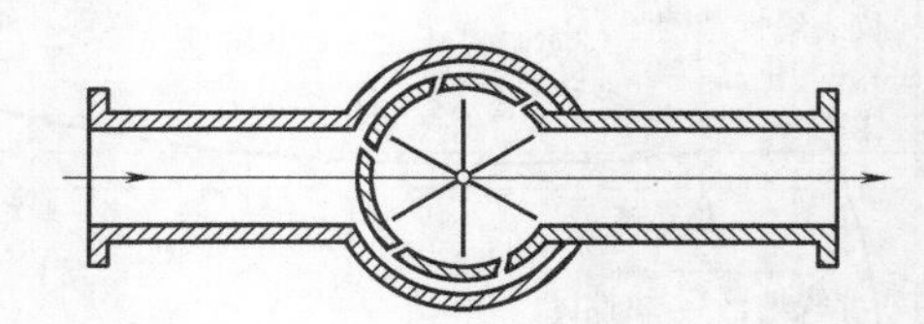
图 9-18　旋翼式多流束水表

单流束水表的工作原理是：水流从表壳进水口切向冲击叶轮使之旋转，然后通过齿轮减速机构连续记录叶轮的转数，从而记录流经水表的累积流量。

多流束水表的工作原理与单流束水表基本相同，它通过叶轮盒的分配作用，将多束水流从叶轮盒的进水口切向冲击叶轮，使水流对叶轮的轴向冲击力得到平衡，减少叶轮支承部分的磨损，并从结构上减少水表安装、结垢对水表误差的影响，总体性能高于单流束水表。

② 螺翼式水表　螺翼式水表的叶轮轮轴与水流方向平行，水流阻力较小，计量范围较大，适用于计量大流量（大口径）管道的水流总量，特别适合于供水主管道和大型厂矿用水量计量的需要。其主要特点是流通能力大、体积小、结构紧凑、便于使用和维修，但灵敏度低。管道口径大于 50mm 时，应采用螺翼式水表。

螺翼式水表的结构原理见图 9-19。

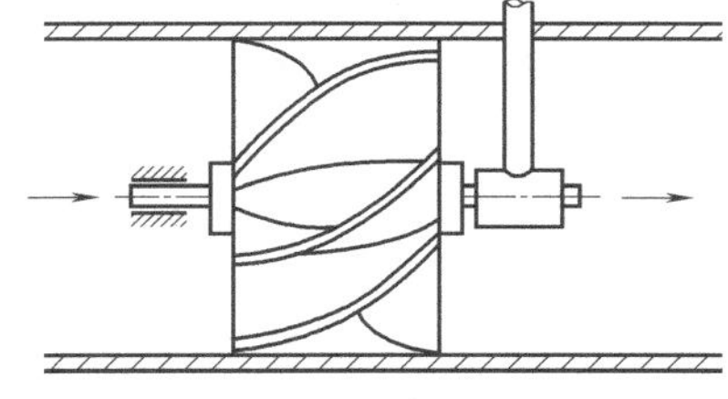

图 9-19　螺翼式水表

传统水表具有结构简单，造价低，能在潮湿环境里长期使用，而且不用电源等优点，已经批量生产，并标准化、通用化和系列化。但传统水表一般只具有流量采集和机械指针显示用水量的功能，准确度较低，误差约 ±2%。随着科学技术的进步和对水表计量要求的提高，水表也在不断发展之中，如光、电、磁技术应用于水表，延伸了水表的管理功能，现在已有了各种形式的远传水表、预付费水表、定量水表等。

9.2.4　电磁流量计

电磁流量计是 20 世纪 50～60 年代随着电子技术的发展而迅速发展起来的流量测量仪表，目前已广泛地应用于工业过程中各种导电液体（如各种酸、碱、盐等腐蚀性介质以及含有固体颗粒或纤维的液体）的流量测量。

(1) 测量原理和结构

电磁流量计是基于法拉第电磁感应原理制成的一种流量计，其测量原理如图 9-20 所示。

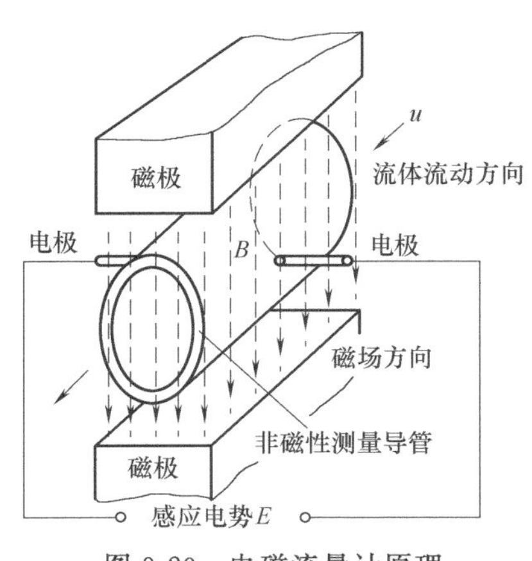

图 9-20　电磁流量计原理

当被测导电流体在磁场中沿垂直于磁力线方向流动而切割磁力线时，在对称安装在流通管道两侧的电极上将产生感应电势，其方向由右手定则确定。如果磁场方向、电极及管道轴线三者在空间互相垂直，且测量满足以下诸条件，即：

① 磁场是均匀分布的恒定磁场；

② 管道内被测流体的流速为轴对称分布；

③ 被测流体是非磁性的；

④ 被测流体的电导率均匀且各向同性。

则感应电势 E 的大小与被测液体的流速有确定的关系，即

$$E=BDu \tag{9-33}$$

式中，B 为磁感应强度；D 为管道内径；u 为流体平均流速。

当仪表结构参数确定之后，流体流量方程为

$$q_V=\frac{1}{4}\pi D^2 u=\frac{\pi D}{4B}E=\frac{E}{k} \tag{9-34}$$

式中，$k=\dfrac{4B}{\pi D}$称为仪表常数。对于确定的电磁流量计，k 为定值，因此测量感应电势就

可以测出被测导电流体的流量。

由式（9-34）可见，体积流量 q_V 与感应电动势 E 和测量管内径 D 呈线性关系，与磁场的磁感应强度 B 成反比，与其他物理参数无关。

电磁流量计的结构如图 9-21 所示。图中，励磁线圈和磁轭构成励磁系统，以产生均匀和具有较大磁通量的工作磁场。为避免磁力线被测量导管管壁短路，并尽可能地降低涡流损耗，测量导管由非导磁的高阻材料制成，一般为不锈钢、玻璃钢或某些具有高电阻率的铝合金。导管内壁用搪瓷或专门的橡胶、环氧树脂等材料作为绝缘衬里，使流体与测量导管绝缘并增加耐腐蚀性和耐磨性。电极一般由非导磁的不锈钢材料制成，测量腐蚀性流体时，多用铂铱合金、耐酸钨基合金或镍基合金等。电极嵌在管壁上，必须和测量导管很好地绝缘。电极应在管道水平方向安装，以防止沉淀物堆积在电极上而影响测量准确性。电磁流量计的外壳用铁磁材料制成，以屏蔽外磁场的干扰，保护仪表。

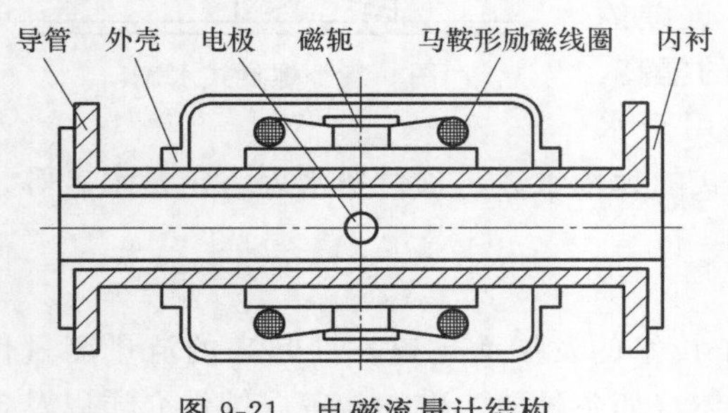

图 9-21　电磁流量计结构

(2) 磁场励磁方式

励磁方式即产生磁场的方式，如前述，电磁流量计必须满足均匀恒定的磁场条件，因此，需要有合适的励磁方式。目前主要有直流励磁、交流励磁和低频方波励磁三种方式。

① 直流励磁　直流励磁方式用直流电产生磁场或采用永久磁铁，能产生一个恒定的均匀磁场。这种励磁方式受交流磁场干扰很小，但直流磁场易使通过测量管道的被测液体电解，使电极极化，严重影响电磁流量计的正常工作。所以，直流励磁方式一般只用于测量非电解质液体，如液态金属等。

② 交流励磁　对电解性液体，一般采用正弦工频（50Hz）交流电源励磁，所产生的是交变磁场，交变磁场的主要优点是消除了电极表面的极化现象。另外，由于磁场是交变的，所以输出信号也是交变信号，便于信号的放大，且励磁电源简单方便。但会带来一系列的电磁干扰问题，主要是正交干扰和同相干扰，影响测量，使电磁流量计的性能难以进一步提高。

③ 低频方波励磁　为发挥直流励磁方式和交流励磁方式的优点，避免它们的缺点，低频方波励磁方式得到应用。方波励磁电流频率通常为工频的 1/4～1/10，其波形如图 9-22 所示。

由图可见，在半个周期内，磁场是恒稳的直流磁场，它具有直流励磁的特点，受电磁干扰影响很小。从整个时间过程看，方波波形信号又是一个交变的信号，所以它能克服直流励磁易产生的极化现象，便于信号的放大和处理，避免直流放大器存在的零点漂移、噪声和稳定性问题。因此，低频方波励磁是一种比较好的励磁方式，目前已在电磁流量计上得到广泛的应用。

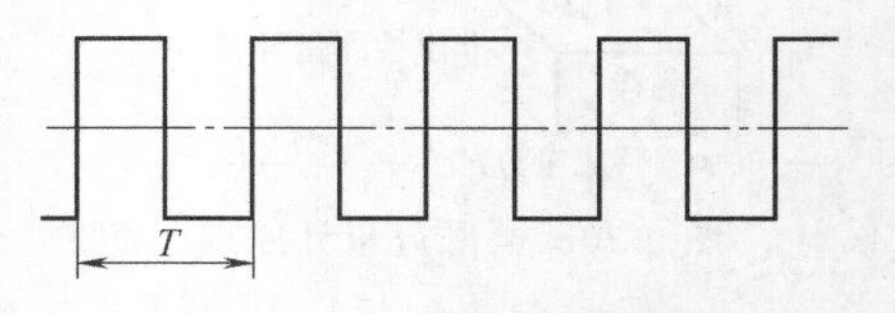

图 9-22　方波励磁电流波形

(3) 电磁流量计的特点及应用

电磁流量计的主要优点是：结构简单，测量管道中无阻力件，流体通过流量计时不会引起任何附加的压力损失，节能效果显著；因无阻碍流动的部件，适于测量含有固体颗粒或纤维的液固二相流体，如纸浆、煤水浆、矿浆、泥浆和污水等；由于电极和衬里材料可根据被测流体性质来选择，故可测量腐蚀性介质；测量过程实际上不受流体密度、黏度、温度、压力和电导率（只要在某阈值以上）变化的影响，故用水标定后就可以用于测量其他任何导电液体的体积流量；流量测量范围度大，可达 100：1；口径范围比其他品种流量仪表宽，从几毫米到 3m；可测正反双向流量，也可测脉动流量。

电磁流量计的主要缺点是：不能测量电导率很低的液体，如石油制品和有机溶剂等，不能测量气体、蒸汽和含有较多较大气泡的液体；受衬里材料和电气绝缘材料耐温的限制，目前还不能测量高温高压流体；易受外界电磁干扰影响；此外电磁流量计结构也比较复杂，价格较高。

电磁流量计使用时，要注意安装地点应尽量避免剧烈振动和交直流强磁场；在任何时候测量导管内都能充满液体；在垂直安装时，流体要自下而上流过仪表，水平安装时两个电极要在同一平面上；要根据被测流体情况确定合适的内衬和电极材料；因测量精度受管道的内壁，特别是电极附近结垢的影响，使用中应注意维护清洗。

9.2.5　流体振动式流量计

在特定的流动条件下，流体流动的部分动能会转化为流体振动，而振动频率与流速（流量）有确定的比例关系，依据这种原理工作的流量计称为流体振动式流量计。这种流量计可分为利用流体自然振动的卡门漩涡分离型和流体强迫振荡的漩涡进动型两种，前者称为涡街流量计，后者称为旋进漩涡流量计，目前应用较多的是涡街流量计。

(1) 涡街流量计

涡街流量计是 20 世纪 60 年代末发展起来的，因其具有许多优点，发展很快，应用不断扩大。

① 涡街流量计原理　在均匀流动的流体中，垂直地插入一个具有非流线型截面的柱体，称为漩涡发生体，其形状有圆柱、三角柱、矩形柱、T 形柱等，则在该漩涡发生体两侧会产生旋转方向相反、交替出现的漩涡，并随着流体流动，在下游形成两列不对称的漩涡列，称之为“卡门涡街”，如图 9-23、图 9-24 所示。冯·卡门在理论上证明，当两列漩涡之间的距离 h 和同列中相邻漩涡的间距 L 满足关系 $h/L=0.281$ 时，涡街是稳定的。实验已经证明，在一定的雷诺数范围内，每一列漩涡产生的频率 f 与漩涡发生体的形状和流体流速有确定的关系

$$f=Sr\frac{u}{d} \tag{9-35}$$

式中，d 为漩涡发生体的特征尺寸；Sr 为斯特劳哈尔数。Sr 与漩涡发生体形状及流体雷诺数有关，但在雷诺数 500～150000 的范围内，Sr 值基本不变，对于圆柱体 $Sr=0.21$，三角柱体 $Sr=0.16$，工业上测量的流体雷诺数几乎都不超过上述范围。式（9-35）表明，漩涡产生的频率仅决定于流体的流速和漩涡发生体的特征尺寸，而与流体的物理参数如温度、压力、密度、黏度及组成成分无关。

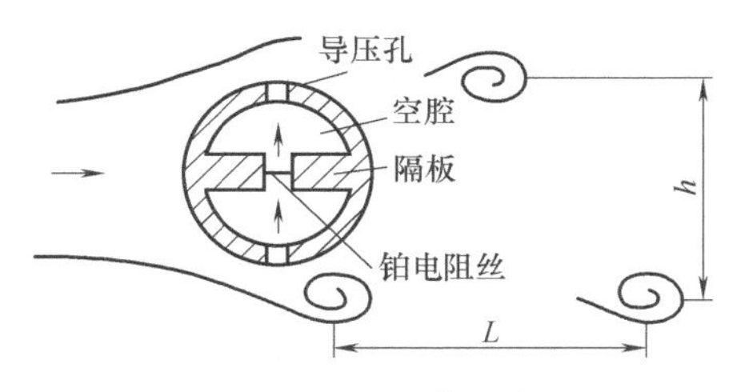

图 9-23　圆柱漩涡发生

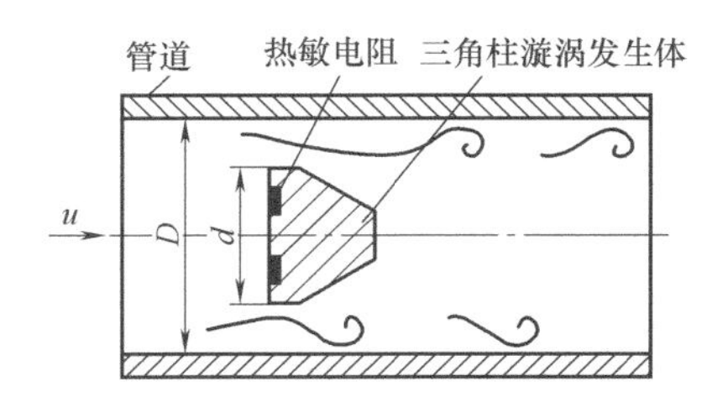

图 9-24　三角柱涡街检测器

当漩涡发生体的形状和尺寸确定后，可以通过测量漩涡产生频率来测量流体的流量。假设漩涡发生体为圆柱体，直径为 d，管道内径为 D，流体的平均流速为 u，在漩涡发生体处的流通截面积

$$A=\frac{\pi D^2}{4}\left[1-\frac{2}{\pi}\left(\frac{d}{D}\sqrt{1-\left(\frac{d}{D}\right)^2}+\arcsin\frac{d}{D}\right)\right] \tag{9-36}$$

当 $d/D<0.3$ 时，可近似为

$$A=\frac{\pi D^2}{4}\left(1-1.25\frac{d}{D}\right) \tag{9-37}$$

则其流量方程式为

$$q_V=uA=\frac{\pi D^2 fd}{4Sr}\left(1-1.25\frac{d}{D}\right) \tag{9-38}$$

从流量方程式可知，体积流量与频率呈线性关系。

② 漩涡频率的测量　伴随漩涡的产生和分离，漩涡发生体周围流体同步发生着流速、压力变化和下游尾流周期振荡，依据这些现象可以进行漩涡频率的测量。

漩涡频率的检出有多种方式，可以检测在漩涡发生体上受力的变化频率，一般可用应力、应变、电容、电磁等检测技术；也可以检测在漩涡发生体附近的流动变化频率，一般可用热敏、超声、光电等检测技术。检测元件可以放在漩涡发生体内，也可以在下游设置检测器进行检测。采用不同的检测技术就构成了各种不同类型的涡街流量计。

图 9-23 为圆柱漩涡检测器原理。如图所示，在中空的圆柱体两侧开有导压孔与内部空腔相连，空腔由中间有孔的隔板分成两部分，孔中装有铂电阻丝。当流体在下侧产生漩涡时，由于漩涡的作用使下侧的压力高于上侧的压力；如在上侧产生漩涡，则上侧的压力高于下侧的压力，因此产生交替的压力变化，空腔内的流体亦脉动流动。用电流加热铂电阻丝，当脉动的流体通过铂电阻丝时，交替地对电阻丝产生冷却作用，改变其阻值，从而产生和漩涡频率一致的脉冲信号，检测此脉冲信号，即可测出流量，也可以在空腔间采用压电式或应变式检测元件测出交替变化的压力。

图 9-24 为三角柱体涡街检测器原理示意图，在三角柱体的迎流面对称地嵌入两个热敏电阻组成桥路的两臂，以恒定电流加热使其温度稍高于流体，在交替产生的漩涡的作用下，两个电阻被周期地冷却，使其阻值改变，阻值的变化由桥路测出，即可测得漩涡产生频率，从而测出流量。三角柱漩涡发生体可以得到更强烈更稳定的漩涡，故应用较多。

(2) 旋进漩涡流量计

旋进漩涡流量计与涡街流量计差不多同时开发出来，但由于各种原因其推广应用范围不够广，与涡街流量计相比发展速度相对缓慢。近年来，由于在检测元件和信号处理方面取得了技术突破，这种流量计迅速发展起来，性能提高，功能不断完善，应用逐渐增多。

① 结构　旋进漩涡流量计由壳体、漩涡发生器、检测元件、消旋器以及转换器等几部分组成。壳体一般由不锈钢或铝合金制造，内部管道与文丘里管相似，有入口段、收缩段、喉部、扩张段和出口几个部分。漩涡发生器是旋进漩涡流量计的核心部件，它由一组具有特定角度的螺旋叶片组成，作用是迫使流体发生旋转并产生涡流。消旋器是用直叶片组成的十字形、井字形或米字形流动整直器，作用是消除漩涡，减小漩涡对下游测量仪表的影响。漩涡检测元件安装在喉部与扩张段交接处，可采用热敏、力敏、电容、光纤等元件检测漩涡信号。转换器将检测元件的输出信号放大、处理后转换成方波信号或 4～20mA 标准信号。

② 工作原理　旋进漩涡流量计的工作原理如图 9-25 所示。

流体进入流量计后，在漩涡发生器的作用下，被强制绕测量管道轴线旋转，形成漩涡流。经过收缩段和喉部，漩涡流加速，强度增强，漩涡中心与管道轴线一致。进入扩张段后，漩涡急剧减速，压力上升，产生回流。在回流作用下，漩涡中心被迫偏离管道轴线，在扩张段绕轴线做螺旋进动，该进动贴近扩张段的壁面进行，进动频率与平均流速成正比。用检测元件测出漩涡进动频率 f，则可得体积流量

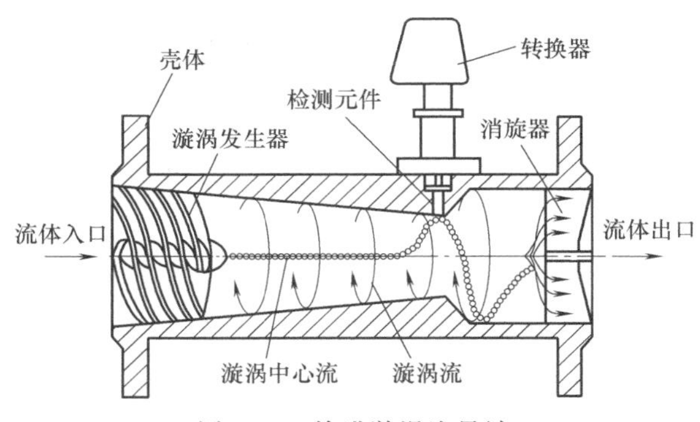

图 9-25　旋进漩涡流量计

$$q_V = Kf \tag{9-39}$$

式中，K 为仪表系数，它仅与流量计结构参数（如旋转发生器、管道尺寸）有关，而与流体的物理性质和组分无关。

(3) 流体振动式流量计特点

流体振动式流量计的主要优点是：在管道内无可动部件，使用寿命长，压力损失小，测量范围度较大，可达 30∶1；水平或垂直安装均可，安装与维护比较方便；在一定的雷诺数范围内，测量几乎不受流体参数（温度、压力、密度、黏度）变化的影响；仪表输出是与体积流量成比例的脉冲信号，易与数字仪表或计算机接口；与差压式流量计相比，测量精度较高。

流体振动式流量计的局限性是：它实际是一种速度式流量计，漩涡分离的稳定性受流速分布影响，需要配置足够长的直管段才能保证测量精度；与同口径涡轮流量计相比，仪表系数较低，且随口径增大而降低，分辨力也降低，只适合中小口径管道；不适用于有较强管道振动的场合。

相比较而言，涡街流量计可测气体、液体和蒸汽介质，压损较旋进漩涡流量计为小，但直管段长度要求高；而旋进漩涡流量计压损较大，虽然原理上可测量液体，但现在还只能用于气体测量。不过，旋进漩涡流量计直管段长度要求低，低流速特性好，目前在天然气流量测量方面应用较多。

9.2.6　超声波流量计

超声波流量计是一种利用超声波脉冲来测量流体流量的速度式流量仪表，当超声波在流动的流体中传播时就载上流体流速的信息，通过接收到的超声波就可以检测出流体的流速，从而换算成流量。近十几年来随着集成电路技术、数字技术和声楔材料等技术的发展，超声波流量测量技术发展很快，基于不同原理，适用于不同场合的各种形式的超声波流量计已在工农业、水利以及医疗、河流和海洋观测等领域的计量测试中得到了广泛应用。

(1) 超声波流量计的组成与分类

① 组成　超声波流量计由超声波换能器、测量电路及流量显示和积算三部分组成。超声波发射换能器将电能转换为超声波振动，并将其发射到被测流体中，超声波接收换能器接收到的超声波信号，经测量电路放大并转换为代表流量的电信号送显示积算仪进行显示和积算，实现流量的检测。

超声波换能器通常利用压电材料制成，发射换能器利用逆压电效应，而接收换能器则是利用压电效应。压电元件材料多采用锆钛酸铅，常做成圆形薄片，沿厚度振动，薄片直径超过厚度的 10 倍，以保证振动的方向性。为使超声波以合适的角度射入到流体中，需把压电元件嵌入声楔中，构成换能器。换能器安装时通常还需配用安装夹具。

② 分类　可以从不同角度对超声流量测量方法和换能器进行分类。

a. 按测量原理可分为：传播速度差法、多普勒效应法、波束偏移法、相关法、噪声法；

b. 按探头（换能器）安装方式分：外夹式、插入式（湿式）；

c. 按声道数目划分：单声道、多声道（2～8 声道）；

d. 按使用场合分：固定式、便携式。

(2) 超声波流量计测量原理

目前超声波流量计最常采用的测量方法主要有两类：传播速度差法和多普勒效应法。

① 传播速度差法测量原理　超声波在流体中的传播速度与流体流速有关，顺流传播速度大，逆流传播速度小。传播速度差法利用超声波在流体中顺流与逆流传播的速度变化来测量流体流速并进而求得流过管道的流量。按具体测量参数的不同，又可分为时差法、相差法和频差法。现以应用最多的时差法为例，介绍其测量原理。

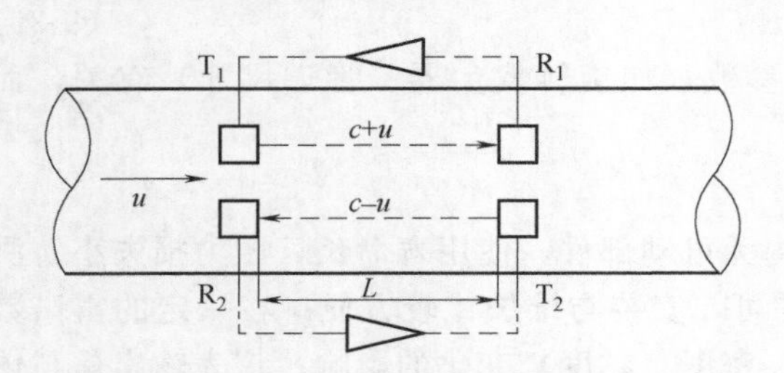

图 9-26　超声波传播速度差法原理

时差法就是测量超声波脉冲顺流和逆流时传播的时间差。

如图 9-26 所示，在管道上、下游相距 L 处分别安装两对超声波发射器（T_1、T_2）和接收器（R_1、R_2）。设声波在静止流体中的传播速度为 c，流体的流速为 u，则当 T_1 按顺流方向、T_2 按逆流方向发射超声波时，超声波到达接收器 R_1 和 R_2 所需要的时间 t_1 和 t_2 与流速之间的关系为

$$t_1=\frac{L}{c+u}$$

$$t_2=\frac{L}{c-u} \tag{9-40}$$

传播时间差

$$\Delta t=t_2-t_1=\frac{2Lu}{c^2-u^2}$$

由于声速 c 很大，一般在液体中达 1000m/s 以上，而工业系统中流体流速相对声速而言很小，即 $c\gg u$，因此时差

$$\Delta t=t_2-t_1\approx\frac{2Lu}{c^2} \tag{9-41}$$

而流体流速

$$u=\frac{c^2}{2L}\Delta t \tag{9-42}$$

因此，当声速 c 为常数时，流体流速和时差 Δt 成正比，测得时差即可求出流速 u，如果 u 是管道截面上的平均流速，则可求得流量

$$q_V=uA=\frac{\pi}{4}D^2u \tag{9-43}$$

式中，D 为管道内径。

传播速度差法测量要求流体洁净，不含有气泡或杂质，否则将会影响测量精度。

② 多普勒效应法测量原理 根据多普勒效应，当声源和观察者之间有相对运动时，观察者所感受到的声频率将不同于声源所发出的频率，这个频率的变化量与两者之间的相对速度成正比，超声波多普勒流量计就是基于多普勒效应测量流量的。

在超声波多普勒流量测量方法中，超声波发射器为固定声源，随流体一起运动的固体颗粒相当于与声源有相对运动的观察者，它的作用是把入射到其上的超声波反射回接收器。发射声波与接收器接收到的声波之间的频率差，就是由于流体中固体颗粒运动而产生的声波多普勒频移。这个频率差正比于流体流速，故测量频差就可以求得流速，进而得到流体流量。

利用多普勒效应测流量的必要条件是：被测流体中存在一定数量的具有反射声波能力的悬浮颗粒或气泡。因此，超声波多普勒流量计能用于两相流测量，这是其他流量计难以解决的。

超声波多普勒法测流量的原理如图 9-27 所示。

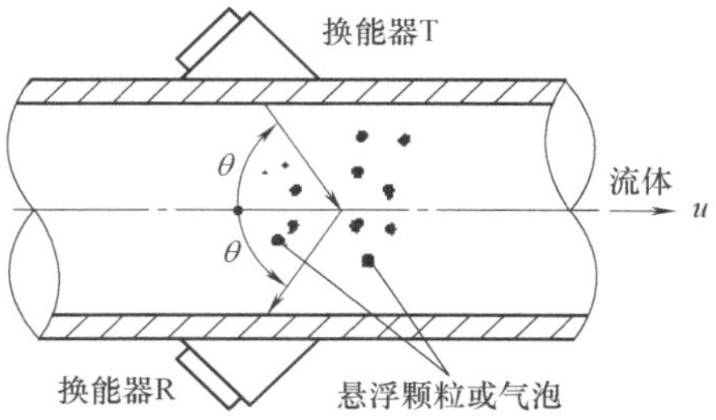

设入射超声波与流体运动速度的夹角为 θ，流体中悬浮粒子（或气泡）的运动速度与流体流速相同，均为 u。当频率为 f_1 的入射超声波遇到粒子时，由于粒子相对超声波发射换能器 T 以 $u\cos\theta$ 的速度离去，故粒子接收到的超声波频率 f_2 低于 f_1，为

$$f_2=\frac{c-u\cos\theta}{c}\times f_1 \tag{9-44}$$

换能器T
θ
θ
流体
u
换能器R
悬浮颗粒或气泡

图 9-27 超声波多普勒法流量测量原理

粒子又以频率 f_2 反射超声波，由于粒子同样以 $u\cos\theta$ 的速度离开接收换能器 R，所以 R 接收到的粒子反射的声波频率 f_s 将又一次降低，为

$$f_s=\frac{c-u\cos\theta}{c}\times f_2 \tag{9-45}$$

将 f_2 代入上式，可得

$$f_s=f_1\cdot\left(1-\frac{u\cos\theta}{c}\right)^2=f_1\left(1-\frac{2u\cos\theta}{c}+\frac{u^2\cos^2\theta}{c^2}\right) \tag{9-46}$$

由于声速 c 远大于流体的速度 u，故式（9-46）中的平方项可以略去，由此得

$$f_s=f_1\left(1-\frac{2u\cos\theta}{c}\right) \tag{9-47}$$

接收器接收到的反射超声波频率与发射超声波频率之差，即多普勒频移 Δf_d 为

$$\Delta f_d=f_1-f_s=\frac{2u\cos\theta}{c}\times f_1 \tag{9-48}$$

由式（9-48）可得流体流速 u

$$u=\frac{c}{2f_1\cos\theta}\times\Delta f_d \tag{9-49}$$

因此，体积流量

$$q_V=uA=\frac{cA}{2f_1\cos\theta}\times\Delta f_d \tag{9-50}$$

由以上流量方程可知，当流量计、管道条件及被测介质确定以后，多普勒频移与体积流

量成正比，测量频移 Δf_d 就可以得到流体流量 q_V。

式（9-49）、式（9-50）中含有声速 c，而声速与被测流体的温度和组分有关。当被测流体温度和组分变化时会影响流量测量的精度。因此，在超声波多普勒流量计中一般采用声楔结构来避免这一影响。

(3) 超声波流量计的特点与应用

超声波流量计是一种非接触式流量测量仪表，与传统流量计相比，其主要优点是：

① 对介质适应性强，既可测量液体，也可测量气体，甚至含杂质的流体（多普勒法），特别是可以解决其他流量计难以测量的高黏度、强腐蚀、非导电性、放射性流体流量的测量问题；

② 不用在流体中安装测量元件，故不会改变流体的流动状态，也没有压力损失，因而是一种理想的节能型流量计；

③ 解决了大管径、大流量以及各种明渠、暗渠、河流流量测量困难的问题。因为一般流量计随着测量管径的增大会带来制造和运输上的困难，如造价提高、能损加大、安装不便。而超声波流量计仪表造价基本上与被测管道口径大小无关，故大口径超声波流量计性能价格比较优越；

④ 测量准确度几乎不受被测流体参数影响，且测量范围度较宽，一般可达 20：1；

⑤ 各类超声波流量计均可管外安装，从管壁外测量管道内流体流量，故仪表的安装及检修均可不影响生产管线运行。

超声波流量计主要缺点是：用传播速度差法只能测量清洁流体，不能测量含杂质或气泡超过某一范围的流体；而多普勒法只能用于测量含有一定悬浮粒子或气泡的液体，且多数情况下测量精度不高；如管道结垢太厚、锈蚀严重或衬里与内管壁剥离而不能测量；另外，超声波流量计结构复杂，成本较高。

超声波流量计在应用中，应注意做到正确选型、合理安装、及时校核、定期维护。

正确选型是超声波流量计能够正常工作的基础，如选型不当，会造成流量无法测量或用户使用不便等后果。合理安装换能器也是非常重要的，安装换能器需要考虑安装位置和安装方式两个问题。和其他流量计一样，超声波流量计前后需要一定长度的直管段，一般直管段长度在上游侧需要 $10D$ 以上，在下游侧则需要 $5D$ 左右。确定安装位置时还要注意换能器尽量避开有变频调速器、电焊机等污染电源的场合。超声波流量计的换能器大致有夹装型、插入型和管道型三种结构形式，其在管道上的配置方式主要有对贴安装方式和 Z、V、X 式三种，如图 9-28 所示。多普勒超声波流量计的换能器采用对贴式安装方式，传播速度差法超声波流量计换能器安装方式选择的一般原则是：当有足够长的直管段，流速分布为管道轴对称时，选 Z 式；当流速分布不对称时采用 V 式，当换能器安装间隔受到限制时，采用 X 式。当流场分布不均匀而表前直管段又较短时，可采用多声道（例如双声道或四声道）来克

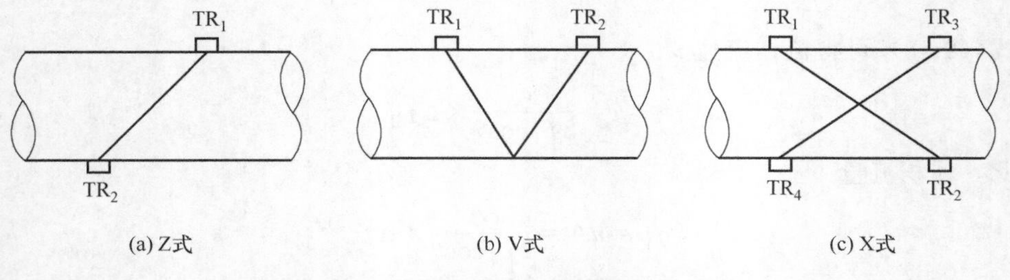

图 9-28　超声波换能器在管道上的配置方式

服流速扰动带来的流量测量误差。换能器一般均交替转换作为发射和接收器使用。

9.2.7　质量流量计

在工业生产和科学研究中，由于产品质量控制、物料配比测定、成本核算以及生产过程自动调节等许多应用场合的要求，仅测量体积流量是不够的，还必须了解流体的质量流量。

质量流量的测量方法，可分为间接测量和直接测量两类。间接式测量方法通过测量体积流量和流体密度经计算得出质量流量，这种方式又称为推导式；直接式测量方法则由检测元件直接检测出流体的质量流量。

(1) 间接式质量流量计

间接式质量流量测量方法，一般是采用体积流量计和密度计或两个不同类型的体积流量计组合，实现质量流量的测量。常见的组合方式主要有3种。

① 节流式流量计与密度计的组合　由前述知，节流式流量计的差压信号 Δp 正比于 ρq_V^2，密度计连续测量出流体的密度 ρ，将两仪表的输出信号送入运算器进行必要运算处理，即可求出质量流量（图9-29）

$$q_m=\sqrt{\rho q_V^2 \cdot \rho}=\rho q_V \tag{9-51}$$

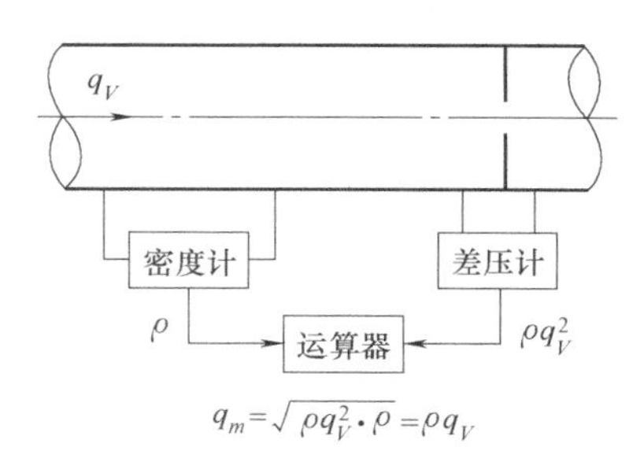

图9-29　节流式流量计与密度计组合

密度计可采用同位素、超声波或振动管等能连续测量流体密度的仪表。

② 体积流量计与密度计的组合　容积式流量计或速度式流量计，如涡轮流量计、电磁流量计等，测得的输出信号与流体体积流量 q_V 成正比，这类流量计与密度计组合，通过乘法运算，即可求出质量流量（图9-30）

$$q_m=\rho q_V \tag{9-52}$$

③ 体积流量计与体积流量计的组合　这种质量流量检测装置通常由节流式流量计和容积式流量计或速度式流量计组成，它们的输出信号分别正比于 ρq_V^2 和 q_V，通过除法运算，即可求出质量流量（图9-31）

$$q_m=\frac{\rho q_V^2}{q_V}=\rho q_V \tag{9-53}$$

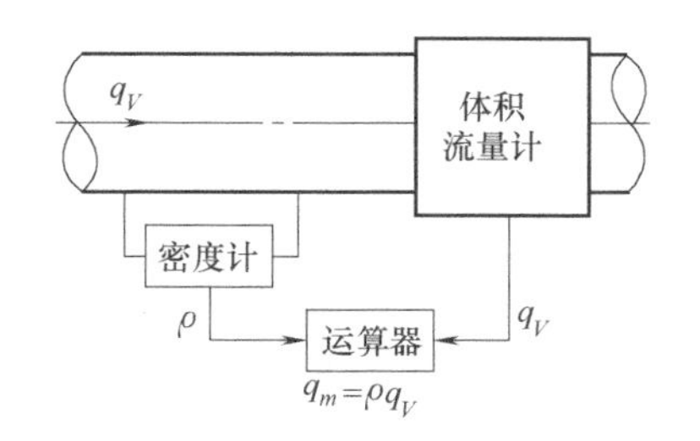

图9-30　体积流量计和密度计组合

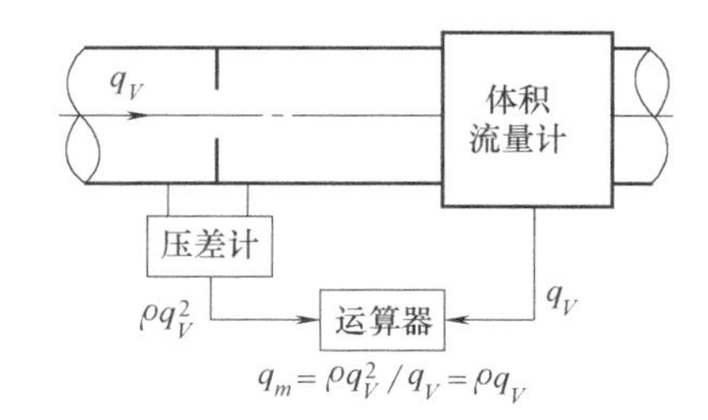

图9-31　节流式流量计和其他体积流量计组合

除上述几种组合式流量计外，在工业上还常采用温度、压力自动补偿式流量计。由于流体密度是温度和压力的函数，而连续测量流体的温度和压力要比连续测量流体的密度容易，因此，可以根据已知被测流体密度与温度和压力之间的关系，同时测量流体的体积流量以及温度和压力值，通过运算求得质量流量或自动换算成标准状态下的体积流量。

(2) 直接式质量流量计

直接式质量流量计的输出信号直接反映质量流量，其测量不受流体的温度、压力、密度变化的影响。直接式质量流量计有许多种形式。

① 热式质量流量计　热式质量流量计是根据传热原理，利用流动的流体与外部加热热源之间热量交换关系来测量流体质量流量的仪表，一般主要用来测量气体的质量流量，只有少量用于测量微小液体流量。目前应用较多的有两种类型：浸入型和热分布型。

a. 浸入型热式质量流量计。这种流量计依据热量消散（冷却）效应进行测量。在结构上，有两个热电阻温度传感器分别放置在不锈钢保护套管内，浸入到被测流体中。一个用来量气体温度 T，另一个称为速度探头，由电源加热，用来测量质量流速 ρu，如图 9-32 所示。

速度探头测出的温度 T_u 高于气流温度 T。当气体静止时，T_u 最高，随着质量流速 ρu 增加，气流带走更多热量，温度 T_u 将下降，温度差 $\Delta T=T_u-T$ 可以测出，根据热力学定律，电源提供给速度探头的功率应等于流动气体对流换热所带走的量，所以可得功率 P 与温度差 ΔT 的关系

$$P=[B+C(\rho u)^k]\Delta T \tag{9-54}$$

式中，B、C、K 均为经验常数，由被测流体的传热系数、黏度和热容量等因素决定。由式（9-54）可解出，气体的质量流速为

$$\rho u=\left(\frac{P}{C\cdot\Delta T}-\frac{B}{C}\right)^{\frac{1}{K}} \tag{9-55}$$

根据式（9-55），可以保持温差 ΔT 不变，通过测量功率 P 来测量质量流速 ρu，称为等温型；也可以保持电加热功率 P 不变，通过测量温差 ΔT 来测量质量流速 ρu，称为等功率型。等温型的特点是对流速变化的响应较快。由 ρu 乘以管道平均流速系数和管道截面积就可得到质量流量 q_m。

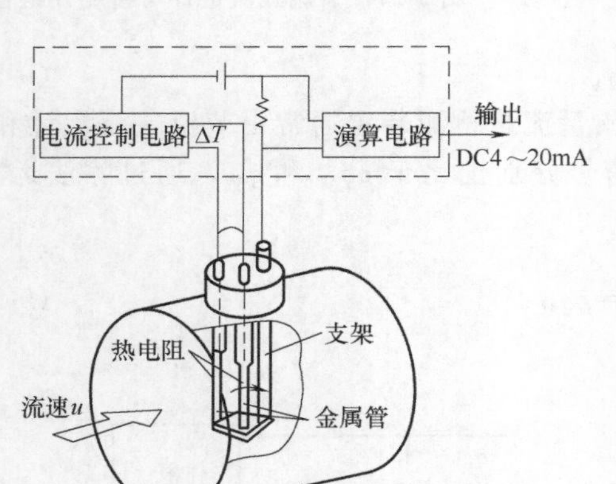

图 9-32　浸入型热式质量流量计

浸入型热式质量流量计适合于较大管径和测量低至中高速气体。

b. 热分布型热式质量流量计。热分布型热式质量流量计利用流动流体传递热量改变测量管壁温度分布的热传导分布效应进行测量，其结构和工作原理如图 9-32 所示。

在小口径薄壁测量管外壁，对称绕制有两个既作加热又作测量元件的电阻线圈 R_1、R_2，它们和另外两个电阻 R_3、R_4，组成直流电桥，由恒流电源供电，电阻线圈产生的热量通过管壁加热管内气体。如管内气体没有流动，则测量管上轴向温度分布相对于测量管中心是对称的，如图 9-33 下部虚线所示。上下游电阻线圈 R_1、R_2 的平均温度均为 T_m，温度差为零，电桥处于平衡状态；当气体流动时，上游部分热量被带给下游，导致测量管上轴向温度分布发生畸变，上游温度下降，下游温度上升，变化如图 9-33 下部实线所示，此时上下游电阻线圈 R_1、R_2 的平均温度分别为 T_1、T_2。由电桥测出两线圈阻值的变化，得到温差 $\Delta T=T_2-T_1$，即可按式（9-56）求出质量流量 q_m

$$q_m = K\frac{A}{c_p}\Delta T \tag{9-56}$$

式中，c_p 为被测气体的定压比热容；A 为测量管加热线圈与周围环境之间的热传导系数；K 为仪表常数。

当气体成分确定时，则在一定流量范围内，A、c_p 均可视为常数，质量流量仪与绕组平均温度差 ΔT 成正比，如图 9-34 中 Oa 段所示。Oa 段为仪表正常测量范围，此时仪表出口处流体不带走热量，流量增大到超过 a 点时，有部分热量被带走而呈现非线性，流量超过 b 点则大量热量被带走。

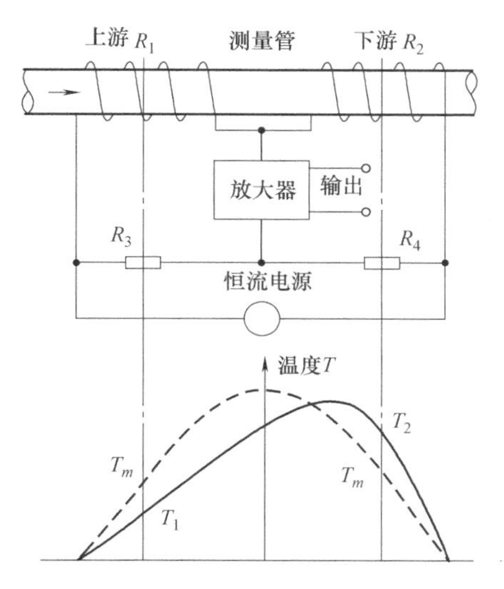

图 9-33 热分布型热式质量流量计

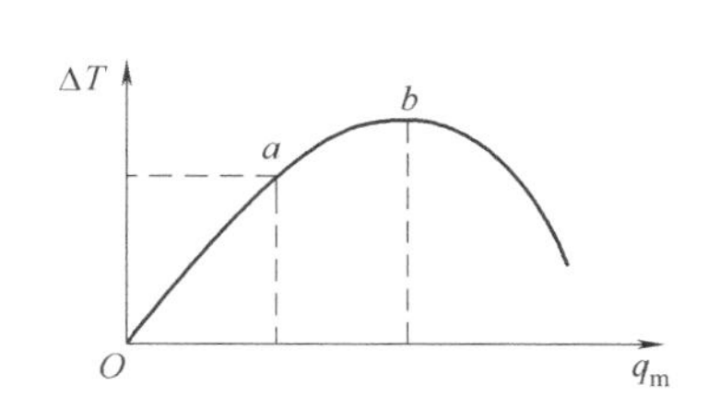

图 9-34 质量流量与绕组温度

为获得良好的线性，气体必须保持层流流动，为此测量管内径 D 设计得很小而长度 L 很长，即有很大 L/D 值。按测量管内径分，有细管型，D 为 0.2～0.5mm，因极易堵塞，仅适用于净化无尘气体；小型测量管 D 为 4mm。

热分布型热式质量流量计适合于测量微小气体质量流量，如果需要测量大流量，可采用分流方式。在分流管与测量管均为层流条件下，测量管流量与总流量之间有固定的分流比，故可由测量管流量求得总流量，从而扩大测量范围。

c. 热式质量流量计特点及应用。热式质量流量计的主要优点是：无活动部件，压力损失小；结构坚固，性能可靠。缺点是：响应慢；被测量气体组分变化较大时，测量值会有较大误差。

在流量计安装方面，大部分浸入型流量计性能不受安装姿势（水平、垂直或倾斜）影响，但应用于高压气体时则应选择水平安装，以便调零。另外，通常认为热分布型流量计无上下游直管段长度要求，但在低和非常低流速流动时，因受管道内气体对流的影响，要获得精确测量，必须遵循仪表制造厂的安装建议，而且需要一定长度直管段。

② 科里奥利质量流量计　科里奥利质量流量计（简称科氏力流量计）是一种利用流体在振动管中流动产生与质量流量成正比的科里奥利力的原理来直接测量质量流量的仪表。

a. 科氏力与质量流量。如图 9-35 所示，当质量为 m 的质点在一个绕旋转轴 O 以角速度 ω 旋转的管内以匀速 u 作朝向或离开旋转轴心的运动时，该质点将获得法向加速度（向心加

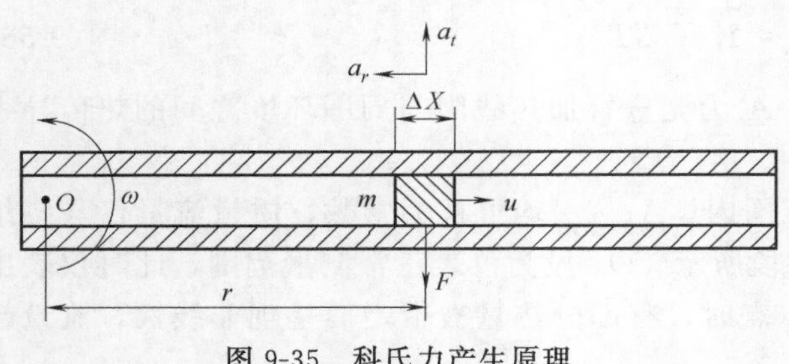

图 9-35 科氏力产生原理

度）a_r 和切向加速度（科里奥利加速度）a_t。其中，$a_r=\omega^2 r$，方向指向轴O；$a_t=2\omega u$，方向与 a_t 垂直，符合右手定则，而作用于管壁的科氏力 $F=2\omega um$ 方向与 a_t 相反。

若密度为 ρ 的流体在图 9-36 所示的管道内以匀速 u 流动，则在长度为 ΔX、截面积为 A 的管道内的流体质量 $m=\rho A\Delta X$ 所产生的科氏力

$$F=2\omega u\rho A\Delta X \tag{9-57}$$

因为质量流量 $q_m=\rho uA$，所以有

$$F=2\omega q_m\Delta X \tag{9-58}$$

由式（9-58）可知，如能直接或间接地测出旋转管道中的流体作用于管道上的科氏力，就能测得流过管道的流体的质量流量，这就是科里奥利质量流量计的测量原理。

在实际应用中，让流体通过的测量管道旋转产生科氏力是难以实现的，因而均采用使测量管振动的方式替代旋转运动，即对两端固定的薄壁测量管在中点处以测量管谐振或接近谐振的频率激振，在管内流动的流体中产生科氏力，并使得测量管在科氏力的作用下产生扭转变形。

b. 科氏力流量计结构与测量原理。科氏力流量计结构有多种形式，一般由振动管与转换器组成。振动管（测量管道）是敏感器件，有 U 形、Ω 形、环形、直管形及螺旋形等几种形状，也有用双管等方式，但基本原理相同。下面以 U 形管式的质量流量计为例介绍。

图 9-36 所示为 U 形管式科氏力流量计的测量原理示意图。U 形管的两个开口端固定，流体由此流入和流出。U 形管顶端装有电磁激振装置，用于驱动 U 形管，使其沿垂直于 U 形管所在平面的方向以 O—O 为轴按固有频率振动。U 形管的振动迫使管中流体在沿管道流动的同时又随管道作垂直运动，此时流体将受到科氏力的作用，同时流体以反作用力作用于 U 形管。由于流体在 U 形管两侧的流动方向相反，所以作用于 U 形管两侧的科氏力大小相等方向相反，从而使 U 形管受到一个力矩的作用，使其管端绕 R—R 轴扭转而产生扭转变形，该变形量的大小与通过流量计的质量流量具有确定的关系。因此，测得这个变形量，即可测得管内流体的质量流量。

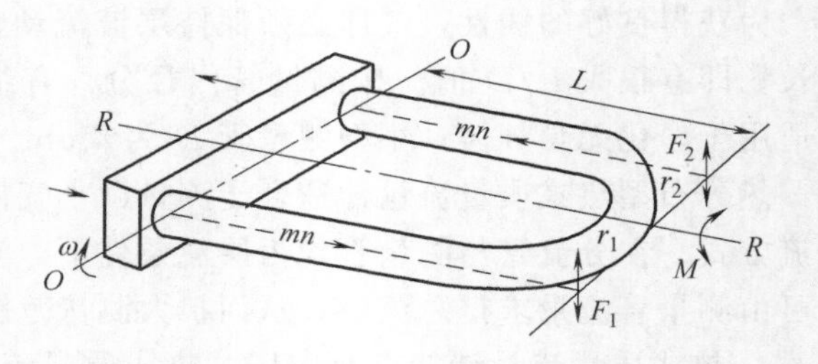

图 9-36 U 形管式科氏力流量计测量原理

设 U 形管内流体流速为 u，U 形管的振动可视为绕 O—O 为轴的瞬时转动，转动角速度为 ω；若流体质量为 m，则其上所作用的科氏力为

$$F=2m\omega\times u \tag{9-59}$$

式中，F、ω、u 均为矢量，ω 是按正弦规律变化的。U 形管所受扭力矩为

$$M=F_1r_1+F_2r_2=2Fr=4m\omega ur \tag{9-60}$$

式中，$F_1=F_2=F=|F|$，$r_1=r_2=r$ 为 U 形管跨度半径。

因为质量流量和流速可分别写为 $q_m=m/t$，$u=L/t$，式中 t 为时间，则式（9-60）可写为

$$M=4\omega rLq_m \tag{9-61}$$

设U形管的扭转弹性模量为K_s，在扭力矩M作用下，U形管产生的扭转角为θ，故有

$$M=K_s\theta \tag{9-62}$$

因此，由式（9-61）和式（9-62）可得

$$q_m=\frac{K_s\theta}{4\omega rL} \tag{9-63}$$

U形管在振动过程中，θ角是不断变化的，并在管端越过振动中心位置$Z—Z$时达到最大。若流量稳定，则此最大θ角是不变的。由于θ角的存在，两直管端p_1、p_2仍将不能同时越过中心位置$Z—Z$，而存在时间差Δt。由于θ角很小，设管端在振动中心位置时的振动速度为u_p（$u_p=\omega L$），则

$$\Delta t=\frac{2r\sin\theta}{u_p}=\frac{2r\theta}{\omega L} \tag{9-64}$$

从而

$$\theta=\frac{\omega L}{2r}\Delta t \tag{9-65}$$

将式（9-65）代入式（9-63），得

$$q_m=\frac{K_s}{8r^2}\Delta t \tag{9-66}$$

对于确定的流量计，式中的K_s和r是已知的，故质量流量q_m与时间差Δt成正比。如图9-37所示，只要在振动中心位置$Z—Z$处安装两个光学或电磁学检测器，测出时间差Δt即可由式（9-66）求得质量流量。

c. 科氏力质量流量计的特点。科氏力流量计能直接测得气体、液体和浆液的质量流量，也可以用于多相流测量，且不受被测介质物理参数的影响，测量精度较高；对流体流速分布不敏感，因而无前后直管段要求；可做多参数测量，如同期测量密度；测量范围度大，有些可高达（100∶1）～(150∶1)。

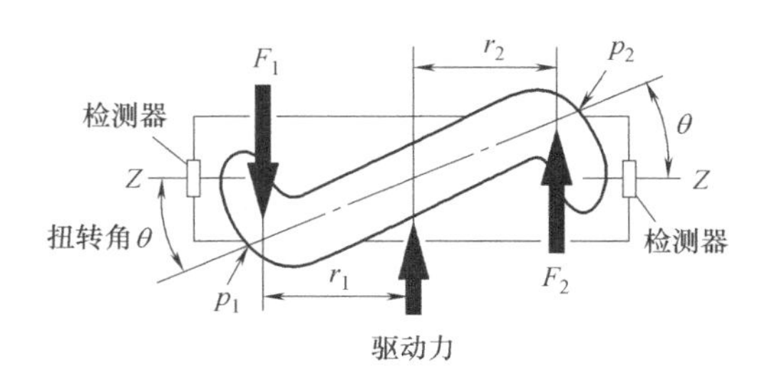

图9-37　安装检测器

但科氏力流量计存在零点漂移，影响其精度进一步提高；不能用于低密度介质和低压气体测量；不能用于较大管径；对外界振动干扰较为敏感，管道振动会影响其测量精度；压力损失较大；体积较大；价格昂贵。

9.3　流量计的校准与标准装置

流量计在出厂之前或使用一段时间之后，都必须对其计量性能进行校准，以保证产品质量和流量计量的准确度。校准所使用的，能够提供准确流量值作流量量值传递的测量设备称为流量标准装置。流量标准装置需按照有关标准和检定规定建立，并由国家授权的专门机构认定。

9.3.1　流量计的校准方法

流量计的流量校准一般有直接测量法和间接测量法两种方式。

直接测量法亦称实流校准法，即以实际流体流过被校仪表，用流量标准装置测出流过被校仪表流体的实际流量，与被校仪表的流量示值作比较，或对被校流量仪表进行分度，这种方法有时又称作湿法标定。实流校准法获得的流量值可靠、准确，是许多流量仪表校准时所采用的方法，也是目前建立标准流量的方法。

实流校准法又分为“离线”和“在线”实流校准两种形式。离线实流校准就是将被校仪表安装到实验室的流量标准装置上，在规定的标准工作条件下获得仪表流量测量范围及其基本误差；在线实流校准就是在被校仪表的使用现场位置，以适合现场校准的流量标准装置，在不一定完全符合标准工作条件的情况下校准流量仪表。校准所得的误差为现场实际误差，包括流量仪表基本误差和附加误差（例如流速分布畸变、安装不合规范、流体参数与规定的条件不同等原因产生的附加误差等）。现场在线校准获得的实际误差因符合实际使用条件，有时候比离线校准更为合适。

间接测量法不需要以实际流体流过被校仪表，而是通过测量在规定条件下使用的流量仪表传感器的结构尺寸或其他与流量计算有关的量，间接地校准流量仪表的流量示值。这种方法也被称为干法标定。间接法校准获得的流量值没有直接法准确，但避免了实流校准必须使用流量标准装置特别是大型流量标准装置带来的困难，已经有一些流量仪表采用了间接校准法，例如采用标准节流装置的节流式流量计，因已积累了丰富的试验数据，并有相应的标准，所以可以通过检验节流件的几何尺寸及校验配套的差压计来校准流量计流量值。有些流量仪表，如涡街流量计，目前采用实流校准，但有实现间接校准的可能性。

9.3.2　液体流量标准装置

流量仪表的校准是很复杂的问题，根据流体介质、流量范围和管径大小的不同，需要建立各种类型的流量标准装置，本节仅介绍用于液体实流校准的流量标准装置，按采用的计量器具分，液体流量标准装置大致有以下几种。

(1) 标准容积法流量标准装置

容积法液体流量标准装置由水源、流量稳压装置、标准计量容器、换向机构和试验管道等几个部分组成，一般用水作循环流体。图 9-38 为标准容积法流量标准装置示意图。

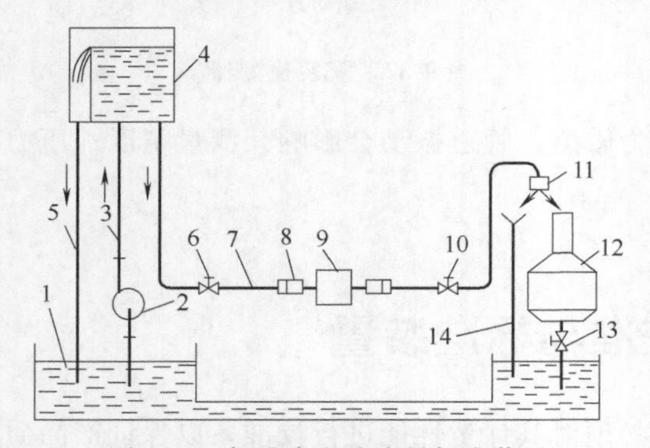

图 9-38　标准容积法流量标准装置

1—水池；2—水泵；3—进水管；4—高位水塔；5—溢流管；6—截止阀；7—试验管段；8—夹表器；9—被校流量计；10—调节阀；11—换向器；12—标准容积计量罐；13—放水阀；14—旁通管

图中流量稳压装置为高位水塔。校准时由水泵将水池中的水打入高位水塔，水塔中设有溢流装置，在整个校准过程中水塔始终处于溢流状态，以维持系统的水压稳定不变，从而保证校准时流量的稳定。为降低流量标准装置的建造费用，也可用气液稳压容器稳压，但稳定性低于高位水塔。标准计量容器是经过精确标定的，其容积精度可达万分之几，为了提高量器中的水容积的计量分辨率，一般采用缩颈式结构，其上装有读数装置，有各种不同的容积可根据流量范围需要选用。换向机构的作用是适时改变液体的流向，将其引入或切出标准计量容器。被校流量计通过可伸缩的夹表器与试验管道连接。

校准流量计时，先根据流量的大小选用适当的标准容器 12 计量水量，放空其内的液体，然后关闭放水阀 13 准备进入正式校准。打开截止阀 6，水通过上游直管段（试验管段 7）流过被校流量计 9，用调节阀 10 将流量调到所需流量，待流量稳定后，启动换向器 11，将水流由旁通管 14 切入标准容积计量罐 12，同时启动计时器计时。当达到预定的水量或时间时，操作换向器，再将水流切换到旁通管 14，同时停止计时。待计量容器内水位稳定时，读数并记录容器内所收集的水量 V，计时器测量时间 t 和被校流量计的流量指示值。标准流量 $q_V=V/t$，与被校表流量示值比较就可以求得被校表的误差。

标准容积法液体流量标准装置的特点是方法比较成熟，使用方便，容易掌握；既可校准瞬时流量仪表，也可校准总量仪表；有较高精度，系统精度可达±0.1%～±0.5%，是目前国内外应用最多的校准方法，但在大流量校准时制造精密的大型标准容器比较困难。

(2) 标准质量法流量标准装置

这种方法是以秤代替标准容器作为标准器，用称量一定时间内流入容器内的流体总量的方法求出被测液体的流量，故又叫称量法。其系统和标准容积法流量标准装置相似，如图 9-39 所示。

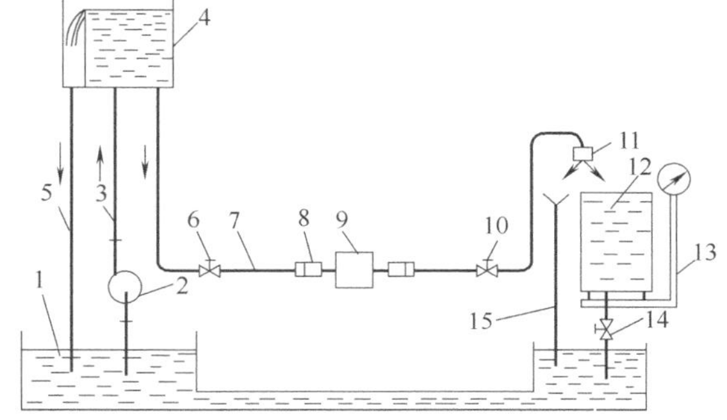

图 9-39　标准质量法流量标准装置

1—水池；2—水泵；3—进水管；4—高位水塔；5—溢流管；6—截止阀；7—试验管段；8—夹表器；9—被校流量计；10—调节阀；11—换向器；12—称量容器；13—标准秤；14—放水阀；15—旁通管

开始校准时，先将换向器 11 切换到旁通管 15，确定称量容器 12 的初始质量 M_0。用调节阀 10 调节所需流量，待流量稳定后，启动换向器，将液流从旁通管 15 切换到称量容器 12，同时启动计时器计时。当达到预定的水量或时间时，将换向器再切换到旁通管，待容器中的液位稳定后，确定称量容器和液体的总质量 M，记录计时器测量时间 t 和被校流量计的流量指示值。

根据测量值，计算装置复现的实际质量流量

$$q_m=\frac{(M-M_0)\cdot(1+\varepsilon)}{t} \tag{9-67}$$

式中，$\varepsilon=\rho_A(1/\rho_w-1/\rho_p)$ 是空气浮力修正系数；ρ_A 是空气的密度，kg/m^3；ρ_w 是水的密度，kg/m^3；ρ_p 是砝码材料密度，kg/m^3。

若用标准质量法装置校准体积流量计，则可由式（9-68）计算标准体积流量

$$q_V=\frac{q_m}{\rho_w}=\frac{(M-M_0)\cdot(1+\varepsilon)}{\rho_w\cdot t} \tag{9-68}$$

标准质量法液体流量标准装置是精度最高的流量标准装置。因为液体在静止时称重，管路系统没有任何机械连接，不受流动动力的影响；可采用高精度的称重设备，如精度为±0.01%～±0.005%的标准衡器。系统精度一般可达±0.05%～±0.1%，最高可达±0.02%。

(3) 标准流量计法流量标准装置

这种方法采用高精度流量计作为标准仪表对其他工作用流量计进行校准，校准时标准流量计和工作用流量计串联在试验管道中，同时测量流过的液流，分别记录流量示值就可求得被校表的误差。用作标准的高精度流量计有容积式、涡轮式和电磁式等类型。

标准流量计法校准装置一般用于生产校表和现场检定，其特点是装置紧凑，工作效率高，操作简便，耗水少且节省费用，但校准精度低于上述两种方法。

(4) 标准体积管

用标准体积管作为流量标准装置可以在现场对流量计进行较大流量的实流校准（在线校准），广泛应用于液体流量总量仪表的校验和分度，也可校准瞬时流量仪表。由于是直接对工作流体进行校准，校准条件与使用条件一致，因而有较高精度。

标准体积管流量标准装置按结构不同可分为多种类型，图 9-40 为单向单球型无阀式标准体积管原理示意图。其基本组成部分有：基准体积管；安装在基准管进出口的检测开关及发讯器；在标准体积管中起置换、发讯、密封和清管作用的置换器（球）。

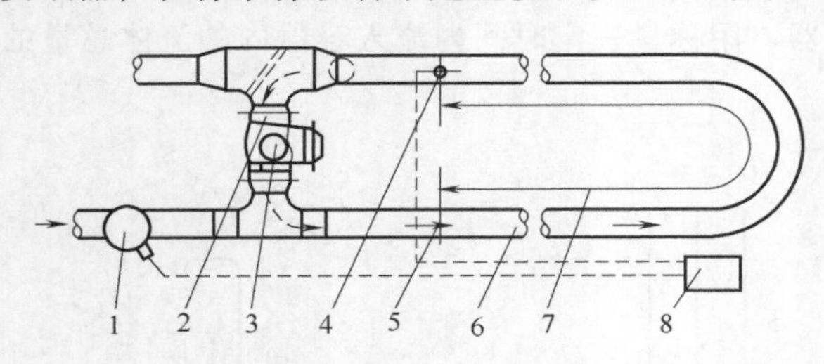

图 9-40 单球式标准体积管原理示意图

1—被校准流量计；2—交换器；3—球；4—终止检测器；5—起始检测器；6—体积管；7—计量段容积；8—计数器

校准时，合成橡胶球 3 经交换器 2 进入体积管 6，在流过被校准流量仪表 1 的液流推动下，按箭头所示方向前进。球经过起始检测器 5 时发出信号启动计数器 8，经过终止检测器 4 时发出信号使计数器停止计数，经过检测器 4 后的球受导向杆的阻挡，落入交换器，为下一次校准做准备。这样，将根据检测球走完标准体积段的时间求出的体积流量作为标准，与被校表示值进行对比，即可求得被校流量计的仪表系数或测量误差。

标准体积管可以固定安装在现场，也可做成车装式，移动到现场校验流量仪表。

思考题与习题

9.1 在工业生产中，为何要进行流量的测试？流量检测仪表按照测量方式可以分为哪些类型？

9.2 什么是累计流量？测量累计流量有什么意义？

9.3 节流装置由什么组成？简述节流式流量计的工作原理。

9.4 简述涡流流量计的优缺点，并说出易气化的液体流量进行测试时应安装何种设备？

9.5 在电磁式流量计中，磁场的励磁方式有哪几种？各自的优缺点是什么？

9.6 电磁式流量计在使用时有哪些注意事项？

9.7 超声波流量计有哪些元件组成？简述超声波流量计的工作原理。如果流体的温度变化，对测量结果有什么影响？

9.8 质量流量测量的方法有哪些？

9.9 流量计校准的方法有哪些？流量计的选用原则是什么？

第10章 物位检测技术

学习目标

1. 了解物位、物位检测的概念。
2. 掌握力学法、电学与电磁法、声学与光学法的检测原理与应用场合。
3. 了解射线法、温差法液位检测技术的原理。
4. 掌握重锤探测法、称重法、电磁法、声学法料位检测的检测原理与应用场合。
5. 了解相界面检测的方法。

在许多实际工业生产中，除了需要对生产过程中所使用的固体、液体或散料等的重量进行检测外，还需要对物料的体积高度进行可靠的检测和控制，例如锅炉内的水位，油罐、水塔及各种储液罐的液位，粮仓、煤粉仓、水泥库、化学原料库中的料位以及在高温条件下连铸生产中的各种金属液位，高炉或竖炉的料位等，确保生产质量，实现安全、高效生产。

物位检测包括液位、料位和相界面位置的检测，它一般是以容器口为起点，测量物料相对起点的位置。液位指液体表面位置，液面一般是水平的，但在有些情况下可能有沸腾或起泡。料位指容器中固体粉料或颗粒的堆积高度的表面位置，一般固体物料在自然堆积时料面是不平的。相界面指同一容器中互不相溶的两种物质在静止或扰动不大时的分界面，包括液-液相界面、液-固相界面等，相界面检测的难点在于界面分界不明显或存在混浊段。

10.1 液位检测

液位检测总体上可分为直接检测和间接检测两种方法。直接检测法就是利用连通器原理，将容器中的液体引入带有标尺的观察管中，直接由操作人员通过标尺读出液位。但由于测量状况及条件复杂多样，因而一般采用间接检测法，即将液位信号转化为其他相关信号进行测量，如力学法、电学法、电磁学法、声学法、光学法等。

10.1.1 力学法检测液位

力学法根据具体采用的测量方法不同，主要有压力法与浮力法两种。

(1) 压力法

压力法依据液体重量所产生的压力进行测量。由于液体对容器底面产生的静压力与液位高度成正比，因此通过测量容器中液体的压力即可测算出液位高度。

对常压开口容器，液位高度 H 与液体静压力 p 之间有如下关系

$$H=\frac{p}{\rho g} \tag{10-1}$$

式中，ρ 为被测液体的密度，kg/m^3；g 为重力加速度。

图 10-1 为用于测量开口容器液位高度的三种压力式液位计。图 10-1（a）为压力表式液位计，它是利用引压管将压力变化值引入高灵敏度压力表进行测量。图中压力表高度与容器底等高，这样压力表读数即直接反映液位高度。如果两者不等高，当容器中液位为零时，压力表中读数不为零，而是反映容器底部与压力表之间的液体的压力值，该值称为零点迁移量，测量时应予以注意。这种方法的使用范围较广，但要求介质洁净，黏度不能太高，以免阻塞引压管。图 10-1（b）为法兰式液位变送器，变送器装在容器底部的法兰上，作为敏感元件的金属膜盒经导压管与变送器的测量室相连，导压管内封入沸点高、膨胀系数小的硅油，使被测介质与测量系统隔离。它可以将液位信号变成电信号或气动信号，用于液位显示或控制调节。由于是法兰式连接，且介质不必流经导压管，因此可用来检测有腐蚀性、易结晶、黏度大或有色的介质。图 10-1（c）为吹气式液位计，压缩空气通过气泡管通入容器底部，调节旋塞阀使少量气泡从液体中逸出（大约每分钟 150 个），由于气泡微量，可认为容器中液体静压与气泡管内压力近似相等。当液位高度变化时，由于液体静压变化会使逸出气泡量变化。调节阀门使气泡量恢复原状，即调节液体静压与气泡管压力平衡，从压力表的读数即可反映液位高低。这种液位计结构简单，使用方便，可用于测量有悬浮物及高黏度液体。如果容器封闭，则要求容器上部有通气孔。它的缺点是需要气源，而且只能适用于静压不高、精度要求不高的场合。

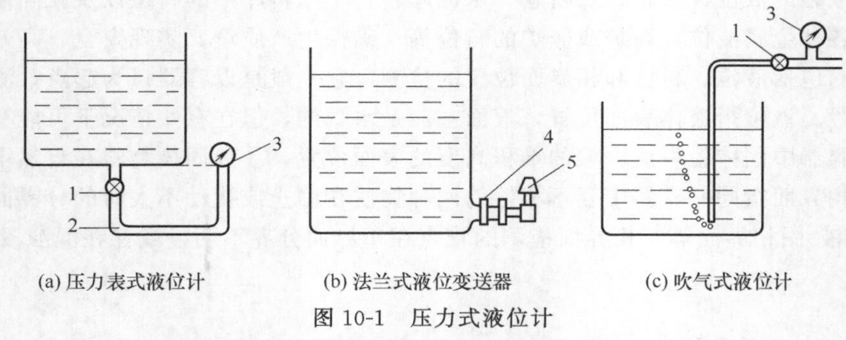

(a) 压力表式液位计　(b) 法兰式液位变送器　(c) 吹气式液位计

图 10-1　压力式液位计

1—旋塞阀；2—引压管；3—压力表；4—法兰；5—压力变送器

(2) 浮力法

浮力法测液位是依据力平衡原理，通常借助浮子一类的悬浮物，浮子做成空心刚体，在平衡时能够浮于液面。当液位高度发生变化时，浮子就会跟随液面上下移动。因此测出浮子的位移就可知液位变化量。浮子式液位计按浮子形状不同，可分为浮子式、浮筒式等；按机构不同可分为钢带式、杠杆式等。

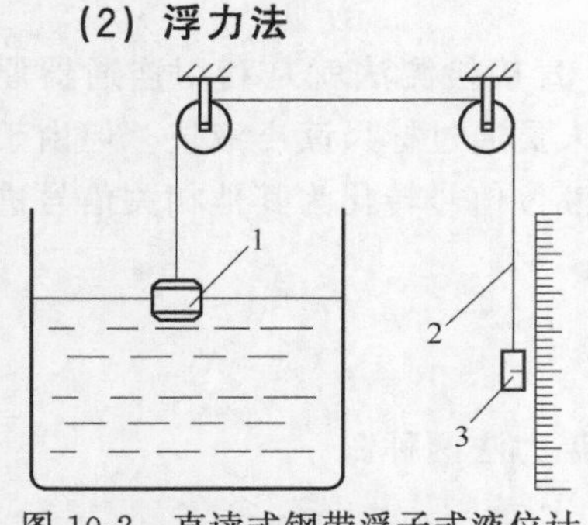

图 10-2　直读式钢带浮子式液位计

1—浮子；2—钢带；3—重锤

① 钢带浮子式液位计　图 10-2 为直读式钢带浮子式液位计，这是一种最简单的液位计，一般只能就地显示，现以它为例分析一下钢带浮子式液位计的测量误差。

平衡时，浮子重量和钢带拉力之差 w 与浮力相平衡

$$w=\rho g\ \frac{-\pi D^2}{4}\Delta h \tag{10-2}$$

式中，ρ 为液体密度，kg/m^3；D 为圆柱形浮子的直径，m；Δh 为浮子浸入液体的深度，m；g 为重力加速度。

当液位变化 Δh 时，浮子浸入深度 Δh 应保持不变才能使测量准确，但由于摩擦等因素，浮子不会马上跟随动作，它的浸入深度的变化量为 Δh，所受浮力变化量

$$\Delta F=\rho g\ \frac{-\pi D^2}{4}\Delta h \tag{10-3}$$

只有 ΔF 克服了摩擦力 f 后，浮子才会开始动作，这就是仪表不灵敏区的产生原因。

$$\frac{\Delta H}{f_r}=\frac{\Delta H}{\Delta F}=\frac{4}{\rho g\pi D^2} \tag{10-4}$$

由式（10-4）可以看出灵敏度与浮子直径有关，适当增大浮子直径，会使相同摩擦情况下浮子的浸入深度变化量减小，灵敏度提高，从而提高测量精度。此外，钢带长度变化也直接影响测量精度，应尽量使用膨胀系数小且较轻的多股金属绳。

② 浮筒式液位计　浮筒式液位计属于变浮力液位计，当被测液面位置变化时，浮筒浸没体积变化，所受浮力也变化，通过测量浮力变化确定出液位的变化量。图 10-3 为浮筒式液位计原理图。

图 10-3 所示的液位计是用弹簧平衡浮力，用差动变压器测量浮筒位移，平衡时压缩弹簧的弹力与浮筒浮力及重力 G 平衡。即

$$kx=\rho gAH-G \tag{10-5}$$

式中，k 为弹簧刚度，N/m；x 为弹簧压缩量，m；ρ 为液体密度，kg/m^3；H 为浮筒浸入深度，m；A 为浮筒截面积，m^2。

当液位发生变化，如升高 Δh 时，弹簧被压缩 Δx，此时有

$$k(x+\Delta x)=\rho gA(H+\Delta H-\Delta x)-G \tag{10-6}$$

式（10-5）与式（10-6）相减得

$$\Delta H=1+\frac{k}{\rho gA}\Delta x \tag{10-7}$$

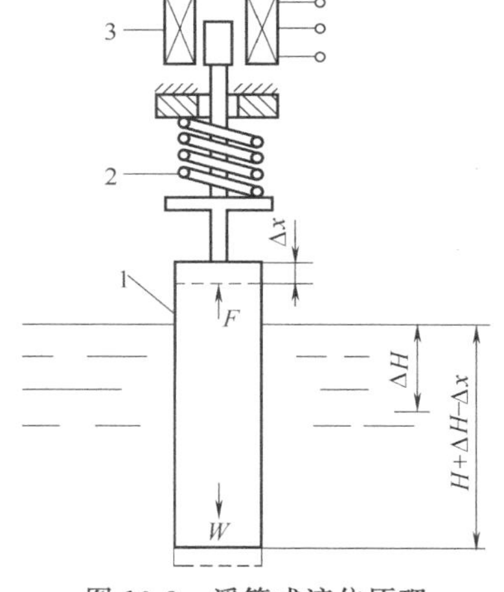

图 10-3　浮筒式液位原理

1—浮筒；2—弹簧；3—差动变压器

式（10-7）表明液位高度变化与弹簧变形量成正比。弹簧变形量可用多种方法测量，既可就地指示，也可用变换器（如差动变压器）变换成电信号进行远传控制。

10.1.2　电学与电磁法检测液位

(1) 电学法检测液位

电学法按工作原理不同又可分为电阻式、电感式和电容式。用电学法测量无摩擦件和可动部件，信号转换、传送方便，便于远传，工作可靠，且输出可转换为统一的电信号，与电动单元组合仪表配合使用，可方便地实现液位的自动检测和自动控制。

① 电阻式液位计　电阻式液位计既可进行定点液位控制，也可进行连续测量。所谓定点控制是指液位上升或下降到一定位置时引起电路的接通或断开，引发报警器报警。电阻式

液位计的原理是液位变化引起电极间电阻变化，由电阻变化反映液位情况。

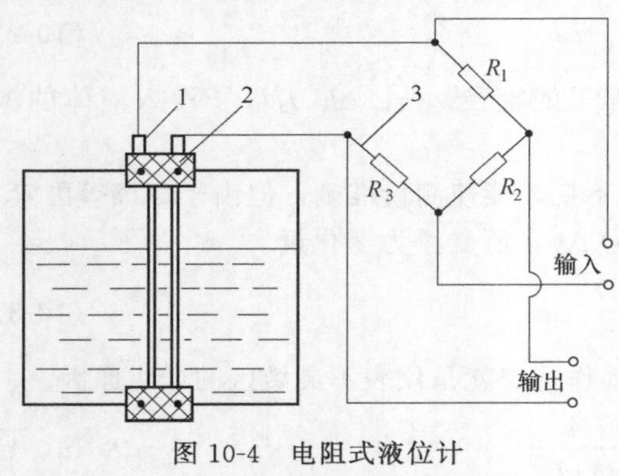

图 10-4 电阻式液位计

1—电阻棒；2—绝缘套；3—测量电桥

图 10-4 为用于连续测量的电阻式液位计原理图。

该液位计的两根电极是由两根材料、截面积相同的具有大电阻率的电阻棒组成，电阻棒两端固定并与容器绝缘。整个传感器电阻为

$$R=\frac{2\rho}{A}(H-h)=\frac{2\rho}{A}H-\frac{2\rho}{A}h=k_1-k_2h \tag{10-8}$$

式中，H、h 为电阻棒全长及液位高度，m；ρ 为电阻棒的电阻率，$\Omega \cdot m$；A 为电阻棒截面积，m^2，$k_1=\frac{2\rho}{A}H$；$k_2=\frac{2\rho}{A}$。

该传感器的材料、结构与尺寸确定后，k_1、k_2 均为常数，电阻大小与液位高度成正比。电阻的测量可用图中的电桥电路完成。

这种液位计的特点是结构和线路简单，测量准确，通过在与测量臂相邻的桥臂中串接温度补偿电阻可以消除温度变化对测量的影响。但它也有一些缺点，如电阻棒表面生锈、极化等。另外，介质腐蚀性将会影响电阻棒的电阻大小，这些都会使测量精度受到影响。

② 电感式液位计　电感式液位计利用电磁感应现象，液位变化引起线圈电感变化，感应电流也发生变化。电感式液位计既可进行连续测量，也可进行液位定点控制。

图 10-5 为电感式液位控制器的原理图。传感器由不导磁管子、导磁性浮子及线圈组成。管子与被测容器相连通，管子内的导磁性浮子浮在液面上，当液面高度变化时，浮子随着移动。线圈固定在液位上下限控制点，当浮子随液面移动到控制位置时，引起线圈感应电势变化，以此信号控制继电器动作，可实现上、下液位的报警与控制。

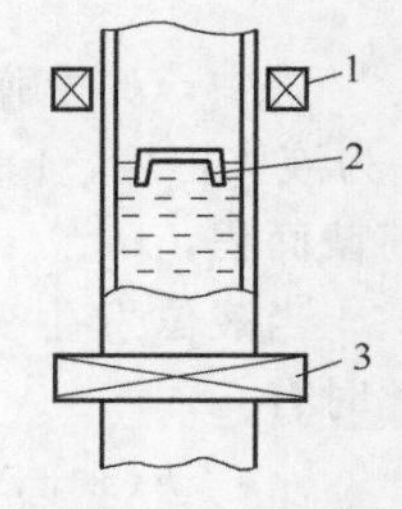

图 10-5 电感式液位

1,3—上下限线圈；2—浮子

电感式液位计由于浮子与介质接触，因此不宜测量易结垢、腐蚀性强的液体及高黏度浆液。

③ 电容式液位计　电容式液位计利用液位高低变化影响电容器电容量大小的原理进行测量。依此原理还可进行其他形式的物位测量。电容式液位计的结构形式很多，有平极板式、同心圆柱式等。它的适用范围非常广泛，对介质本身性质的要求不像其他方法那样严格，对导电介质和非导电介质都能测量，此外还能测量有倾斜晃动及高速运动的容器的液位。不仅可作液位控制器，还能用于连续测量。电容式液位计的这些特点决定了它在液位测量中的重要地位。

在液位的连续测量中，多使用同心圆柱式电容器如图 10-6 所示。同心圆柱式电容器的电容量

$$C=\frac{2\pi\varepsilon L}{\ln\left(\frac{D}{d}\right)} \tag{10-9}$$

式中，D、d 分别为外电极内径和内电极外径，m；ε 为两极板间介质的介电常数，F/m；L 为两极板相互重叠的长度，m。

液位变化引起等效介电常数变化，从而使电容器的电容量变化，这就是电容式液位计的检测原理。

在具体测量时，电容式液位计的安装形式因被测介质性质不同而稍有差别。

图 10-7 为用来测量导电介质的单电极电容液位计，它只用一根电极作为电容器的内电极，一般用紫铜或不锈钢，外套聚四氟乙烯塑料管或涂搪瓷作为绝缘层，而导电液体和容器壁构成电容器的外电极。

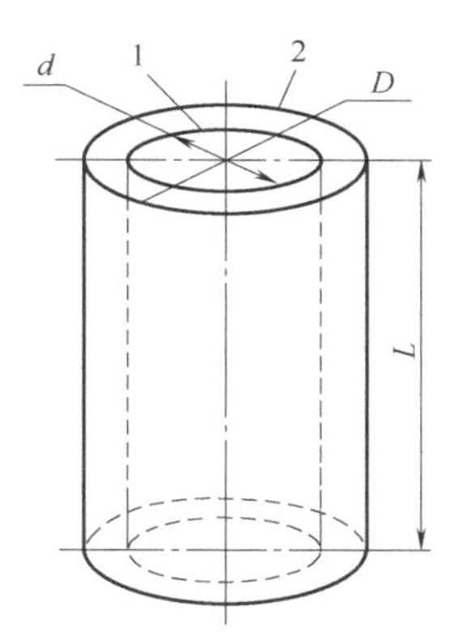

图 10-6　同心圆柱电容器
1—内电极；2—外电极

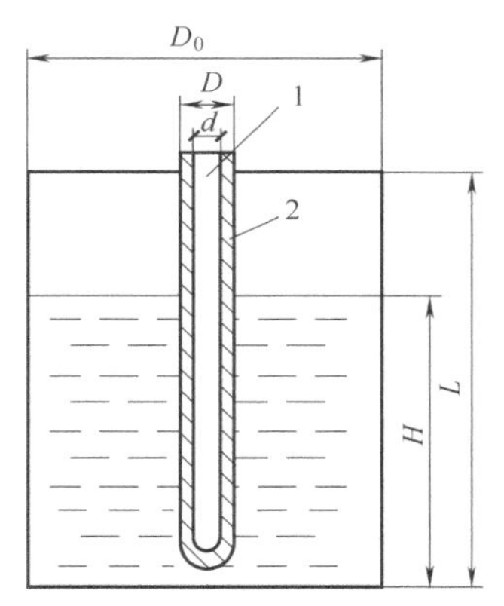

图 10-7　单电极电容液位计
1—内电极；2—绝缘套

容器内没有液体时，内电极与容器壁组成电容器，绝缘套和空气作介电层；液面高度为 H 时，有液体部分由内电极与导电液体构成电容器，绝缘套作介电层。此时整个电容相当于有液体部分和无液体部分两个电容的并联。有液体部分的电容

$$C_1=\frac{2\pi\varepsilon H}{\ln(D/d)} \tag{10-10}$$

无液体部分的电容

$$C_2=\frac{2\pi\varepsilon_0'(L-H)}{\ln(D_0/d)H} \tag{10-11}$$

总电容

$$C=C_1+C_2=\frac{2\pi\varepsilon H}{\ln(D/d)}+\frac{2\pi\varepsilon_0'(L-H)}{\ln(D_0/d)H} \tag{10-12}$$

式中，ε_0'、ε 分别为空气与绝缘套组成的介电层的介电常数以及绝缘套的介电常数，F/m；d、D、D_0 分别为内电极、绝缘套的外径和容器的内径，m；L 为电极与容器的覆盖长度，m。

液位为零时的电容

$$C_0=\frac{2\pi\varepsilon_0'L}{\ln(D_0/d)} \tag{10-13}$$

因此液位为 H 时电容变化量

$$C_x=C-C_0=\left[\frac{2\pi\varepsilon H}{\ln(D/d)}-\frac{2\pi\varepsilon_0'(L-H)}{\ln(D_0/d)}\right]H \tag{10-14}$$

若 $D_0>d$ 且 $\varepsilon_0'<\varepsilon$ ，则式（10-14）中第二项可忽略，这个条件一般是容易满足的，因此有

$$C=\frac{2\pi\varepsilon}{\text{In}\left(\dfrac{D}{d}\right)H} \tag{10-15}$$

由此可以认为电容变化量与液位高度成正比。若令

$$S=\frac{2\pi\varepsilon}{\text{In}(D_0/d)}$$

式中，S 即为液位计灵敏度。可以看出，D 与 d 越接近，即绝缘套越薄，灵敏度越高。

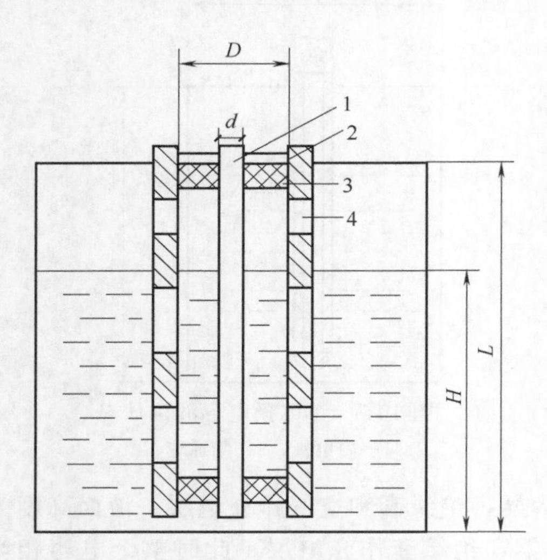

图 10-8 同轴双层电极电容式液位计

1,2—内、外电极；3—绝缘套；4—流通孔

图 10-8 为用于测量非导电介质的同轴双层电极电容式液位计。内电极和与之绝缘的同轴金属套组成电容的两极，外电极上开有很多流通孔使液体流入极板间。液面高度为 H 时，整个电容等效于有液体部分和无液体部分两个电容的并联。两个电容的区别仅在于介电层不同，有液体部分的介电层由液体和绝缘套组成，设其介电常数为 ε；无液体部分的介电层由空气和绝缘套组成，设其介电常数为 ε_0，因此总电容

$$C=\frac{2\pi\varepsilon H}{\text{In}(D/d)}+\frac{2\pi\varepsilon_0'(L-H)}{\text{In}(D_0/d)} \tag{10-16}$$

液位为零时的电容称为零点电容，即

$$C_0=\frac{2\pi\varepsilon_0' L}{\text{In}(D_0/d)} \tag{10-17}$$

液位为 H 时电容变化量

$$C_x=C-C_0=\left[\frac{2\pi\varepsilon H}{\text{In}(D/d)}-\frac{2\pi\varepsilon_0'(L-H)}{\text{In}(D_0/d)}\right]H \tag{10-18}$$

式中，d、D 分别为内电极外径和金属套内径。可以看出，电容变化量与液位高度成正比；金属套与内电极间绝缘层越薄，液位计灵敏度就越高。

以上介绍的两种是一般的安装方法，在有些特殊场合还有其他特殊安装形式，如大直径容器或介电常数较小的介质，为增大测量灵敏度，通常也只用一根电极，将其靠近容器壁安装，使它与容器壁构成电容器的两极；在测大型容器或非导电容器内装非导电介质时，可用两根同轴的圆筒电极平行安装构成电容。在测极低温度下的液态气体时，由于 ε 接近 ε_0，一个电容灵敏度太低，可取同轴多层电极结构，把奇数层和偶数层的圆筒分别连接在一起成为两组电极，变成相当于多个电容并联，以增加灵敏度。

(2) 电磁学法检测液位

利用电磁转换原理进行液位测量的磁致伸缩液位计是近年来推出的新产品，图 10-9 为磁致伸缩液位计原理图。该磁致伸缩液位计由探测杆（内装有磁致伸缩线）、电路单元和浮子三部分组成。探测杆上压磁传感器端部的电子部件产生一个低压电流“询问”脉电

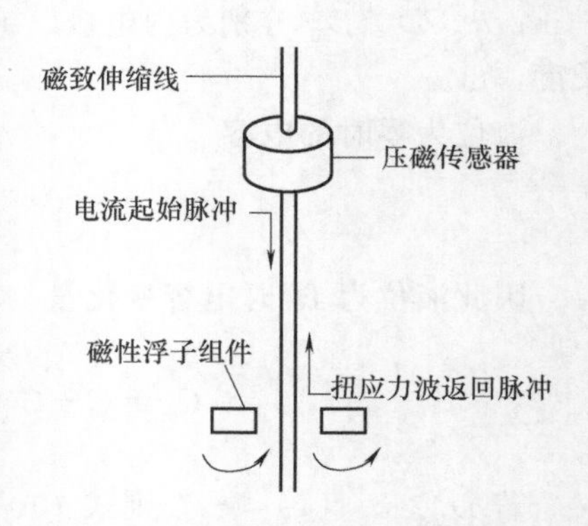

图 10-9 磁致伸缩液位计原理图

流起始脉冲，该脉冲沿着磁致伸缩线向下传输，并产生一个环形的磁场，同时产生一个磁场沿波导线向下传播；探测杆外配有浮子，浮子随着液磁性浮位变化沿测杆上下移动，由于浮子内有一组磁铁，也产生一个磁场，当电流磁场与浮子磁场两个磁场相遇时，波导线扭曲形成“返回”脉冲，精确测量“询问”脉冲到接收“返回”脉冲的时间，便可计算得到液位的准确位置。

目前国内市场商品化磁致伸缩液位计测量范围大（可达 20m 以上），分辨力可达 0.5mm 精度等级 0.2～1.0 级左右，价格相对低廉，是非黏稠、非高温液体液位测量一种较好和较为先进的测量方法。

10.1.3 声学与光学法检测液位

(1) 声学法

利用超声波在介质中的传播速度及在不同相界面之间的反射特性来检测物位。具体地说，超声波在传播中遇到相界面时，有一部分反射回来，另一部分则折射入相邻介质中。但当它由气体传播到液体或固体中，或者由固体、液体传播到空气中时，由于介质密度相差太大而几乎全部发生反射。因此，在容器底部或顶部安装超声波发射器和接收器，发射出的超声波在相界面被反射。并由接收器接收，测出超声波从发射到接收的时间差，便可测出液位高低。

超声波液位计按传声介质不同，可分为气介式、液介式和固介式三种；按探头的工作方式可分为自发自收的单探头方式和收发分开的双探头方式。相互组合可以得到六种液位计的方案。图 10-10 为单探头超声波液位计，其中（a）为气介式，（b）为液介式，（c）为固介式。

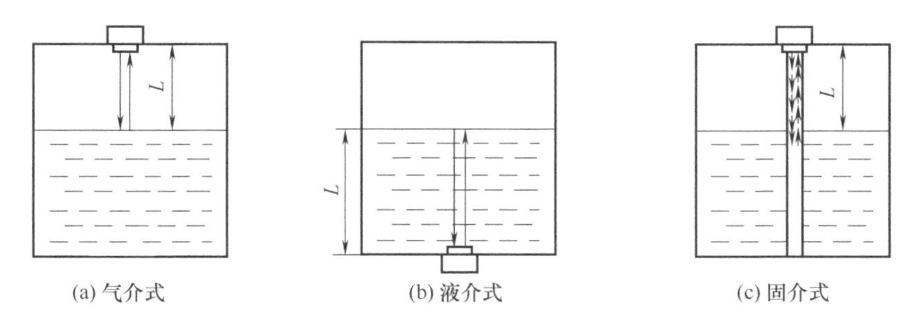

图 10-10 单探头超声波液位计

在实际工程应用时，通常气介式安装最方便，同时因空气中声速（与介质密度正相关）通常远低于液体和固介式中的传播速度，如不锈钢钢管，在测量量程相同情况下，同一仪器采用气介式比液介式和固介式可获得更高的测量分辨力和测量精度。

但如果被测液体温度高于环境温度，则贮液缸液面上方气体会发生对流；而在食品发酵罐等生物、化学反应容器的液面经常会有泡沫、悬浮物；这些场合就不宜采用气介式，而应采用液介式。

对液面有较大波动或沸腾时，采用气介式或液介式均容易引起超声波回波的混乱，从而产生较大的测量误差；因此，在这类复杂情况下宜采用固介式液位计。固介式中常用不锈钢管作固体传声介质，发射超声波和回波在固介中传播由于“趋肤效应”使声波沿固介外侧面向下传播，一旦到达气、液分界面因气体与液体密度存在很大差异而使超声波在气、液分界面处产生向上回波，因此固介式测量不会因上述原因产生反射混乱或声束偏转。固介式采金属棒或金属管作传声介质，因其声速远高于气体中的声速，这将对超声波液位仪器的设计、制造增加难度。

单探头液位计使用一个换能器，由控制电路控制它分别交替作发射器与接收器。双探头式则使用两个换能器分别作发射器和接收器。

由图 10-10 看出，超声波传播距离为 L，波的传播速度为 c，传播时间为 Δt，则

$$L=\frac{1}{2}c\,\Delta t \tag{10-19}$$

式中，L 是与液位有关的量，故测出 Δt 便可知液位，Δt 的测量一般是用接收到的信号触发门电路对振荡器的脉冲进行计数来实现。

超声波液位测量有许多优点：

① 与介质不接触，无可动部件，电子元件只以声频振动，振幅小，仪器寿命长；

② 超声波传播速度比较稳定，光线、介质黏度、湿度、介电常数、电导率、热导率等对检测几乎无影响，因此适用于有毒、腐蚀性或高黏度等特殊场合的液位测量；

③ 不仅可进行连续测量和定点测量，还能方便地提供遥测或遥控信号；

④ 能测量高速运动或有倾斜晃动的液体的液位，如置于汽车、飞机、轮船中的液体的液位；

⑤ 超声波仪器结构复杂，价格相对昂贵，而且有些物质对超声波有强烈吸收作用，选用测量方法和测量仪器时要充分考虑液位测量的具体情况和条件。

(2) 光学法

激光用于液位测量，克服了普通光亮度差、方向性差、传输距离近、单色性差、受干扰等缺点，使测量精度大为提高。

激光式液位检测仪由激光发射器、接收器及测量控制电路组成。工作方式有反射式和遮断式，在液位测量中两种方式都可使用，但一般只用作定点检测控制，不易进行连续测量。图 10-11 为反射式激光液位检测原理图。

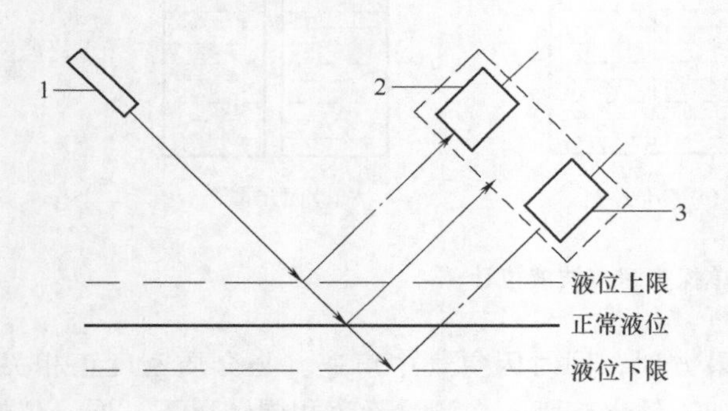

图 10-11 反射式激光液位检测原理图

1—激光发射器；2—上液位接收器；3—下液位接收器

激光发射器发出激光束以一定角度照射到被测液面上，经液面反射到接收器的光敏检测元件上。当液位在正常范围时，上、下液位接收器光敏元件均无接收到激光反射信号；当液面上升或下降到上下限位置，相应位置的光敏检测元件产生信号，进行报警或推动执行机构控制开始加液或停止加液。

激光发射器有以红宝石为工作物质的固体激光器，也有氦-氖气体激光器及砷化镓半导体激光器；接收器可用光敏电阻、光电二极管、光电三极管、光电管、光电倍增管等各种光电元件。它们都能将光强信号转化为电信号。

10.1.4 其他液位检测技术

(1) 射线法液位检测技术

不同物质对同位素射线的吸收能力不同，一般固体最强，液体次之，气体最差。当射线

射入厚度为 H 的介质时，会有一部分被介质吸收掉。透过介质的射线强度 I_0 与入射强度 I 之间有如下关系

$$I=I_0 e^{-uH} \tag{10-20}$$

式中，u 为吸收系数，条件固定时为常数。

式（10-20）变形为

$$H=\frac{1}{u}(\ln I_0-\ln I) \tag{10-21}$$

因此，测液位可通过测量射线在穿过液体时强度的变化量来实现。核辐射式液位计由辐射源、接收器和测量仪表组成。辐射源一般用钴 60 或铯，放在专门的铅室中，安装在被测容器的一侧。辐射源在结构上只能允许 γ 射线经铅室的一个小孔或窄缝透出。

接收器与前置放大器装在一起，安装在被测容器另一侧，γ 射线由盖革计数管吸收，每接收到一个 γ 粒子，就输出一个脉冲电流。射线越强，电流脉冲数越多，经过积分电路变成与脉冲数成正比的积分电压，再经电流放大和电桥电路，最终得到与液位相关的电流输出。图 10-12 所示为辐射源与接收器均是为固定安装方式的核辐射液位计。其中，图 10-12（a）为长辐射源和长接收器形式，输出线性度好；图 10-12（b）为点辐射源和点接收器形式，输出线性度较差。

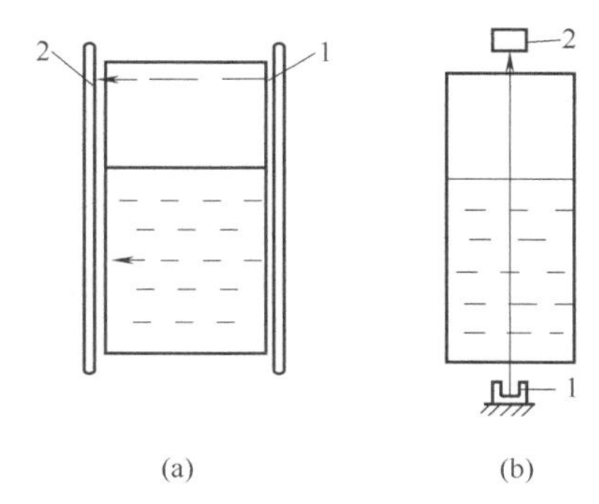

图 10-12 辐射式液位计

1—放射源；2—接收器

辐射式液位计既可进行连续测量，也可进行定点发送信号和进行控制；射线不受温度、压力、湿度、电磁场的影响，而且可以穿透各种介质，包括固体，因此能实现完全非接触测量。这些特点使得辐射式液位计适合于特殊场合或恶劣环境下不常有人之处的液位测量，如高温、高压、强腐蚀、剧毒、有爆炸性、易结晶、沸腾状态介质、高温熔融体等的液位测量。但在使用时仍要注意控制剂量，做好防护，以防射线泄漏对人体造成伤害。

（2）温差法液位检测技术

温差法是近年来发展起来的一种新型非接触式液位测量方法。其主要原理是：两种不同物理状态的物质间会存在温度场（如气体与液体之间），在同一温度场内的两点可以认为温差近似为零或者低于某一临界值，而不同温度场中的两点则会存在较大的温差，显著高于某一临界值，此时通过判断温度差即可判断出液面的位置。

测温法液位计主要由温度传感器、信号处理电路和液位显示电路构成。一般在液体容器壁表面的上下方向安装两个以上温度传感器，由信号处理电路采集温度传感器信号并比较各相邻传感器的温度差，根据设定的临界值即可判断出当前的液位。测温法液位计原理图如图 10-13 所示。

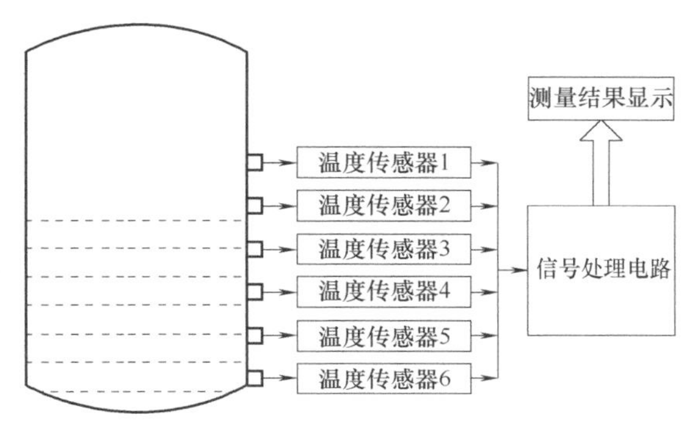

图 10-13 测温法液位计原理图

在通常的情况下，由于液体和气体之间的温度场差异显著，故对温度传感

器的精度要求不是很高，一般可采用数字温度传感器，简化了温度信号调理电路的设计，降低了系统的复杂度。

温差法液位计打破了传统的接触式液位测量方式，实现了对被测对象的非接触式测量。液位计的量程和测量精度主要由测温点和相邻测温点间的间距决定，可以根据实际测量需求而改变，这大大地增强了温差法液位计测量的灵活性。温差法液位计结构简单，突出了实用性与直观性。

10.2 料位检测

由于固体物料的状态特性与液体有些差别，因此料位检测既有其特有的方法，也有与液位检测类似的方法，但这些方法在具体实现时又略有差别。本节将介绍一些典型的和常用的料位检测方法。

10.2.1 重锤探测与称重法检测料位

(1) 重锤法

重锤探测法原理示意图如图 10-14 所示。重锤连在与电机相连的鼓轮上，电机发讯使重锤在执行机构控制下动作，从预先定好的原点处靠自重开始下降，通过计数或逻辑控制记录重锤下降的位置；当重锤碰到物料时，产生失重信号，控制执行机构停转，然后反转，使电机带动重锤迅速返回原点位置。

重锤探测法是一种比较粗略的检测方法，但在某些精度要求不高的场合仍是一种简单可行的测量方法，它既可以连续测量，也可进行定点控制，通常都是用于定期测定料位。

(2) 称重法

一定容积的容器内，物料重量与料位高度应当是成比例的，因此可用称重传感器或测力传感器测算出料位高低。图 10-15 为称重式料位计的原理图。称重法实际上也属于比较粗略的测量方法，因为物料在自然堆积时有时会出现孔隙、裂口或滞留现象，因此一般也只适用于精度要求不高的场合。

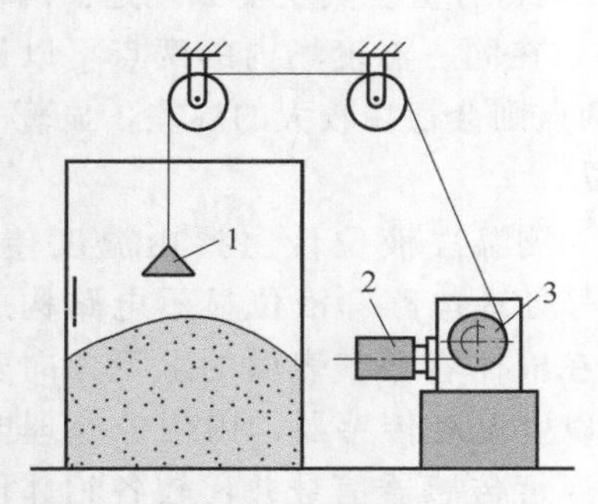

图 10-14　重锤探测式料位计

1—重锤；2—伺服电机；3—鼓轮

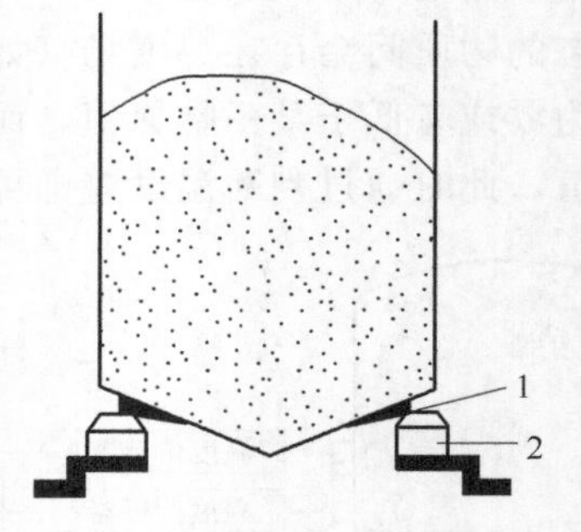

图 10-15　称重式料位计

1—支承；2—称重传感器

10.2.2 电磁法检测料位

电阻式和电容式物位计同样适用于料位检测，但传感器安装方法与液位测量有些差别。

(1) 电阻式物位计

电阻式物位计在料位检测中一般用作料位的定点控制，因此也称作电极接触式物位计。其测量原理示意图如图10-16所示。两支或多支用于不同位置控制的电极置于储料容器中作为测量电极，金属容器壁作为另一电极。测量时物料上升或下降至某一位置时，即与相应位置上的电极接通或断开，使该路信号发生器发出报警或控制信号。

电极接触式物位计在测量时要求物料是导电介质或本身虽不导电但含有一定水分能微弱导电；另外它不宜于测量黏附性的浆液或流体，否则会因物料的黏附而产生错误信号。

(2) 电容式物位计

电容式物位计测量原理示意图如图10-17所示。其应用非常广泛，不仅能测不同性质的液体，而且还能测量不同性质的物料，如块状、颗粒状、粉状、导电性、非导电性等。但是由于固体摩擦力大，容易“滞留”，产生虚假料位，因此一般不使用双层电极，而是只用一根电极棒。

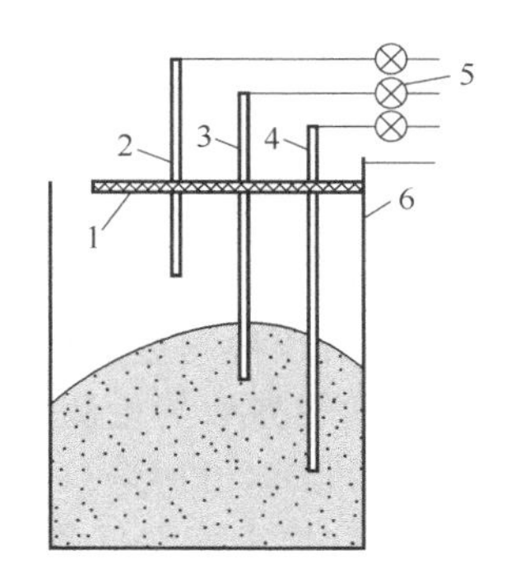

图10-16　电极接触式料位计

1—绝缘套；2，3，4—电极；5—信号器；6—金属容器壁

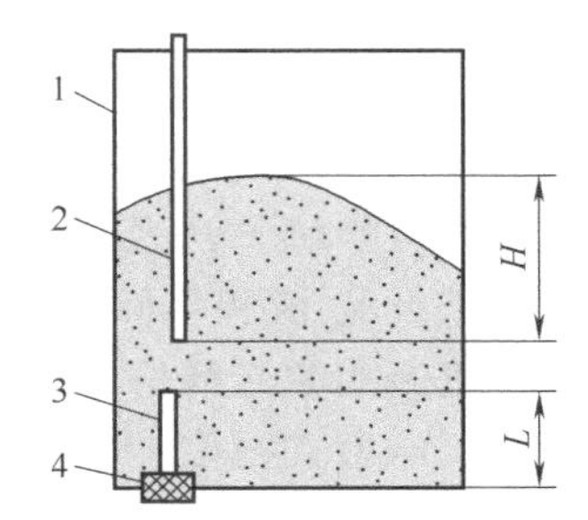

图10-17　电容式物位计

1—金属电容；2—测量电极；3—辅助电极；4—绝缘套

电容式物位计在测量时，物料的温度、湿度、密度变化或掺有杂质时，会引起介电常数变化，产生测量误差。为了消除这一介质因素引起的测量误差，一般将一根辅助电极始终埋入被测物料中。辅助电极与测量电极（也称主电极）可以同轴，也可以不同轴。设辅助电极长 L_0，它相对于料位为零时的电容变化量 C_{L0} 为

$$C_{L0}=\frac{2\pi(\varepsilon-\varepsilon_0)}{\ln(D/d)}L_0 \tag{10-22}$$

而主电极的电容变化量 C_x 根据式（10-14）与式（10-22）相比得

$$\frac{C_x}{C_{L_0}}=\frac{H}{L_0} \tag{10-23}$$

由于 L_0 是常数，因此料位变化仅与两个电容变化量之比有关，而介质因素波动所引起的电容变化对主电极与辅助电极是相同的，相比时被抵消掉，从而起到误差补偿作用。

10.2.3 声学法检测料位

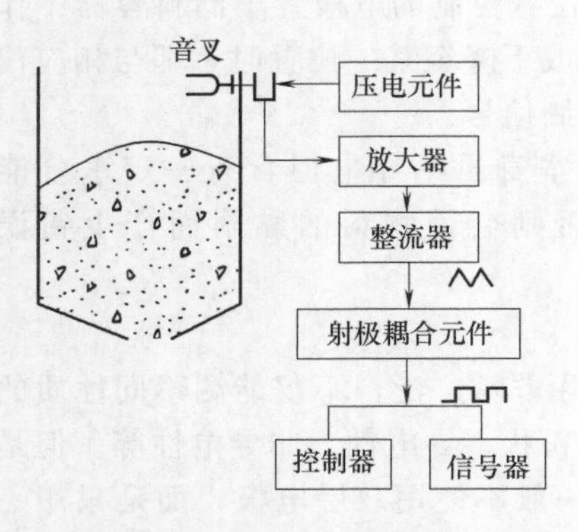

图 10-18 音叉式料位控制器

10.1.3 小节介绍过利用超声波在两种密度相差较大的介质间传播时发生全反射的特性进行液位测量，这种方法也可用于料位测量。除此以外，还可用声振动法进行料位定点控制。图 10-18 为音叉式料位信号器原理图，它是由音叉、压电元件及电子线路等组成。音叉由压电元件激振，以一定频率振动，当料位上升至触及音叉时，音叉振幅及频率急剧衰减甚至停振，电子线路检测到信号变化后向报警器及控制器发出信号。

这种料位控制器灵敏度高，从密度很小的微小粉体到颗粒体一般都能测量，但不适于测量高黏度和有长纤维的物质。

10.3 相界面的检测

相界面的检测包括液-液相界面、液-固相界面的检测。液-液相界面检测与液位检测相似，因此各种液位检测方法及仪表（如压力式液位计、浮力式液位计、反射式激光液位计等）都可用来进行液-液相界面的检测。而液-固相界面的检测与料位检测更相似，因此通常重锤探测式、遮断式激光料位计或料位信号器也同样可用于液-固相界面的检测控制。此外，电阻式物位计、电容式物位计、超声波物位计、核辐射式物位计等均可用来检测液-液相界面和液-固相界面。各种检测方法的原理基本不变，但具体实现方法上有些区别，需根据具体相界液体或固体介质的密度、导电性、磁性等物理性能进行分析和针对性设计。下面介绍两种液-液相界面的检测方法。

10.3.1 分段式电容法检测油水相界面

在原油的采收和储运过程中，油中的水分沉降在容器的底部，占据大量的容量，要随时将水排出，才能充分利用容器的容量，提高生产效率。油水相界面检测主要是指测量油和水混合后静态分界面，广泛用于过滤设备、石油化工过程控制中油水分离的控制。

分段式电容传感器在线检测方法目前在油水相界面使用最为普遍，它是基于油水导电特性的差异设计的一种油水界面检测仪，可以显示出罐内水位的动态变化，此方法金属电极与水非接触，利用单片微机实现信号检测、计算及显示。

分段式电容油水相界面的测量是利用等结构物理电极把整个测量范围分成各个小层，而每个层面对应固定的空间高度，用模拟电路技术、数字电路技术及单片机技术相结合，逐层测量电容值。如果测量的是同一介质，各段采集的数字量应该一致或接近，反之则有较大差异，利用该现象可以判断出介质分界面的层段，然后就能计算出界面或液面高度。系统具有实时性、准确性、智能化、灵敏度高等优点。

图 10-19 是一个十段式分段电容传感器结构简图及等效电容图，将原有的一整根的圆筒形电容分成了十个并联的小电容传感器，且每个小圆筒式传感器的高度都为 L_0。只有最上部的电容传感器没有完全充满介质，其他电容传感器全部都充满了介质，有的充满了水，有

的充满了原油。

从上至下等效为十个电容$C_1 \sim C_{10}$。$C_2 \sim C_6$ 中都是同一介质原油层，$C_8 \sim C_{10}$ 中也是同一种介质水。由于各段电容长度、内径和外径都相等，可以得出

$$C_1 < C_1 = C_3 = C_4 = C_5 = C_6 < C_7 < C_8 = C_9 = C_{10} \tag{10-24}$$

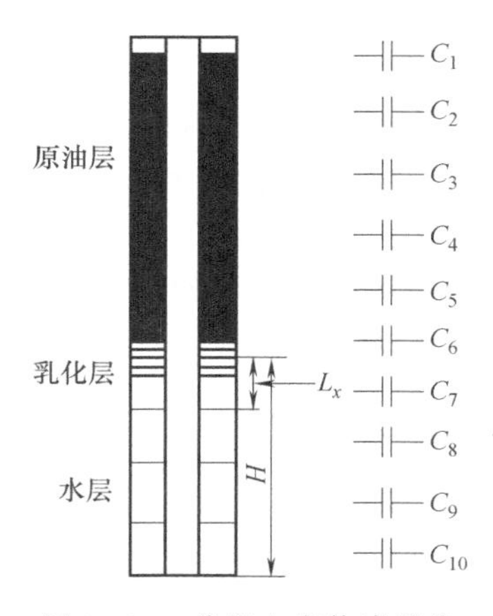

图 10-19　分段电容传感器的结构及其等效电容

$C_1 \sim C_{10}$ 的电容值是需要经过测量才能得到的，可以判断出 C_8、C_9 和 C_{10} 充满的是介质水，$C_2 \sim C_6$ 充满的是介质原油，C_1 中充入的是原油但没有充满，C_7 中充有原油和水两种介质，也就是说原油与水的分界面在 C_7 段电容传感器中，由于每个传感器的高度都为L_0，由图 10-19 很容易得到油水界面高度为

$$H = 3L_0 + L_x \tag{10-25}$$

由于 L_0 的精度是由制造工艺决定的，一般来说 L_0 是可以做得十分精确的。可见 H 的精度仅受 L_x 精度的影响，分段式电容检测方法中油水界面的误差仅来源于油水界面所在的检测段 C_7 段。利用单片微处理器，通过在线检测原油与水的介电常数，然后对介电常数值进行优化再进行计算的方法，克服了因原油和水的介电常数的变化而引起的误差，大大提高测量精度。

10.3.2　超声波检测液-液相界面

利用超声波在介质中的传播速度及在不同密度液体相界面之间的反射特性来检测液-液相界面，图 10-20 为液介式超声波液-液相界面测量示意图。收、发两用超声波探头（超声波发生、接收器）受控每隔一段时间发射一组如图 10-21（a）所示的超声波脉冲串，超声波脉冲在向上传播过程中遇到液-液相界面时，有一部分反射回来，如图 10-21（b）所示的第一组幅度较大的回波信号；其余液-气相界面超声波脉冲则继续向上传播，当到达上层液体与液-液相界面气相界面时又会发生如图 10-21（b）所示的第 2 组反射回波信号，如果知道两种被测液体的声速，只要分别准确测出超声波发射时刻、超声波探头第一回波和第二回波到达超声波探头的时刻，就可方便地计算得到液-液相界面位置以及两种液体的液位。

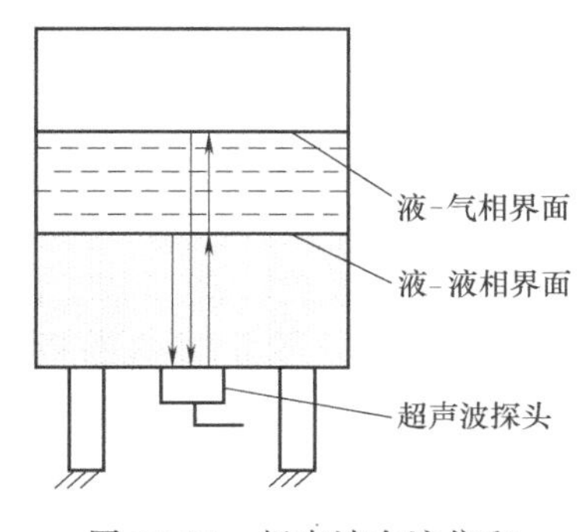

图 10-20　超声波在液位和界面上的反射和透射

图 10-21　超声波探头激励与接收信号波形

10.3.3 磁致伸缩性相界面测量技术

磁致伸缩液位仪不仅是液位的高精度测量技术，同样也可用于高精度测量不同液体的相界面。磁致伸缩液位传感器的界面测量原理与液位测量原理基本相同，只是需要制作一个平均密度大于上部液体、同时又小于下部液体，可刚好浮在两种不同介质液体分界面的磁性浮子，其原理示意图如图 10-22（a）所示。例如对重介质密度在$\rho_1=1.05\text{g/m}^3$，轻介质密度$\rho_2=0.925\text{g/m}^3$ 的混合液体，可选浮子密度 $\rho=0.95\text{g/m}^3$，这样浮子便浮在轻重介质的相界面处，随相界面位置的变化而变化。

在传感器检测电路得到的信号中，除了激励脉冲与液位感应脉冲外，又增加了一个界面位置感应脉冲，如图 10-22（b）所示。通过测量界位感应脉冲与激励脉冲的时间差，就可计算出两种液体相界面的位置。

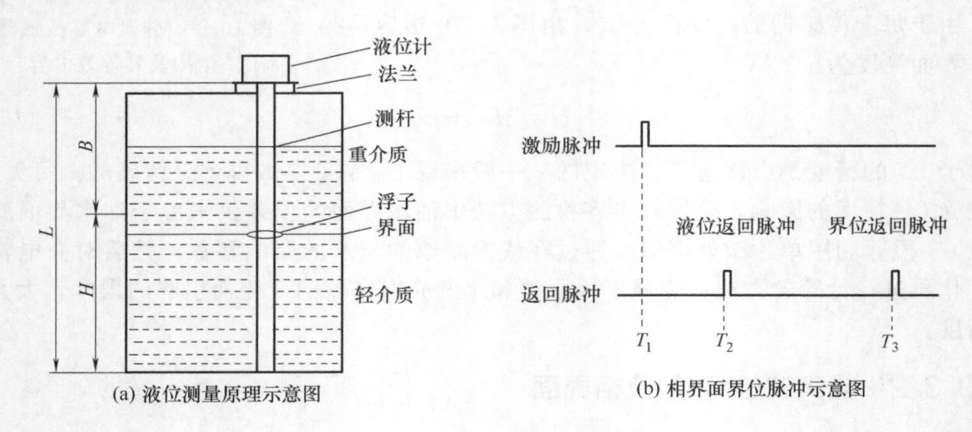

(a) 液位测量原理示意图　(b) 相界面界位脉冲示意图

图 10-22　磁致伸缩性相界面测量

10.4 物位仪表分类与选用

物位检测仪表按测量方式可分为连续测量和定点测量两大类：连续测量方式能持续测量物位的变化（连续量，输出标准连续量信号）；而定点测量方式则只检测物位是否达到上限、下限或某个特定位置。定点测量仪表一般称为物位开关（点位，输出开关量信号）。

按工作原理分类，物位检测仪表有直读式、静压式、浮力式、机械式、电气式等。

按工程上的应用习惯分为接触式和非接触式两大类。目前应用的接触式物位仪表主要包括重锤式、电容式、差压式、浮球式等；非接触式主要包括射线式、超声波式、雷达式等。

在物位检测中，由于被测介质状态、物理特性、检测环境条件往往存在很大差异，因此物位检测方法及物位仪表亦多种多样，需要根据具体情况选择合理的检测方法和相应的检测仪器。表 10-1 是目前已获得成功应用的各种液位、料位检测方法及相应测量仪器的主要性能特点汇总表。

表10-1 各种液位、料位检测方法及相应测量仪器的主要性能特点

测量方法		直接测量	压差法			浮力法			电学法			声学法			核辐射法	光学法	机械接触式			其他		
仪器名称		玻璃管液位计	压力式液位计	吹气式液位计	压差式液位计	钢带浮子式	杠杆浮球式	浮筒式液位计	电阻式物位计	电容式物位计	电感式物位计	超声物位计			核辐射式物位计	激光式物位计	重锤式	旋翼式	音叉式	磁致伸缩式	称重式	微波式
												气介式	液介式	固介式								
技术性能	被测介质类型	液位	液位、料位	液位	液位、液-液相界面	液位	液位、液-液相界面	液位、液-液相界面	液位、液-液相界面	液位、液-液相界面	液位	液位、料位	液位、液-液相界面	液位	液位、料位	液位、料位	液位、液-液相界面	液位	液位、料位	液位、液-液相界面	液位、料位	液位、料位
	测量范围/m	1.5	50	16	20	20	2.5	2.5	安装位置定	50	20	30	10	50	20	20	50	安装位置定	安装位置定	18	20	60
	误差/%	±3	±2	±2	±1	±1.5	±1.5	±1	±10	±2	±0.5	±3	±5	±1	±2	±0.5	±2	±1	±1	±0.5	±0.5	±0.5
	工作压力/Pa	1.6×10^6	常压	常压	40×10^6	6.4×10^6	6.4×10^6	32×10^6	1×10^6	3.2×10^6	16×10^6	0.8×10^6	0.8×10^6	1.6×10^6	随容器定	常压	常压	常压	4×10^6	随容器定	常压	1×10^6
	工作温度/℃	100～150	200	200	−20～200	120	150	200	200	−200～400	−30～160	200	150	高温	无要求	1500	500	80	150	−40～70	常温	150
	对黏性介质	不适用	法兰式适用	不适用	法兰式适用	不适用	不适用	不适用	不适用	不适用	适用	不适用	适用	适用	适用	适用	不适用	不适用	不适用	适用	适用	适用
	对有泡沫、沸腾介质	不适用	适用	适用	适用	不适用	适用	适用	不适用	不适用	不适用	适用	不适用	适用	适用	适用	不适用	不适用	不适用	不适用	适用	适用
	与介质接触状态	接触	接触或不接触	接触	接触	接触	接触	接触	接触	接触	接触或不接触	不接触	不接触	接触	不接触	不接触	接触	接触或不接触	接触或不接触	接触	接触	不接触
	可动部件	无	无	无	无	有	有	有	无	无	无	无	无	无	无	无	有	有	有	无	有	无
输出方式	操作条件	就地目视	远传显示调节	就地目视	远传显示调节	计数远传	报警控制	显示记录调解	报警控制	指示	报警控制	显示	显示	显示	雷防护远传显示	报警控制	报警控制	报警控制	报警控制	远传显示控制	报警控制	记录调解
	工作方式	连续测量	连续测量	连续测量	连续测量	连续测量	定点测量	连续测量	连续测量	连续测量	定点测量	连续测量	连续测量	连续测量	连续测量	定点测量	连续测量	定点测量	定点测量	连续测量	连续测量	连续测量

思考题与习题

10.1　为什么液位检测可以转化为压力检测？

10.2　差压式液位计的零点迁移量的实质是什么？

10.3　试述电容式液位计的理论依据，测量导电液体和非导电液体的电容式液位计有何不同？如何提高测量的灵敏度？

10.4　超声波液位计根据的原理是什么？由几部分组成？有哪些特点？

10.5　试述激光式物位计的工作原理和组成。说明激光式物位计的特点。

10.6　试述核辐射物位计的工作原理和组成。说明其典型的应用领域和特点。

10.7　电阻式物位计在测量液位和料位时的原理是什么？测量方法有何特点？对被测介质有何要求？

10.8　电容式料位计为什么常使用单电极作为测量电极？为什么要使用辅助电极？

第11章
典型机械工程参数的测试

学习目标

1. 掌握机械振动的概念与测试方法，了解常见的机械振动的测试装置。
2. 掌握位移的概念，了解常见的位移测试传感器，掌握位移测试的方法。

在机械工程实际中，被测对象及测试要求是各种各样的。例如，位移的测试、速度与加速度的测试、力和应力的测试等等。本章将介绍几种典型机械工程参数的测试方法与测试装置。

11.1 机械振动的测试

11.1.1 概述

(1) 机械振动的概念

机械振动（Vibration，以下简称振动）是一种特殊的运动形式。从运动学的角度来讲，振动是指机械系统的某些物理量（如位移）在一定数值附近随时间变化的关系。如果这种关系是确定性的，则称这类振动为确定性振动，如常见的简谐（正弦）振动。另一类振动不能用确切的函数关系来描述，称为非确定性振动或随机振动，如机加工过程中由于材质不均匀和切削深度变化引起的刀架振动。随机振动是自然界最普遍的一种振动形式。

机械振动是工程技术实践和人们日常生活中常见的一种物理现象，汽车、飞机、火箭、船舶、仪器、机械设备、建筑物等在设计、制造和使用过程中都有大量的振动问题需要解决。在大多数情况下振动是有害的，它加速机械的失效，影响机械加工的精度，破坏机械设备的正常工作，甚至造成损坏而发生事故。振动也有其有利的一面，工程中的混凝土捣实机械、振动轧路机、振动筛选机、实效处理装置等，都是利用振动原理进行工作的。

(2) 振动测试的工作内容

① 振动系统基本振动参数的测试　与振动有关的基本振动参数主要是振动的振幅（振动位移）、速度、加速度、激振力。振幅的峰值直接和机构的变形、位移有关，因此对于强度、变形、几何精度研究是很重要的；振动速度的峰值反映振动噪声的大小以及振动系统对振动的敏感性；加速度的峰值与惯性作用力、载荷成正比，对于机械疲劳、冲击等问题的研

究有很重要的意义。

简谐振动是最基本的振动形式，其振幅、速度、加速度三个振动参数之间具有微分或积分的关系，它们的频率相同，相位依次相差 $\pi/2$，因此只要测出其中的一个参数，就可以通过运算确定出其他两个。另外，振动的速度、加速度分别与 ω、ω^2 成正比，对于振幅相同但频率不同的振动，它们的速度、加速度可能相差很大。

② 振动系统动态特性的测试　振动系统动态特性的测试与分析是一项非常重要的工作，它是通过机械阻抗试验（也称为频率响应试验）来实现的。试验中以一定的某种激振力作用在被测系统的指定部位上，测出该激振力（系统的输入）以及系统各点的振动响应（系统的输出），就可以通过分析计算得到系统的动态特性（频率响应函数、传递函数）以及其他特性参数（固有频率、阻尼比、刚度、振型等）。

③ 振动信号的分析　利用谱分析、相关分析、相关滤波、外差跟踪滤波、小波分析等技术，对振动信号进行分析，以确定振源及噪声源、诊断故障、寻找信号传输通道、分析振型及模态等，为振动的校正及消除（如转子的静、动平衡，隔振消声，结构参数优化设计等）提供依据。

(3) 机械振动的分类

机械振动可以从不同角度来分类，见表 11-1。

表 11-1　机械振动的分类

分类依据	振动名称	主要特征及说明
按产生振动的原因分	自由振动	当振动状态偏离其平衡位置时仅靠重力或弹性恢复力就能维持持续振动的振动。如果系统存在阻尼，则振动将逐渐衰减
	受迫振动	在外部激振因素的持续作用下系统被迫产生的振动。系统的振动状态与其本身的振动特性参数、外部因素作用的大小、频率、方向等因素有关
	自激振动	系统在无外部激振因素作用的情况下由于系统本身原因而产生的振动
按振动参数随时间的变化规律分	周期振动	振动的状态参数随时间呈周期变化的振动。简谐振动就是一种最基本的周期振动，其他周期振动可以通过傅里叶级数分解成若干简谐振动
	非周期振动	振动的状态参数随时间呈非周期变化的振动（也称之为瞬态振动）。周期和非周期振动的共同特征是可以用确定的数学关系式描述振动规律
	随机振动	不能用确定的数学关系式描述振动规律的振动。随机振动只能用统计方法估计其振动参数
按振动自由度分	单自由度振动	振动沿一个坐标方向进行
	多自由度振动	振动沿多个坐标方向进行

(4) 机械振动系统的力学模型

对于一般的机械系统来说，通常都可以近似成一个二阶的质量-弹簧-阻尼系统，如图 11-1 所示。

在该模型中，机械系统的所有质量被简化为一集中质量 m，并被刚度为 k 和黏性阻尼系数为 c 的阻尼器所支承，在外部作用下只沿一个 z 方向振动。通常假设系统为线性时不变系统（m、k、c 均不随时间变化）。

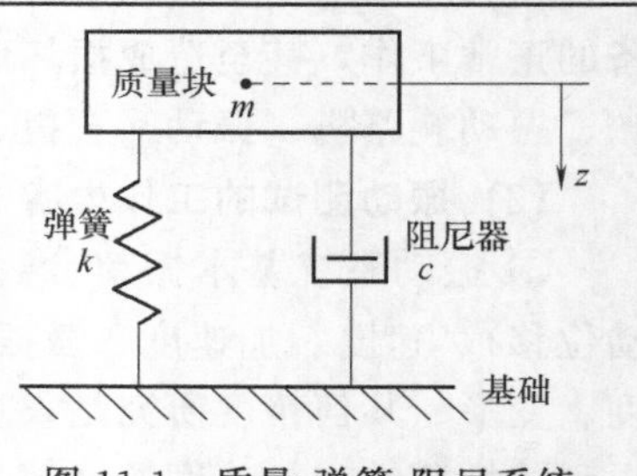

图 11-1　质量-弹簧-阻尼系统

(5) 机械振动系统的受迫振动

一般机械系统的振动除少数属于自激振动外，大部分为受迫振动。如测振传感器因放在被测对象上所感受的振动、机床运转时因传动齿轮的齿形误差而引起的振动等。机械系统的受迫振动可以分为两大类——由作用在质量上的力所引起的受迫振动以及由基础运动所引起的受迫振动，它们是机械系统振动和测振传感器工作的理论基础。

① 由作用在质量上的力所引起的受迫振动　如图 11-2 所示的单自由度振动系统，质量块 m 在外部交变力 $f(t)$ 作用下产生振动 $z(t)$（简记为 z）。质量块的振动方程为

$$m\frac{\mathrm{d}^2z}{\mathrm{d}z^2}+c\frac{\mathrm{d}z}{\mathrm{d}t}+kz=f(t) \tag{11-1}$$

式中，z 为质量块 m 振动的振幅，$\dot{z}=\frac{\mathrm{d}z}{\mathrm{d}t}$ 为振动速度，$\ddot{z}=\frac{\mathrm{d}^2z}{\mathrm{d}t^2}$ 为振动加速度。以此为理论基础，可以通过机械阻抗试验研究振动系统的动态特性。

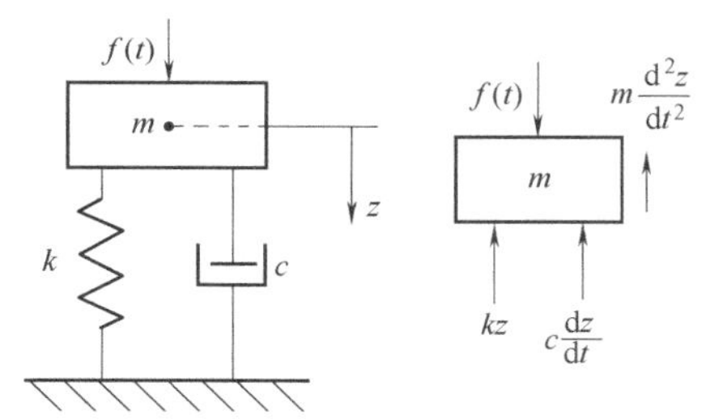

图 11-2　作用在质量上的力引起的受迫振动

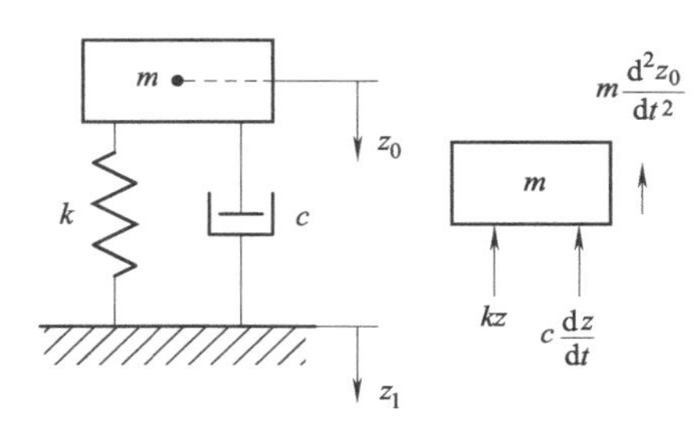

图 11-3　基础运动引起的受迫振动

② 由基础运动所引起的受迫振动　在许多情况下，机械系统的受迫振动都是由基础运动引起的（图 11-3），如测振传感器置于被测物体上所感受的振动等。这种振动的运动方程为

$$m\frac{\mathrm{d}^2z}{\mathrm{d}t^2}+c\frac{\mathrm{d}z}{\mathrm{d}t}+kz=-m\frac{\mathrm{d}^2z_1}{\mathrm{d}t^2} \tag{11-2}$$

基础运动 z_1 为基础相对大地（惯性参照系）的绝对运动，z_0 为质量块相对大地的绝对运动，z 为质量块相对基础的相对运动，显然有 $z_0=z+z_1$。只要知道了质量块相对于壳体的运动 z，根据式（11-2）就可得到被测振动的绝对运动 z_1（振幅、速度、加速度等）。

11.1.2 常用测振传感器

测振设备主要包括各种测振传感器、力传感器、激振器以及各种振动信号分析处理设备。测振传感器也称为拾振器，其种类繁多，除了电容传感器、涡流传感器、激光传感器等非接触式以及应变式等测振传感器外，实际应用较多的是各种惯性式测振传感器。

(1) 惯性式测振传感器的工作原理

惯性式测振传感器是一个用弹性元件把质量块支承在壳体上的有黏性阻尼的单自由度系统（图 11-4）。工作时，传感器的壳体被紧固在被测物体上并随被测物体一起振动。壳体内的部分称为惯性系统，质量块在基础（壳体）运动 z_1 的激励下产生受迫振动，相对于壳体的运动响应

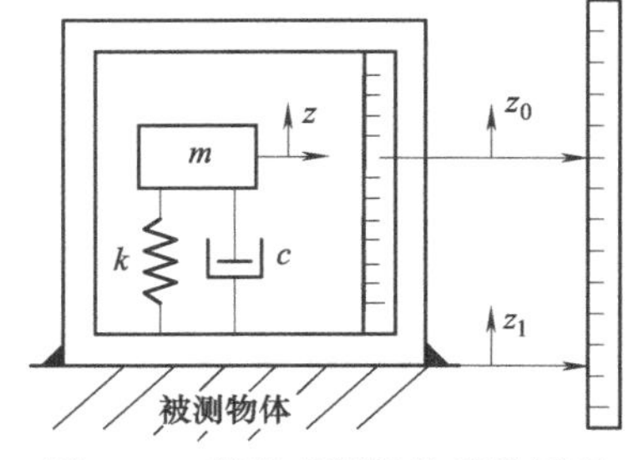

图 11-4　惯性式测振传感器原理

为 z，该相对运动响应随后被其他的传感元件进一步转换成与被测振动的振幅 z_1（或振动速度 $\dot{z}_1$、振动加速度 $\ddot{z}_1$）成比例的电信号输出。

适当设计惯性式测振传感器的结构参数（k、c、m，它们决定着传感器的固有频率 ω_n、阻尼比 ξ 和灵敏度 K）以及对相对运动响应 z（或速度 $\dot{z}$、加速度 $\ddot{z}$）进行转换的传感装置，可以使其构成振幅（位移）计、速度计、加速度计，在一定的条件下，可以分别实现对被测物体振动的振幅、速度、加速度的不失真测试。通过理论分析可得，振幅计、速度计、加速度计的工作条件分别是 $\omega \gg \omega_n$、$\omega \gg \omega_n$ 和 $\omega \gg \omega_n$。

需要指出的是，由于惯性式测振传感器工作时都要以一定的方式固定在被测物体上，其本身的质量对被测物体的振动存在负载效应，导致被测振动系统的振动状态发生变化。因此，一般惯性式测振传感器的质量都比较小。

(2) 磁电式速度计

磁电式速度计是利用电磁感应原理将惯性式测振传感器的质量块相对于壳体的相对速度 $\dot{z}$ 转换成感应电动势的一种传感器，其结构原理如图 11-5 所示。

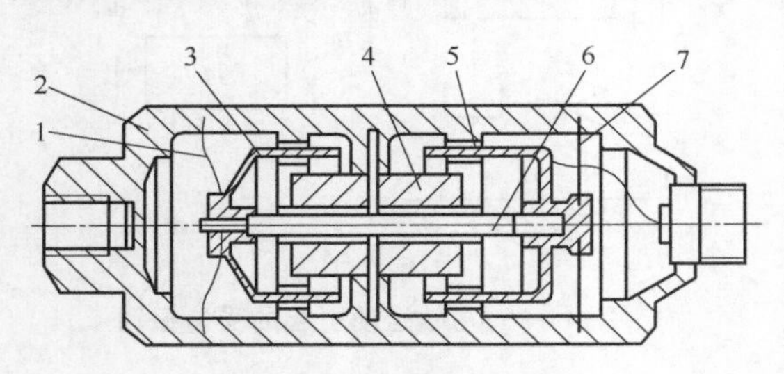

图 11-5 磁电式速度计

1,7—片簧；2—壳体；3—阻尼环；4—磁钢；5—线圈；6—芯轴

速度计中的磁钢 4 与壳体 2 构成一体，在它们之间的气隙形成强磁场。芯轴 6、线圈 5 和阻尼环 3 一起构成惯性系统的质量块，并用两片簧 1 和 7 支承在壳体中。由于片簧沿径向的刚度很大，能可靠地保证运动部分的径向位置，实现高精度的对中。片簧沿轴向的刚度很小，以使系统具有较低的固有频率，保证速度计有较低的工作频率下限。阻尼环一方面可以增加质量块的质量，降低系统的固有频率；另一方面由于两个阻尼环都是闭合铜环，在磁场中运动时会产生一定的阻尼作用，使系统具有较大的阻尼比，以减小共振的影响，扩大速度计的工作频率范围，且有助于迅速衰减因意外瞬态扰动所引起的瞬态振动和冲击。

速度计与被测物体紧固在一起，当被测物体沿其轴向振动时，引起整个质量块（包括线圈）对壳体的相对运动，线圈在壳体—磁钢之间的磁场中切割磁力线，其中将产生感应电动势，感应电动势的大小与线圈对壳体的相对运动速度 $\dot{z}$ 成正比。当 $\omega \gg \omega_n$ 时，$A(\omega)_v \approx 1$（输入为相对速度 $\dot{z}$，输出为感应电动势）。可以证明，当 $\omega \gg \omega_n$ 时，质量块相对壳体的运动速度 $\dot{z}$ 近似等于被测物体（壳体）振动的绝对速度 $\dot{z}_1$，所以速度计输出感应电动势的大小也就正比于被测物体振动的绝对速度 $\dot{z}_1$。

图 11-6 为测量两物体之间相对速度的磁电式相对速度计。使用时，速度计的壳体 1 固定在一个被测物体上，顶杆 2 压在另一个被测物体上，两被测物体

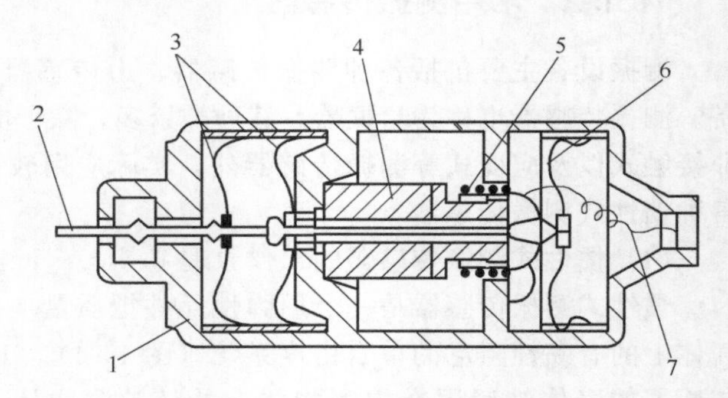

图 11-6 磁电式相对速度计

1—壳体；2—顶杆；3,6—片簧；4—磁钢；5—线圈；7—引出线

之间的相对速度就变换成线圈 5 与壳体之间的相对速度，最终在线圈 5 中感应出与相对速度成正比的感应电动势。工作时，顶杆不能脱开被测物体，这是靠片簧 3、6 的预加弹簧力来保证的。

(3) 应变式加速度计

应变式加速度计的结构如图 11-7 所示。当加速度计感受到垂直方向的振动时，在质量块 2 产生的惯性力作用下，等强度悬臂梁 1 产生弯曲变形，其上、下表面便产生与振动加速度成正比的应变。该应变被粘贴在表面上的应变片 4 所感受，再通过电桥及电阻应变仪，就可得到被测振动加速度。

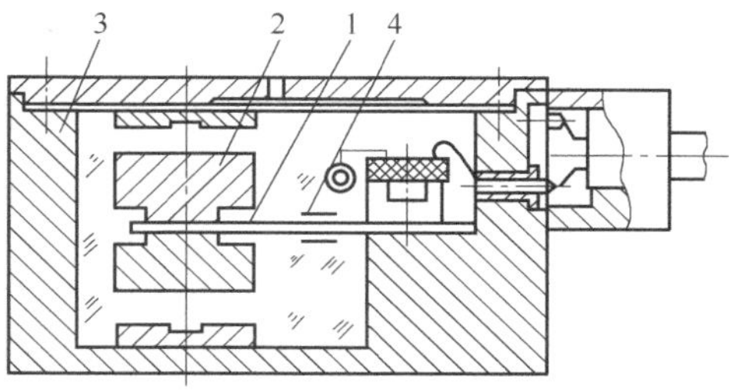

应变式加速度计的特点是低频响应特性好，适于测量常值加速度。

3　2　1　4

图 11-7　应变式加速度计

1—等强度悬臂梁；2—质量块；3—壳体；4—应变片

(4) 压电式加速度计

惯性式加速度传感器也称为惯性式拾振器，当满足 $\omega \ll \omega_n$ 时，传感器所输出电信号与所感受到的加速度成正比。在各种惯性式加速度传感器中，以压电式加速度计用得最广。

① 结构　图 11-8 为几种常见的压电式加速度计的结构形式。

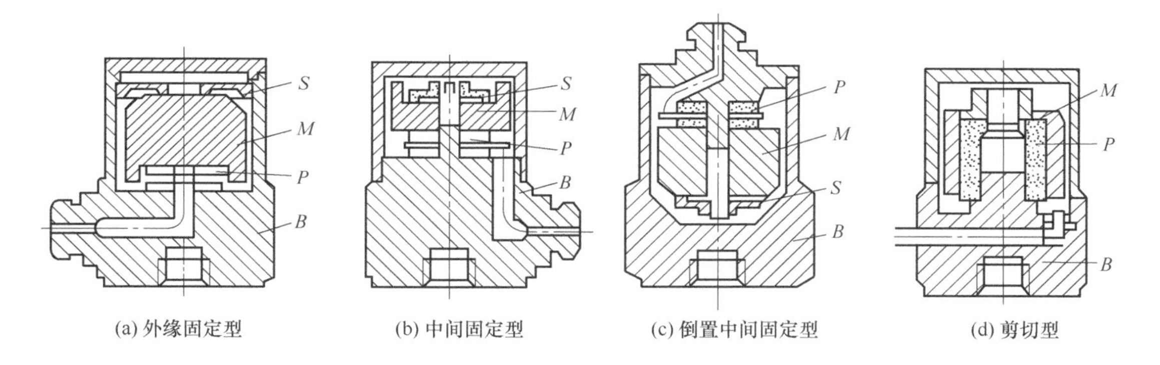

(a) 外缘固定型　(b) 中间固定型　(c) 倒置中间固定型　(d) 剪切型

图 11-8　压电式加速度计的结构形式

压电式加速度计主要由压电元件 P、质量块 M、刚度很大的弹簧 S 以及金属基座 B 所组成。图 11-8 (a) 为外缘固定型，弹簧在外缘处紧固在壳体上。由于这种结构的基座、壳体构成了弹簧-质量系统的一部分，因此外界温度、噪声和被测物体的变形都将通过壳体、基座的变形而直接影响加速度计的输出。图 11-8 (b) 为中间固定型，质量块、压电元件以及弹簧都装在一个中心杆上，壳体仅起屏蔽作用，因而有效地克服了外缘固定型的缺点。图 11-8 (c) 为倒置中间固定型，其中心杆不直接固定在基座上，可以避免基座变形所造成的影响。但这种压电式加速度计的壳壁是"弹簧"的一部分，因此其固有频率、共振频率较低。图 11-8 (d) 为剪切型，其压电元件制成圆筒状粘接在中心杆上，圆筒的外圆壁上再粘接一个圆筒状的质量块。当加速度计感受沿其轴线方向的振动时，压电元件受剪切应力而产生电荷。这种结构有很高的共振频率和灵敏度且横向灵敏度小，可以有效地避免外界温度变化及噪声的影响，易于实现加速度计的小型化。

② 固定方式与频率特性　压电式加速度计的工作上限频率取决于其共振频率。由于压电式加速计的阻尼比较小（一般 $\xi \leqslant 0.1$），因此共振频率近似等于加速度计的固有频率（由

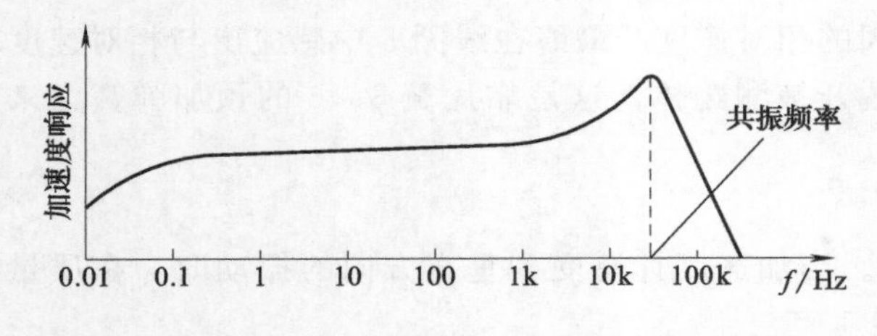

图 11-9 压电式加速度计的幅频特性曲线

加速度计的结构参数决定)，固有频率越高，则其工作频率上限越高，频率范围就越宽。压电式加速度计的下限频率则主要取决于压电元件后接的电荷放大器或电压放大器。此外，压电式加速度计的总体频率特性还要受到其固定方式的影响。图 11-9 为压电式加速度计幅频特性曲线的一般情况。

如果压电式加速度计和被测物体刚性固定在一起，那么其频率特性只取决于加速度计和后接测量电路。但在实际中，都是以非刚性的方式固定加速度计，此时的加速度计的频率特性就要受到影响，造成工作频率范围的降低。此外，固定方式是否妥当往往直接影响加速度计测量的可靠性，特别是在测量高频振动时更是如此。因此，必须要根据具体的测试条件选择适当的加速度计固定方式。图 11-10 示出了压电式加速度计的几种常用的固定方式。

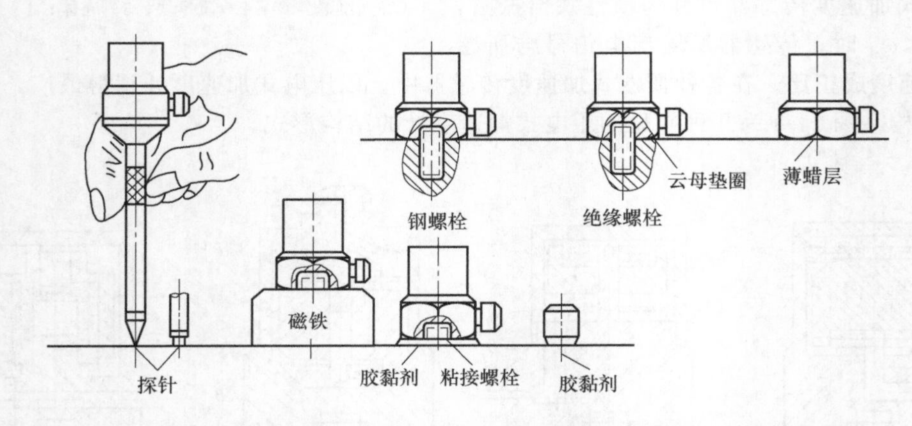

图 11-10 压电式加速度计的安装方法及对应的幅频特性曲线

用钢制双头螺栓将加速度计固定在光滑平面上的方法是最好的方法。安装时应防止螺栓过分拧进加速度计基座的螺孔中，以免引起基座的变形而影响加速度计的输出。若安装表面不够平整，可在表面上涂一层硅润滑脂，以增加固定刚度。需要绝缘时，可用绝缘螺栓和云母垫圈来固定加速度计。云母垫圈有很好的频率响应特性，但云母垫圈要尽可能薄。在低温条件下，可用一层薄蜡将加速度计粘在平整的表面上。手持探针测量振动的方法特别适合于振动频率低、测点多的情况。低频测量时，采用专用永久磁铁来固定加速度计也颇为方便，这种固定方法可以使加速度计与被测物体绝缘，由于使用闭合磁路，所以加速度计并不受磁铁的影响，但因磁铁质量的加入增大了负载效应。用粘接螺栓和胶黏剂来固定加速度计也经常采用。表 11-2 列出了上述几种加速度传感器安装方式的性能比较。

表 11-2 压电式加速度计各种安装方式性能比较

性能项目	安装方式					
	钢螺栓	绝缘螺栓 云母垫片	永久磁铁	手持探针	薄蜡层粘接	胶黏剂
共振频率	最高	较高	中	最低，<1kHz	较高	低，<5kHz
加速度负荷	最大	大	中，<100g	小	小	小
其他	适合冲击测试	需绝缘时使用	<150℃	使用方便	温度升高时差	刚性一般

③ 前置放大器与下限频率　压电晶片在受力后所产生的电荷以及晶片两极上的电压都极其微弱，要测出这样微弱的电荷或电压，关键是防止电缆、测量电路和加速度计本身的电荷泄漏。换言之，由于压电式加速度计的内阻极高，与它相连接的前置放大器必须具有更高的输入阻抗才能实现阻抗匹配，减少电荷的泄漏量。

压电式传感器的两种前置放大器——电压放大器和电荷放大器。电压放大器是高输入阻抗的开环比例放大器，其电路比较简单，成本较低，但输出受连接电缆对地电容的影响，低频特性不好，适用于一般振动的测量。电荷放大器是以电容为反馈网络的闭环负反馈放大器，工作时输出基本不受电缆电容的影响，高、低频特性都比较好，但其要求内部元器件的质量较高，因此成本也较高。

压电式加速度计后接电荷放大器时具有“低通”的特性，从理论上讲下限频率为零，因此可用其测量频率极低的振动。但实际上由于在低频小振幅时的加速度值非常小，传感器的灵敏度有限，因此输出信号将很微弱，信噪比很低。另外，电荷的泄漏、电路元器件的各种噪声和漂移都是不可避免的，所以压电式加速度计的下限频率只能是接近于零而不为零，一般约为 0.01Hz 左右，最低的可达 0.003Hz。

随着微电子技术的发展，出现了集成化加速度计。这种加速度计把体积很小的集成放大器封装在加速度计的壳体内，由它来完成阻抗变换的功能，使加速度计可以使用长电缆而无衰减，并可直接与大多数通用的电子装置（如示波器、记录仪、数字电压表等）相连。

④ 灵敏度　压电式加速度计属于发电型传感器，既可以把它视为电压源，也可以把它视为电荷源，故灵敏度有电压灵敏度和电荷灵敏度两种表示方法。电压灵敏度是单位加速度输入所产生的电压输出 [$mV/(m/s^2)$ 或 mV/g，g 为重力加速度]，电荷灵敏度是单位加速度输入所产生的电荷输出 [$pC/(m/s^2)$]。通常情况下，压电式加速度计的电压灵敏度在 $0.04\sim26mV/(m/s^2)$ 之间，电荷灵敏度在 $0.1\sim300pC/(m/s^2)$ 之间。

对给定的压电材料来说，加速度计质量块质量越大、压电晶片数越多，灵敏度就越高。但质量块质量越大，加速度计的固有频率就越低，上限频率也就越低。因此在选用压电式加速度计时要兼顾灵敏度和频率响应特性之间的矛盾。

压电式加速度计的横向灵敏度表示它对横向（垂直于加速度计轴线的方向，即垂直于质量块的运动方向）振动的敏感程度。横向灵敏度常以主灵敏度（即质量块运动方向上的电压灵敏度或电荷灵敏度）的百分数表示。一般在加速度计的壳体上用小红点标出最小横向灵敏度的方向，一个优良的压电式加速度计的横向灵敏度应小于其主灵敏度的 3%。

11.1.3　其他测振设备

(1) 激振器

在各种机械阻抗试验以及振动测试的过程中，经常需要借助一定的装置使试验对象按预期的状态振动起来，这种过程称为激振。常用的激振方法主要有以下三种。

① 稳态正弦激振　稳态正弦激振又称为简谐激振，是通过激振装置给被测系统施加频率可变的正弦激振力的激振方法，通常是由正弦信号发生器、功率放大器、磁电式激振器（对大型系统激振时也可采用电液式激振器）等组成激振装置。按激振频率变化的方式又可分为点频激振（激振频率不是连续变化，而是逐频率点变化）和扫频激振（激振频率连续地由低至高或由高至低变化）两种。稳态正弦激振的优点是激振功率大，信噪比高，测试精度高，缺点是测试速度较慢。

② 随机激振　随机激振是一种宽带激振方法，一般用白噪声信号、伪随机信号（粉红

噪声）或在实际工况记录下来的随机信号作为激振的信号源。随机激振的优点是测试速度快、效率高，但测试设备复杂，价格也比较昂贵。

③ 瞬态激振　由于瞬态（变）信号具有无限宽的连续频谱，因此用瞬态信号作为激振的信号源可一次激发出各种频率成分。瞬态激振也属于宽带激振，通过测出激振力和响应的自谱密度函数和互谱密度函数就可求得系统的频率响应函数。常用的瞬态激振方式有快速正弦扫描激振、脉冲激振和阶跃（张弛）激振三种方法，其中脉冲激振是应用较为普遍的一种激振方法。它是用一把装有力传感器的锤子——脉冲锤，在极短的时间内敲击被测系统，为其施加脉冲激振力。

激振装置称为激振器。激振器应能在一定的频率范围内，提供波形良好、幅值足够的交变力和一定的稳定力。交变力使被测系统产生所需要的振动加速度，稳定力使被测系统受到一定的预加载荷。常用的激振器有脉冲锤、电动式激振器、电磁式激振器、电液式激振器等。

① 脉冲锤　脉冲锤用来产生脉冲激振力，其结构如图 11-11 所示。理想的脉冲信号具有无限宽的频带和等强度的频谱，而脉冲锤所产生的脉冲激振力并非是一个理想的脉冲，而是如图 11-12（a）所示的近似半正弦波，其频谱如图 11-12（b）所示。激振力的大小及脉冲力信号频谱的有效频率范围取决于脉冲锤的质量和敲击时的作用时间，当脉冲锤的质量一定时，则基本上取决于锤头垫材料的软硬程度。锤头垫越硬，敲击时的作用时间越短，激振力越大，有效频率范围越宽。因此，只要适当选择锤头垫的材料就可获得所希望的激振频率范围。常用的锤头垫材料主要有钢、黄铜、铝合金、橡胶等。激振力的大小是通过改变脉冲锤配重和敲击加速度进行调节的。脉冲锤激振设备简单，没有负载效应，是一种经常采用的宽带激振方式，但激振力的大小不易控制，要求比较高的操作技巧。

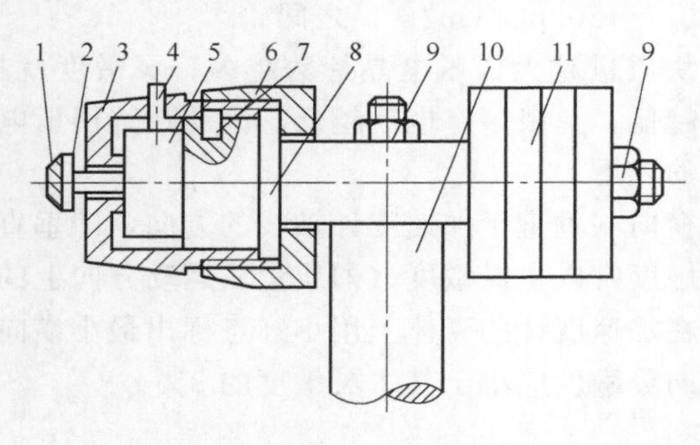

图 11-11　脉冲锤

1—锤头垫；2—锤头；3—压紧套；4—力信号引出线；5—力传感器；6—预紧螺母；7—销；8—锤体；9—螺母；10—锤柄；11—配重块

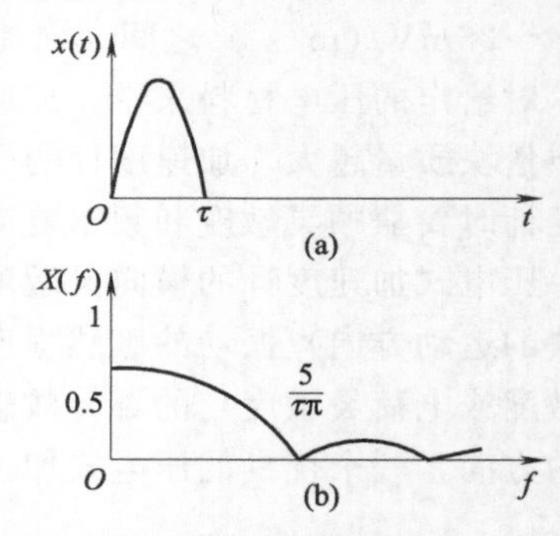

图 11-12　脉冲锤产生的力信号

② 电动式激振器　电动式激振器是利用电磁感应原理将电能转换为机械能而对被测系统提供激振力的装置，按其磁场的形成方法分为永磁式和励磁式两种。前者多用于小型激振器，后者多用于较大型的激振器，即激振台。图 11-13 为电动式激振器的结构。由支承弹簧 1、壳体 2、磁钢 3、顶杆 4、磁极板 5、铁芯 6 和驱动线圈 7 等元件组成。驱动线圈 7 和顶杆 4 固接在一起并由支承弹簧 1 支承在壳体上，使驱动线圈正好位于磁极所形成的高磁通密度的气隙中。根据通电导体在磁场中将要受到电磁力作用的原理，将交变电信号转换成交变激振力。当驱动线圈中有电流 i 通过时，线圈将受到与电流 i 成正比的电动力的作用，此力通过顶杆传到被测系统（试件）上，便是所产生的激振力。

③ 电磁激振器　电磁激振器直接利用电磁铁的磁力作为激振力，图 11-14 为其结构示意图，它主要由铁芯 2、励磁线圈 3、力检测线圈 4、衔铁 5 和位移传感器 6 等元件组成。当电流通过励磁线圈时，便产生相应的磁通，从而在铁芯和衔铁之间产生电磁力。若铁芯和衔铁分别固定在两试件上，便可实现两者之间无接触的相对激振。

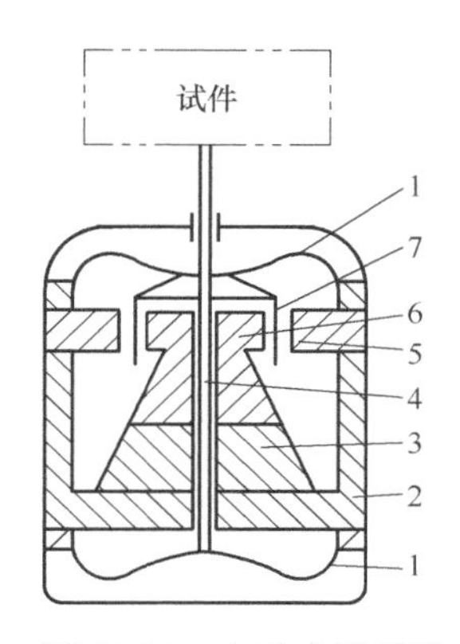

图 11-13　电动式激振器

1—支承弹簧；2—壳体；3—磁钢；4—顶杆；5—磁极板；6—铁芯；7—驱动线圈

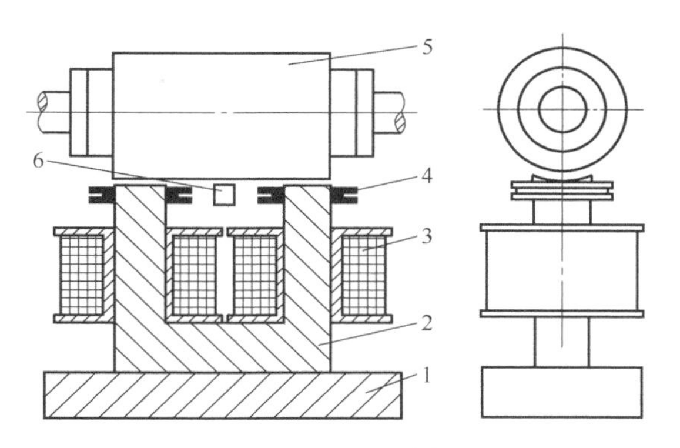

图 11-14　电磁激振器

1—底座；2—铁芯；3—励磁线圈；4—力检测线圈；5—衔铁；6—位移传感器

电磁激振器的特点是与被测系统（试件）不接触，因此可以对旋转着的或运动着的被测系统进行激振。它没有附加质量和刚度的影响，其激振频率的上限约为 500～800Hz 左右。恒力激振时要设置力监视系统，用人工控制或反馈控制进行调节以保证恒定的激振力幅值。

④ 电液式激振器　电液式激振器是根据电-液原理制成的一种激振器，其优点是激振力大，激振位移大，单位力的体积小，适合大型结构的激振试验。图 11-15 为电液式激振器的结构示意图。电液伺服阀 2 由一个微型的电动式激振器、操纵阀和功率阀所组成。信号发生器的信号经过放大后操纵电液伺服阀，以控制油路使活塞做往复运动，经顶杆 1 去激励被激对象。活塞 3 的端部注入一定压力的压力油，形成静压力，对被测对象施加预载；力传感器 4 用来测量激振力的大小。

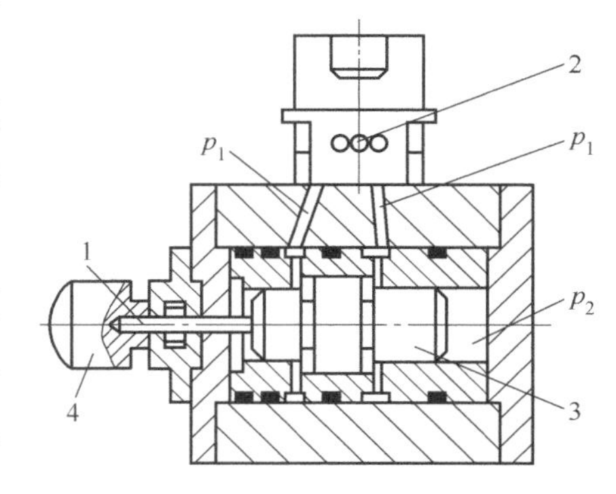

图 11-15　电液式激振器

1—顶杆；2—电液伺服阀；3—活塞；4—力传感器

由于油液的可压缩性和高速流动压力油的摩擦，使电液式激振器的高频特性较差，一般只适用于比较低的频率范围（0～100Hz 左右），其波形也比电动式激振器差。

(2) 阻抗头

阻抗头是用来测定机械点阻抗的传感器，激振器通过它对被测物体施加激振力，同时也用它测定激振力和被测物体在激振点处的响应。阻抗头内设置着两个传感器，一个是力传感器，用来测量施加在被测物体上的激振力；另一个是加速度计，用来测量激振点处的响应。在结构上，应尽可能使两个传感器彼此靠近。图 11-16 所示的阻抗头，其力传感器和加速度计都采用两片锆钛酸铅压电晶片 1 和 4，压电晶片的上面装着钨合金质量块 5。为了使力传

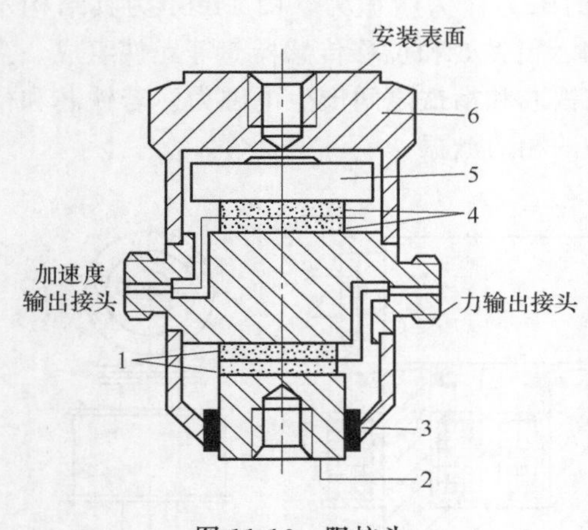

图 11-16　阻抗头
1，4—压电晶片；2—激振平台；
3—橡胶圈；5—质量块；6—壳体

感器的激振平台 2 具有刚度大、质量小的性能，采用铍（Be）来制造。整个壳体用钛（Ti）制成。

11.1.4　振动测试实例

(1) 机械运行状态监测及故障诊断

机械设备的运动零部件（如齿轮、轴承等）有其特有的动力特性，这些特性在设备的运行过程中要以机械振动的形式表现出来。例如，机床主轴箱中的传动齿轮发生疲劳损伤时，会影响齿轮副的正常啮合，造成振动加剧；滚动轴承的滚动体出现破坏时，也会导致相似现象的产生。这些振动异常与发生故障的零部件的几何、运动等特征有直接的关系，因此通过对设备的振动信号进行实时监测，就可以监测设备的运行状态。振动出现异常时，根据对振动信号的各种信号分析结果进行故障诊断，发现产生故障的原因并采取相应的解决措施。

图 11-17 为车床主轴箱实时振动监测系统的原理图。压电式加速度计实时拾取主轴箱的振动信号，经电荷放大器处理后送入信号处理系统或计算机进行信号分析。由振动信号的概率密度函数曲线的变化可以判断机床主轴箱工作状态的变化，由振动信号的功率谱、倒频谱图等可以判断故障源。

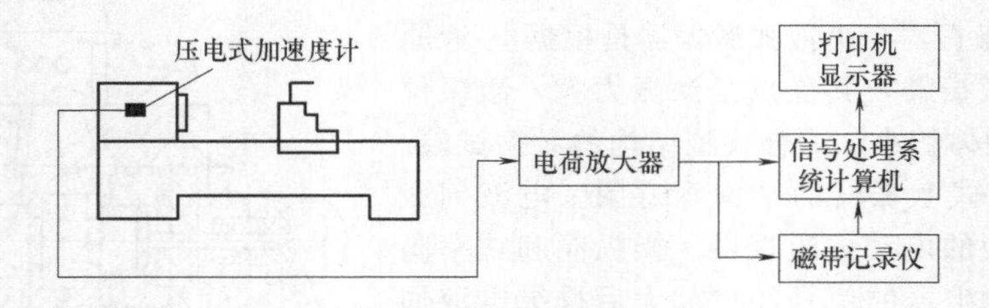

图 11-17　车床主轴箱实时振动监测系统

(2) 激振实验（动刚度实验）

许多机械设备（如机床）都是多自由度的弹性系统，具有多个固有频率。为了控制噪声，有时就需要测得这些固有频率以及阻尼比，实现这一目的主要是靠激振实验。

进行激振实验时，在交变外力的作用下，零部件或整台机床产生振动。记录下不同频率时的响应曲线，从而求出其动态特性。激振实验通常用正弦交变激振力进行激振，实验中不断改变激振力的频率，测出不同点上的不同响应。

图 11-18 为激振实验原理方框图。图中的实验系统可分为三部分：激振部分、测振部分、显示记录部分。在激振部分中，由信号发生器产生的正弦信号经过功率放大器使激振器产生一个按正弦规律变化的交变力，交变力的大小可由测力传感器测出。在测振部分中，测振传感器的输出被送到测振仪，测振仪的输出又被送到频谱分析仪。由频谱分析仪和测力仪放大器输出的两个信号通过函数转换器把激振力和振动位移转换成单位力的振幅值，就可得到被测系统的动柔度或动刚度（机械阻抗）。频谱分析仪可完成所需频带的频谱分析。显示

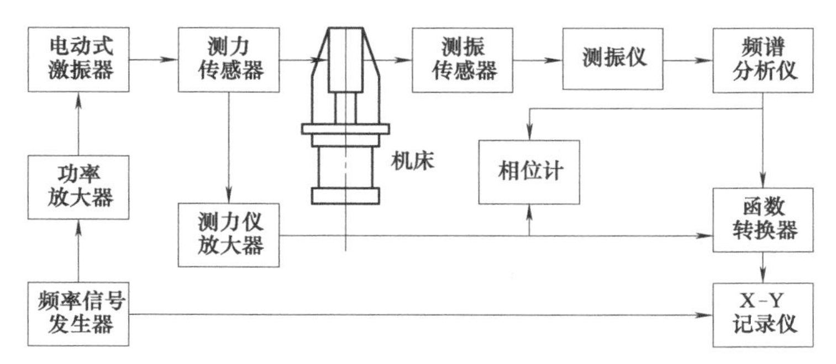

图 11-18　激振实验

记录部分包括相位计和 X-Y 记录仪。振动位移相对激振力的相位差由相位计测出，X-Y 记录仪则记录下被测系统的幅频特性曲线和相频特性曲线。根据测得的幅频特性曲线及相频特性曲线，可以估计出被测系统的固有频率、阻尼比等参数。

11.2　位移的测试

11.2.1　概述

位移（Displacement）是线位移和角位移的统称，位移的测试实际上就是长度和角度的测试。从广义上来说，位移包括了长度、厚度、高度、距离、物位、相对位置、表面粗糙度、角度等参数。

位移的测试在工程上应用很广。这不仅是因为工程上经常需要精确地测定尺寸、运动物体的位移、位置，而且更是由于有许多工程参数的测试往往要转变成位移测试的缘故。例如，在力、压力、扭矩、速度、加速度、温度等参数的测试过程中，经常涉及到位移的测试。

能够实现位移测试的传感器很多，常用的主要有电感式（包括涡流式）传感器、电容式传感器、光栅式传感器、感应同步器、激光式传感器等等。近年来，又有许多新型位移传感器问世，如光纤传感器、CCD 传感器等，为位移的测试提供了新的方法和途径。

11.2.2　常用位移传感器

(1) 电阻应变式位移传感器

将电阻应变片粘贴在弹性元件上，利用弹性元件变形时应变片电阻的变化，就可以测量位移。在这类传感器中，弹性元件（通常为悬臂梁——弹簧组合）的刚度应比较小，否则会因弹性恢复力过大而影响被测物体的运动。电阻应变式位移传感器一般用于小位移（0.1μm～0.1mm）的测量，测量精度优于 2%，线性度为 0.1%～0.5%。

图 11-19 为电阻应变式位移传感器的工作原理示意图。当测点位移传递给测杆 5 后，测杆带动固定在其上的拉簧 4 运动使拉簧伸长，并使悬臂梁 1 产生变形。在矩形截面的悬臂梁根部的正反两面上贴有四个应变片 2，它们组成全桥，将因测杆位移所产生的应变线性地转换成电信号输出。

(2) 电感式位移传感器

目前，电感式位移传感器中使用最为普遍的是差动螺管式自感传感器和差动变压器式互感传感器。

图 11-20 是差动变压器式位移传感器的结构图。测头 1 通过轴套 2 与测杆 3 连接，活动衔铁 4 固定在测杆上，线圈架 5 上绕有三组线圈——中间为初级线圈，上下为次级线圈，它们都通过导线 9 与测量电路相连，线圈外面有屏蔽筒 6，用以防止外来干扰。测杆用圆片弹簧 7 作支承，弹簧 8 用来使测杆复位。差动变压器式传感器的稳定性好，使用方便，线性范围大，小位移测量时精度较高，常作为测微仪、圆度仪、三坐标测量机的测头使用。

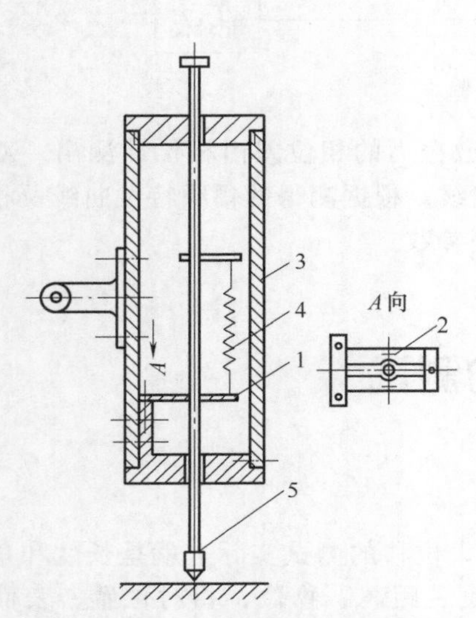

图 11-19　电阻应变式位移传感器

1—悬臂梁；2—应变片；3—壳体；4—拉簧；5—测杆

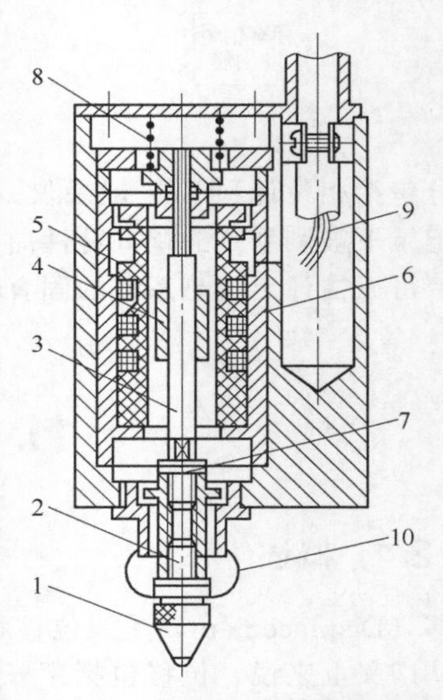

图 11-20　差动变压器式位移传感器

1—测头；2—轴套；3—测杆；4—衔铁；5—线圈架；6—屏蔽筒；7—圆片弹簧；8—弹簧；9—导线；10—防尘罩

图 11-21 为差动螺管式电感传感器的机构及其构成的电感测微仪的原理示意图。测量

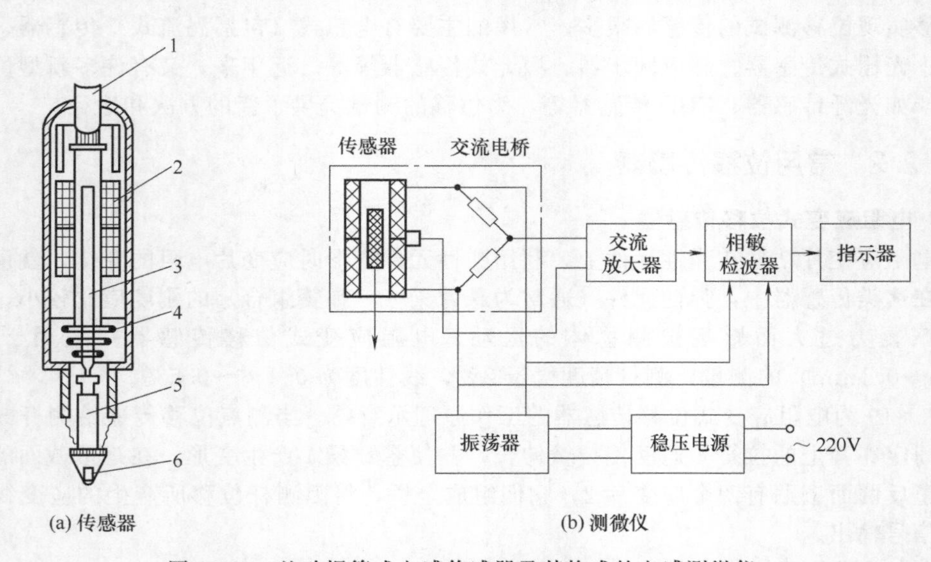

(a) 传感器　　(b) 测微仪

图 11-21　差动螺管式电感传感器及其构成的电感测微仪

1—引线；2—线圈；3—衔铁；4—测力弹簧；5—测杆；6—测头

时，传感器的测头 6 与被测件接触，被测件引起的微小位移使衔铁 3 在差动线圈 2 中上下移动，线圈的电感因此产生变化。将两线圈通过引线 1 接到交流电桥中，就可通过后面的测量电路得到被测件位移的变化情况。电感测微仪是目前应用较多的一种微小位移测量仪，其测量范围一般为几毫米，分辨率和测量精度可达 0.1μm 左右，非线性误差一般优于 0.5%。电感测微仪通常以相对比较的测量方式使用，配以一定的夹具后，可以进行轴径、厚度、圆度、平面度、垂直度、同轴度、跳动等参数的测量。

(3) 电容式位移传感器

电容式传感器是目前位移传感器中精度最高的一种，可以实现纳米级精度的测量。

图 11-22 是一种变面积式电容传感器的结构图。该传感器采用了差动式结构，当测杆 1 随被测位移的变化运动时，活动电极 4 与两个固定电极 3 之间的覆盖面积随之发生变化，使两个传感器电容的电容量产生差动变化。这种传感器具有良好的线性，但灵敏度较低。

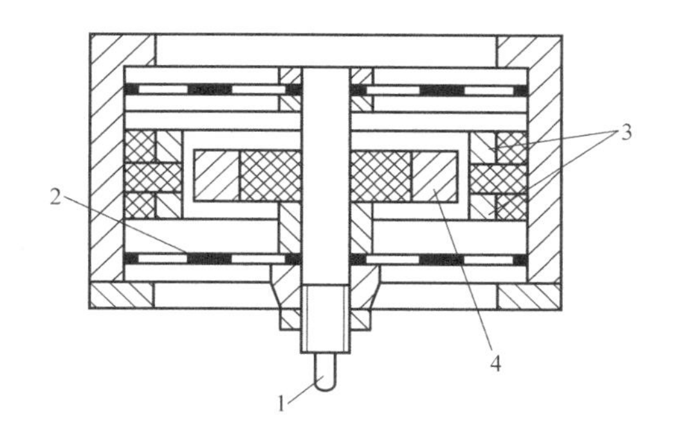

图 11-22　变面积式电容传感器的结构
1—测杆；2—片簧；3—固定电极；
4—活动电极

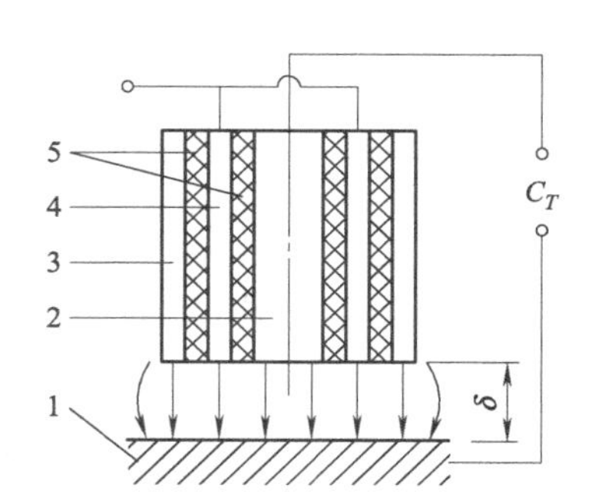

图 11-23　平面变间隙式电容传感器结构示意图
1—固定电极；2—活动电极；3—壳体；
4—保护环；5—绝缘层

图 11-23 是灵敏度、分辨率、精度极高的 JDC 系列平面变间隙式电容传感器的结构示意图。被测工件 1 作为固定电极，传感器的中心圆柱为活动电极，它们构成了一个平行板电容器（传感器电容 C_T）。圆柱型传感器由五个同轴层组成：中心部分为金属测头；外层是保护环，最外层为夹持壳体，此外在前三层之间还夹有两个绝缘层。保护环的设置是为了改善传感器在有效作用面积内电场的边缘效应，使有效作用面积区内的电力线基本不发生弯曲，从而使传感器的电容量与极板间距（被测位移）之间保持规则的关系。保护环通过电气方法与测头等电位，且与测头绝缘。这种传感器电容量一般很小（pF 级），因此传感器必须用特殊的电缆并采取特殊的技术措施连接到测量电路中。传感器后一般采用运算式测量电路，将位移变化线性地转换成电压变化。传感器的分辨率、线性范围与测头直径有关，测头直径越小，分辨率越高，但线性范围越小。例如，常用的 Φ3 电容传感器的分辨率为 0.01μm，线性范围可达几毫米。目前，这类传感器的最高分辨率可达到 0.1nm，精度为 1nm，线性优于 0.5%。通过对此传感器组成的 JDC 系列精密电容测微仪进行智能化非线性误差修正，使得仪器的线性优于 0.1%。

11.2.3　位移测试实例

(1) 自动尺寸分选系统

在一些机械制造场合下，为了降低加工难度，有效地保证结合件的使用要求，常采用分组装配的方法。此时需要首先对结合件按特定的尺寸进行分组，然后将对应组内的结合件进行装配。因此，在一些特定行业出现了自动尺寸分选系统。

图 11-24 是以电感测微仪为核心的轴承滚柱自动分选系统的示意图。由机械排序装置送来的滚柱按顺序进入电感测微仪测量部位。电感测微仪的测杆在电磁铁的控制下首先提升到一定的高度，让滚柱进入其正下方，然后电磁铁释放，电感传感器的衔铁向下与滚柱接触，滚柱的直径大小决定了衔铁在传感器电感线圈中的位置，即电感量的大小。电感测微仪的输出信号随后被送入计算机，计算出直径的偏差值。此结果控制相应分组所对应的料斗翻板打开，被机械装置从测量位置推出的滚柱即落入相应的料斗中。

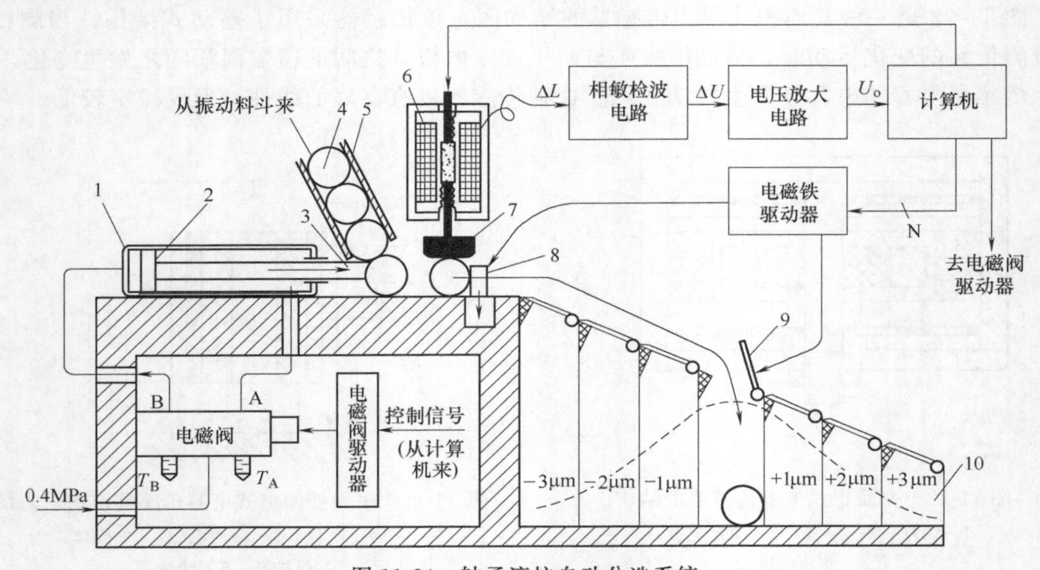

图 11-24　轴承滚柱自动分选系统

1—气缸；2—活塞；3—推杆；4—被测滚柱；5—落料管；6—电感传感器；7—钨钢测头；8—限位挡板；9—电磁挡板；10—料斗

(2) 仿形测量

在加工复杂形状的机械零件时，经常采用仿形加工技术来保证加工精度和提高生产率。图 11-25 就是一种使用了电感测微仪的仿形加工铣床。

加工时，装有标准靠模样板 1 的转轴与装有毛坯 8 的转轴同步旋转，电感测微仪 3 的测头 2 与标准靠模样板接触。若样板转动到某一位置使电感传感器的测头高于中心位置，此时测微仪有信号输出，该输出信号经伺服放大器放大后，驱动伺服电机 6 带动龙门框架 4 上移，使铣刀 7 的位置也升高（切削深度降低），从而使毛坯上加工出来的尺寸增大。另一方面，龙门框架的升高又使得传感器衔铁相对线圈的位置于中心位置降低，即使测微仪的输出趋于零。当测微仪的输出为零时，伺服电机停转，铣刀也就保持在指定的高度上。若样板转动到某一位置使电感传感器的测头低于中心位置，传感器输出信号的极性与上述相反，伺服电机带动龙门框架和铣刀下降，从而在毛坯上加工出来的尺寸减小。整个仿形加工过程是在动态平衡（传感器输出为零）状态下进行的，因此仿形铣床是一个零位平衡式随动系统。

(3) 轴承外圈直径测量

图 11-26 为用三点法原理测量轴承外圈外径尺寸的原理图。图中 A、B 两点是两个半球定位支承点，G 点是测量点。被测套圈的上方装有涡流式位移传感器，用来测量套圈外径尺寸的变化。测量时，首先将半径为 R_0 的标准件（尺寸已知）放到测量位置上，对仪器进

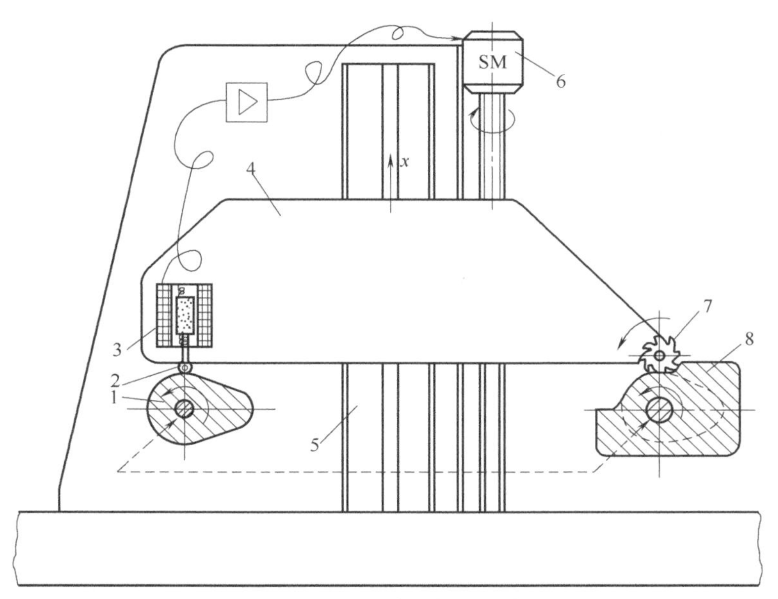

图 11-25　电感式仿形铣床

1—标准靠模样板；2—测头（靠模轮）；3—电感测微仪；4—龙门框架；5—立柱；6—伺服电机；7—铣刀；8—毛坯

行调零，然后取下标准件，将半径为 R_a 的被测件放到测量位置上。被测件与标准件尺寸的差异体现在间隙 δ 的变化上，该变化由涡流传感器测出，经涡流式测微仪和 A/D 转换器，送入计算机进行数据处理，结果由 LED 显示或由打印机打印出来。该测试系统还可在套圈外径超出极限尺寸时示警。

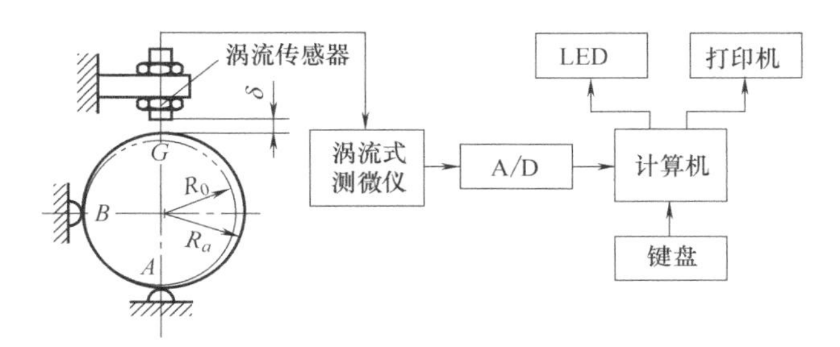

图 11-26　三点法测量轴承外圈外径尺寸

(4) 物位的测量

物位测量通常都属于位移测量，其中以液位测量应用最多。液位测量装置的种类很多，如电容式液位计、差动变压器式液位计、光纤式液位计、接近开关式液位计等。

在图 11-27 所示出的两种电容式液位计中，上面的一种是用来测量非导电液体介质液位的变介质型电容液位计。内电极 1 与两个外电极 2 形成传感器电容，这两个电容分别为液面上、下两部分电容的并联。当液面位置变化时，上、下电容一个增大一个减小，但由于电极之间的介质介电常数不同，变化量也就不同，因此传感器电容随液位的变化而变化。将传感器的左、右两个电容接入差动式测量电桥的相对桥臂上，即可根据传感器电容与液位的特定关系确定出液位。图 11-27 中下面的一种是电容式液位计，由于内电极的外壁上加有绝缘层 3，因此既可以测量非导电液体介质的液位，也可用来测量导电液体介质的液位。

图 11-28 是一种沉筒式液位计。这种沉筒式液位计的测头为两段式（固定段 1 和浮力段

1′）沉筒，调换浮力段可使液位计适应不同的介质和量程要求。液位的变化将导致沉筒上所受到的浮力变化，该浮力与弹簧 2 的弹簧力平衡，即可将液位的变化线性地转换为差动变压器衔铁 4 的位移变化。由于差动变压器的输出电压 e_y 与衔铁的位移为线性关系，因此该输出电压的变化也就线性地反映了液位的变化。

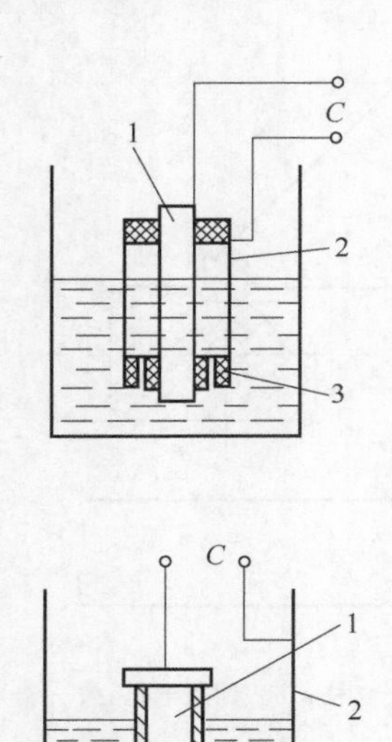

图 11-27　电容式液位计

1—内电极；2—外电极；3—绝缘层

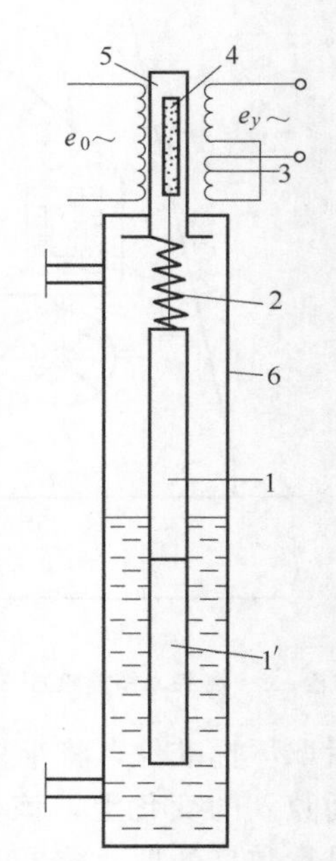

图 11-28　沉筒式液位计

1—沉筒固定段；1′—沉筒浮力段；2—测量弹簧；3—差动变压器；4—衔铁；5—密封隔离管；6—壳体

思考题与习题

11.1　振动测试的目的有哪几个？机械系统的振动由哪两个因素引起？

11.2　惯性式测振传感器的力学模型（运动方程）是什么？惯性式测振传感器作为振幅计、速度计、加速度计的工作条件各是什么？

11.3　试分析用压电式加速度计测试机械系统振动加速度的原理，并指出测试时需注意的问题及测试条件。

11.4　试总结归纳教材中所介绍的三种常用位移传感器的性能特点。

参考文献

[1] 郭雷. 传感器与测试技术 [M]. 北京: 化学工业出版社, 2010.
[2] 周杏鹏. 传感器与检测技术 [M]. 北京: 清华大学出版社, 2010.
[3] 威尔逊. 传感器技术手册 [M]. 林龙信, 邓彬, 张鼎, 等译. 北京: 人民邮电出版社, 2009.
[4] 吴建平. 传感器原理及应用 [M]. 第3版. 北京: 机械工业出版社, 2016.
[5] 胡向东. 传感器与检测技术 [M]. 第3版. 北京: 机械工业出版社, 2018.
[6] 宋雪臣, 单振清. 传感器与检测技术项目式教程 [M]. 北京: 人民邮电出版社, 2015.
[7] 陈晓军. 传感器与检测技术项目式教程 [M]. 北京: 电子工业出版社, 2014.
[8] 梁森, 黄杭美, 王明霄, 等. 传感器与检测技术项目教程 [M]. 北京: 机械工业出版社, 2017.
[9] 熊诗波. 机械工程测试技术基础 [M]. 北京: 机械工业出版社, 2018.
[10] 黄志坚. 机械设备振动故障监测与诊断 [M]. 第2版. 北京: 化学工业出版社, 2017.
[11] 陈花玲. 机械工程测试技术 [M]. 第3版. 北京: 机械工业出版社, 2018.
[12] 张春华, 肖体兵, 李迪. 工程测试技术基础 [M]. 第2版. 武汉: 华中科技大学出版社, 2017.
[13] 曲云霞, 邱瑛. 机械工程测试技术基础 [M]. 北京: 化学工业出版社, 2015.